Art Design

高等院校信息化教学新形态精品教材

3ds Max/VRay 室内空间全景设计

编 著 刘 涛 殷晓克 吴 彬

南京大学出版社

内 容 提 要

本书从室内空间全景设计角度出发，根据编者多年的室内空间效果图设计和教学经验，深入介绍了室内空间效果图建模及渲染的方法，强调内容的针对性和实用性。全书内容包括3ds Max基础知识及建模方法、小户型客厅空间效果图设计、东南亚风格客厅空间效果图设计、现代法式风格客厅空间效果图设计、现代美式风格卧室空间效果图设计、书房效果图设计、餐饮空间效果图设计、瑜伽房效果图设计、商城店面空间效果图设计及会展展厅空间效果图设计，详尽地介绍了建模、灯光、渲染及Photoshop后期处理的方法，内容丰富、细节完善。

本书所有案例均由3ds Max 2016和VRay 3.60制作，建议使用相应版本的软件进行学习。另外，本书附带相关的配套资源，内容包括案例模型、贴图、渲染图像及相关素材等。

本书可作为高等院校室内设计、景观设计、建筑表现等专业的教材，也可作为相关从业人员的参考用书。

图书在版编目（CIP）数据

3ds Max/VRay室内空间全景设计 / 刘涛，殷晓克，吴彬编著 .—南京：南京大学出版社，2021.1（2024.2重印）
ISBN 978-7-305-24218-2

Ⅰ.①3… Ⅱ.①刘… ②殷… ③吴… Ⅲ.①室内装饰设计－计算机辅助设计－三维动画软件 Ⅳ.①TU238-39

中国版本图书馆CIP数据核字（2021）第025491号

出版发行 南京大学出版社
社　　址 南京市汉口路22号　　邮　编 210093

书　　名 3ds Max/VRay室内空间全景设计
3ds Max/VRay SHINEI KONGJIAN QUANJING SHEJI
编　　著 刘 涛 殷晓克 吴 彬
责任编辑 李 博　　编辑热线 （010）82896084

印　　刷 河北鑫彩博图印刷有限公司
开　　本 889 mm×1194 mm 1/16 印张13.5 字数425千
版　　次 2021年1月第1版 2024年2月第3次印刷
ISBN 978-7-305-24218-2
定　　价 75.00元

网址：http：//www.njupco.com
官方微博：http：//weibo.com/njupco
官方微信号：njupress
销售咨询热线：（025）83594756

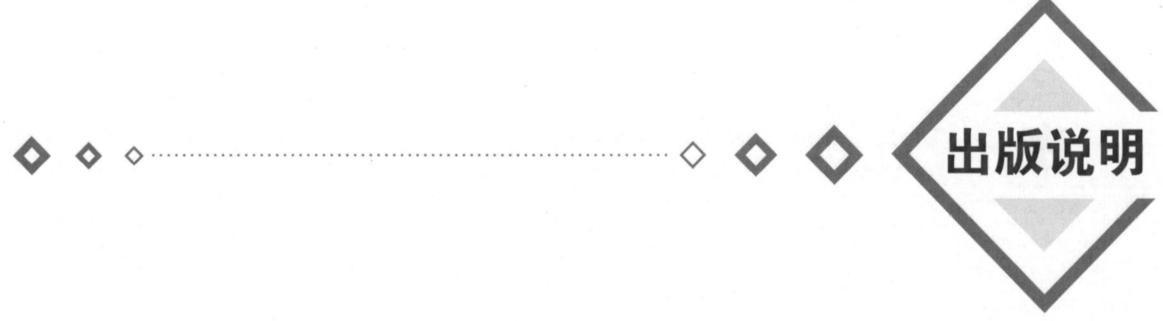

艺术教育为国家培养了大批文化艺术人才，是我国文化艺术事业和精神文明建设不可或缺的部分。《中华人民共和国国民经济和社会发展第十三个五年规划纲要》指出，要加快发展现代文化产业，推进文化业态创新，建设现代传媒体系。这对高校艺术教育提出了更高的要求。同时，近年来“互联网＋教育”“移动终端学习”“混合式学习”等新的教学趋势越演越烈。《国家中长期教育改革和发展规划纲要（2010—2020年）》提出：“信息技术对教育发展具有革命性影响，必须予以高度重视。”这也对现有的教育教学模式提出了新的挑战。

为了促进普通高等学校艺术教育工作，推动高校艺术教育工作健康、稳步发展，满足艺术专业领域对人才的需求，为国家培养艺术人才提供智力保障，国教广通（北京）教育科技研究院携手南京大学出版社，深入调研艺术类专业的教学情况及相关企业的用人需求，提出“互联网＋教育”智慧教材理念，广泛联合专家、学者、一线老师、企事业人员等，结合高等院校艺术类专业的教学标准要求及教学改革新成果，引入信息技术，策划出版了高等院校信息化教学新形态精品教材。

本系列教材符合艺术类专业教育教学改革的要求，注重艺术教育的特点，将纸质教材与移动智能终端有机结合，能激发学生的学习兴趣，实现教学资源信息化、教学终端移动化、教学过程数据化，最终实现“互联网＋教育”的深度融合。

本系列教材具有以下特色：

（1）联合艺术行业专业人才，将行业的新理念、新规定融入教材，着力培养创新型、应用型艺术专业人才。

（2）以适应社会实际需要为宗旨，注重理论与实践相结合，力求教材内容实用，重点突出，深入浅出；围绕高等教育的培养目标和教学要求，注重学生基本技能的培养。

（3）配套移动端App，教材中知识点和技能点以“微课”等形式展现，学生可直接扫描二维码进行学习，颠覆了传统课堂讲授模式，提高了学生学习兴趣及学习效率。

（4）版面美观、新颖，采用杂志化编排，四色印刷，符合学生的审美需求。

高等院校信息化教学新形态精品教材是基于移动信息技术开发的智能化教材的一种探索和尝试，希望本系列教材的出版能推动艺术教育的改革和发展，为艺术专业领域人才建设做出贡献。

高等院校信息化教学新形态精品教材

编委会

3D 效果图是随着计算机的普及以及三维设计软件的大众化发展而兴起的，近几年，它的发展更为迅速。从某种意义上说，3D 效果图已经取代了传统的手绘效果图，成为室内设计必不可少的组成部分。效果图设计师正成为一个新兴的独立职业并迅速发展，在很多行业扮演着重要的角色。室内空间效果图表现是将设计师的设计方案通过三维软件进行虚拟形象化表现的过程，是对方案进行的重要补充，从而达到与甲方进行很好的沟通的目的。它通过对物体的造型、结构、色彩、质感等诸多因素的真实表现，实现设计方案的可视化表达。

效果图是一个广义词，包罗万象，大致可以分为建筑效果图、城市规划效果图、景观建筑效果图、室内空间效果图、机械加工效果图以及产品设计方案效果图等。

在室内设计行业中，要表现设计理念和设计形式，就要采用相应的技术手段。无论是手绘效果图，还是计算机效果图，都必须忠实于客观设计。脱离了设计，技术只会沦为工具，这就要求从业设计师必须具有较高的艺术修养和专业素质。

在本书中，编者结合多年的教学经验和实践经验，总结提炼了在室内设计中常见的效果图表现形式，从实际应用角度出发，把真实的项目引入教学实践，使教学的针对性和目的性更加明确，充分体现了教育服务于人、服务于行业、服务于社会的理念。

本书内容翔实，操作步骤清晰明确，希望本书能为读者朋友在学习 3ds Max/VRay 的过程中提供帮助。

杨开富

重庆工程学院教授

前言

室内空间效果图表现是在真实的基础上追求设计的美感，要如实反映设计的理念，而又不乏创意。这是效果图表现的核心理念，也是本书的指导思想。

随着人们审美需求的不断提高，室内设计行业对设计品质的要求也越来越高，效果图已经逐渐成为设计师与客户沟通必不可少的元素之一，不管是委托设计还是投标项目，效果图所起的作用都是显而易见的。编者结合多年的教学经验和行业实践经验，从实际应用出发，从强调教学案例的针对性和实用性原则出发编写了本书。

本书所有项目案例都包含了建模知识、材质知识、灯光知识、渲染及Photoshop后期处理知识，案例均配有CAD设计图，内容翔实丰富，使读者能较为全面地掌握效果制作的整个流程，能很好地满足教学和自学之用。

本书第1章主要讲解3ds Max基础知识及建模方法。第2章至第10章，结合实际的项目案例，分别讲解了小户型客厅空间效果图设计、东南亚风格客厅空间效果图设计、现代法式风格客厅空间效果图设计、现代美式风格卧室空间效果图设计、书房效果图设计、餐饮空间效果图设计、瑜伽房效果图设计、商城店面空间效果图设计、会展展厅空间效果图设计。书中案例类型丰富，涉及不同风格家装空间和部分公共室内空间效果表现，每个案例均详细讲解了建模、材质、灯光、渲染及后期处理等知识，通过不同案例的制作，能很好地提高读者的效果图制作能力。

本书由重庆工程学院刘涛、渭南师范学院殷晓克、东莞市电子科技学校吴彬编著。本书编写分工如下：刘涛编写第一章至第五章，殷晓克编写第六章至第八章，吴彬编写第九章、第十章。刘涛负责全书的统稿、定稿工作。

由于时间仓促，编者水平有限，书中难免会有不足之处，希望读者朋友批评指正。

编　者

目录

CONTENTS

第1章

3ds Max基础知识及建模方法

◆本章知识点

3ds Max基础知识；3ds Max的基本操作及常用修改器；3ds Max中简单物体的创建方法。

◆学习目标

掌握3ds Max基础知识、简单几何体建模及常用修改器建模方法；了解学习3ds Max软件的使用。

1.1 3ds Max基础知识

3D Studio Max，常简称为3ds Max或Max，是Autodesk公司基于PC系统的三维动画渲染和制作软件。其前身是基于DOS操作系统的3D Studio系列软件。在Windows NT出现以前，工业级的CG制作被SGI图形工作站所垄断。3D Studio Max+Windows NT组合的出现降低了CG制作的门槛，首先开始运用在计算机游戏制作中，之后开始参与电影、电视的特效制作。

3ds Max广泛应用于室内效果图、景观效果图、建筑动画、影视广告制作、影视动画及游戏设计等领域。其主要功能包括创建模型、材质表现、灯光设计、渲染、动画制作、动作设计及动画特效设计等，供不同设计领域的专业工作者使用。

本书主要介绍3ds Max 2016中文版在室内设计效果图表现方面的应用，所涉及知识主要属于室内空间效果图制作范畴。

1.1.1 3ds Max 2016工作界面

3ds Max 2016工作界面如图1-1所示。

1. 标题栏

3ds Max标题栏位于软件最顶部，其功能是显示文件的名称、保存路径、软件版本和显示方式（硬件驱动模式）等信息，如图1-2所示。

2. 菜单栏

3ds Max菜单栏位于标题栏的下面，包含文件、编辑、工具、组、视图、创建、修改器、动画、图形编辑器、渲染、Civil View、自定义、脚本和帮助菜单，如图1-3所示。

在菜单栏命令后方有相应的快捷键显示，使用快捷键可以提高操作效率。菜单栏旁边的黑色小箭头表示该菜单还有子菜单操作项。当某些命令呈灰色时表示其为未激活状态。

3. 主工具栏

主工具栏是快捷操作面板，具体

信息如图1-4所示。

（1）撤销工具（撤销按钮位于标题栏，快捷键是Ctrl+Z）：撤销最近一次操作，返回上一个步骤。

（2）重做工具（重做按钮位于标题栏，快捷键是Ctrl+Y）：恢复执行撤销命令前一个步骤。

（3）选择并链接工具：用于建立对象之间的子父链接关系和定义层级关系。

（4）断开当前选择的链接工具：与选择并链接工具相反，用来断开物体间已经链接好的子父级关系。

（5）绑定到空间扭曲工具：针对需要使用空间扭曲力的对象链接到相关空间扭曲力的工具，常用在离子特效方面。

（6）过滤器下拉列表：用来过滤灯光、摄影机等对象，避免误操作其他对象。

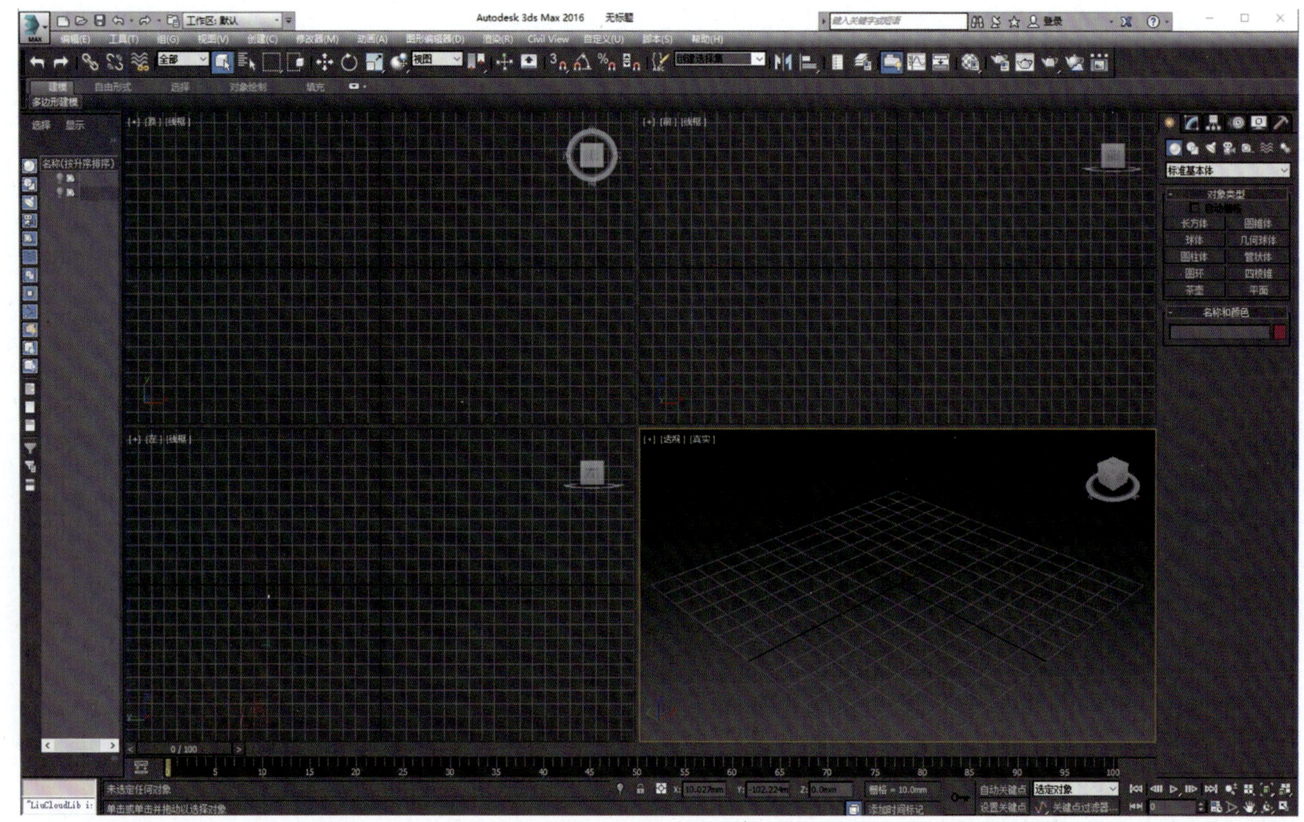

图1-1

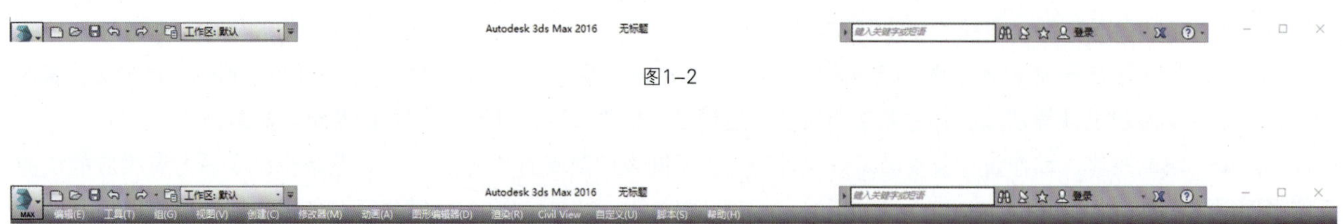

图1-2

图1-3

图1-4

（7）选择工具（快捷键Q）：用于选择一个或多个对象，在多选时，按住Ctrl键可以进行多个物体的加选，按住Alt键可以进行减选。

（8）按名称选择工具：可以根据物体名称选择对象。

（9）选择区域工具：可以使用鼠标操作，拖曳出一个选择区域来选择物体。

（10）窗口/交叉选择切换工具：处于未激活状态时，在视图中选择物体，只要选择区域包含物体的一部分即可选中物体。当窗口/交叉选择切换工具处于激活状态时，只有物体的所有部分都在选择区域内才可以选择物体。

（11）选择并移动工具（快捷键W）：可以将被选对象以三维轴向移动。

（12）选择并旋转工具（快捷键E）：可以将被选对象以三维轴向旋转。

（13）选择并缩放工具（快捷键R）：可以将被选对象以三维轴向缩放。

（14）视图参考坐标系：制定用户操作3ds Max物体时使用的坐标系，包括视图、屏幕、世界、父对象、局部、万向、栅格、工作区和拾取九个坐标系。

（15）使用轴点中心工具：用于指定物体操作时中心点的选择，包括使用轴点中心、使用选择中心、使用变换坐标中心。

（16）选择并操纵工具：可以在视图中通过【操纵器】来编辑对象、修改器、控制器的参数等。

（17）捕捉工具（快捷键S）：包括【2维捕捉】【2.5维捕捉】【3维捕捉】三种。

（18）角度捕捉工具（快捷键A）：用来指定物体捕捉的角度，激活时影响物体所有的旋转量，默认以5°为增量旋转。

（19）百分比捕捉工具：将对象缩放捕捉到自定义的百分比数值。默认以10%为增量缩放。

（20）微调器捕捉工具：设置微调器激活后单次单击的增加值或减少值。

（21）编辑命名选择集工具：为一个或者多个对象进行命名。

（22）镜像工具：围绕一个轴心复制一个或者多个镜像对称物体，单击该工具按钮可以打开【镜像】对话框。

（23）对齐工具：包括对齐、快速对齐、法线对齐、放置高光、对齐摄影机和对齐到视图。

（24）管理层工具：用来创建或编辑层，可以指定传递解决方案中的名称、可见性、渲染性、颜色和层关系。

（25）曲线编辑器工具：控制物体动画过程中运动插值及关键帧动作。

（26）图解视图工具：基于节点的场景图，可以查看创建物体对象之间的关系。

（27）材质编辑器工具（快捷键M）：为物体指定不同性质的表面显示属性。

（28）渲染设置工具（快捷键F10）：用于控制渲染的参数。

（29）渲染帧窗口工具：在【渲染帧窗口】对话框，可以选择渲染区域、切换通道、储存渲染图像等。

（30）快速渲染工具（快捷键F9）：包括渲染产品、渲染迭代和动态着色三种类型。

4. 视图区

视图区是3ds Max用于操作物体的区域，在默认选项下视图区分别包括顶视图、前视图、左视图和透视图四个视口，在视口中有导航方向盘按钮，如图1-5所示。

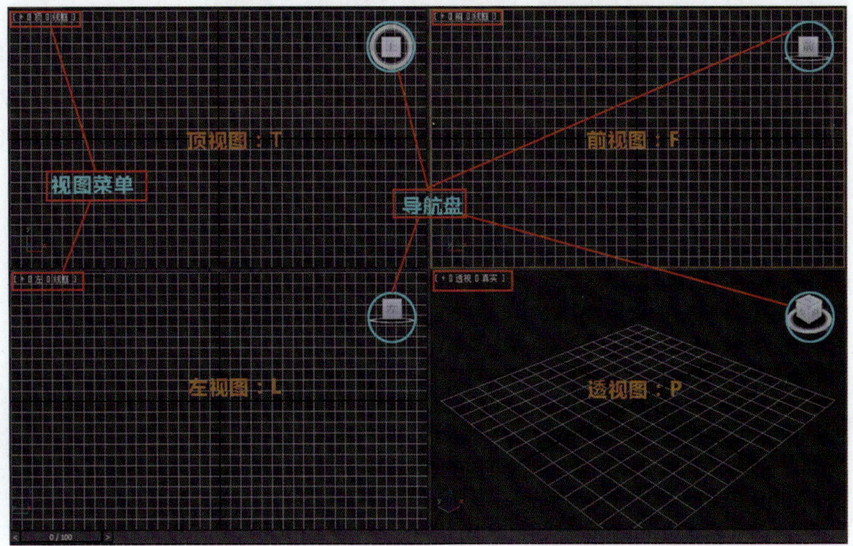

图1-5

图1-6

图1-7

图1-8

图1-9

图1-10

顶视图的快捷键为T，前视图的快捷键为F，左视图的快捷键为L，底视图的快捷键为B，透视图的快捷键为P，摄影机视图的快捷键为C，正交视图的快捷键为U。

5. 命令面板

命令面板包括【创建】面板、【修改】面板、【层次】面板、【运动】面板、【显示】面板和【工具】面板，如图1-6所示。

（1）【创建】面板。【创建】面板包括【几何形】【图形】【灯光】【摄影机】【辅助对象】【空间扭曲】及【系统】几个部分，如图1-7所示。

1）【几何形】：用来创建标准几何体、扩展几何体、楼梯、门、窗等常见对象，还可以通过复合对象操作，进行放样、布尔运算、地形等操作得到复杂模型。

2）【图形】：用来创建样条线（在室内建模中经常用到样条线编辑出需要的造型），扩展样条线和NURBS曲线。

3）【灯光】：用来创建场景灯光，包括标准灯光、光度学灯光，如果安装了VRay渲染器，自动增加【VRay Light】，在室内效果图制作中配合VRay渲染器使用。

4）【摄影机】：用来创建场景内用于拍摄的摄影机。

5）【辅助对象】：用来创建辅助制作场景的对象，可以进行定位、测量及设置动画等操作。

6）【空间扭曲】：用来制作影响其他对象的扭曲效果。

7）【系统】：用来链接物体关联属性的操作，如链接物体与控制器等操作。

（2）【修改】面板。【修改】面板用来修改场景中对象的参数和属性，在编辑多边形、编辑样条线、编辑灯光等不同对象下所显示的操作也不相同，功能非常强大。【修改】面板提供了丰富的修改器，如图1-8所示。

（3）【层次】面板。【层次】面板包括【轴】【IK】和【链接】三个选项，如图1-9所示。

1）【轴】：用于调整对象和修改器的中心位置以及对象之间的父子关系和动力学IK的关节位置等操作。

2）【IK】：用于设置动画的属性。

3）【链接信息】：用于限制对象的移动关系。

（4）【运动】面板。【运动】面板主要用于调整被选定对象的运动关系，如图1-10所示。

（5）【显示】面板。【显示】面板用于设置场景中对象的显示方式，在室内效果图制作中比较常用，如图1-11所示。

（6）【工具】面板。【工具】面板可以访问各种工具程序，如管理和调用卷展栏，如图1-12所示。

6．时间尺

时间尺用于动画关键帧设定，包括时间滑块和轨迹刻度两个部分，如图1-13所示。

7．时间控制区

时间控制区用于实现对关键帧和时间的控制，包括控制动画播放、关键帧跳转等功能，如图1-14所示。

8．状态栏

状态栏提供了被选对象的数目、类型、变换值、栅格数等信息，还提供了基于光标位置的动态及反馈信息，如图1-15所示。

9．视图导航控制

视图导航控制给用户提供了操控视窗显示内容的缩放、平移、旋转等基本功能（图1-16）。

1.1.2　3ds Max的基本设置

本节主要了解在3ds Max建模过程中常用的操作方法。

1．视口配置

执行菜单栏【视图】→【视口配置】命令，在弹出的【视口配置】对话框中选择【布局】，选择一个合适的视图布局方式，单击【应用】按钮，如图1-17所示。一般保持默认的四视图布局。

2．首选项设置

执行菜单栏【自定义】→【首选项】命令，在弹出的【首选项设置】对话框中选择【常规】选项卡，勾选【按方向自动切换窗口/交叉】复选框，单击【确定】按钮，如图1-18所示。

3．单位设置

在室内效果图制作过程中，一般采用毫米单位进行模型制作。设置方法：执行菜单栏【自定义】→【单位设置】命令，在弹出的【单位设置】对话框中将【系统单位比例】和【显示单位比例】均设置为【毫米】，如图1-19所示。

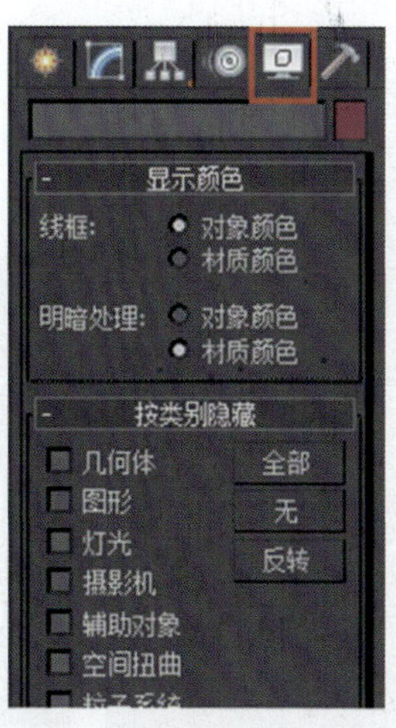

图1-11

图1-12

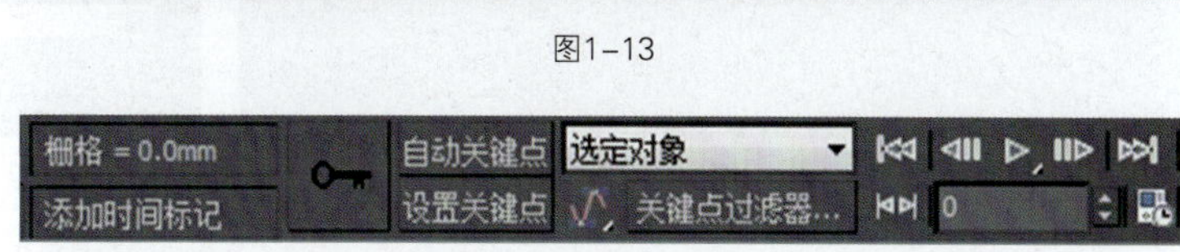

图1-13

图1-14

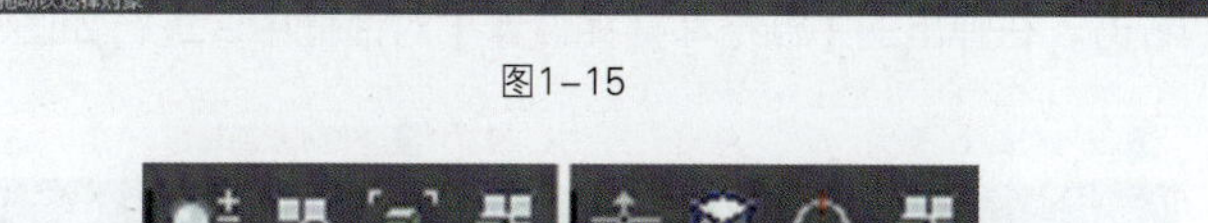

图1-15

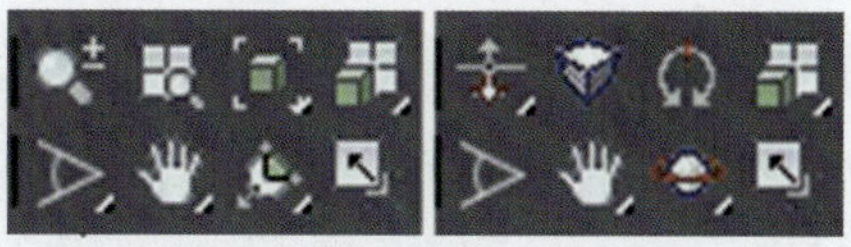

图1-16

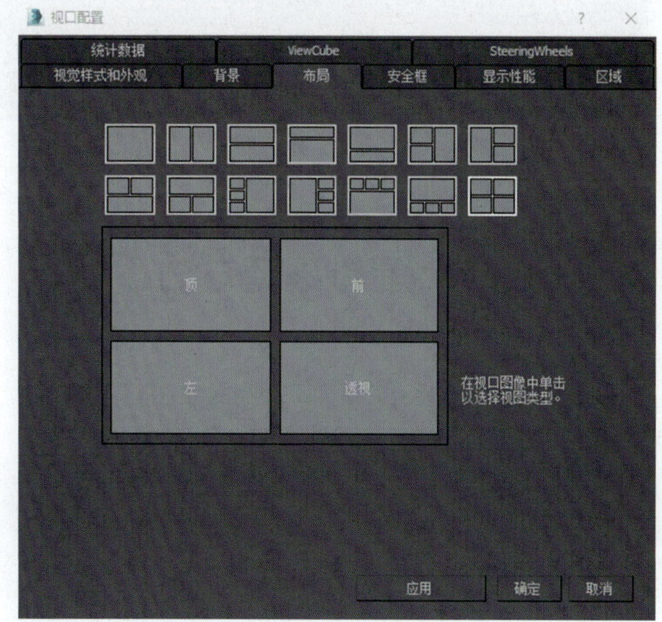

图1-17

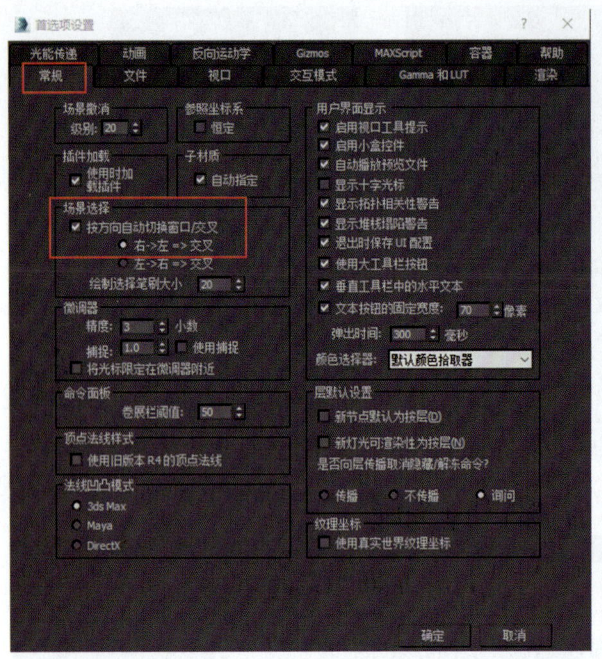

图1-18

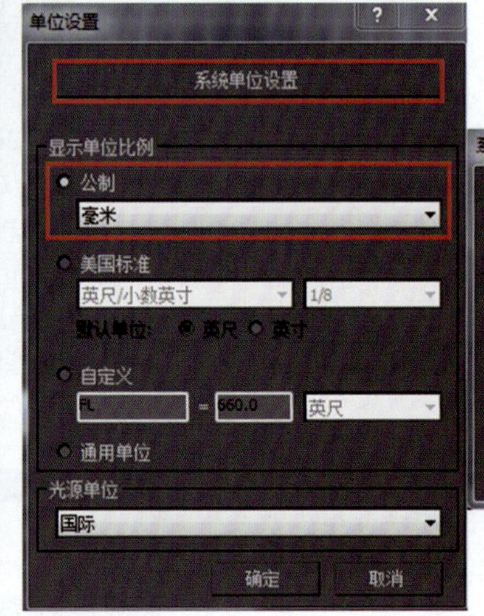

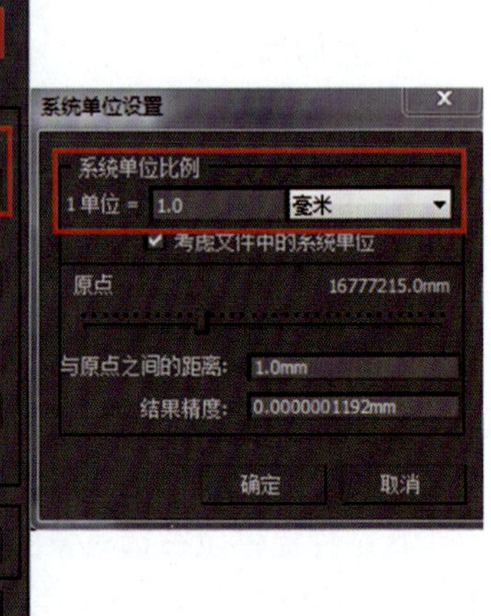

图1-19

4. 捕捉设置

在主工具栏单击按钮，按住鼠标左键不放，在下拉菜单中选择，并在图标上右击，在弹出的【栅格和捕捉设置】对话框中，进行如图1-20所示设置。

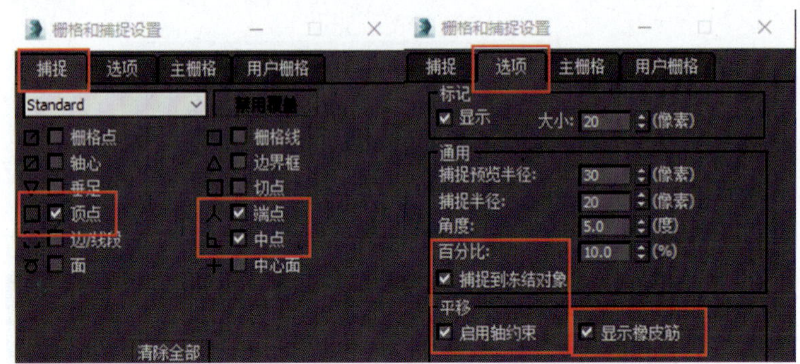

图1-20

1.2 3ds Max基础建模方法

在3ds Max软件中，通过建模可以完成物体最初形态的创建，3ds Max提供了丰富多样的建模手法，本节主要针对基础模型创建进行讲解。

1.2.1 基本操作

1. 选择对象

要对物体进行编辑，需要先选中对象。

（1）单独选择：用鼠标指针单独选择对象后显示白色边框。

（2）多个选择：可以采用拖动鼠标框选，也可以按住Ctrl键进行多选；按住Alt键，可以减去选择对象；单击工具栏上【按名称选择工具】按钮（快捷键H），可以根据名称来选择不同的对象。

2. 移动、旋转和缩放物体

在3ds Max中，对对象的移动、旋转和缩放是使用最为频繁的，根据物体在场景中的X、Y、Z三个坐标轴进行操作，当前轴向显示为黄色时表示为激活状态。可同时在三个坐标轴上进行转换，也可单独在某一坐标轴上进行变换操作。

小提示：*在主工具栏【移动】【旋转】和【缩放】按钮上右击，可以调出【参数设置】面板，可以输入相应的值进行较为精确的调整。*

3. 对象的隐藏与冻结

在建模过程中，场景中包含的物体较多，不利于场景物体的调整时，可运用隐藏或者冻结操作将场景中已经不需要调整的物体进行隐藏或冻结，防止误操作。

（1）隐藏对象：在需要隐藏的物体对象上右击，在弹出的工具栏中进行隐藏及取消隐藏操作，包括根据名称取消隐藏、取消全部隐藏、隐藏选定对象及隐藏未选定对象。

（2）冻结对象：在需要冻结的物体上右击，在弹出的工具栏中进行冻结或取消冻结操作，可以选择全部解冻和冻结选择的对象两种方式。

4. 孤立当前选择

在建模或后期材质调整过程中，为了方便操作或观察对象，通常会孤立对象进行单独编辑，【孤立当前选择】的快捷键是Alt+Q。

5. 复制物体

（1）通过执行【编辑】→【克隆】命令，在弹出的对话框中选择复制方式和复制数量。

（2）选择对象，按Ctrl+V组合键，可以进行复制操作。

（3）通过按住Shift键配合【移动】【旋转】【缩放】命令进行操作，可以进行复制。

小提示：【克隆选项】对话框中包括【复制】【实例】和【参考】三个选项。

（1）【复制】：复制出的对象完全独立，与原对象彼此互不影响。

（2）【实例】：复制出的对象与原对象相互关联，对复制出的对象或原对象中的任一个做修改，都会影响到另一个对象。

（3）【参考】：复制出的对象是原对象的参考对象，对复制出的对象做修改不会影响原对象（这里所指的修改是添加修改器之类，而不是修改物体的参数值）；对原对象的修改会影响到复制出的对象，复制出的对象会随原对象的改变而变化。

6. 镜像物体

镜像对象在建模中经常使用，可以通过单击【镜像】按钮，在弹出的【镜像】对话框中进行镜像轴的选择和复制选择，也可以通过执行【工具】→【镜像】命令打开【镜像】对话框。

7. 阵列对象

【阵列工具】提供了更为丰富的对象复制方式，通过执行【工具】→【阵列】命令打开【阵列】对话框，可以进行1D、2D、3D复制操作。1D是指一条线的复制，可直，可斜，不论哪个方向；2D是指一个平面的复制；3D是指一个空间的复制。

1.2.2 几何体创建

1. 标准基本体

标准基本体包括【长方体】【圆锥体】【球体】【几何球体】【圆柱体】【管状体】【圆环】【四棱锥】【茶壶】【平面】十个基本几何体，标准基本体界面如图1-21所示。

图1-21

静物效果图场景练习：

（1）在视图中创建几何体模型，并修改参数值，配合【移动工具】【旋转工具】，对创建的物体进行捕捉对齐操作，并按下F4键，物体显示方式改为【真实+边面】，调整出如图1-22所示的一组静物效果图。

（2）统一物体的颜色为白色，效果如图1-23所示。

（3）单击【创建】面板中的【灯光】按钮，类型选择为【标准】，选择【天光】，在透视图中创建一个天光，如图1-24所示。

几何体创建

（4）单击【渲染设置】按钮，在弹出的【渲染设置】对话框中进行如图1-25和图1-26所示的设置。

（5）单击【渲染设置】对话框中的【公用】选项卡，进行如图1-27所示设置，执行【渲染】命令，得到如图1-28所示效果图，并保存为.jpg格式。

图1-22

图1-23

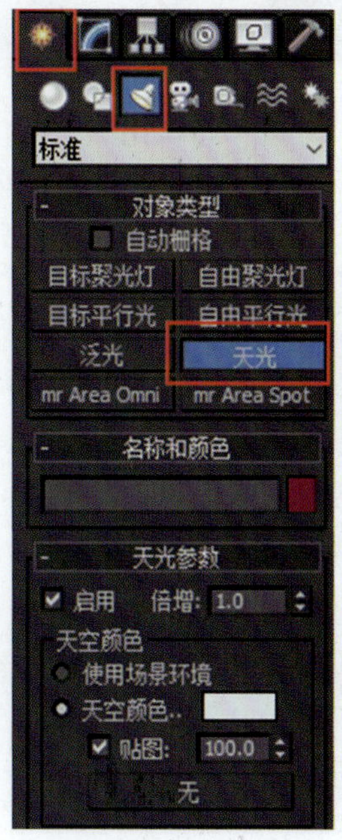

图1-24

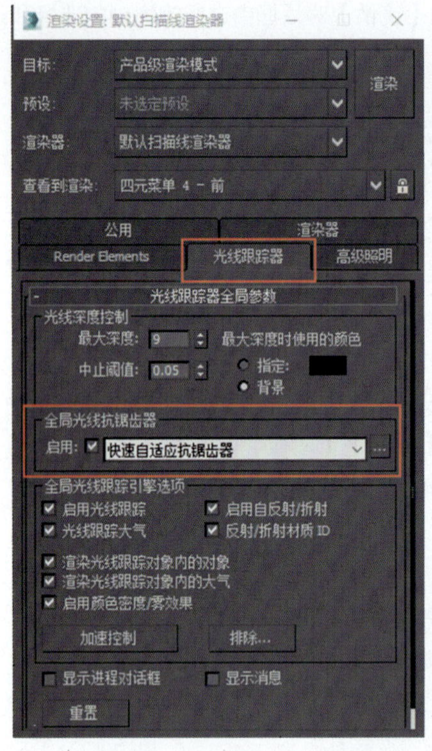

图1-25

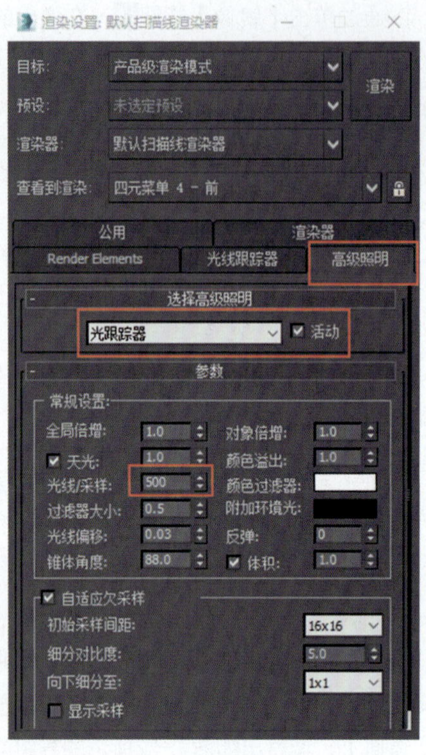

图1-26

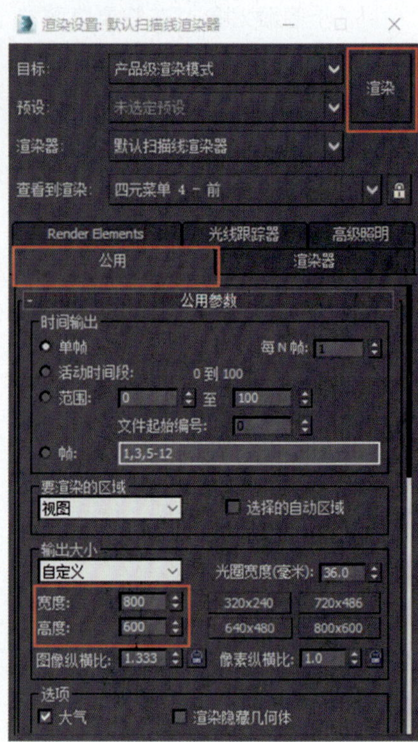

图1-27

图1-28

2. 扩展基本体

单击【标准基本体】下拉箭头，可以选择【扩展基本体】，界面如图1-29所示。

简单的沙发场景练习：

（1）选择【切角长方体】，在顶视图中创建一个参数如图1-30所示的模型，并按F4键，将物体显示方式改为【真实+边面】。

（2）用相同的方法创建出场景的其他组件，建模过程中配合移动、旋转、复制等操作，得到如图1-31所示的场景模型（这里旨在练习对扩展基本体对象建模的基本操作，比例关系大体符合即可）。

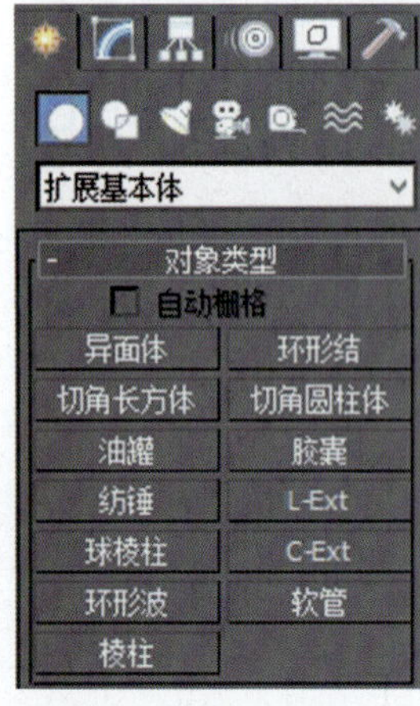

图1-29

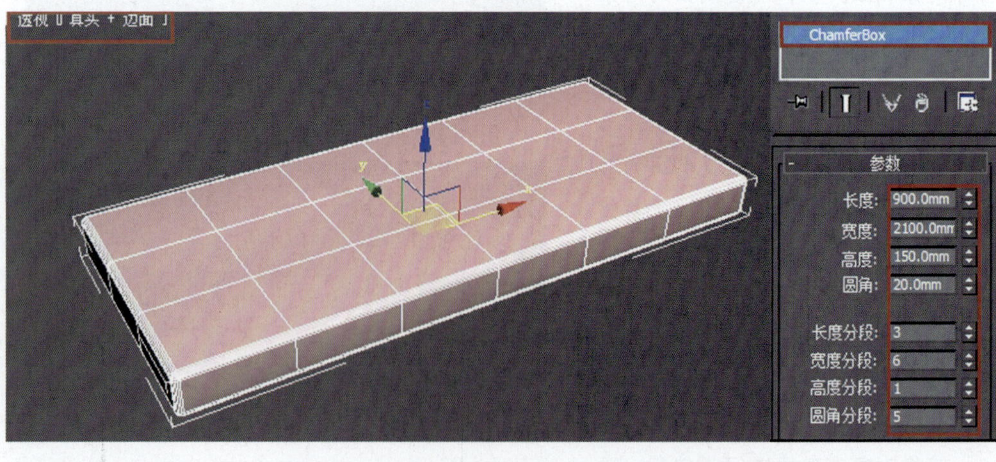

图1-30

小提示：复制物体方法为选中所要复制的对象，按住Shift键，选择【移动工具】【旋转工具】【缩放工具】等对物体进行操作，即可实现复制对象。

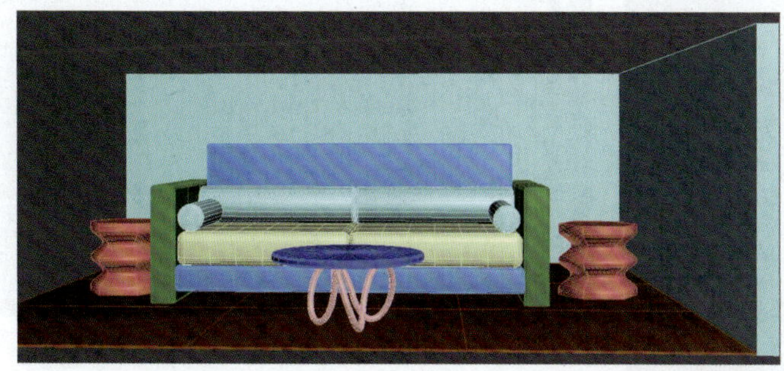

图1-31

（3）统一物体的颜色为白色，单击【创建】面板中的【灯光】按钮，类型选择为【标准】，选择【天光】，在透视图中创建一个天光，如图1-32所示。

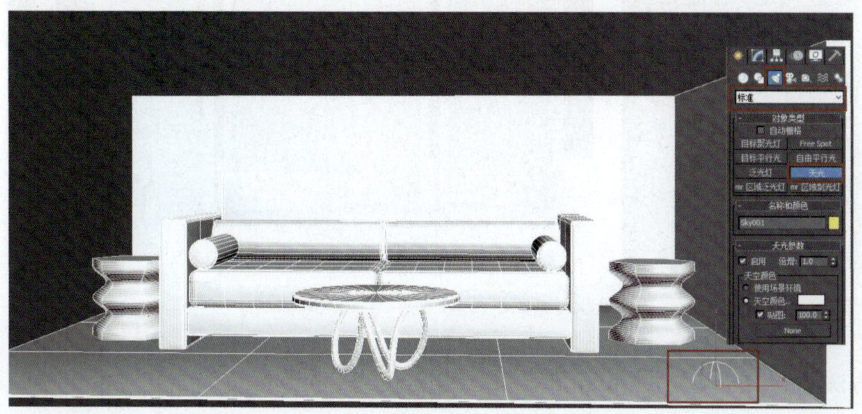

图1-32

（4）按F10键打开【渲染设置】对话框，参考前面所讲“静物效果图场景练习”中图1-25至图1-27所示的设置方法，渲染得到如图1-33所示效果。

图1-33

1.2.3 门、窗、楼梯建模

在室内建模中，门、窗、楼梯模型会经常使用，本节简要介绍门、窗、楼梯的建模方法，读者可以在实际工作任务中灵活运用相关的知识。

1. 门的建模方法

门包括枢轴门、推拉门和折叠门三种。

门建模方法

（1）右键单击按钮，在弹出的【栅格和捕捉设置】对话框中勾选【栅格点】复选框，如图1-34所示。

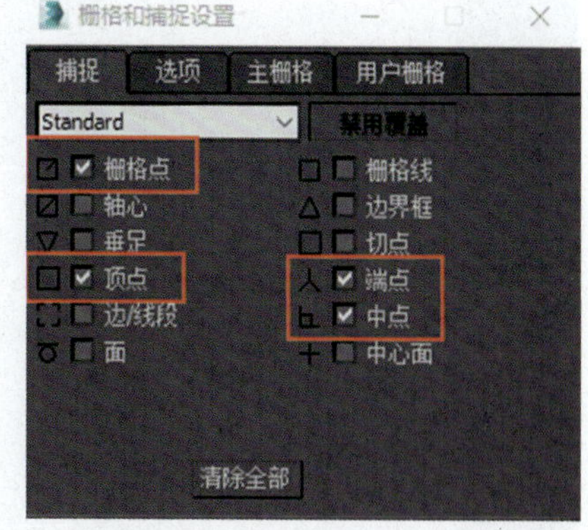

图1-34

（2）在顶视图中创建枢轴门，创建的顺序：选择【枢轴门】，在顶视图中按住鼠标左键不放，移动光标拉出门的宽度为800 mm，松开左键，移动光标产生深度，深度值为240 mm，确定深度后单击，再移动鼠标产生高度，高度值为2 000 mm，得到一个简单的门的造型，并修改门的参数，得到的效果如图1-35所示。

小提示：创建门、窗、楼梯等模型过程中，注意鼠标的操作顺序，可以先不考虑门窗具体的长、宽、高，创建完成后再修改参数，如果有CAD图纸作为参考，就不能勾选【栅格点】复选框。另外，在实际的室内效果图制作过程中，3ds Max所默认提供的门的造型过于简单，较少使用。

（3）用相同的方法完成推拉门和折叠门的创建，熟练掌握参数属性，得到如图1-36所示效果。

（4）统一门的颜色为白色，地面颜色为蓝灰色，按F10键打开【渲染设置】对话框，参考前面所讲“静物效果图场景练习”中图1-25至图1-27所示的设置方法，渲染得到如图1-37所示效果。

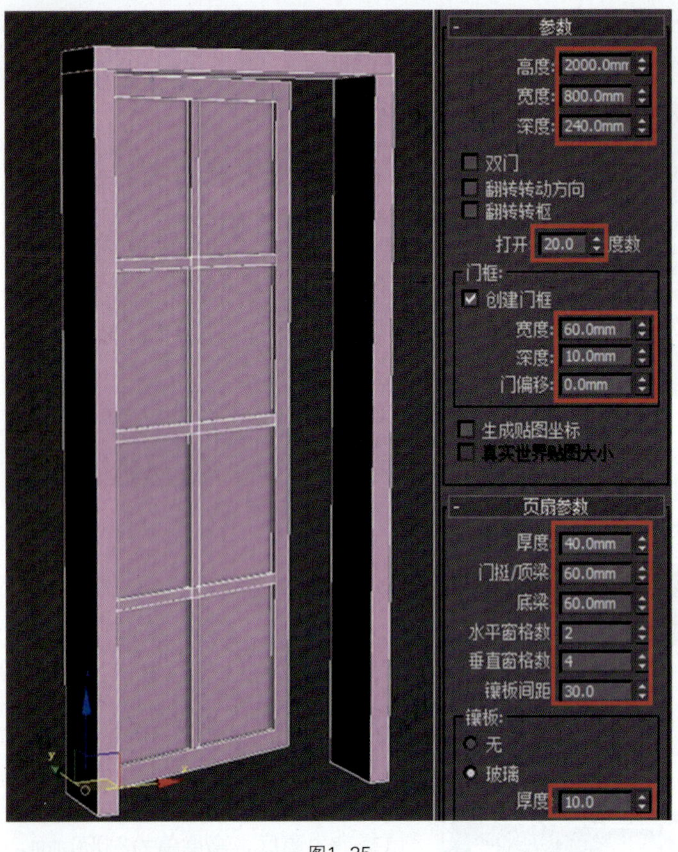

图1-35

图1-36

图1-37

图1-38

2. 窗的建模方法

窗包括遮篷式窗、平开窗、固定窗、旋开窗、伸出式窗和推拉窗，如图1-38所示。

（1）开启【2.5维捕捉】模式，并勾选【栅格点】复选框，在顶视图中创建一个遮篷式窗，其创建的顺序、方法和门是一样的，如图1-39所示。

窗建模方法

（2）用相同的方法创建完成其他的窗户模型，熟练掌握对象参数修改方法，得到如图1-40所示效果。

（3）统一窗的颜色为白色，地面颜色为蓝灰色，按F10键打开【渲染设置】对话框，参考前面所讲“静物效果图场景练习”中的设置方法，渲染得到的效果如图1-41所示。

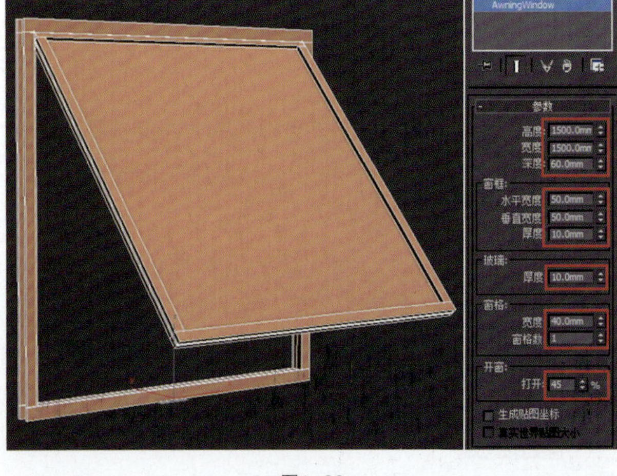

图1-39

图1-40

图1-41

图1-42

3. 楼梯模型创建

楼梯模型包括直线楼梯、L形楼梯、U形楼梯和螺旋楼梯四种，如图1-42所示。

（1）开启【2.5维捕捉】模式，并勾选【栅格点】复选框，在顶视图中创建一个直线楼梯，其创建的顺序、方法和门是一样的，先大体拉出长和宽的值，再修改参数，效果如图1-43所示。

（2）用相同的方法创建出其他的楼梯模型，并进行简单的颜色、灯光设置和渲染，方法同前面所讲方法一致，渲染效果如图1-44所示。

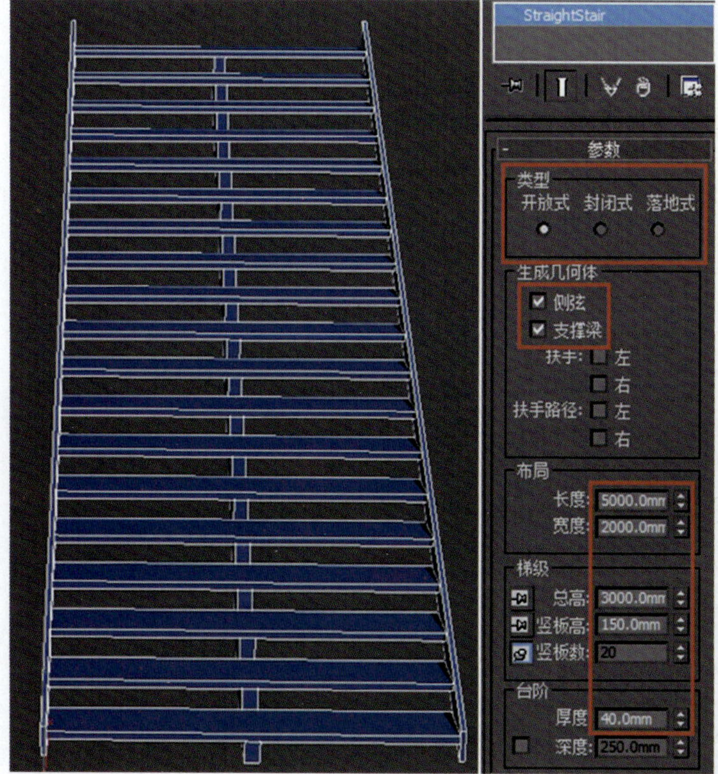

图1-43

楼梯建模方法

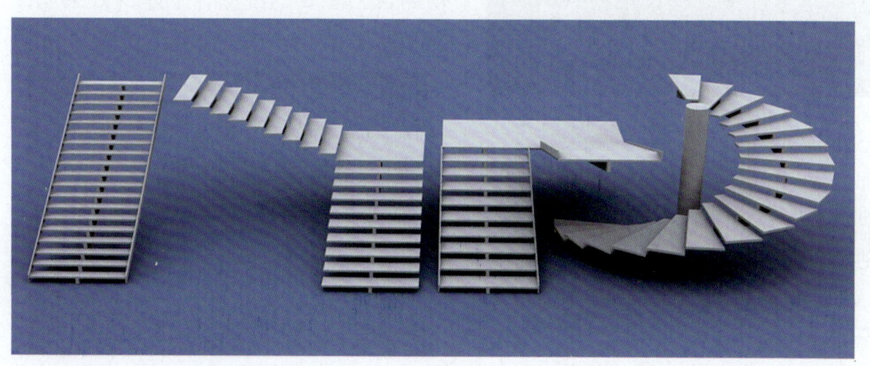

图1-44

1.2.4 二维图形创建

【图形】面板包括【线】【矩形】【圆】【椭圆】【弧】【圆环】【多边形】【星形】【文本】【螺旋线】及【截面】，在室内建模中会经常用到【图形】面板下的工具，除线和截面外，其他的图形创建完后根据特殊的需要会转换为样条线再进行编辑得到所要的造型线，【图形】面板如图1-45所示。

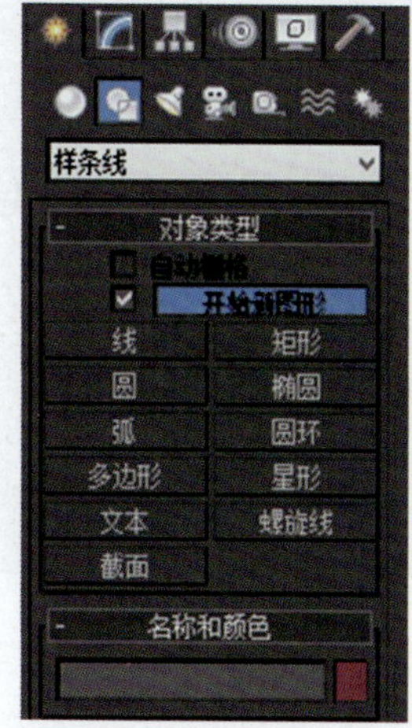

图1-45

1. 线的创建

（1）线的创建方法包括单击生成直线转折线，单击后按住鼠标拖动得到弧形线，如果单击的同时按住Shift键，则强制以水平或垂直方向画线，如图1-46所示。

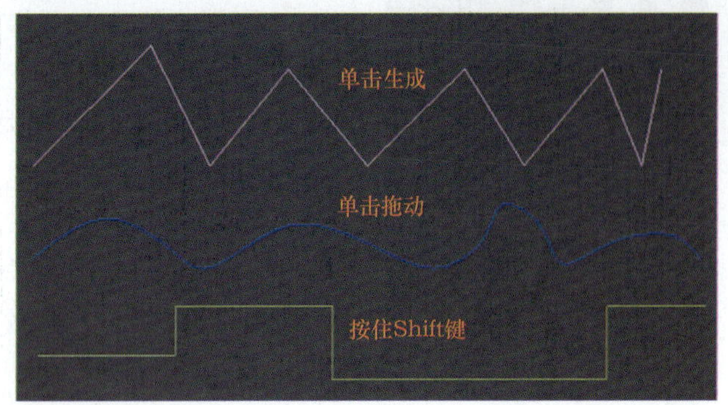

图1-46

（2）线的修改包括【顶点】【线段】【样条线】三种层级，对应的修改参数较为复杂，在不同的层级下呈现出不同的属性，如图1-47和图1-48所示。

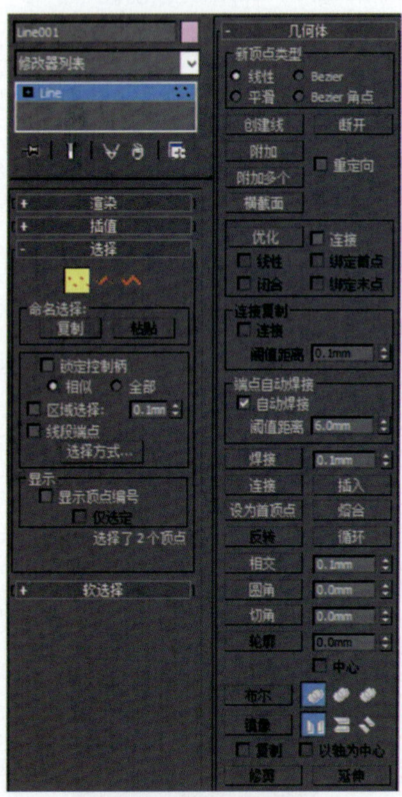

图1-47

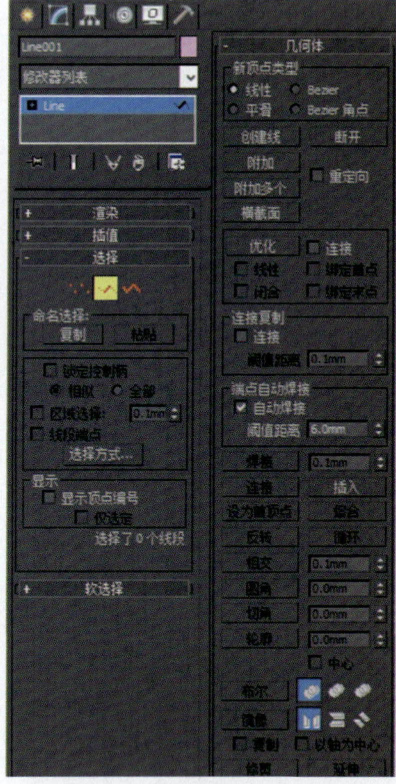

图1-48

（3）【几何体】卷展栏分别在【顶点】【线段】和【样条线】层级下显示，黑色表示该选项不可用，下面分别讲述不同物体层级下常用的命令。

1）顶点编辑

①【断开】：将所选点分离成两个不相连的点。

②【焊接】：将两个选择的点连接在一起。

③【优化】：在样条线上增加调节点，不影响样条线的外形。

④【插入】：在样条线上增加调节点，会影响样条线外形。

⑤【连接】：在两个相隔的点之间连接成线。

⑥【圆角】：将点转成圆角。

⑦【切角】：将一个点切成两个点。

2）线段编辑

①【断开】：将所选线段从样条线子集中分离断开。

②【分离】：将所选线段从线段层级中分离出去。

3）样条线编辑

①【轮廓】：将一条样条线变化成多条样条线。

②【布尔运算】：进行样条线的并集、差集和交集运算。

③【镜像】：可以进行水平、垂直和倾斜镜像。

④【修剪】：有相交边界就可以进行修剪编辑。

⑤【延伸】：将不相交的线延伸成相交的线。

⑥【分离】：将所选样条线子集从物体层级中分离出去。

⑦【炸开】：将所选的样条线子集全部炸开成独立的样条线。

2. 其他图形的创建

其他图形的创建比较简单，但是要注意不同对象的修改参数设置，调整得到自己想要的图形，创建的效果如图1-49所示。

图1-49

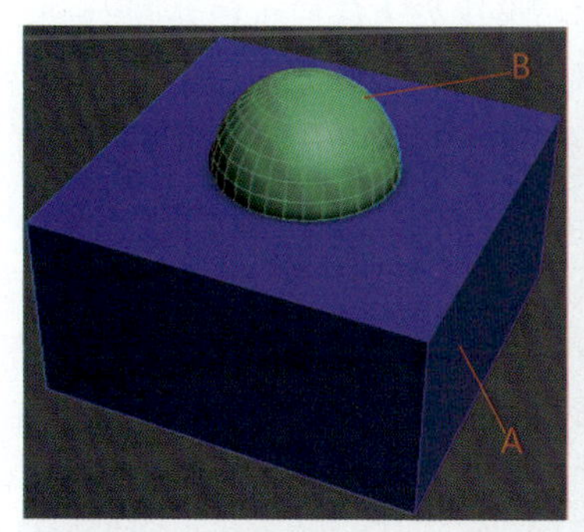

图1-50

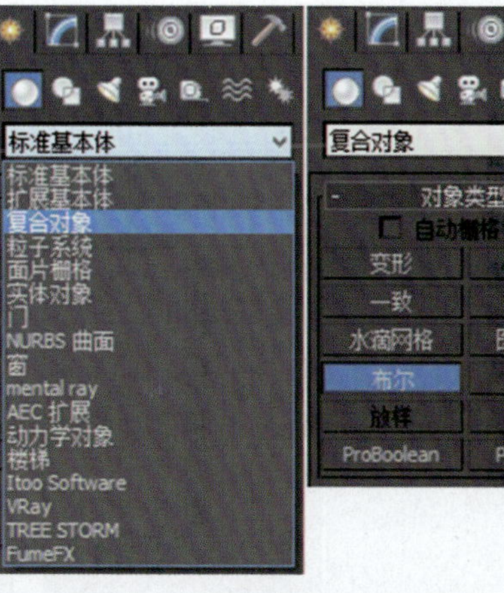

图1-51

1.2.5 复合对象建模

1. 布尔运算

（1）创建如图1-50所示的场景，长方体与球体有相交部分。

（2）选择长方体对象，进入【创建】面板，在【标准基本体】的下拉列表中，选择【复合对象】，在【复合对象】面板中选择【布尔】，如图1-51所示。

（3）单击【拾取操作对象B】按钮，如图1-52所示，在视图中选择球体，完成长方体（物体A）与球体（物体B）之间的布尔运算，效果如图1-53所示。

小提示：【并集】：运算后A、B两个物体合并为一个，相交的地方被消除；【交集】：运算后两个物体相交的地方保留，其余地方被消除；【差集A-B】：运算后A物体保留，但是与B物体相交的地方被消除，B物体被消除；【差集B-A】：运算后B物体保留，但是与A物体相交的地方被消除，A物体被消除；【切割】：提供了【优化】【分割】【移除内部】【移除外部】四个选项，用得比较少。

（4）其他运算方式结果如图1-54所示。

图1-52

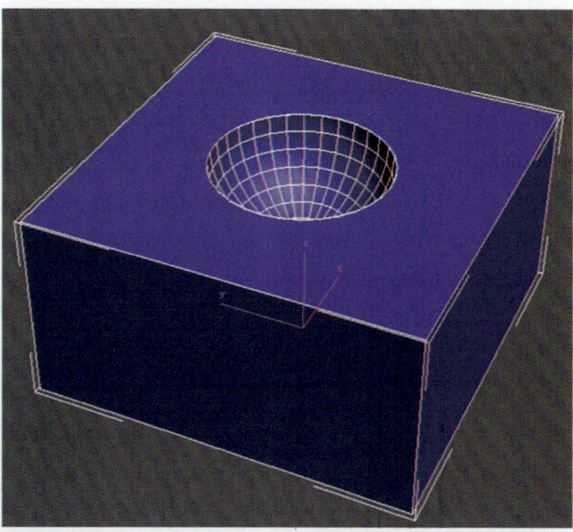
图1-53

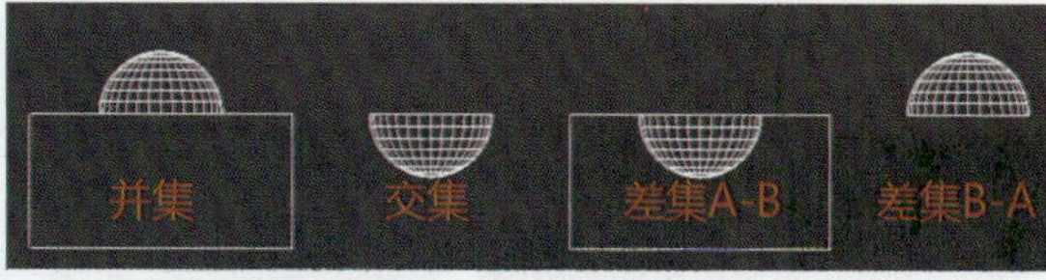

图1-54

2. ProBoolean（超级布尔运算）

ProBoolean和布尔运算操作相同，功能上优化更好，可以同时单击运算多个对象，可以理解为A-B、C、D…，一对多，而且可以有效避免产生乱线；布尔运算在同时运算多个对象时，前一次操作的作用会无效，转而以当前操作为有效操作，可以理解为A-B，一对一，如果要一次运算多个对象，可以将运算的对象塌陷为一个物体再进行布尔运算。用布尔运算和ProBoolean运算对象得到的不同之处如图1-55所示。

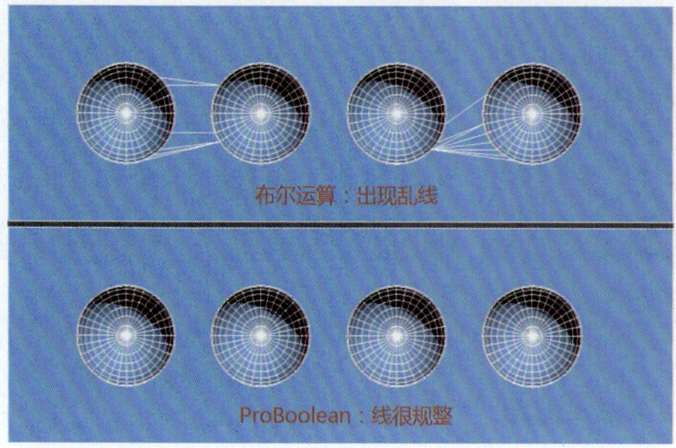

图1-55

3. 放样

放样对象是通过两个或者多个二维图形放样成三维对象的建模方式，其中某个二维对象会被指定为路径，其余图形会作为放样对象的横截面使用。放样的修改参数卷展栏下：

（1）【曲面参数】：主要用于控制放样曲面的平滑度。

（2）【路径参数】：主要用于控制沿放样路径的位置间隔设置。

（3）【蒙皮参数】：主要用于控制图形步数、路径步数的优化及法线朝向等。

（4）【变形】：主要用于对放样对象的进一步修改，包括缩放、扭曲、倾斜、倒角及拟合，通过变形，得到更丰富的效果。

创建圆形桌布效果：

（1）在视图中创建如图1-56所示的图形，为了方便理解，将直线命名为A，高度为800 mm；蓝色圆命名为B，半径为750 mm；红色圆命名为C，半径为760 mm；星形命名为D，半径1为1000 mm，半径2为750 mm，点：10，圆角半径1为150 mm，圆角半径2为150mm。

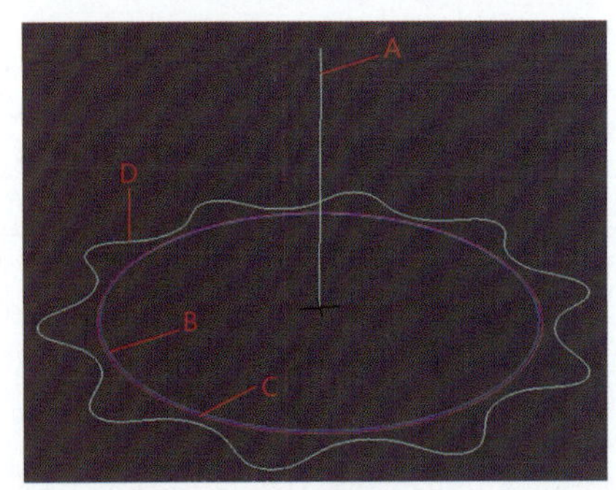

图1-56

（2）选择直线A，执行【放样】命令，单击【获取图形】按钮，在【路径】值为0的情况下，单击圆B，如图1-57所示，得到的效果如图1-58所示。

（3）将【路径】的值改为5，单击【获取图形】按钮，拾取圆C，如图1-59所示，生成桌布的边缘过渡切角，得到的效果如图1-60所示。

（4）将【路径】的值改为100，单击【获取图形】按钮，拾取圆D，如图1-61所示，生成桌布的裙角，得到的效果如图1-62所示。

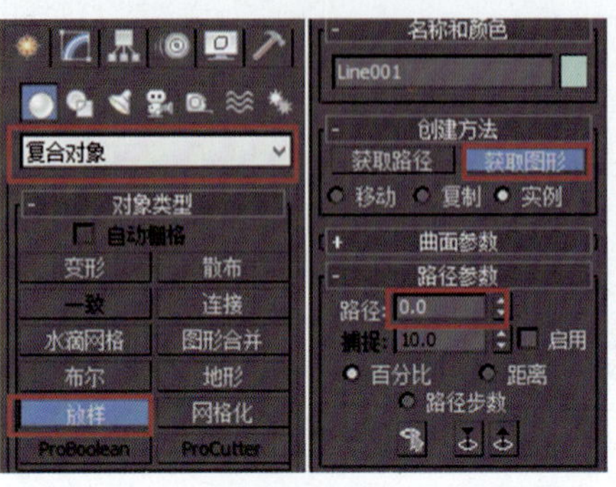

图1-57

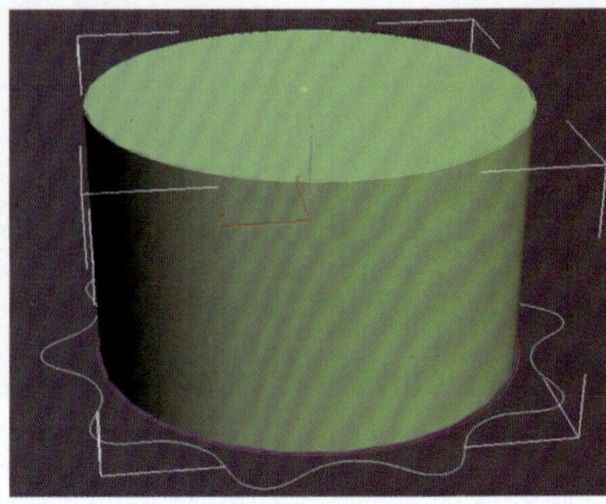

图1-58

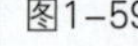

图1-59

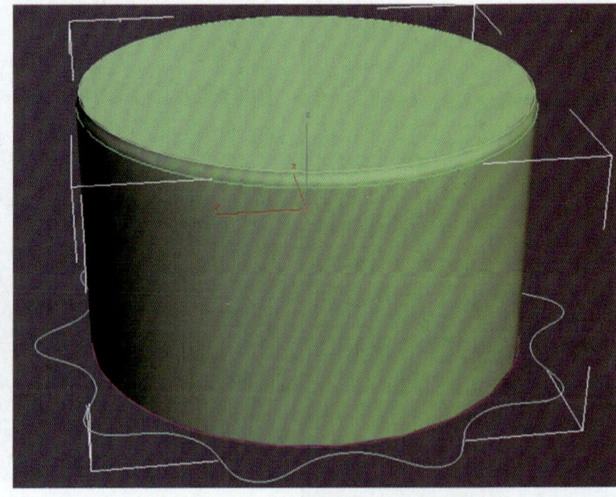

图1-60

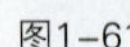

图1-61

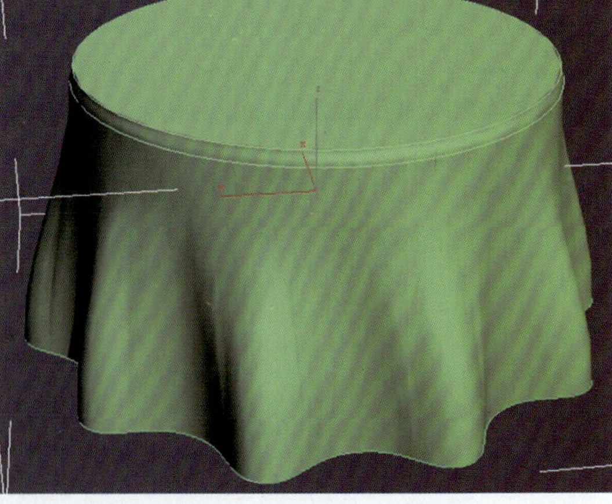

图1-62

1.2.6 修改器建模

3ds Max修改器非常多，但就室内效果图制作而言，常用的修改器并不多，本节主要讲解室内建模中常用修改器的用法。

小提示：为了提高工作效率，建议读者将常用修改器添加到【配置修改器集】中，并选择勾选【显示按钮】和【显示列表中的所有集】，如图1-63和图1-64所示。

1. 【挤出】修改器

【挤出】修改器在室内效果图制作中使用非常频繁，只能对二维样条线或者二维图形使用，通常用于挤出墙体、吊顶，将二维图形挤出为三维物体。

（1）在顶视图中创建如图1-65所示的图形（参考：大圆半径300 mm，小圆半径120 mm）。

（2）选择大圆，右击，选择【转换为可编辑样条线】命令，单击【几何体】卷展栏下的【附加】按钮，如图1-66所示，将两个小圆附加在一起，如图1-67所示。

（3）选择【可编辑样条线】下的【样条线】层级，如图1-68所示，选择大圆，单击【布尔】按钮，运算模式为【并集】，如图1-69所示。依次单击两个小圆，对其进行线的布尔运算，得到的效果如图1-70所示。

（4）执行【样条线】层级下的【轮廓】命令，轮廓值为30 mm，如图1-71所示，添加轮廓后效果如图1-72所示。

（5）对其添加【挤出】修改器，挤出数量为50 mm，如图1-73所示，得到的效果如图1-74所示。

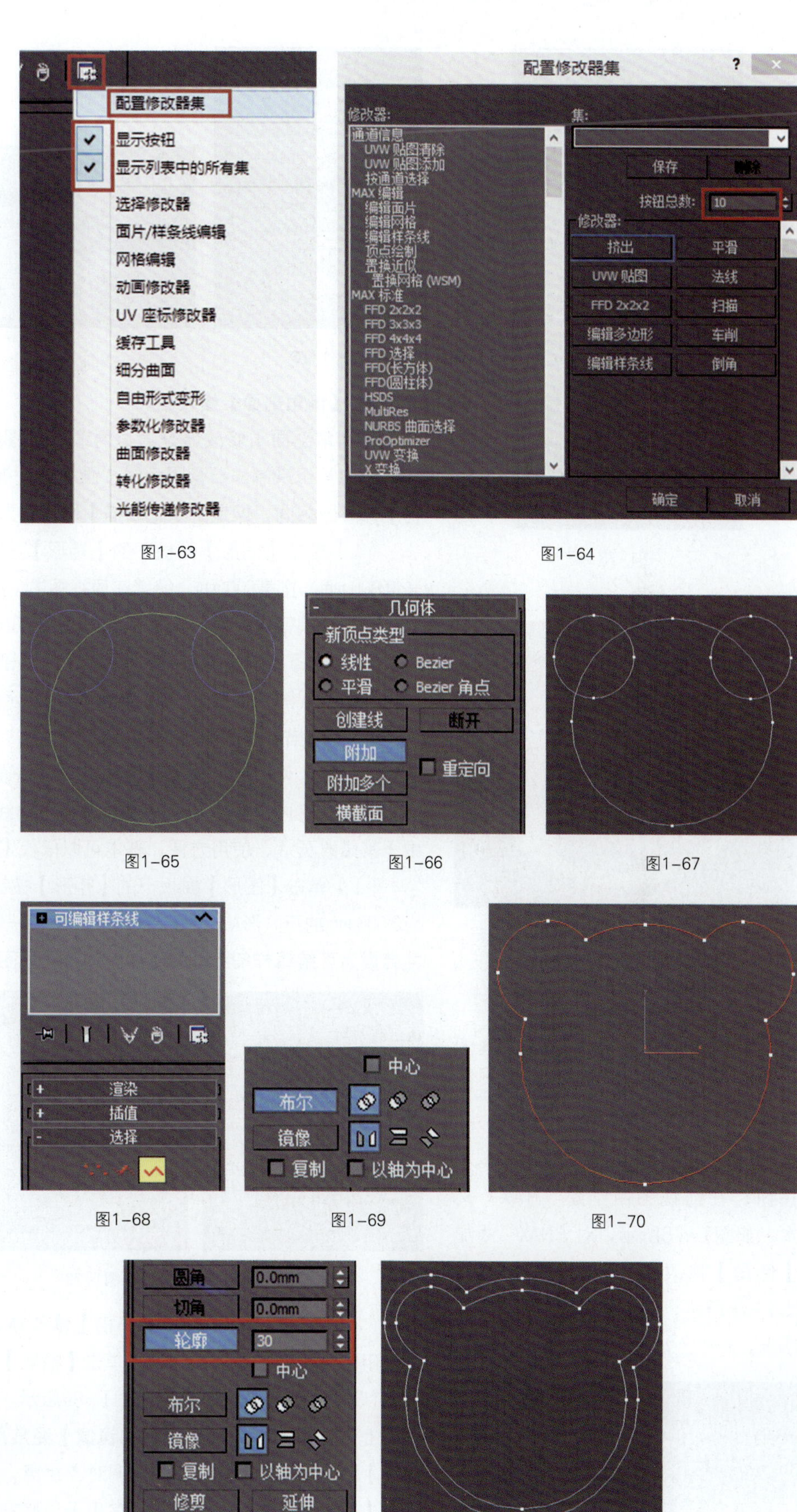

图1-63　图1-64

图1-65　图1-66　图1-67

图1-68　图1-69　图1-70

图1-71　图1-72

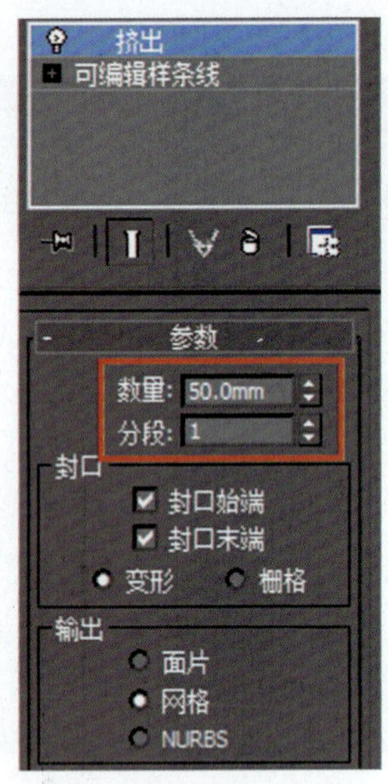

图1-73

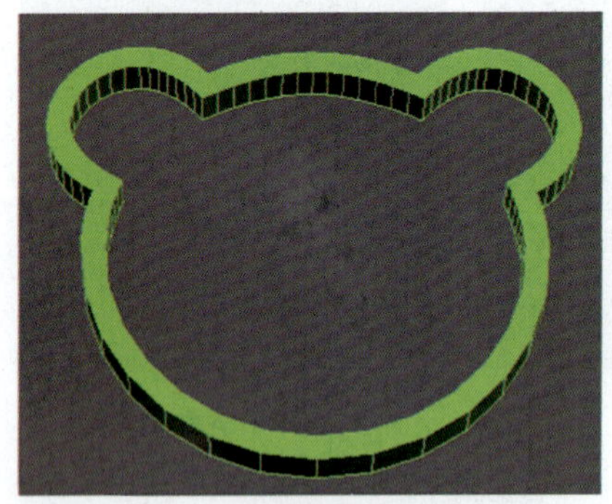

图1-74

2. 【倒角】修改器

【倒角】修改器能够对二维图形进行挤出，形成带有倒角的三维物体。

单击【图形】面板下的【文本】按钮，在前视图中创建“MAX”文本，如图1-75所示，对“MAX”添加【倒角】修改器，并设置倒角值如图1-76所示，得到的效果如图1-77所示。

图1-75

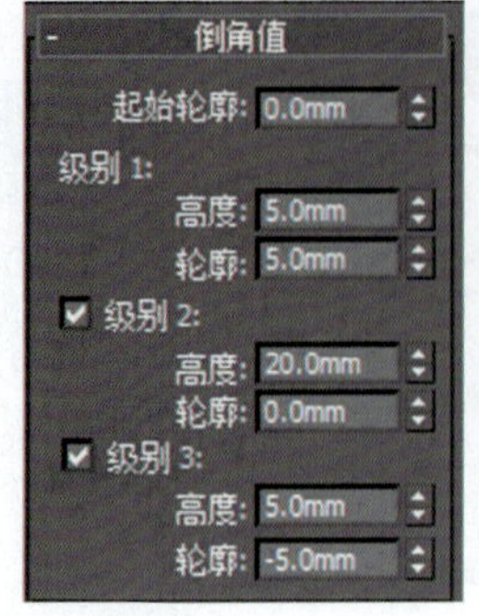

图1-76

图1-77

3. 【倒角剖面】修改器

【倒角剖面】修改器是通过两个二维图形来完成三维物体的创建，在室内建模中常用来制作石膏阴角线、画框造型等。其作用效果和后面讲到的【扫描】修改器相同，但是不如【扫描】修改器方便调整。

（1）单击【图形】面板下的【矩形】按钮，在顶视图中创建一个矩形A，长度800 mm，宽度600 mm，继续在顶视图中创建一个长和宽均为40 mm的矩形B，并转换为可编辑样条线，调整得到如图1-78所示效果。

（2）选择大的矩形A，对其添加【倒角剖面】修改器，单击【拾取剖面】按钮，在顶视图中拾取B，得到如图1-79所示的画框效果。

4. 【扫描】修改器

【扫描】修改器广泛用于室内建模，是通过两个二维图形来完成三维物体的创建，在室内建模中常用来制作石膏阴角线、门套、踢脚线、画框造型等。由于其修改灵活，使用方便，基本可以取代【倒角】修改器。

（1）单击【图形】面板下的【矩形】按钮，在顶视图中创建一个长和宽均为2 000 mm的正方形A，继续在顶视图中创建一个长和宽均为150 mm的正方形B，并转换为可编辑样条线，调整得到的效果如图1-80所示。

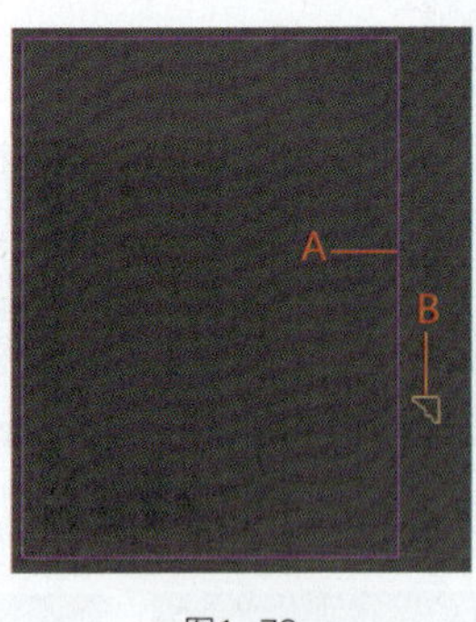

图1-78

图1-79

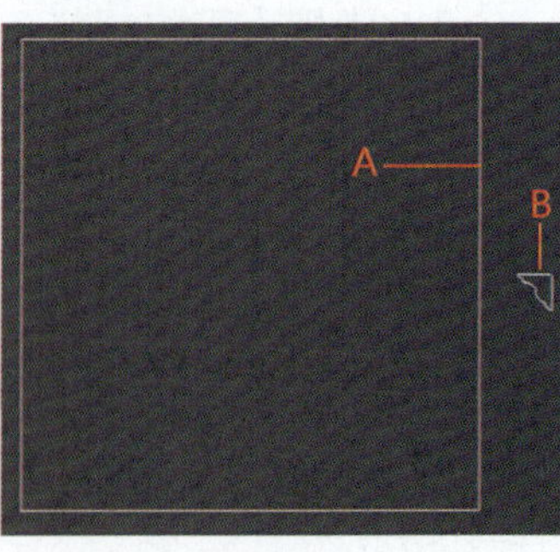

图1-80

（2）选择A，对其添加【扫描】修改器，在【截面类型】卷展栏中勾选【使用定制截面】单选按钮，并单击【拾取】按钮，拾取B，如图1-81所示。

（3）拾取后得到的效果如图1-82所示。在【扫描参数】卷展栏中，【XZ平面上的镜像】和【XY平面上的镜像】经常用于调整对象方向，同时，【X偏移量】和【Y偏移量】常用来微调对齐距离，【角度】可以调整扫描的角度变化，【轴对齐】的9种调节方式常用于调整扫描结果与物体对象之间的对齐关系，非常方便，如图1-83所示。

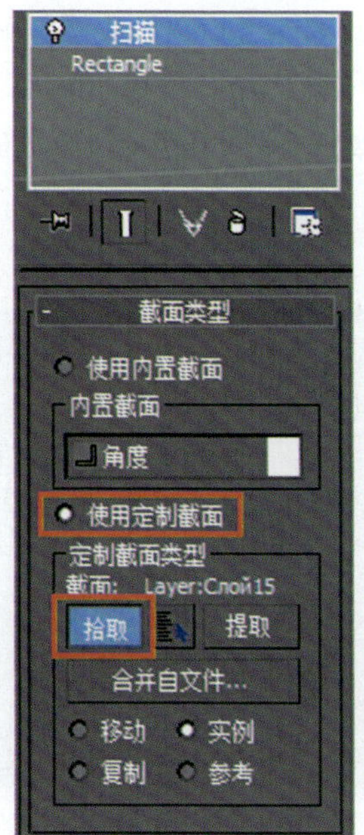

图1-81

图1-82

5. 【车削】修改器

【车削】修改器能够将二维样条线对象围绕一个轴进行旋转得到三维对象，通常在前视图中绘制对象的半截面。该修改器用于制作类似圆柱体的模型，如高脚杯、瓶子等对象。

（1）在前视图中绘制模型的半截面，如图1-84所示，对其添加【车削】修改器，参数设置如图1-85所示。完成效果如图1-86所示。

1）【度数】：设置样条线围绕轴旋转的度数，通常保持默认为360°。

2）【焊接内核】：通过焊接旋转轴中的顶点来简化网格，可以达到平滑的效果。

3）【翻转法线】：翻转对象的法线。

4）【分段】：设置旋转方向上的分段数，较大的值可以得到更为平滑的效果图。

5）【对齐】：将旋转轴与图形的最小（图形最左）、中心（图形中间）、最大（图形最右）范围对齐。

（2）对其添加【壳】修改器，设置参数【外部量】为2 mm，如图1-87所示，得到效果如图1-88所示。

小提示：【壳】修改器可以将单面物体变成双面，将几何体增加一层包裹面，对二维图形添加，则相当于【挤出】修改器效果。

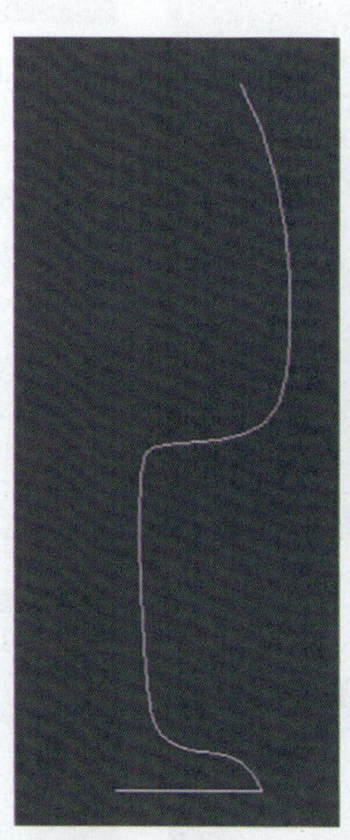

图1-84

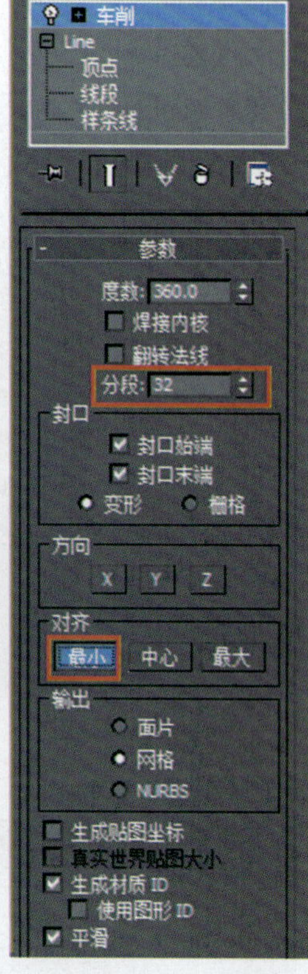

图1-85

图1-83

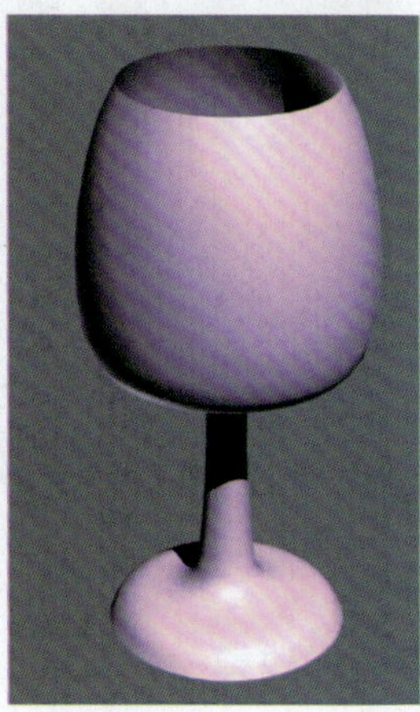

图1-86

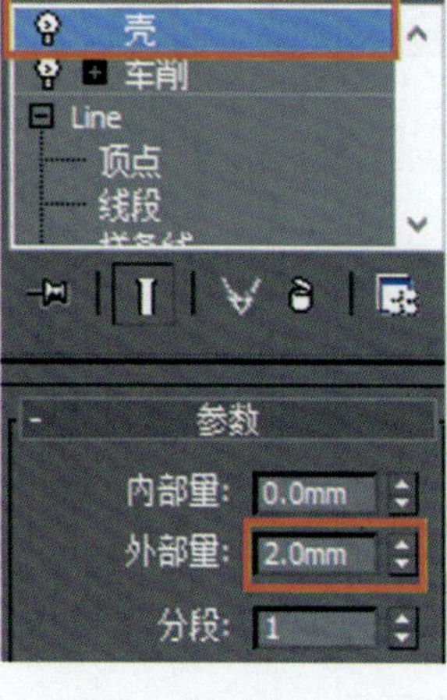

图1-87

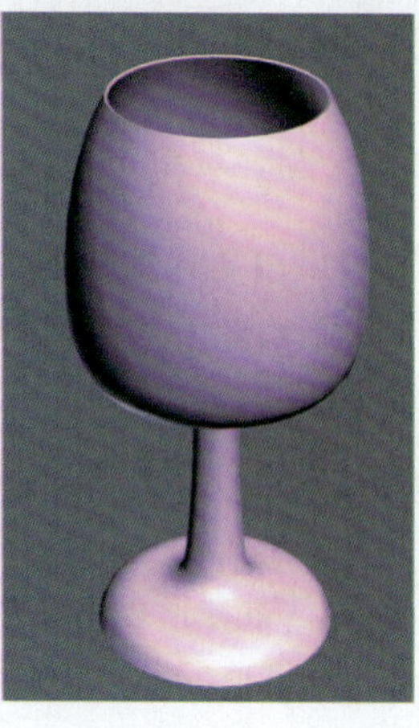

图1-88

6. 【弯曲】修改器

【弯曲】(【Tapek】)修改器可以对物体在任意三个轴向上进行弯曲处理，以及在一定区域内进行弯曲调整。

(1)在顶视图中创建一个圆柱体，半径20 mm，高度200 mm，高度分段20，如图1-89所示。

(2)对其添加【弯曲】修改器，参数设置如图1-90所示，得到效果如图1-91所示。

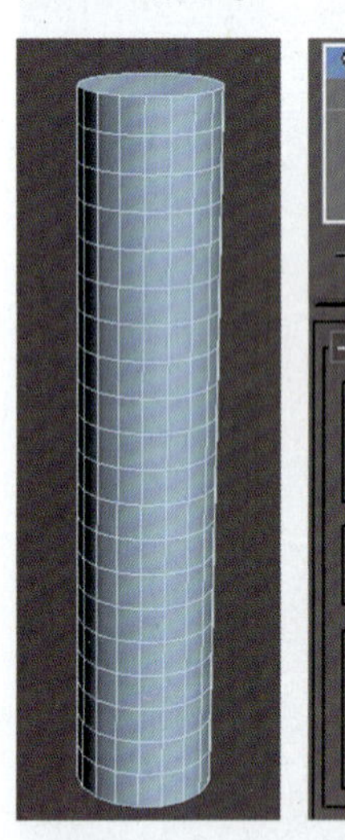

图1-89

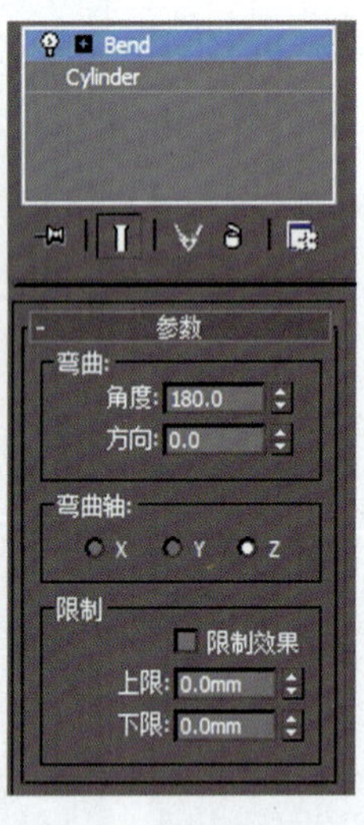

图1-90

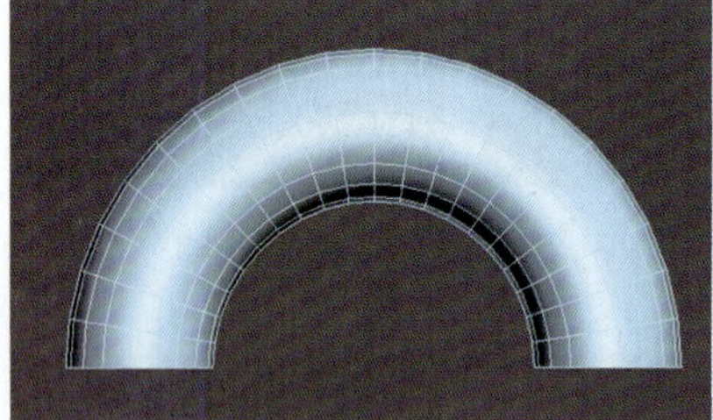

图1-91

7. 【锥化】修改器

【锥化】修改器可以通过缩放几何体的两端来产生锥化效果，在室内建模中可以用来创建简易的凳子造型。

(1)在顶视图中创建一个圆柱体，半径150 mm，高度400 mm，高度分段10，边数32，如图1-92所示。

(2)对其添加【锥化】修改器，参数如图1-93所示，得到效果如图1-94所示。

小提示：当【锥化】修改器【参数】卷展栏下的【曲线】的值为负值时，作用的效果向里收缩；【曲线】的值为正值时，作用的效果向外凸出。【数量】则控制锥化对象上端的大小变化。

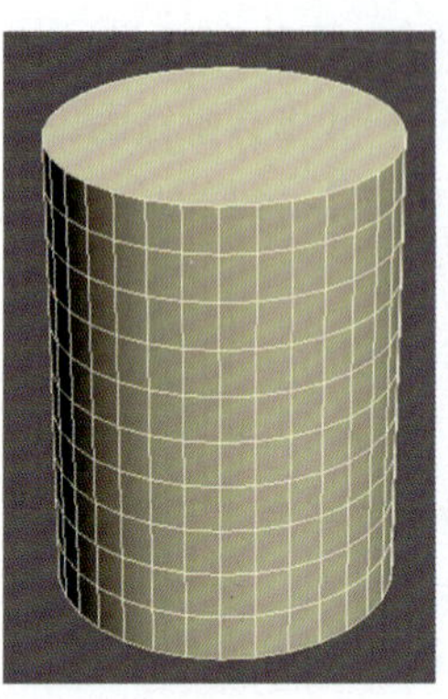

图1-92

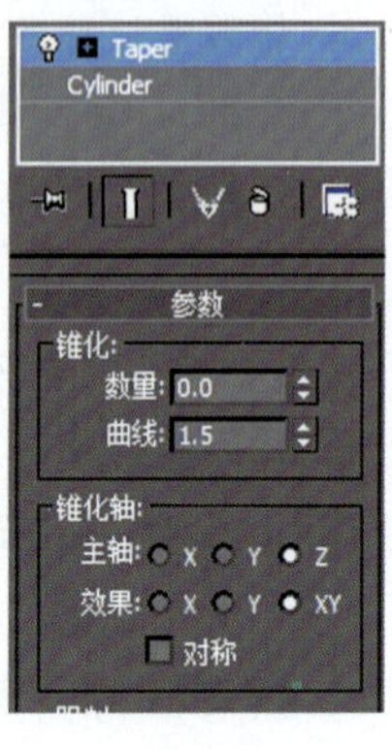

图1-93

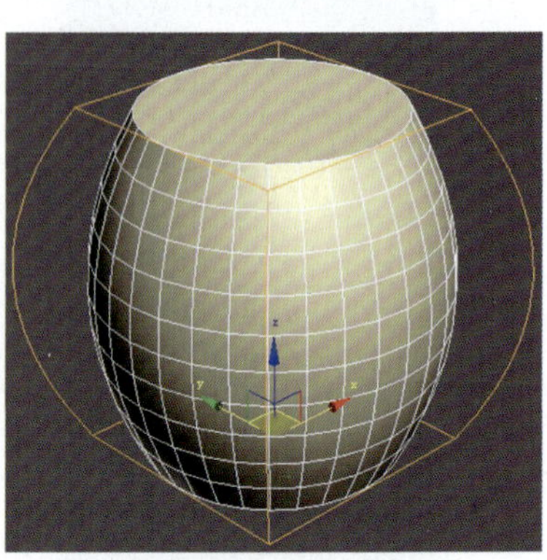

图1-94

8. 【扭曲】修改器

【扭曲】(【Twist】)修改器可以通过扭曲几何体产生螺旋的效果，在室内建模中可以用来创建相互缠绕扭曲的造型。

(1)在顶视图中创建一个圆柱体，半径50 mm，高度1 000 mm，高度分段20，边数32，如图1-95所示。

(2)复制一个圆柱体，并调整好位置，如图1-96所示。

(3)选择两个圆柱体，对其添加【扭曲】修改器，参数设置如图1-97所示，得到图1-98所示的效果。

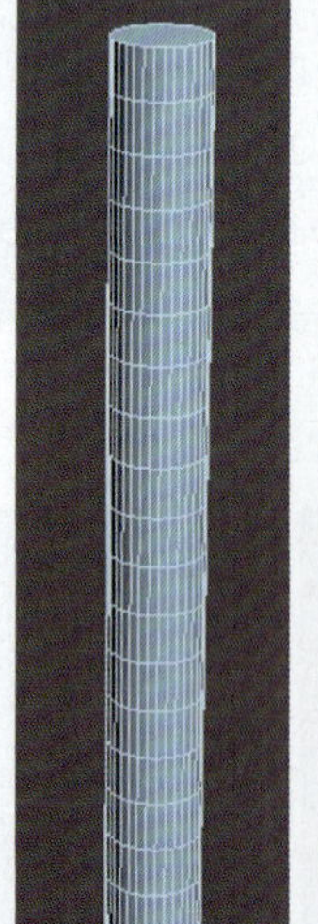

图1-95

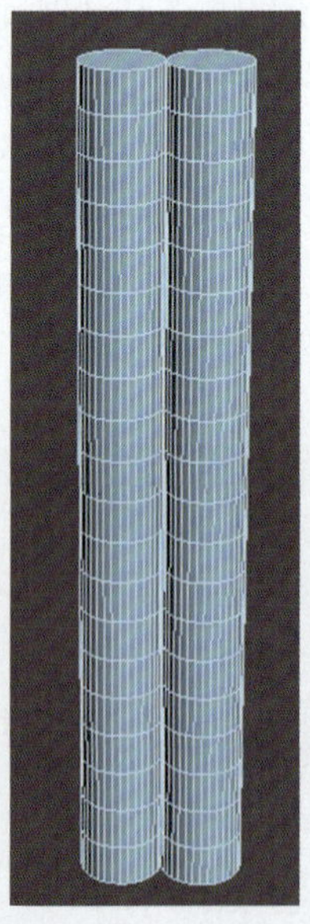

图1-96

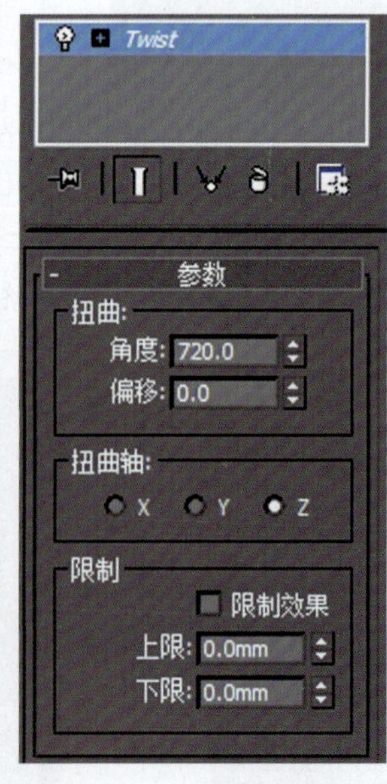

图1-97

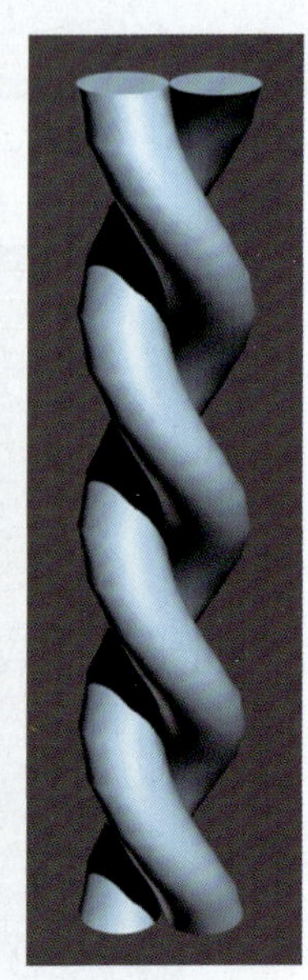

图1-98

1.2.7 多边形建模

在3ds Max中，【可编辑多边形】修改器建模方式在编辑功能上更为强大和自由，通过这种方法可以完成物体的最终刻画和修饰，是室内建模的重点。

（1）将对象转换为可编辑多边形。在需要转换为可编辑多边形的物体上右击，执行【转换为】→【转换为可编辑多边形】命令。

（2）可编辑多边形子对象操作。可编辑多边形包含五种编辑方式，分别是【顶点】【边】【边界】【多边形】和【元素】，它们有公用参数面板和专属参数面板，如图1-99所示。

（3）可编辑多边形常用参数。

1）【忽略背面】：一般在选择的时候，比如框选时会将背面的子物体一起选中，如果勾选此复选框，在选择时只会选择对象的表面，而背面不会被选择，此功能只能进入子层级才能使用。通常在使用多边形创建室内模型时，会勾选此复选框。

2）【编辑几何体】卷展栏常用命令，如图1-100所示。

①【附加】：将其他对象附加到现有物体中。

②【分离】：将所选子对象分离成其他物体。

③【切片平面】：对物体对象进行平面切片。

④【切片】：对物体进行切片。

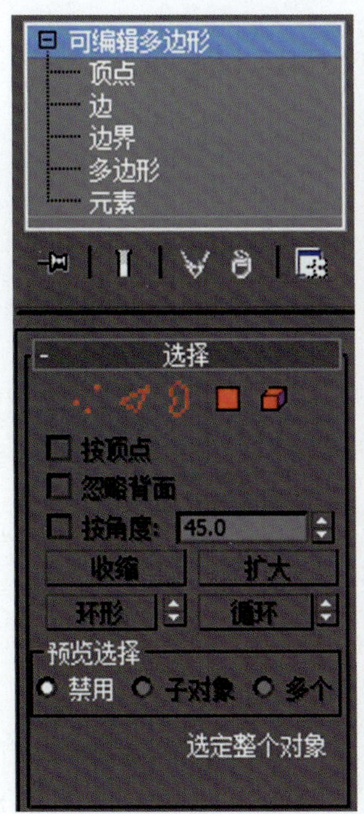

图1-99

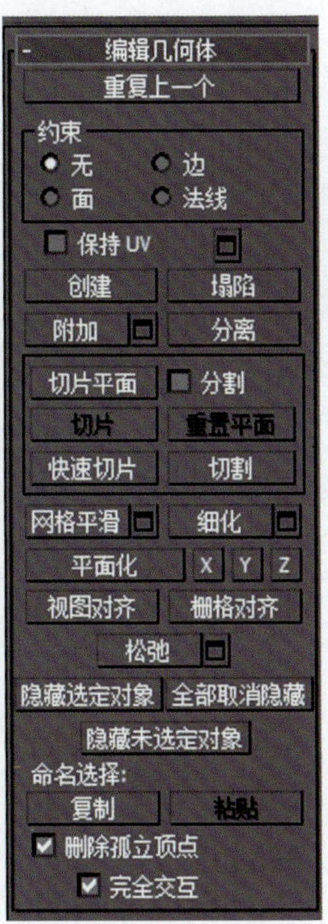

图1-100

⑤【分割】：在多边形表面添加线段。

3）【编辑顶点】卷展栏，如图1-101所示。

①【移除】：将选择的顶点删除。

②【断开】：将选择的顶点断开。

③【挤出】：沿法线挤出，创建新的面。

④【焊接】：将不同的顶点焊接在一起。

⑤【切角】：将一个点切成三个点。

图1-101

⑥【目标焊接】：将一个点焊接到另一个点的位置。

4）【编辑边】卷展栏，如图1-102所示。

①【移除】：将选择的边删除。

②【挤出】：对选择的边进行挤出操作。

③【切角】：将一条边切成两条边。

④【桥】：桥接两个附加为一个对象有距离的边。

⑤【连接】：在选定边与边之间建立新的连接边，在建模中使用频繁。

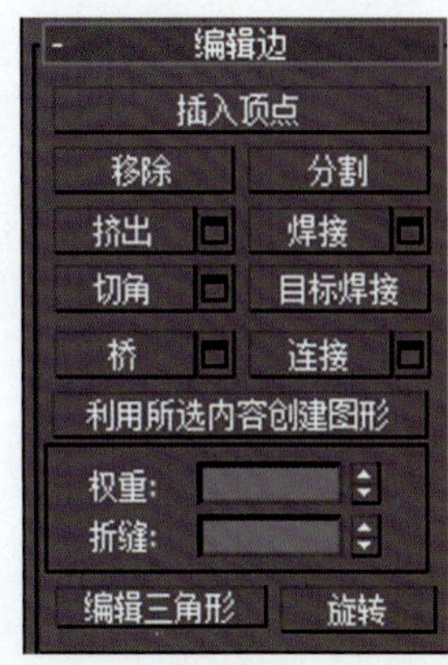

图1-102

5）【编辑边界】卷展栏，如图1-103所示。

①【挤出】：对选择的边界进行挤出操作。

②【切角】：选择边界情况下在对象上生成另一组边。

③【封口】：将删除多边形所产生的面重新封闭。

④【桥】：桥接两个附加为一个对象之间有距离的边界。

⑤【连接】：连接同一物体下选定的上下两个边界，使边界之间产生连接线。

6）【编辑多边形】卷展栏，如图1-104所示。

①【挤出】：对选择的多边形进行挤出操作。

②【倒角】：对选择的多边形进行倒角操作，可以灵活控制挤出高度和轮廓值。

③【桥】：桥接两个附加为一个对象有距离的多边形。

④【轮廓】：使选择的多边形产生缩放效果。

⑤【插入】：将所选择多边形插入，生成一个新的面。

⑥【翻转】：翻转所选多边形的法线方向。

7）【编辑元素】卷展栏，如图1-105所示。

【翻转】：翻转所选元素的法线方向，在室内建模中较为常用，作用等同于【法线】修改器。

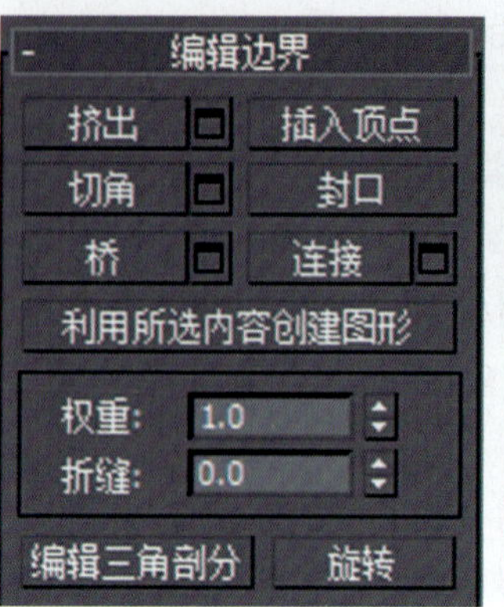

图1-103

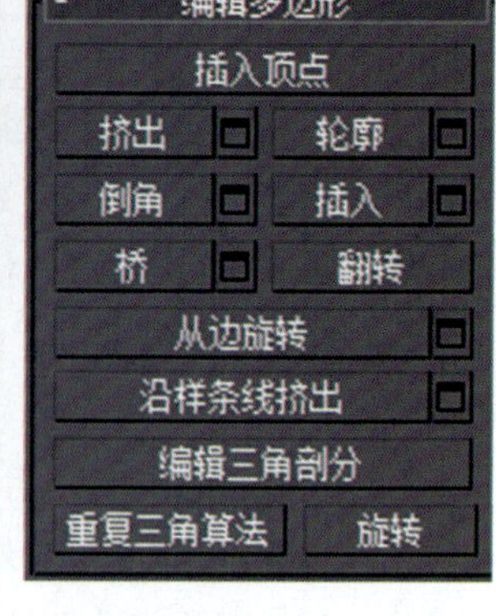

图1-104

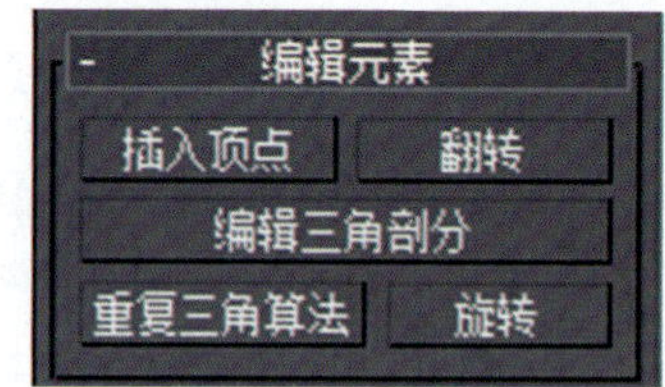

图1-105

本章小结

本章主要介绍了3ds Max基础知识、操作方法及常用的建模方法，重点学习几何体建模、门窗楼梯建模、布尔运算、二维图形建模、放样、常用修改器建模及多边形建模知识，要求熟练运用相关的操作技巧及修改方法，为后续的课程学习打好基础。

第2章 小户型客厅空间效果图设计

◆本章知识点

3ds Max单面建模方法；3ds Max室内空间模型创建及修改；3ds Max室内VRay材质表现方法；3ds Max室内灯光布置及渲染。

◆学习目标

掌握3ds Max室内空间单面建模知识及空间模型创建方法；掌握室内常用材质的设置方法、灯光布置思路和渲染知识。

2.1 案例场景分析

本章案例为海南同创国际度假样板房效果图设计，是小户型结构，定位为度假旅游购房者需求，客厅和餐厅连为一体，空间较为紧凑。案例以白蓝色为主色调，定位为地中海风格，突出浪漫、清新的生活气息。

2.2 客厅空间模型创建

在讲述本案例之前，先对室内空间效果图表现技法做几点提示。

（1）模型：模型面要少而精。

（2）调用模型：调用的家具模型根据计算机配置选择模型的精度。

（3）灯光：灯光表现重点包括以下几个方面。

1）要考虑室内的光源分布情况；

2）室内的采光一般分为日景、夜景和黄昏3种；

3）每制作一张效果图之前首先提前考虑要表现什么样的气氛。

（4）后期：后期处理过程中尽量不要直接在渲染的原图上处理，而是通过复制原图的方法在副本上进行操作。

2.2.1 CAD图纸整理

在3ds Max中导入CAD设计图纸之前，需要在CAD中打开设计方案，选择需要导入3ds Max中的图纸，通过写块的方式，单独保存平面、立面造型和顶棚的图纸，在3ds Max建模过程中根据需要选择相应的CAD图纸参考建模。

CAD图纸整理

在CAD软件中打开配套网盘“第2章\CAD\海南同创平面施工图”，框选“户型平面布置图”部分，如图2-1所示。按W键，再按Enter键，在弹出的对话框中选择保存路径，如图2-2所示，将写块对象保存到该文件夹并命名为“平面布置”。

2.2.2 3ds Max建模前设置

3ds Max建模前设置

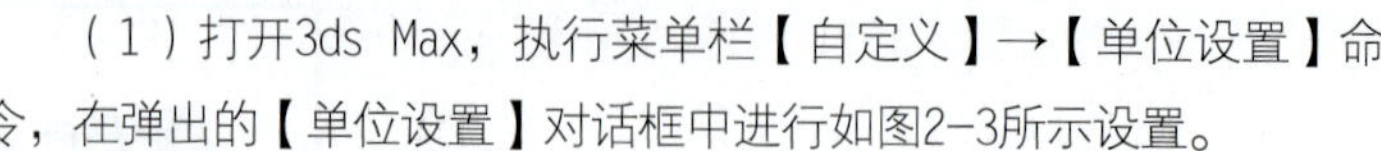

（1）打开3ds Max，执行菜单栏【自定义】→【单位设置】命令，在弹出的【单位设置】对话框中进行如图2-3所示设置。

（2）在【捕捉】按钮上右击，在弹出的【栅格和捕捉设置】对话框中进行如图2-4所示的设置。

（3）在菜单栏执行【自定义】→【首选项】命令，勾选【按方向自动切换窗口/交叉】复选框，如图2-5所示。

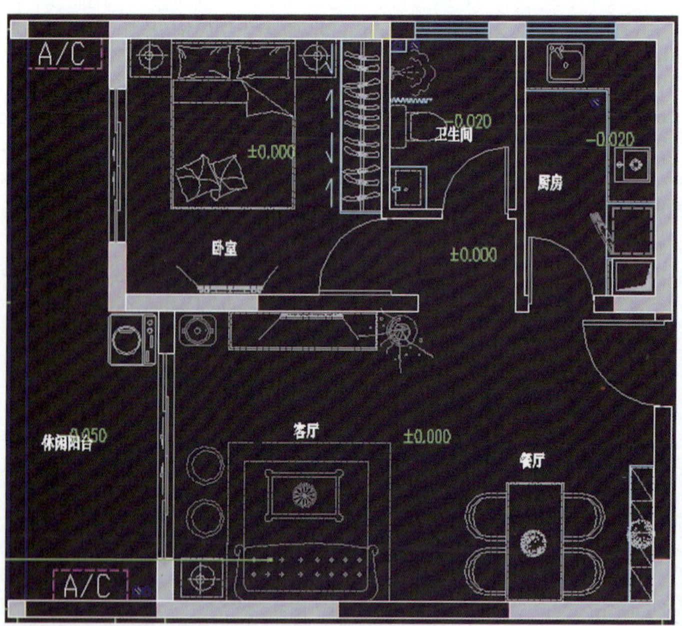

图2-1

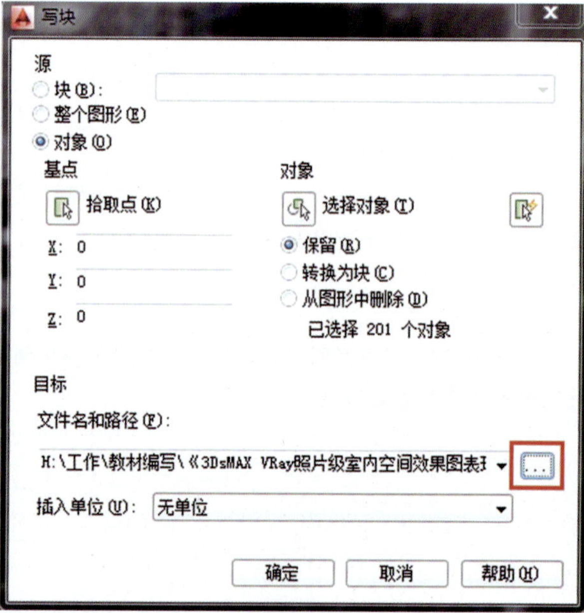

图2-2

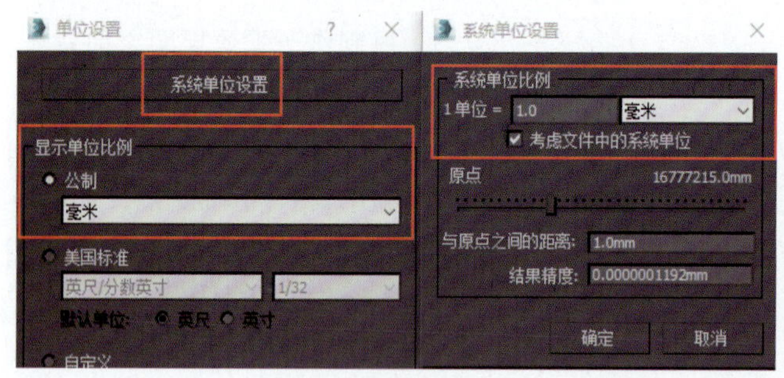

图2-3

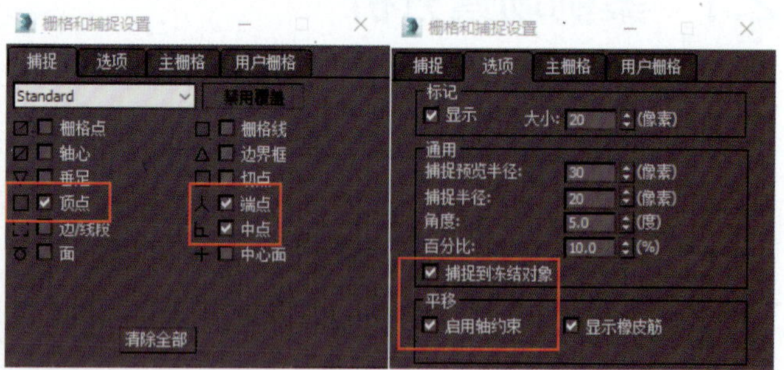

图2-4

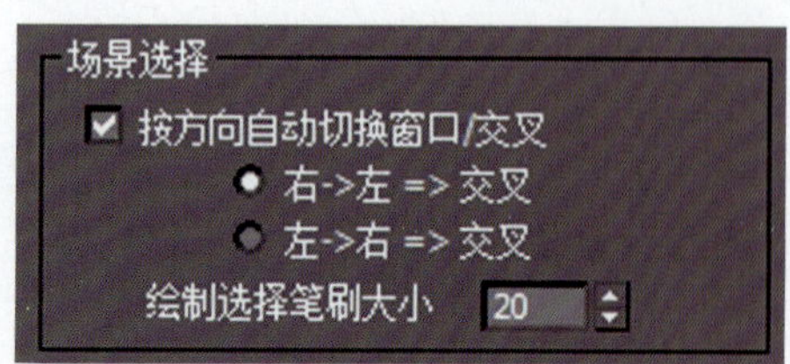

图2-5

2.2.3　室内空间建模

导入CAD设计图纸及设置

1．导入CAD设计图纸及设置

（1）单击3ds Max左上角图标，选择【导入】，如图2-6所示。选择配套网盘“第2章\CAD\平面布置”文件。

（2）在【导入选项】对话框中保持默认参数不变，单击【确认】按钮，在顶视图观察，得到的效果如图2-7所示。

（3）在顶视图中框选所有CAD图纸，执行菜单栏【组】→【成组】命令，如图2-8所示。在弹出的【组】对话框中将组命名为“平面布置cad”，将CAD平面布置图群组为一个对象，方便后面操作选择，如图2-9所示。

（4）选择“平面布置cad”对象，选择【移动工具】，在状态栏将X、Y、Z坐标归零，如图2-10所示。

小提示： 坐标归零的方法是选择【移动工具】，在状态栏【X】【Y】【Z】文本框右边上下小箭头地方右击，实现快速归零。其他类似文本框旁边有上下箭头的，同样可右击实现归零。

（5）选择“平面布置cad”对象，右击，选择【冻结当前选择】，避免建模过程中移动变换CAD图纸，如图2-11所示。并按G键隐藏网格，调整后的图纸如图2-12所示。

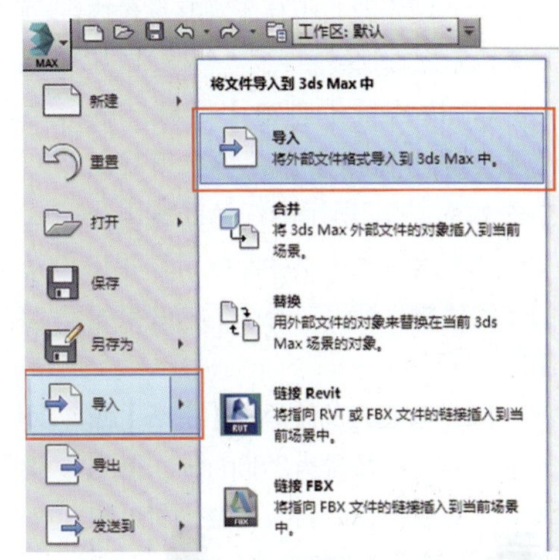

图2-6

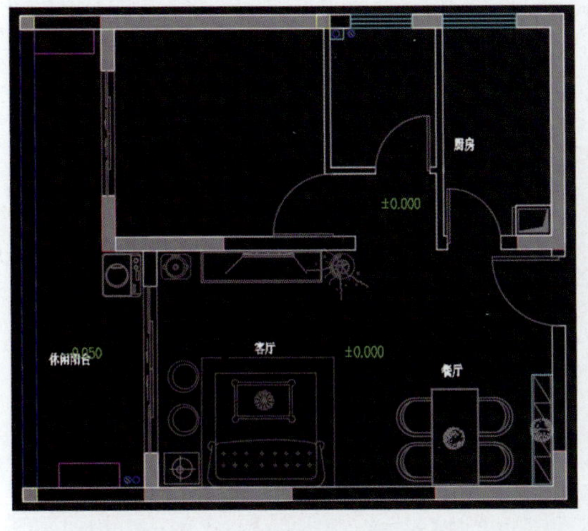

图2-7

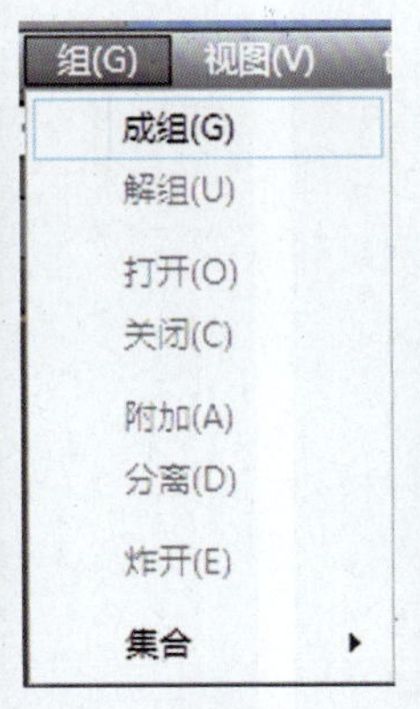

图2-8

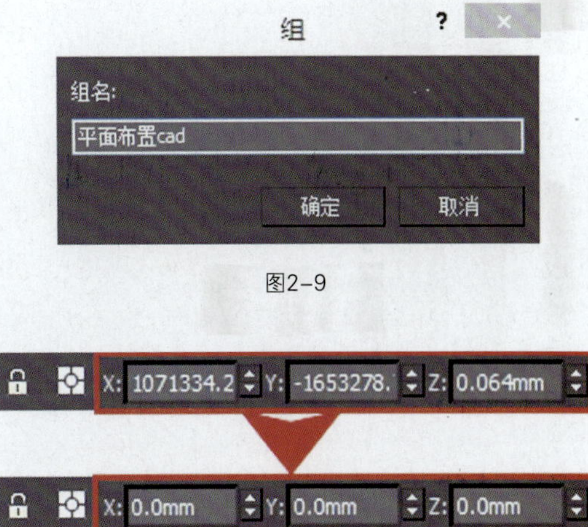

图2-9

图2-10

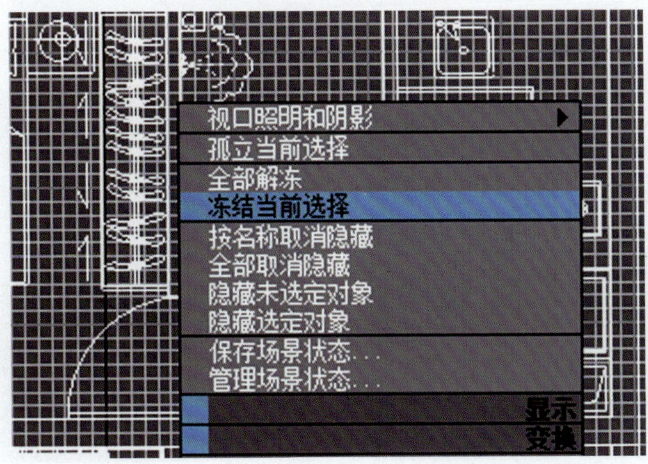

图2-11

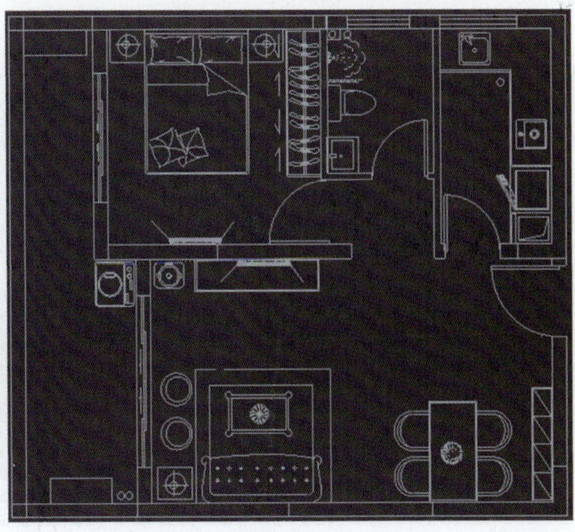

图2-12

2. 墙体建模

墙体建模采用单面建模的方式，这也是现在室内空间建模的主流方式，既方便修改，也便于观察场景内对象，不影响视线。

（1）执行【创建】面板下的【图形】→【线】命令，在顶视图中沿如图2-13所示的红色区域画线（注意画线过程中不要断线），并在门窗的位置生成点。画线后的效果如图2-14所示。

（2）对创建的线添加【挤出】修改器，挤出的数量为2 800 mm，得到墙体空间模型，命名为“墙体”，如图2-15所示。

（3）选择“墙体”对象，对其添加【法线】修改器，并在对象上右击，选择【对象属性】，在弹出的【对象属性】对话框中勾选【背面消隐】复选框，如图2-16所示。

（4）选择“墙体”对象，右击，执行【转换为】→【转换为可编辑多边形】命令，得到效果如图2-17所示。

墙体建模

（5）在透视图中将显示方式由【真实】改为【明暗处理】，这样可以使后期的操作更为流畅，如图2-18所示。

3. 门窗建模

（1）选择可编辑多边形的【边】层级，选择如图2-19所示的边，执行【编辑边】卷展栏下的【连接】命令，如图2-20所示。连接一条边，并将所连接的边的Z轴高度调整到2 000 mm，如图2-21所示。

（2）切换至【多边形】层级，并勾选【忽略背面】复选框，如图2-22所示。选择门洞的面，并单击【编辑多边形】卷展栏下【挤出】按钮右边的设置通道按钮，在弹出的对话框中设置挤出的高度为-200 mm，如图2-23所示，得到的效果如图2-24所示。

门窗建模

（3）按Delete键删除门洞的面，可以通过调用现成门的模型放在相应的位置，如图2-25所示。

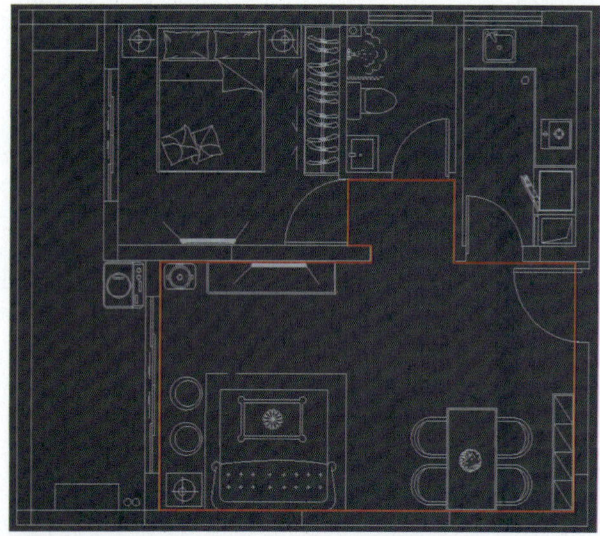

图2-13

图2-14

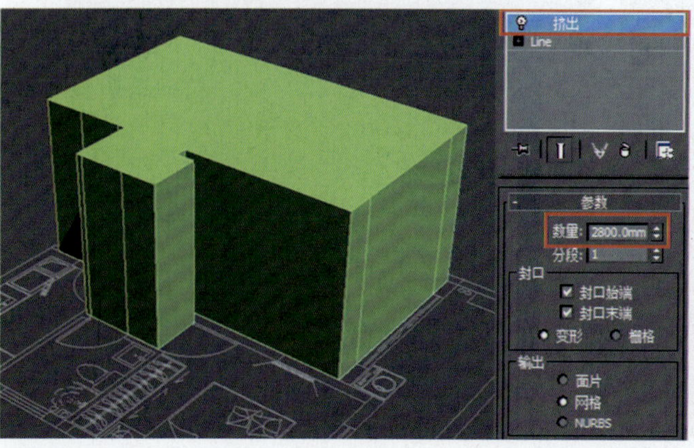

图2-15

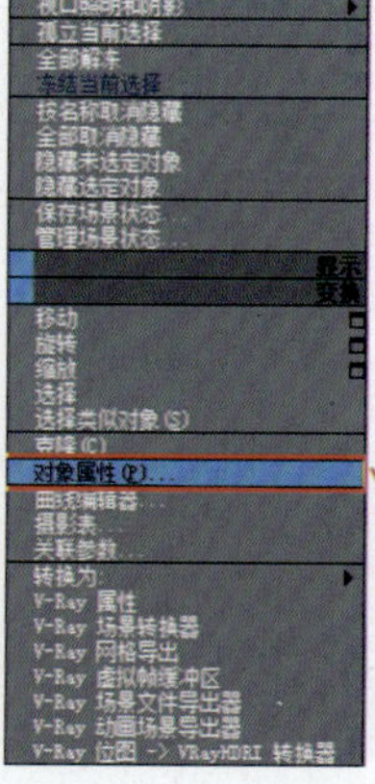

图2-16

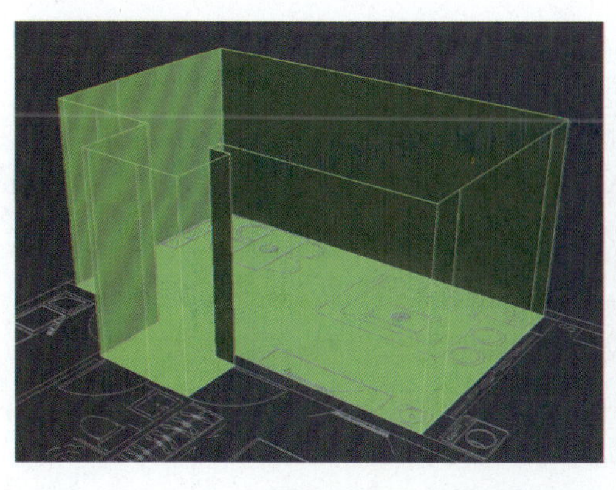

图2-17

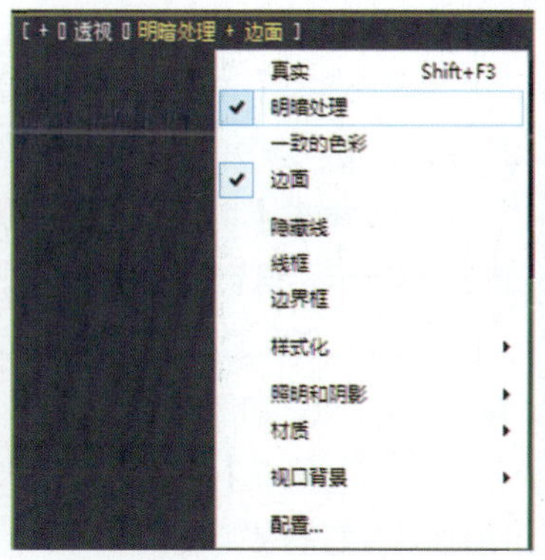

图2-18

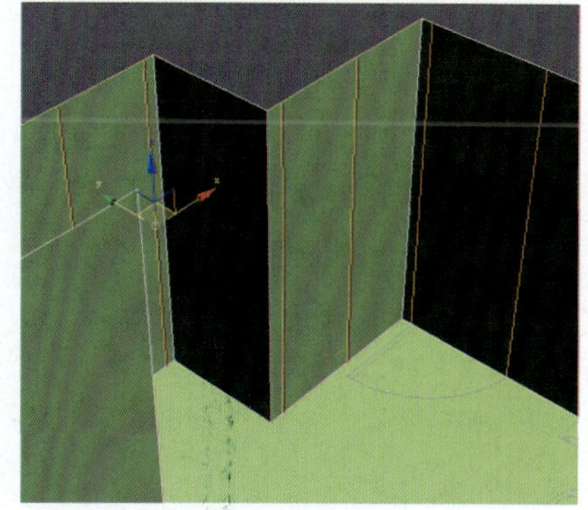

图2-19

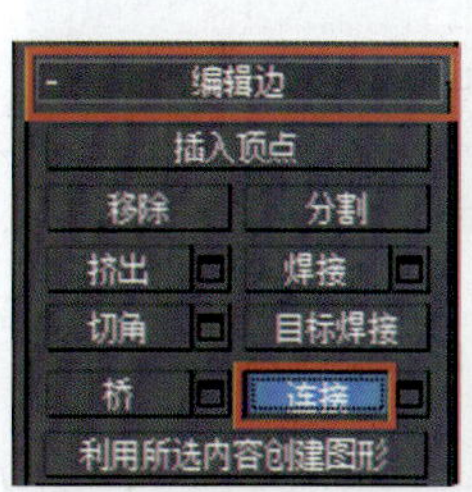

图2-20

图2-21

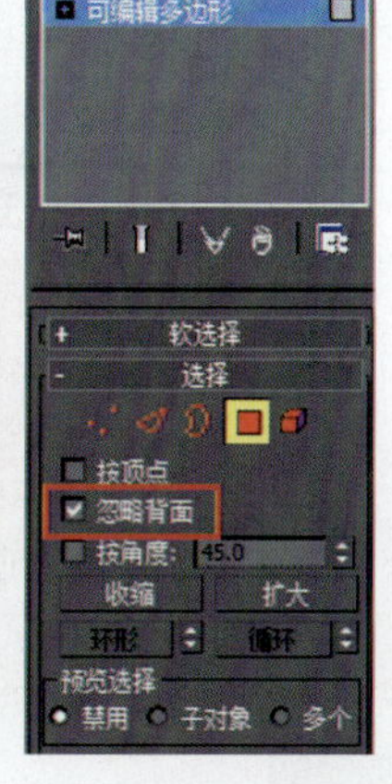

图2-22

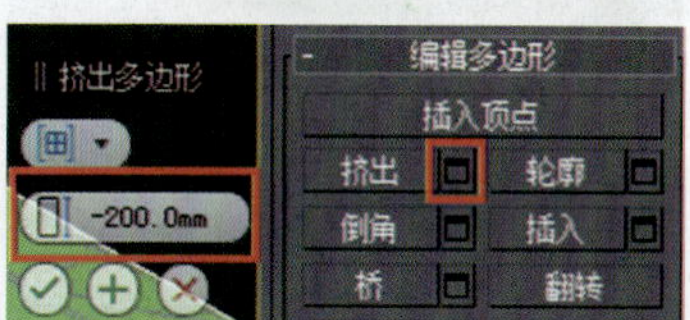

图2-23

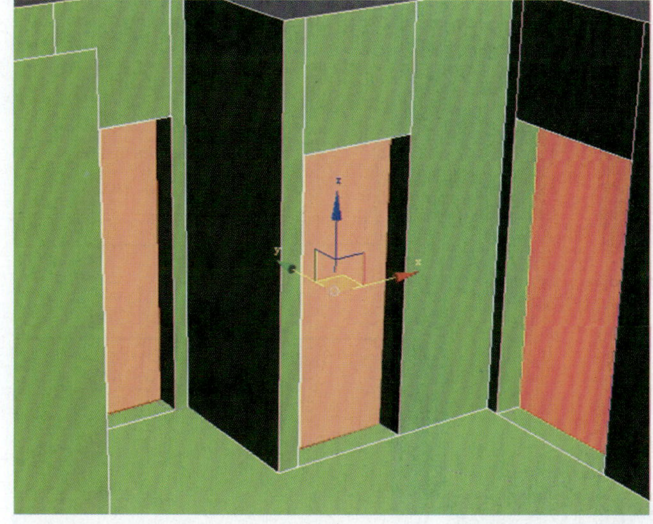

图2-24

图2-25

（4）切换至【边】层级，选择窗户左右两边的线，执行【编辑边】卷展栏下的【连接】命令，并将连接的边的Z轴高度调整到2 200 mm，如图2-26所示（这里的操作方法和图2-19至图2-21是相似的，可以联系起来思考）。

（5）选择【多边形】层级，选择窗户位置的面，单击【挤出】按钮右边的设置通道按钮，设置挤出的高度为-200 mm，如图2-27所示。并执行【编辑几何体】卷展栏下的【分离】命令，在弹出的对话框中命名为“窗户”，如图2-28所示。

（6）返回【可编辑多边形】状态，不要选择任何子对象层级，在透视图中选择刚分离出来的“窗户”，给其指定另一个颜色，以便于观察，如图2-29所示。

（7）选择“窗户”对象的情况下，按Alt+Q组合键孤立当前选择，便于对物体进行编辑，选择【多边形】层级，单击【插入】按钮右边的设置通道按钮，设置数量为50 mm，如图2-30所示，得到的效果如图2-31所示。

（8）选择【边】层级，选择插入后所得到的面的左右两边，执行【连接】命令，生成一条边，并将边的Z轴高度调整到1 900 mm，如图2-32所示。

（9）单击【切角】按钮右边的设置通道按钮，设置切角数量为20 mm，如图2-33所示，得到的效果如图2-34所示。

（10）选择图2-35所示的边，单击【连接】按钮右边的设置通道按钮，设置分段数为2，如图2-36所示，得到的效果如图2-37所示。

（11）单击【切角】按钮右边的设置通道按钮，设置【边切角景】数量为20 mm，得到效果如图2-38所示。选择【多边形】层级，按住Ctrl键选择如图2-39所示的面，单击【挤出】按钮右边的设置通道按钮，设置挤出高度为-30 mm，得到窗框和玻璃结构，如图2-40所示（挤出窗户的操作和挤出门洞的操作是一样的，可以参考前面所讲步骤）。

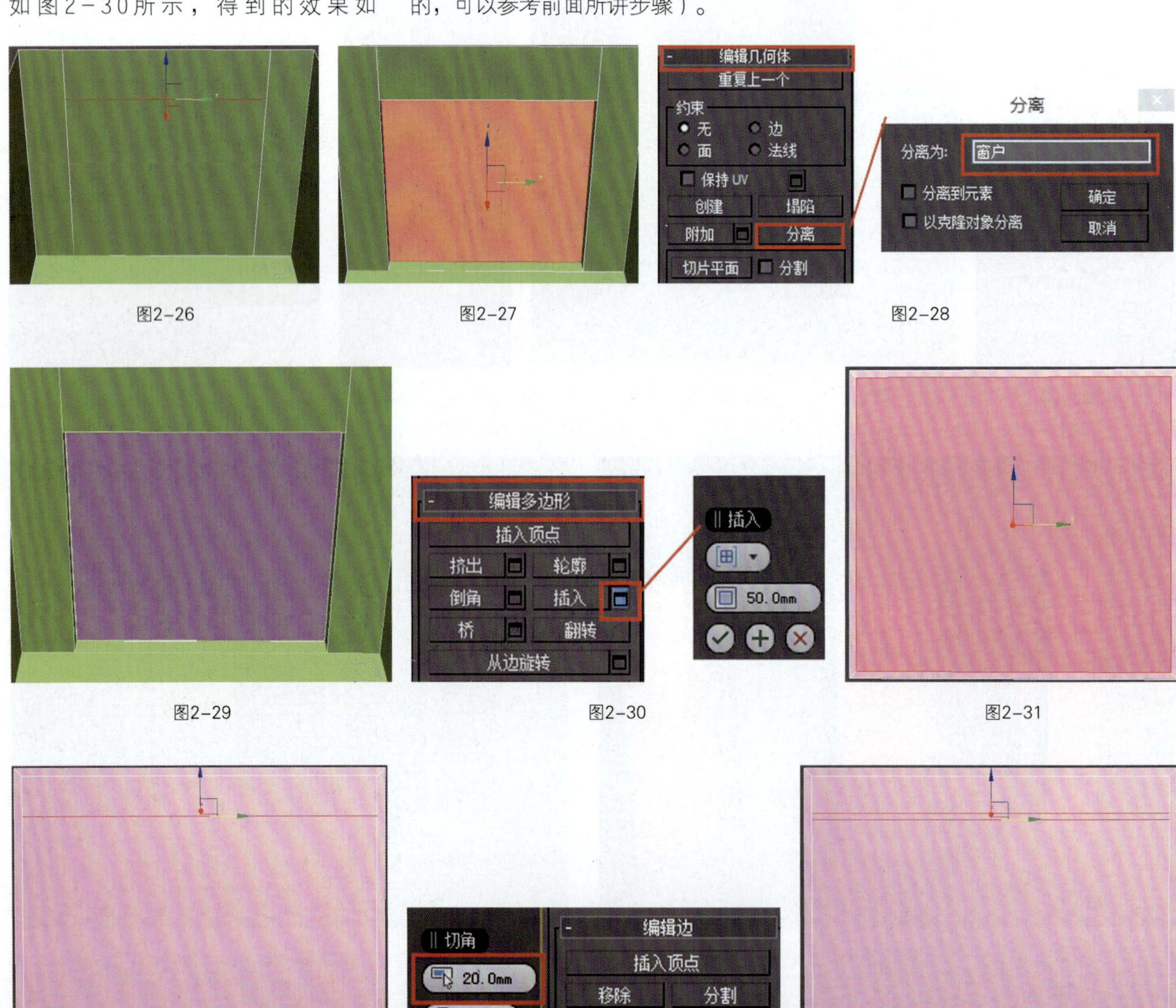

图2-26　图2-27　图2-28

图2-29　图2-30　图2-31

图2-32　图2-33　图2-34

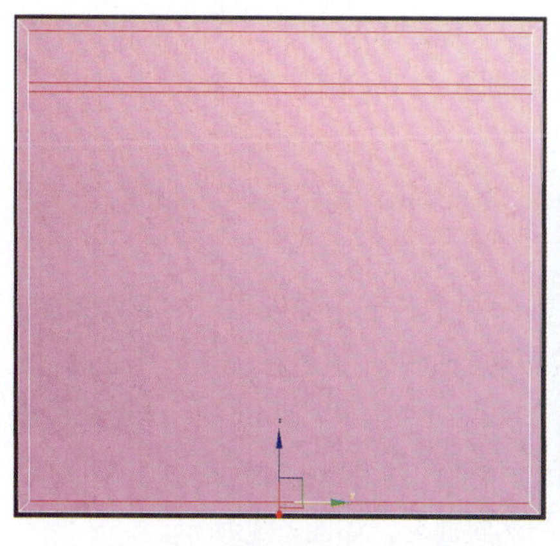

图2-35

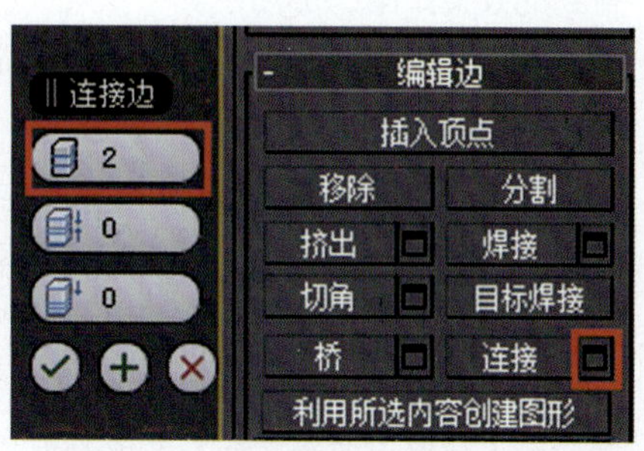

图2-36

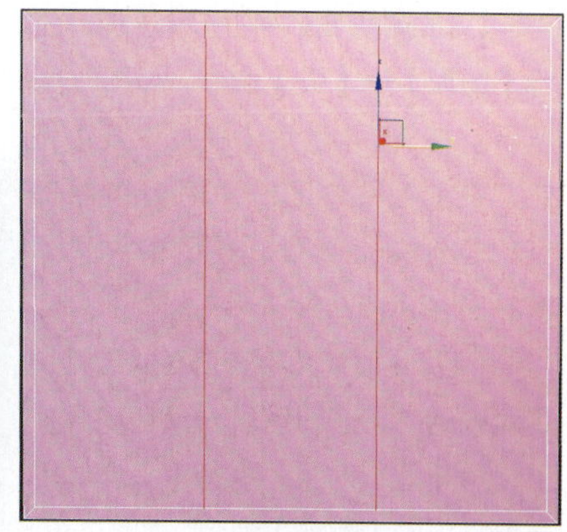

图2-37

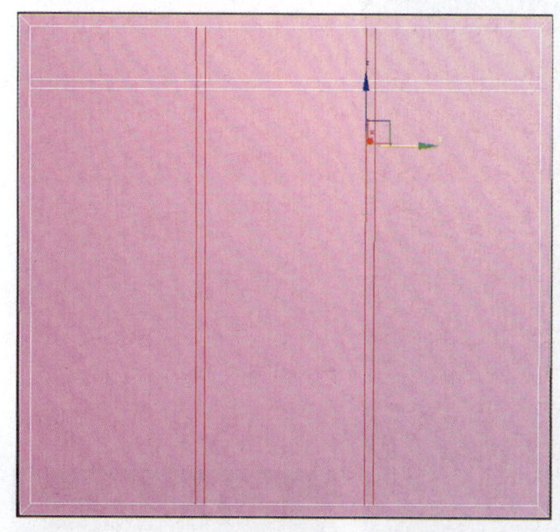

图2-38

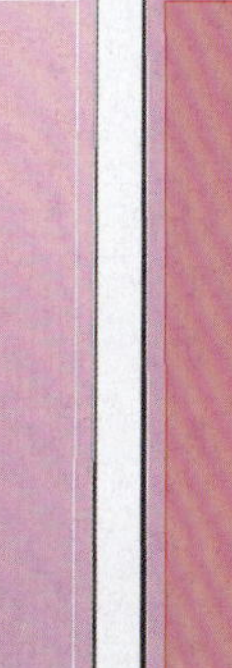

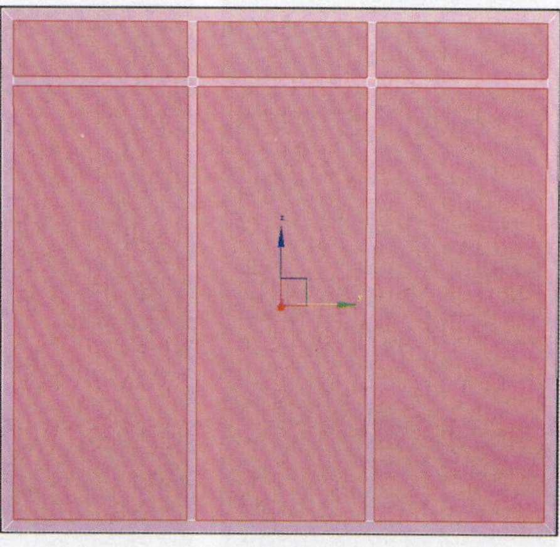

图2-39

图2-40

（12）在选中图2-40所示面的情况下，执行【编辑几何体】卷展栏下的【分离】命令，在弹出的【分离】对话框中命名为“玻璃”，如图2-41所示。

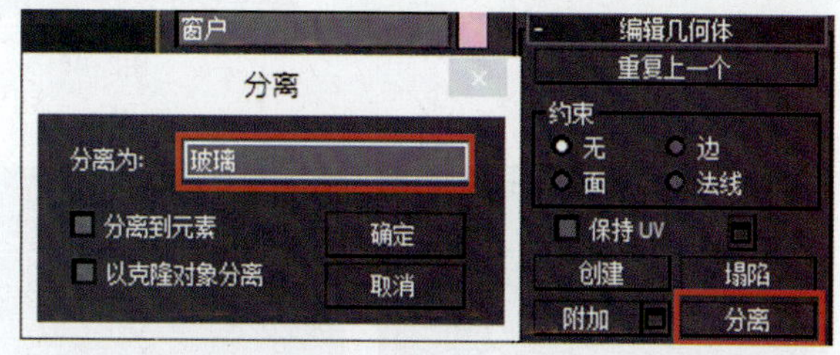

图2-41

（13）返回【可编辑多边形】状态，选择“玻璃”对象，更改其颜色以方便观察，如图2-42所示，并对玻璃添加【壳】修改器，使之能正确显示光线穿透玻璃的效果，参数如图2-43所示。

图2-42

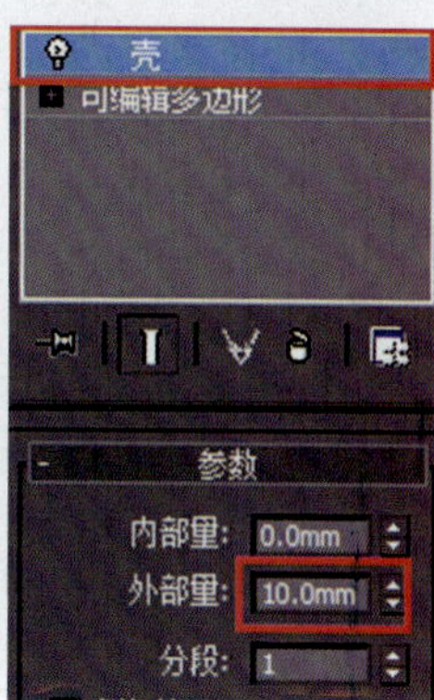

图2-43

4. 门洞造型

（1）在如图2-44所示的位置，执行【图形】→【矩形】命令，在前视图中创建一个高2 000 mm、宽1 200 mm的矩形，命名为“门洞造型”，如图2-45所示。

（2）按Alt+Q组合键孤立“门洞造型”对象，右击并执行【转换为】→【转换为可编辑样条线】命令，选择如图2-46所示的边，单击【几何体】卷展栏下的【拆分】按钮，将拆分数量设置为2，如图2-47所示。切换到【点】层级，选择【缩放工具】，模式改为【使用选择中心】，调整点的位置，如图2-48所示。

（3）删除图2-49所示线段，执行【图形】→【弧】命令，如图2-50所示。按S键并激活【捕捉设置】按钮，在前视图中图2-49所示的断开点的位置向上画弧，得到的效果如图2-51所示。

（4）在顶视图检查所画的圆弧是否对齐到“门洞造型”对象上，选择“门洞造型”对象，执行【几何体】卷展栏下的【附加】命令，如图2-52所示，将圆弧附加到“门洞造型”对象里，并选择所有点，执行【焊接】命令，将点焊接到一起，如图2-53所示，并删除“门洞造型”对象底端的线段，得到的效果如图2-54所示。

（5）在顶视图中创建一个长220 mm、宽60 mm、角半径为10 mm的矩形，如图2-55所示。

（6）选择“门洞造型”对象，对其添加【扫描】修改器，勾选【使用定制截面】单选按钮，拾取所画的矩形，如图2-56所示，得到的效果如图2-57所示。

门洞造型

（7）孤立“门洞造型”对象，按Ctrl+V键，在弹出的对话框中勾选【复制】单选按钮，名称改为“门洞封面”，如图2-58所示。

图2-44

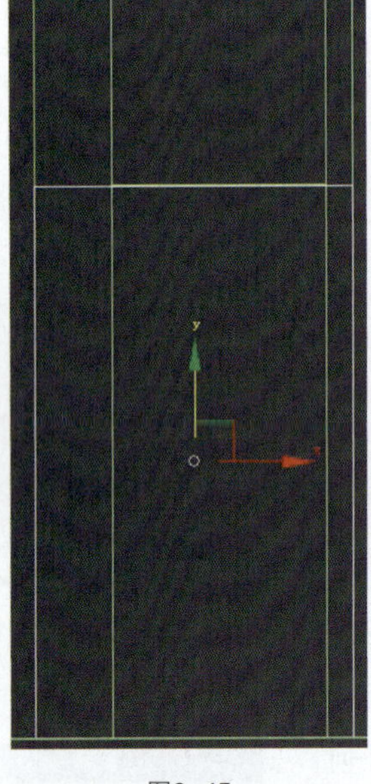

图2-45

图2-46

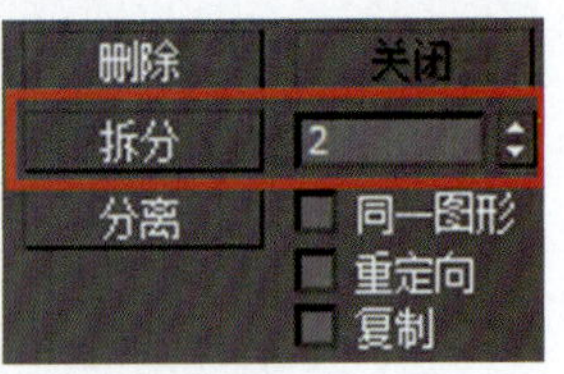

图2-47

图2-48

图2-49

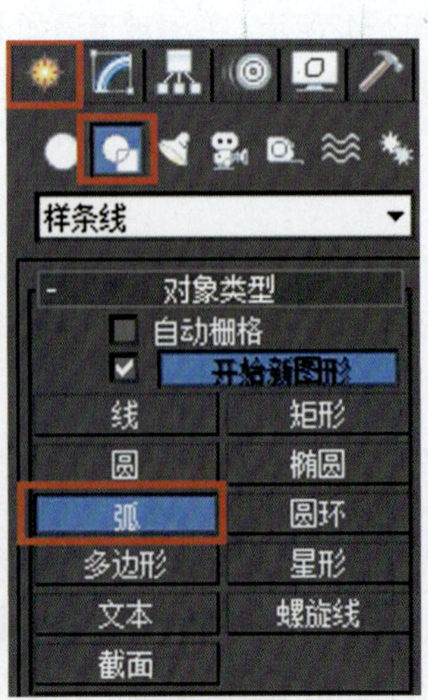

图2-50

图2-51

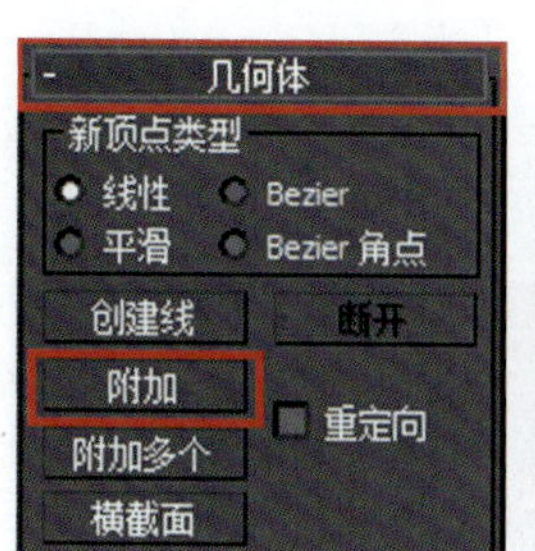

图2-52

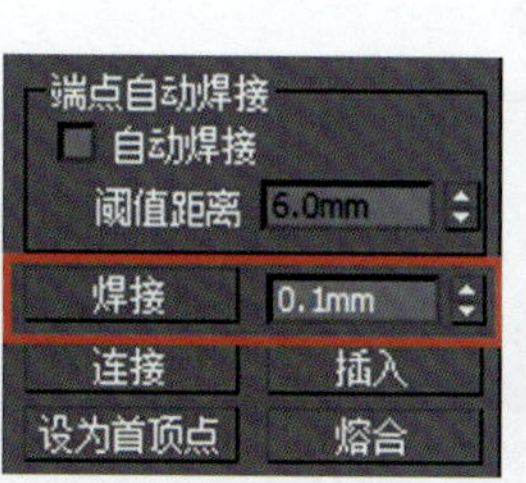

图2-53

图2-54

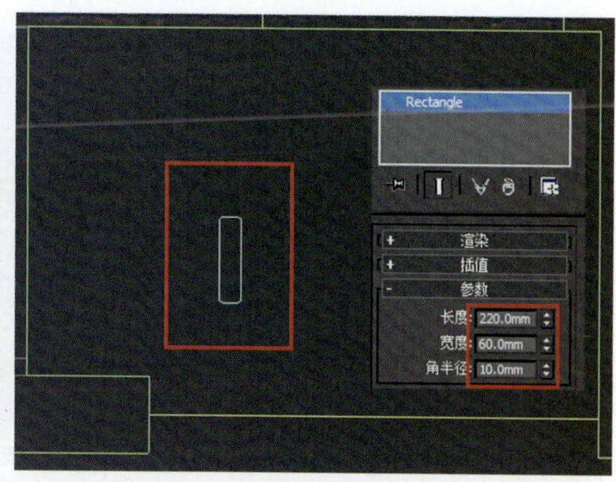

图2-55

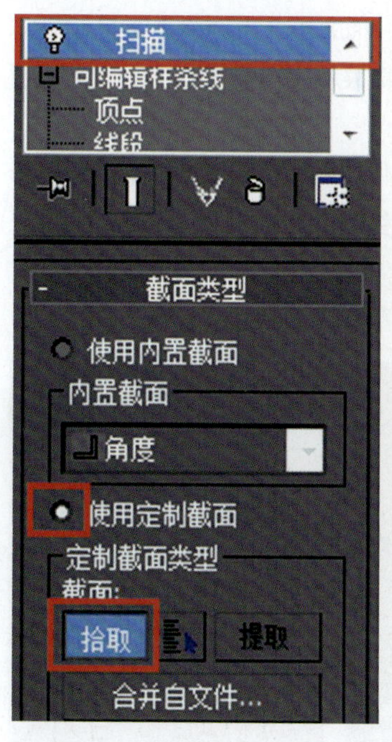

图2-56

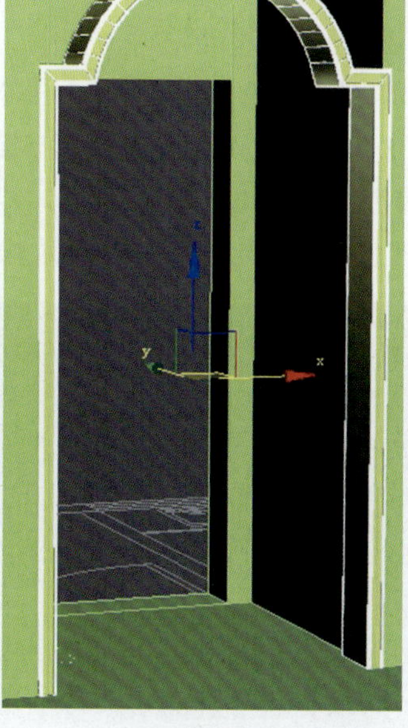
图2-57

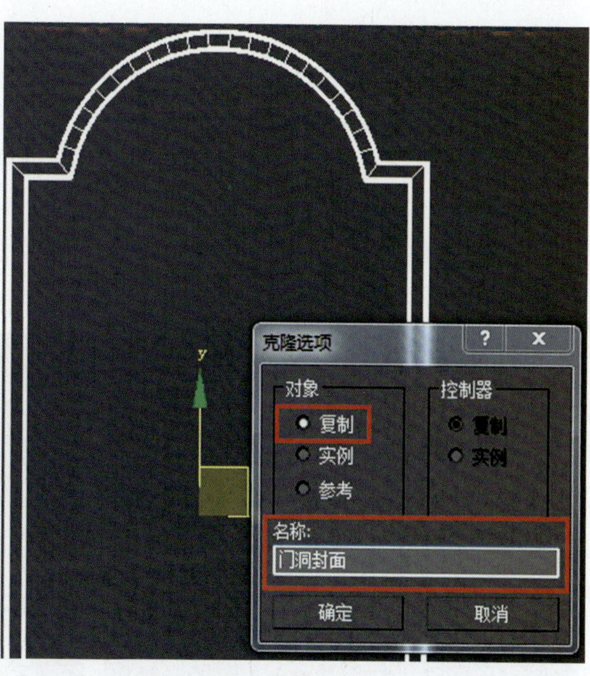

图2-58

（8）选择“门洞封面”对象，删除【扫描】修改器，调整下端点的Z轴高度位置到2 800 mm，如图2-59所示。选择【顶点】层级，执行【连接】命令，如图2-60所示，在点上单击某一点后拖动鼠标指针到另外一点再次点击，将左右点连接成线，得到的效果如图2-61所示。

（9）对“门洞封面”对象添加【挤出】修改器，挤出200 mm，并对齐墙体，得到的效果如图2-62所示。

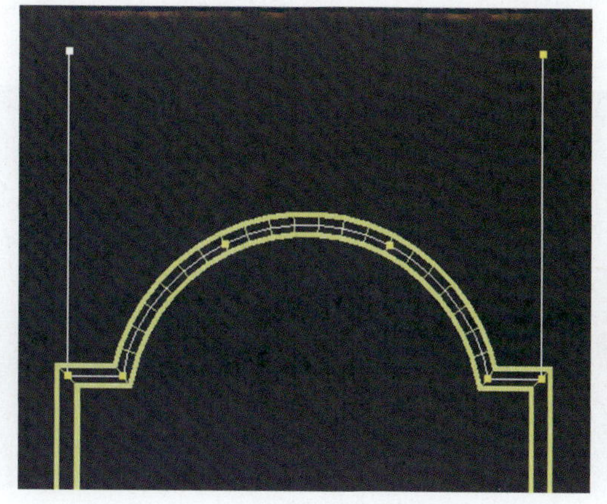
图2-59

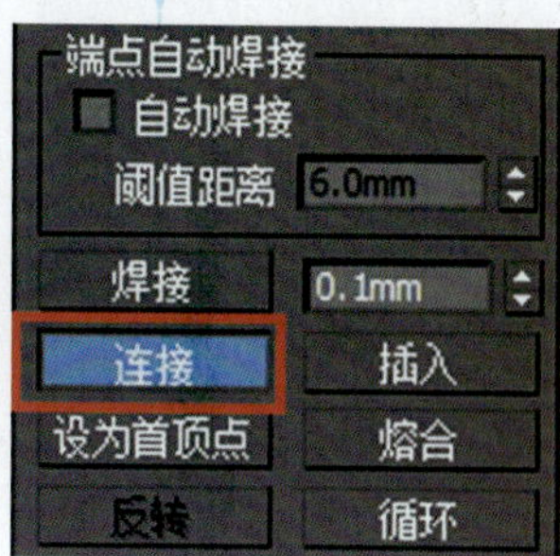

图2-60

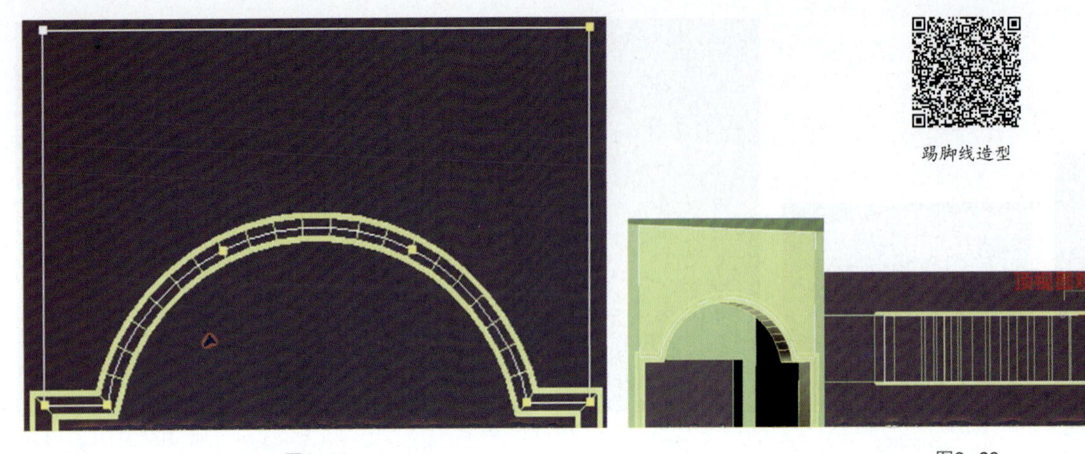

踢脚线造型

图2-61

图2-62

5. 踢脚线造型

（1）按Alt+Q组合键孤立“墙体”对象，选择【线】命令，在顶视图中沿边画线，并在门窗的位置生成点，命名为“踢脚线”，如图2-63所示。删除门窗位置的线段，得到的效果如图2-64所示。

（2）在顶视图中创建一个长80 mm、宽10 mm的矩形，并转换为可编辑样条线，选择【顶点】层级，右击，在弹出的快捷菜单中选择【细化】，在左侧边上添加点并调整形状如图2-65所示。

（3）选择“踢脚线”对象，添加【扫描】修改器，执行【拾取】命令，在顶视图中拾取图2-65所示的线，并调整【扫描参数】卷展栏下的对齐方式，如图2-66所示，得到的效果如图2-67所示。

（4）退出孤立选择后，得到最终效果如图2-68所示。

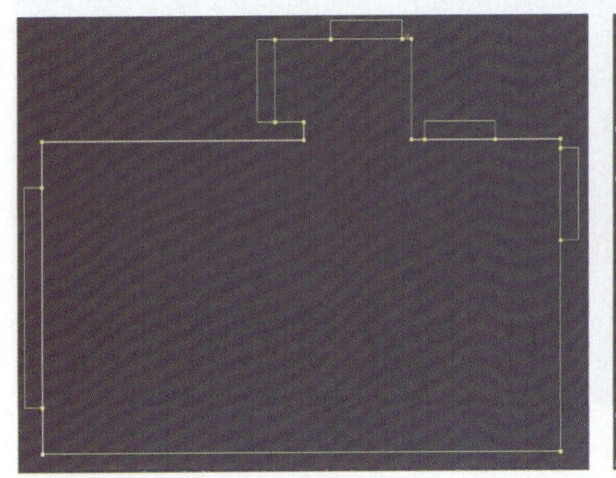

图2-63

图2-64

图2-65

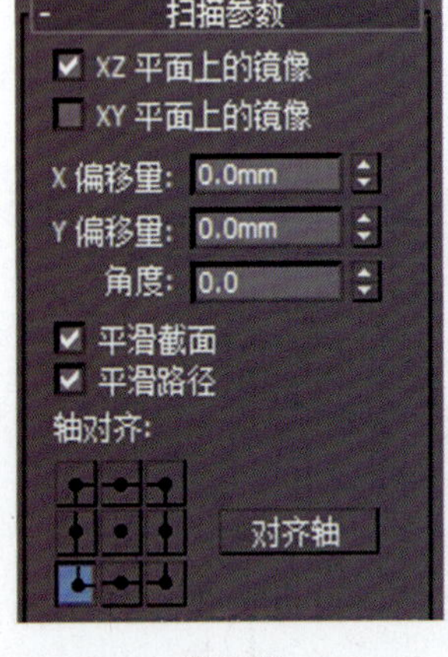

图2-66

图2-67

图2-68

6. 石膏阴角线建模

石膏阴角线建模

（1）执行【图形】→【线】命令，在顶视图中红色区域画出如图2-69所示的形状，命名为“阴角线”。

（2）在顶视图继续创建一个正方形，长、宽值均为80 mm，并将对象转换为可编辑样条线，在对象上右击，执行【细化】命令，修改得到如图2-70所示效果。

（3）选择“阴角线”对象，添加【扫描】修改器，拾取图2-70所示的造型线，并调整对齐的方式，将扫描得到的阴角线移动对齐到墙体的顶端，调整后效果如图2-71所示。完成后的空间模型效果如图2-72所示。

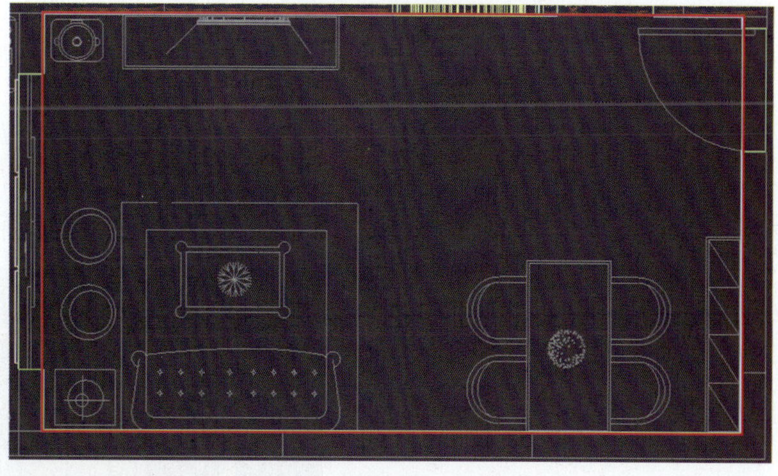
图2-69

图2-70

图2-71

2.3 整理及合并家具模型

为了方便模型材质表现，需要将“墙体”对象顶、墙、地分离成不同的对象，并调用风格适合的家具模型完成空间的布置。

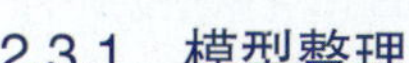

2.3.1 模型整理

1. 分离顶面

模型整理

（1）选择“墙体”对象，按Alt+Q组合键孤立，选择【多边形】层级，如图2-73所示，选择“墙体”对象的顶面，如图2-74所示。

（2）执行【编辑几何体】卷展栏下的【分离】命令，在弹出的【分离】对话框中命名为“顶棚”，如图2-75所示。

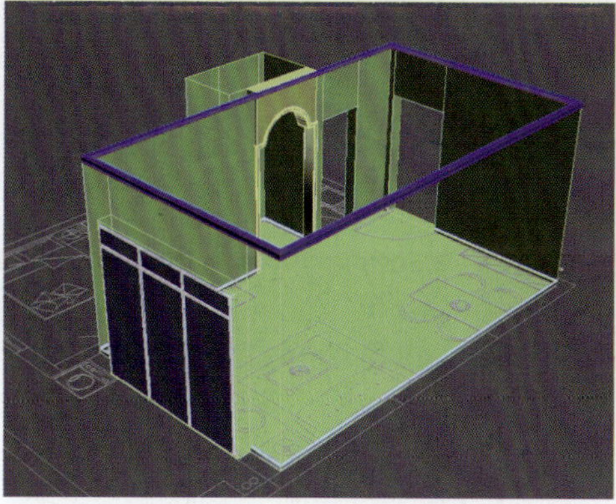
图2-72

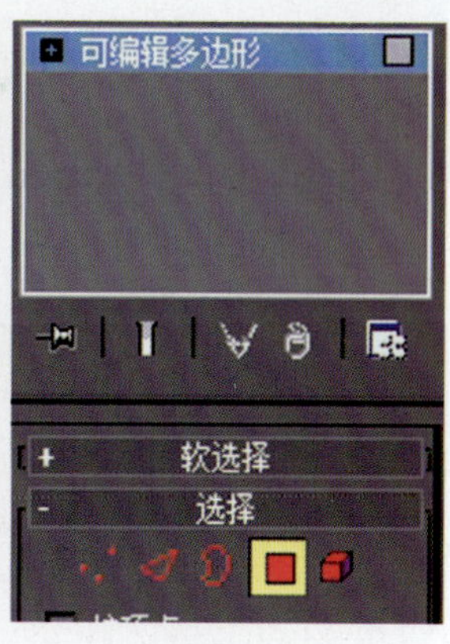

图2-73

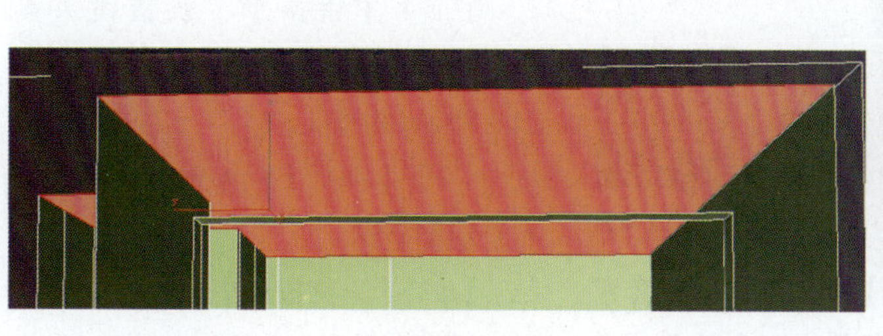
图2-74

编辑几何体
重复上一个
约束
无 边
面 法线
保持 UV
创建 塌陷
附加 分离
切片平面 分割
切片 重置平面
快速切片 切割

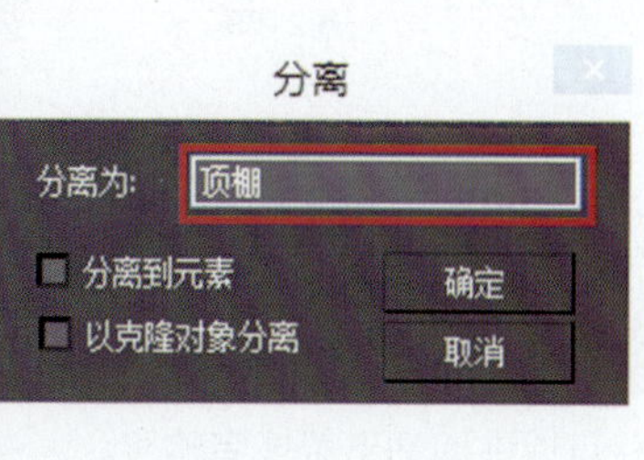

图2-75

2. 分离地面

（1）用分离顶面的方法分离出地面，并命名为“地面”。为了便于观察，分别给地面和顶面指定不同的颜色，如图2-76所示。

（2）选择“地面”对象，继续分离出门槛石的面，命名为“门槛石”，并指定不同的颜色以区别，如图2-77所示蓝色的区域。

（3）选择“地面”对象并孤立，选择【顶点】层级，执行【连接】命令，连接如图2-78所示的点生成边，并移除其余地方多余的孤立点。

（4）切换至【多边形】层级，选择如图2-79所示的面，单击【插入】按钮右边的设置通道按钮，【插入】数量为200 mm，并将新插入的面分离，命名为“边带”，将卫生间前的面也分离开，并指定不同的颜色以区别，最终得到地面效果如图2-80所示。

图2-76

图2-77

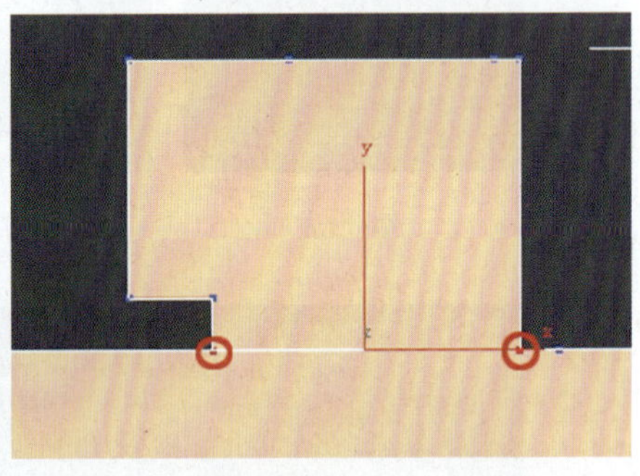

图2-78

图2-79

图2-80

2.3.2 合并家具模型

合并家具模型

在室内效果图制作过程中，为了提高工作效率以及使效果更为真实，通常会调用精度比较高的现成家具模型，相关的模型素材可以在网站下载或者购买。

合并模型的方法：执行【文件】→【导入】→【合并】命令，选择配套网盘“第2章\Max\调用模型”文件，依次将家具模型合并到场景中，合并后的场景如图2-81所示。

小提示：合并模型也可以直接用鼠标选中要合并的对象，通过拖动直接移动到场景中实现模型的合并。

图2-81

2.4 创建摄影机

标准摄影机共有两种类型，即目标摄影机和自由摄影机。目标摄影机既可以调节摄影机位置，又可以调节目标点位置，可以根据不同情况进行调整。自由摄影机没有拍摄目标点，只能调节摄影机拍摄方向，使用起来更加便捷。如果安装了VRay渲染器，则自动增加VRay摄影机，VRay摄影机包括VRay穹顶摄影机和VRay物理相机。

2.4.1 常用标准摄影机参数

摄影机的参数设置面板如图2-82所示。

1. 【参数】卷展栏

（1）【镜头】：设置镜头参数，在室内效果图表现中一般使用24～28 mm的镜头。

（2）【视野】：设置镜头视角，控制观察范围。

（3）【正交投影】：启用后，摄影机视图会呈现用户视图的样式。

（4）【备用镜头】：提供了标准镜头参数，其中200 mm为鱼眼镜头，15 mm为广角镜头的一种。

（5）【显示圆锥体】：显示摄影机视野的锥形光线。

（6）【显示地平线】：在摄影机视图显示一条深灰色的地平线。

（7）【环境范围】：显示摄影机范围内的矩形。

1）【近距范围】：设置大气效果的近距离范围限制。

2）【远距范围】：设置大气效果的远距离范围限制。

（8）【剪切平面】：用于控制摄影机范围内的几何体可见性。勾选【手动剪切】复选框。

1）【近距剪切】：用于设置开始的观察点。

2）【远距剪切】：用于设置远端结束的观察点，在室内效果图制作中使用较为频繁，通过调整可以得到更大的显示空间。

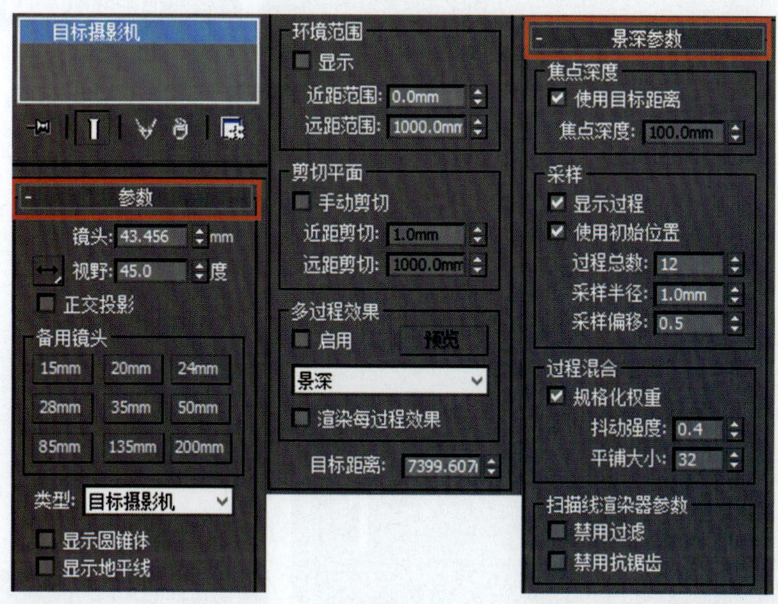

图2-82

2. 【景深参数】卷展栏

【景深参数】卷展栏主要用于控制景深和运动模糊特效的参数，在室内效果制作中使用较少。

2.4.2 VRay物理相机

VRay物理相机的功能和现实中的相机功能相似，有光圈、快门、曝光、感光度ISO等调节功能。通过VRay物理相机可以制作出更真实的作品。

1. 【基本参数】卷展栏

（1）【类型】：有三种类型，分别是照相机、摄影机（电影）和摄像机（DV）。

（2）【目标型】：选中后，相机的目标点将放在焦平面上。

（3）【片门大小】：控制相机所看到的景色范围。

（4）【焦距】：控制相机的焦长。

（5）【视域】：选中后可以固定视域。

（6）【缩放因数】：控制相机视图的缩放，值越大，相机视图拉得越近。

（7）【垂直估测】：矫正相机的垂直变形。

（8）【水平估测】：矫正相机的水平变形。

（9）【光圈系数】：相机的光圈大小可以控制渲染图的最终亮度。值越小图越亮，反之越暗。同时也和景深有关系，大光圈景深小，小光圈景深大。

（10）【目标距离】：控制相机目标点的距离。默认是关闭的，当相机目标点去掉时，就可以用【目标距离】来控制目标点的距离。

（11）【垂直和水平纠正】：控制相机在垂直和水平上的变形，主要用于纠正从三点透视到两点透视的效果。

（12）【白平衡】：和真实相机功能一样，控制图像色偏。

（13）【快门速度】：控制光和进光时间。值越小，进光时间越长，图越亮；反之进光时间越短，图越暗。

（14）【感光度ISO】：控制图像明暗。值越大，表示感光系数越大，图越亮。

2. 【背景特效】卷展栏

（1）【叶片数】：控制背景产生的小圆圈的边，默认为5，如果取消选择，背景就是圆形。

（2）【旋转（度）】：背景小圆圈的旋转角度。

（3）【中心偏移】：背景偏移原物体的距离。

（4）【各向异性】：控制背景的各向异性。值越大，背景小圆圈越长。

3. 【采样】卷展栏

（1）【景深】：控制是否产生景深。

（2）【运动模糊】：控制是否产生动态模糊效果。

（3）【细分】：控制景深和运动模糊的采样细分。值越大，图像品质越高，渲染速度越慢。

2.4.3 对场景创建摄影机

（1）选择【摄影机】，在顶视图中如图2-83所示的位置创建一个摄影机。

（2）设置【修改】面板【参数】卷展栏下的【镜头】为24 mm，如图2-84所示。

（3）设置【摄影机】的Z轴高度 为1 100 mm，选择摄影机的目标点，高度也设置为1 100 mm，调整后的摄影机显示范围如图2-85所示。

（4）在选择【摄影机】情况下，设置【参数】卷展栏下的【剪切平面】，勾选【手动剪切】复选框，设置【近距剪切】的值为1 500 mm，【远距剪切】的值为8 000 mm，如图2-86所示。调整后的摄影机显示效果如图2-87所示。

小提示：勾选摄影机的【手动剪切】复选框，并设置剪切的范围，可以实现将摄影机放在墙的外面而达到看室内的效果，增加观察的范围，但是【近距剪切】的值一般不要超过1 900 mm，避免和地面交叉而产生错误显示。另外，【近距剪切】一定要移动到场景的墙以内，且不能和家具模型相交，【远距剪切】要在场景的墙体以外，要包含场景。

（5）在透视图中按下C键（C键为摄影机视图的快捷键），切换到摄影机视图（如果要切换回透视图，按下透视图对应的快捷键P即可），并在摄影机视图按Shift+F组合键显示可渲染范围，正确显示场景，最终场景在摄影机视图显示的效果如图2-88所示。

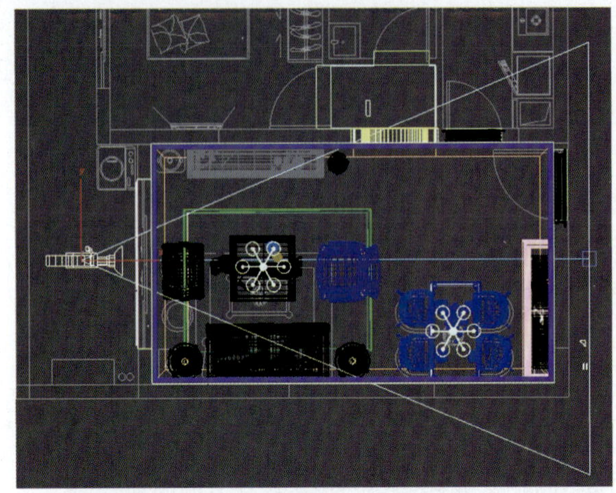

图2-83

图2-84

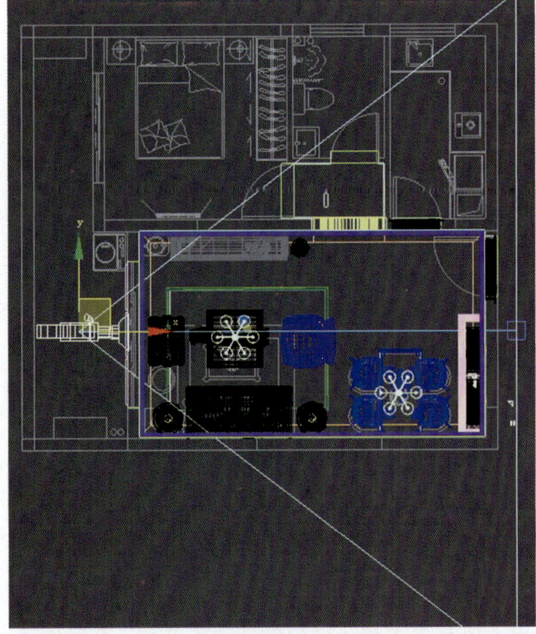

图2-85

对场景创建摄影机

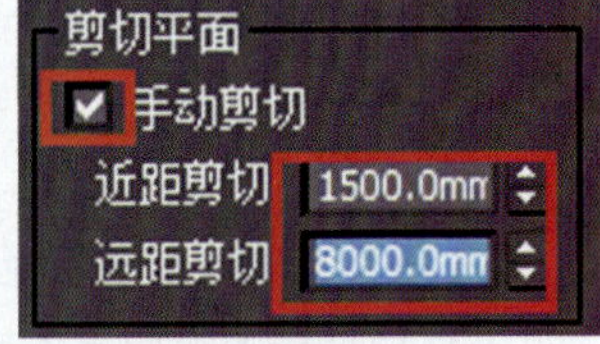

图2-86

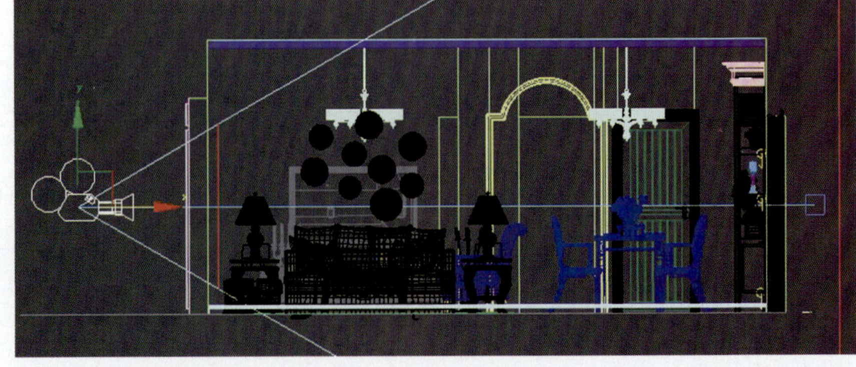

图2-87

图2-88

2.5 赋予场景材质

由于场景中合并的家具模型都指定了相应的材质，本节只讲解场景中顶棚、地面和墙面的VRay材质。在设置材质之前，需要将渲染器设置为VRay渲染器。

2.5.1 设置VRay渲染器

VRay渲染器设置方法比较简单，设置步骤如下所示：

（1）单击【渲染设置】按钮，或直接按F10键，打开【渲染设置】对话框，在【公用】选项卡中单击【指定渲染器】前的【+】按钮，并单击【选择渲染器】按钮，选择【VRay Adv 3.60.03】（3.60.03为VRay渲染器的版本，不同版本之间的差别并不是很大），如图2-89所示。

设置VRay渲染器

（2）VRay渲染器包含如图2-90所示的4个选项卡，每个选项卡下有相应的设置选项，在室内效果图表现中，常用的设置选项并不多，比较容易理解掌握。在后续的渲染设置章节中再结合测试渲染和最终渲染讲解相关的功能。

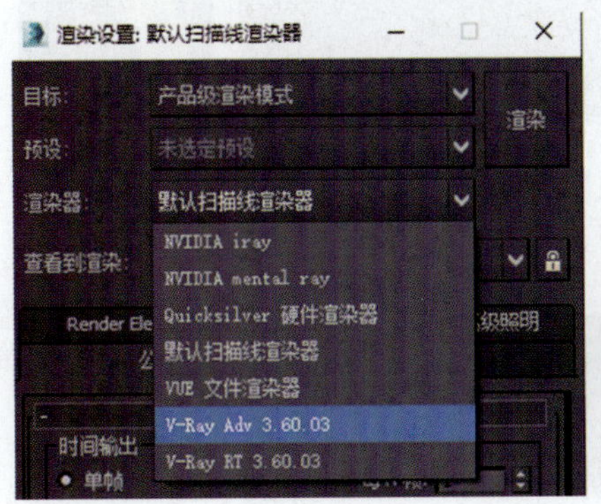

图2-89

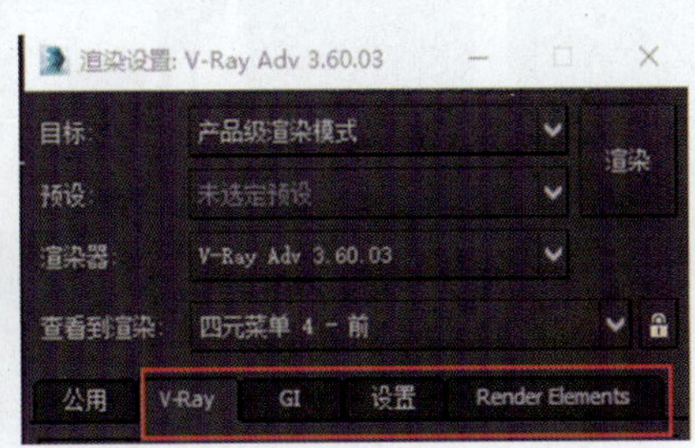

图2-90

2.5.2 指定VRay材质

为了便于观察，可以隐藏场景中的家具模型，减少计算机对场景显示的负担，方法为选中要隐藏的对象，右击，在弹出的快捷菜单中选择【隐藏选定对象】，如图2-91所示。如果要取消隐藏对象，则选择【全部取消隐藏】或【按名称取消隐藏】。隐藏家具模型后的效果如图2-92所示。

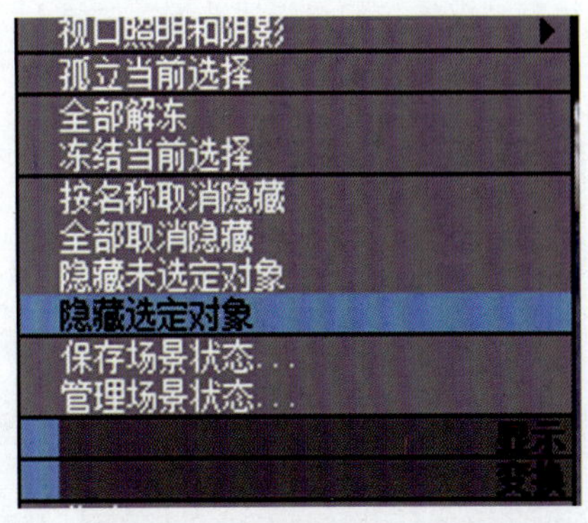

图2-91

图2-92

1. 白色乳胶漆材质

（1）选择“顶棚”对象，按Alt+Q组合键孤立当前选择，按M键，打开【材质编辑器】对话框，如图2-93所示。可以把材质球显示数量改为5×3或者6×4示例窗模式，方法为在任意一个材质球上右击选择切换。

小提示：如果打开的材质编辑器是Slate材质编辑器，可以单击【模式】，在菜单中选择切换为【精简材质编辑器】。

（2）选择第1个材质球，重命名为“白色乳胶漆”，设置【漫反射】颜色的RGB值为255、255、255，如图2-94所示。

（3）执行【将材质指定给选定对象】命令，将“白色乳胶漆”材质指定给顶棚，右击并选择【隐藏选定对象】，将顶棚隐藏。

（4）退出孤立模式，选择“阴角线”“墙体”和“门洞造型”对象上方的墙体，如图2-95所示。将“白色乳胶漆”材质同样指定给所选对象，赋予材质后效果图如图2-96所示，并隐藏对象。

2. 白色油漆材质

（1）选择“门洞造型”对象，按Alt+Q组合键孤立当前选择，如图2-97所示。打开【材质编辑器】对话框，选择第2个材质球，重命名为“白色油漆”，并单击【Standard】（【标准材质】）按钮，如图2-98所示。

（2）在弹出的【材质/贴图浏览器】对话框中选择如图2-99所示的【VRayMtl】，并双击对象，将标准材质转换为【VRayMtl】材质，如图2-100所示。

（3）设置【漫反射】的颜色为白色，单击色块，在弹出的对话框中设置颜色为纯白色，如图2-101所示。

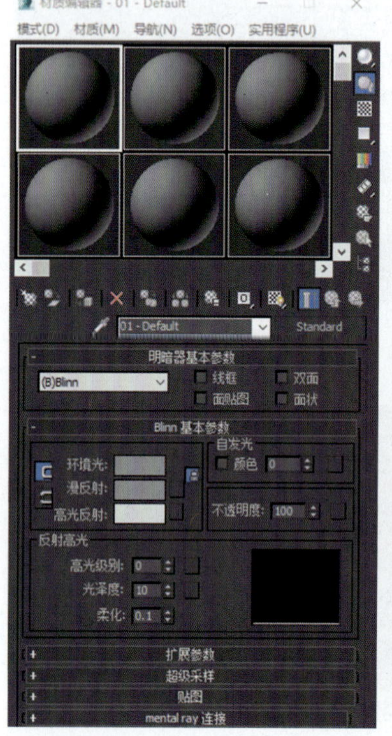

图2-93

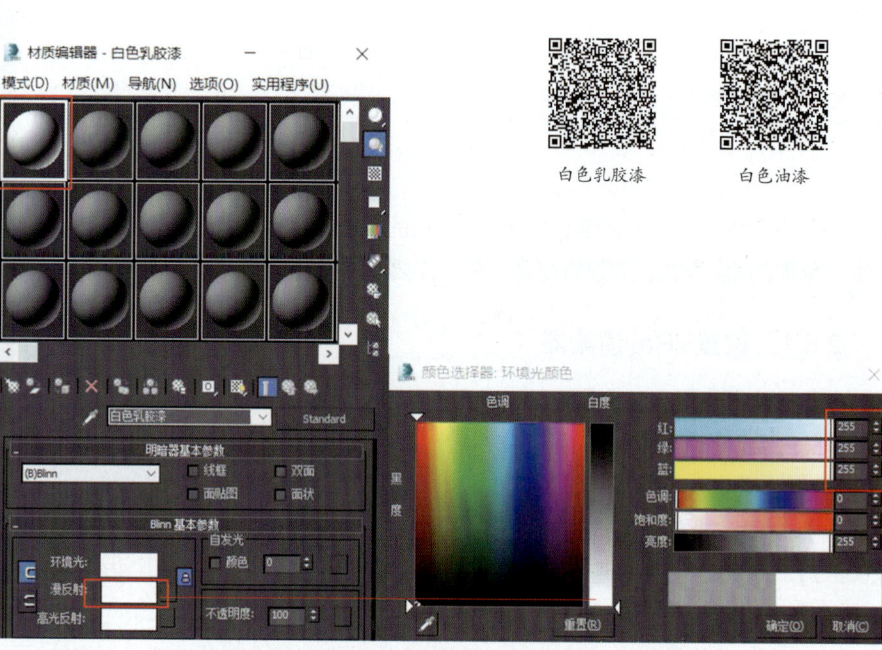

图2-94

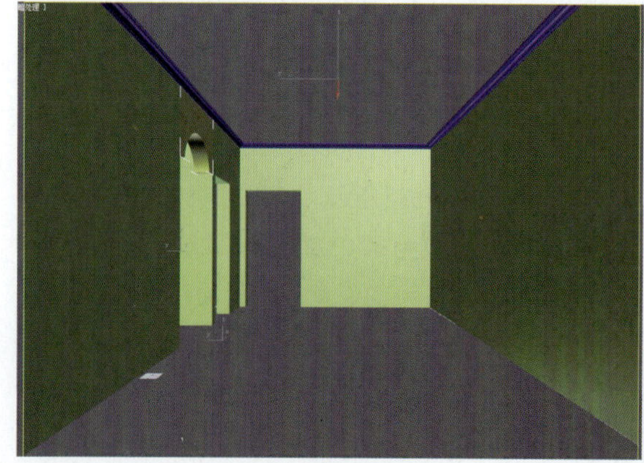

图2-95

图2-96

图2-97

（4）设置【反射】颜色RGB值为247、247、247，勾选【菲涅耳反射】复选框，设置【反射光泽】值为0.85，细分值为20，如图2-102所示，将材质指定给“门洞造型”对象，如图2-103所示，隐藏“门洞造型”对象，退出孤立选择模式。

（5）选择“踢脚线”对象，将“白色油漆”材质指定给踢脚线，并隐藏踢脚线。

3．地砖材质

地砖材质

（1）选择“地面”并孤立选择，指定一个新的材质球，重命名为“地砖”，将标准材质转换为【VRayMtl】材质，在【漫反射】贴图通道中添加“地砖001”贴图，并设置【W】角度为45°，【模糊】值为0.1，如图2-104所示。执行【转换到父对象】命令，在【反射】贴图通道中添加【衰减】贴图，并将【衰减类型】设置为【Fresnel】，侧面颜色设置为淡蓝色，如图2-105所示。并设置【高光光泽】【反射光泽】和【细分】值，如图2-106所示。在【凹凸】贴图通道中添加同一张“地砖001”贴图（添加凹凸是让渲染出来的地砖更有质感，凹凸的数字越大纹理就越深，反之就越浅）。

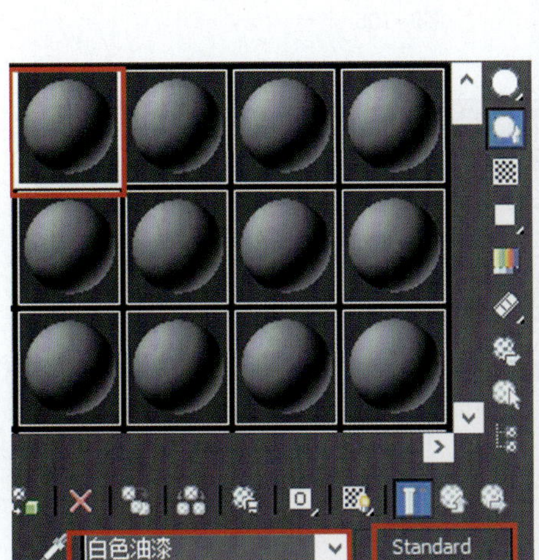

图2-98

图2-99

图2-100

图2-101

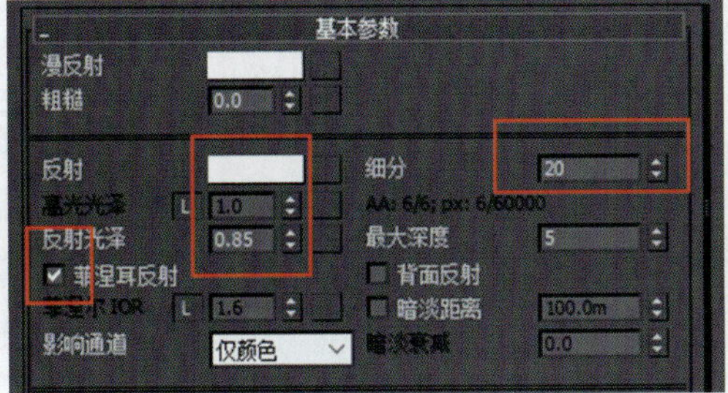

图2-102

图2-103

（2）对“地面”对象添加【UVW贴图】修改器，并设置长、宽尺寸为600 mm×600 mm，如图2-107所示，完成贴图设置后的地面效果如图2-108所示。

（3）选择“边带”对象，选择“地砖”材质球，拖动到一个新的材质球上复制一个，对复制的材质球重命名为“边带”，并指定给对象。单击【漫反射】贴图通道，将“地砖001”贴图替换为“边带001”贴图，并将【W】角度设置为0°，如图2-109所示。同样将【凹凸】贴图“地砖001”更换为“边带001”。

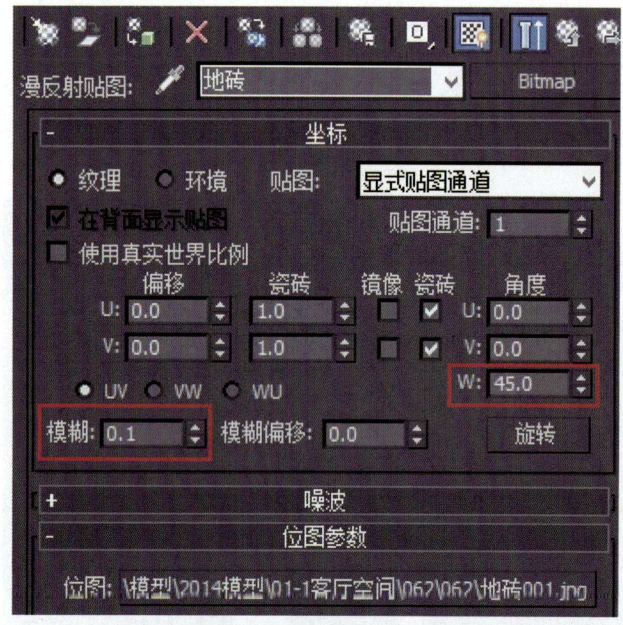

图2-104

图2-105

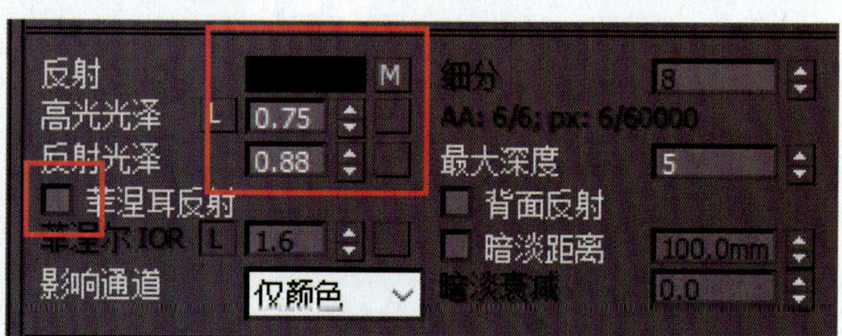

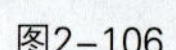

图2-106

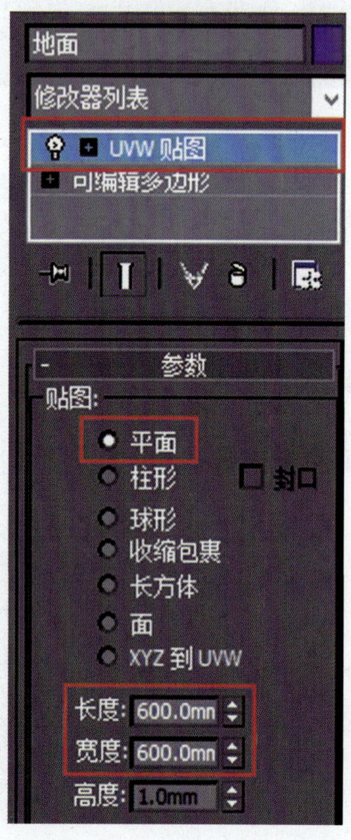

图2-107

图2-108

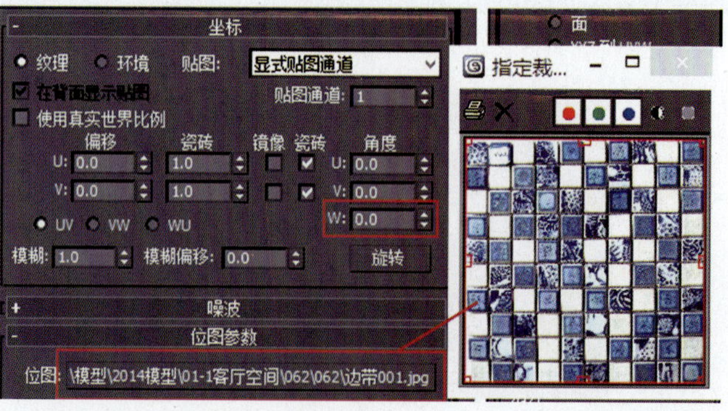

图2-109

（4）对“边带”对象添加【UVW贴图】修改器，并设置长、宽尺寸为350 mm×350 mm，完成贴图设置后的“地面”效果如图2-110所示。

（5）选择“门槛石”对象，选择“边带”材质球，拖动到一个新的材质球上复制一个，对复制的材质球重命名为“门槛石”，并指定给对象。单击【漫反射】贴图通道，将“边带001”贴图替换为“门槛石001”贴图，同样将【凹凸】贴图“边带001”更换为“门槛石001”，并添加【UVW贴图】修改器，设置长、宽尺寸为600 mm×600 mm，完成贴图设置后的地面效果如图2-111所示。

（6）用相同的方法完成地面其余材质的指定，完成地面材质后的效果如图2-112所示。

图2-110

图2-111

图2-112

图2-113

4. 玻璃材质

（1）选择“窗户”对象，将“白色油漆”材质指定给窗框，如图2-113所示。

玻璃材质

（2）选择“玻璃”对象（玻璃主要特点是反射强、透明度高、表面光滑），设置【漫反射】颜色RGB值为197、220、207，设置【反射】为白色，勾选【菲涅耳反射】复选框，设置【折射】为白色，勾选【影响阴影】复选框，选择【颜色+Alpha】，如图2-114所示。

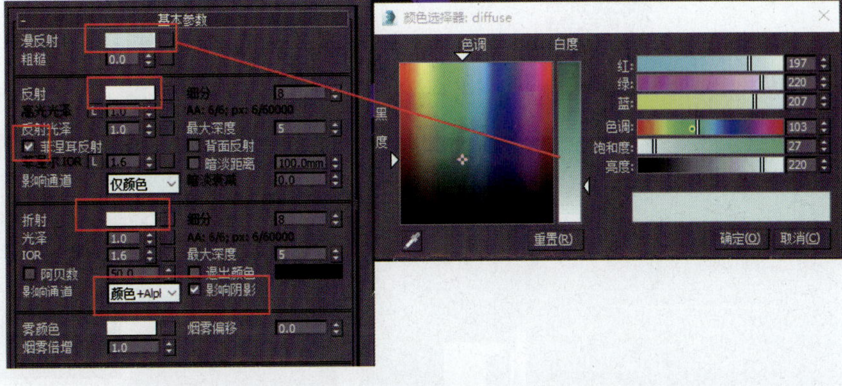

图2-114

2.6 灯光设置

2.6.1 环境光的创建

（1）设置室外灯光。在【创建】面板中选择【灯光】选项，在下拉列表中选择【VR灯光】。在左视图中窗户的位置创建一个VRay灯光，大小和窗户大小相当，灯光位置如图2-115所示。

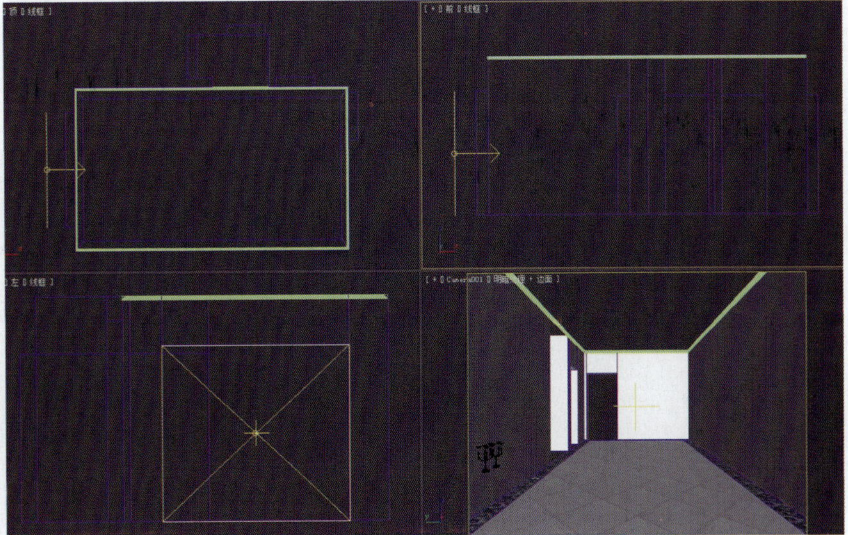

图2-115

（2）为了使做出的效果图更真实，室外环境光的颜色一般采用冷色调，亮度相对比较高，参数设置如图2-116所示。

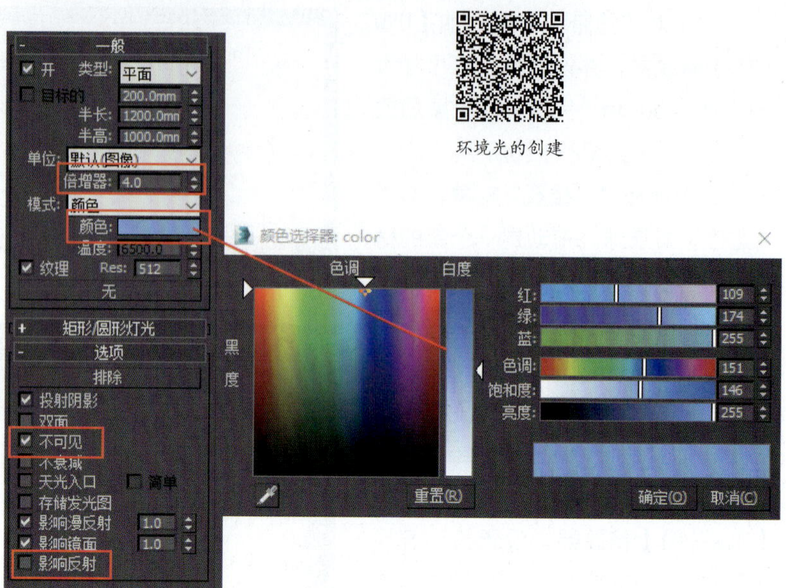

图2-116

2.6.2　场景补光

（1）选择【VRayLight】，类型选择【平面】，在顶视图中创建一个VRay面光，补充照明，如图2-117所示，勾选【不可见】复选框，取消勾选【影响反射】复选框，【VRayLight】的参数如图2-118所示。

（2）选择【目标灯光】，在前视图中创建光度学灯光进行场景补光，并在顶视图中复制灯光，复制过程中注意选择【实例】方式，如图2-119所示。【目标灯光】的参数设置如图2-120所示。

场景补光

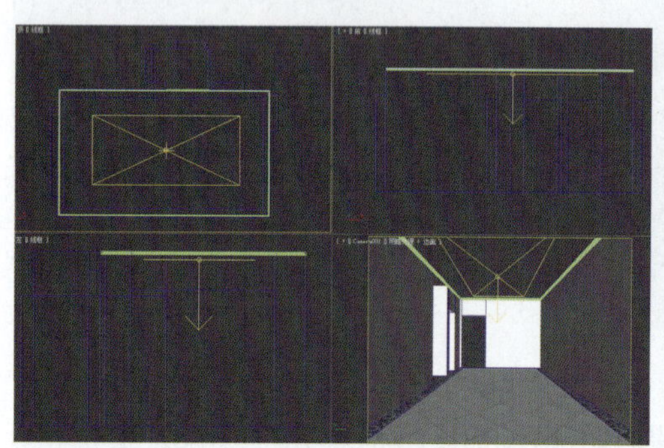

图2-117

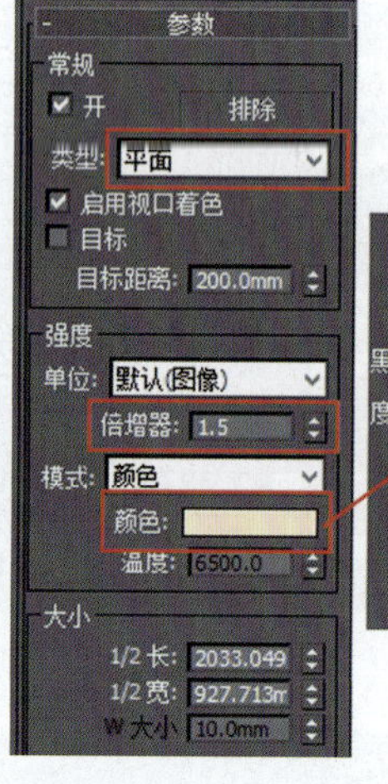

颜色选择器: 颜色

色调　白度

黑度

红: 253
绿: 210
蓝: 154
色调: 24
饱和度: 100
亮度: 253

重置(R)　确定(O)　取消(C)

图2-118

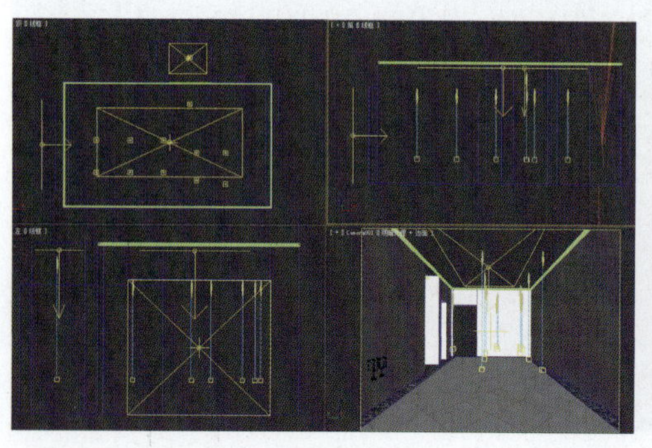

图2-119

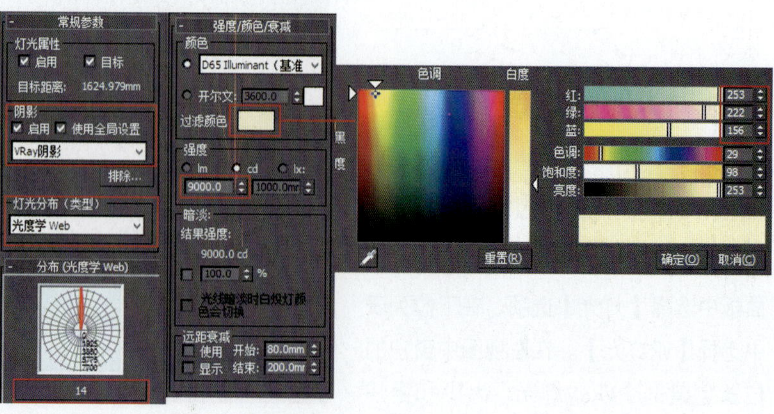

图2-120

2.7 渲染设置

在效果图制作过程中，布置灯光过程需要对场景进行不断的测试渲染，再配合灯光调节材质，调整所要表现的空间气氛，直到得到满意的效果后再进行最终渲染。

2.7.1 测试渲染设置

测试渲染目的是观察场景灯光材质的初步效果，并配合调节场景材质，要求渲染的速度够快，所以在参数设置上应选择较低的参数以得到较快的渲染速度。

（1）打开【渲染设置】对话框，将【公用】选项卡下的【输出大小】设置为500 mm×375 mm，如图2-121所示。

（2）设置【VRay】选项卡如图2-122所示，【图像采样（抗锯齿）】类型为【块】，并关闭【图像过滤器】，将【颜色贴图】类型改为【指数】。

（3）【GI】选项卡设置如图2-123所示，【首次引擎】采用【发光贴图】，【二次引擎】采用【灯光缓存】；【发光贴图】的【当前预设】选择【非常低】，并勾选【显示计算阶段】复选框，便于观察渲染过程；【灯光缓存】的【细分】设置为200，勾选【显示计算阶段】复选框。

（4）测试渲染得到如图2-124所示效果。

测试渲染设置

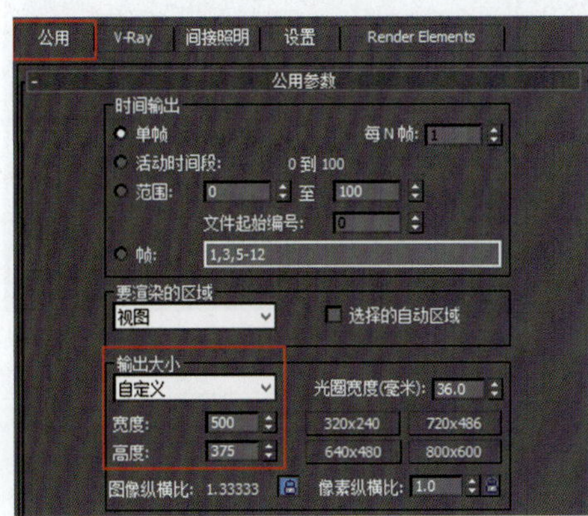

图2-121

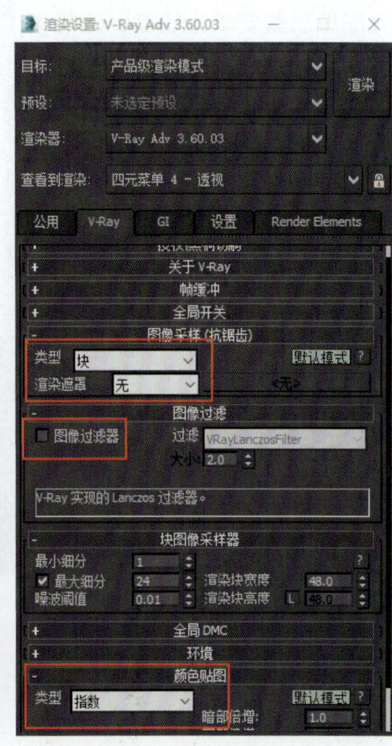

图2-122

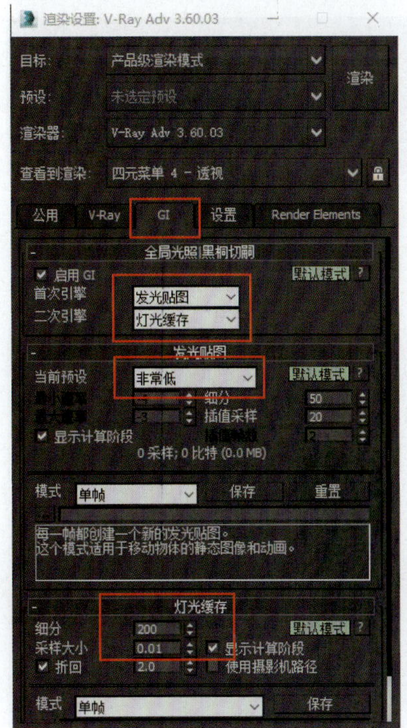

图2-123

图2-124

2.7.2 最终渲染设置

测试渲染得到满意的效果后，对场景进行最终渲染设置，在商业项目制作过程中，对图像质量要求比较高，通常情况下需要渲染3 500像素左右的图，且对图像质量细节要求比较高。

最终渲染设置

（1）打开【渲染设置】对话框，将【公用】选项卡下的【输出大小】设置为3 000×2 250，并保存为.tga格式，如图2-125所示。

（2）设置【VRay】选项卡如图2-126所示，【GI】选项卡设置如图2-127所示。

（3）在【VRay】选项卡下，打开【全局DMC】卷展栏，把【默认模式】切换为【高级模式】，参数设置如图2-128所示。

（4）设置完成后单击【渲染】按钮进行渲染，渲染完成后的效果如图2-129所示。

2.7.3 渲染AO图

渲染AO图是为了便于后期处理得到更加真实的效果，渲染设置方法如下。

（1）保存场景，删除场景中所有灯光，保存图像名为“小空间效果图AO”。

（2）选择【VRay】选项卡，展开【全局开关】卷展栏，勾选【覆盖材质】复选框并单击后面的通道按钮，对其添加“灯光”材质，将添加的“灯光”材质拖动到一个材质球上，在弹出的对话框中选择

图2-125

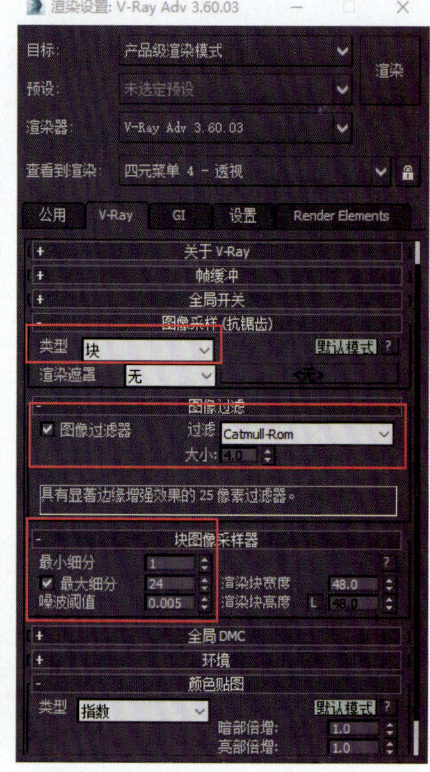

图2-126

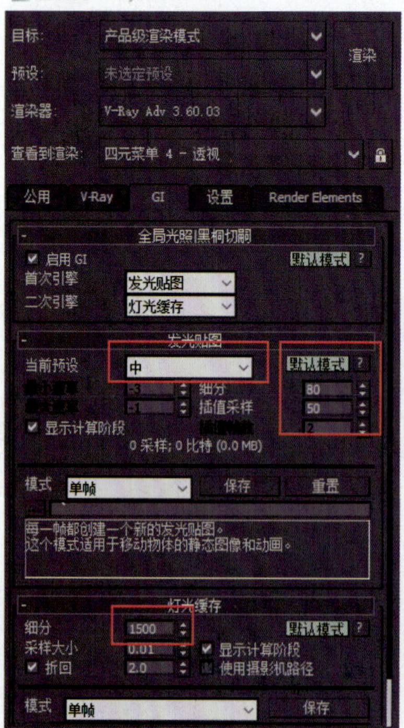

图2-127

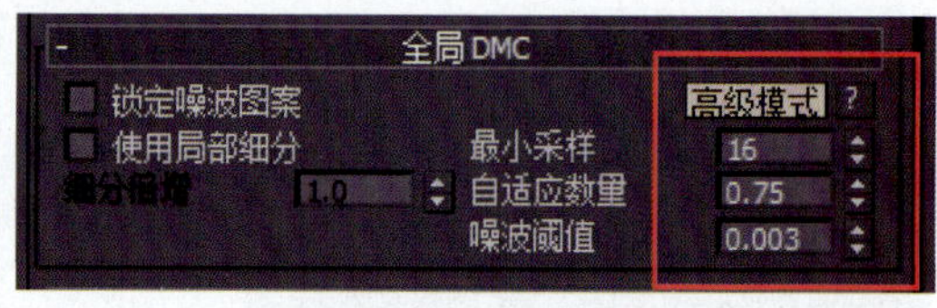

图2-128

图2-129

【实例】方式复制，在“灯光”材质的【颜色】通道处添加“污垢”材质，将【半径】参数设置为500，【细分】值设置为25，如图2-130所示。

（3）对【GI】选项卡进行如图2-131所示的设置，取消勾选“启用GI”复选框，进行默认渲染。

（4）设置完成后单击【渲染】按钮进行渲染，渲染完成后的AO图如图2-132所示。

渲染AO图

单击通道添加“灯光”材质，并把“灯光”材质拖动到材质球上

单击添加“污垢”材质

图2-130

2.8 Photoshop后期处理

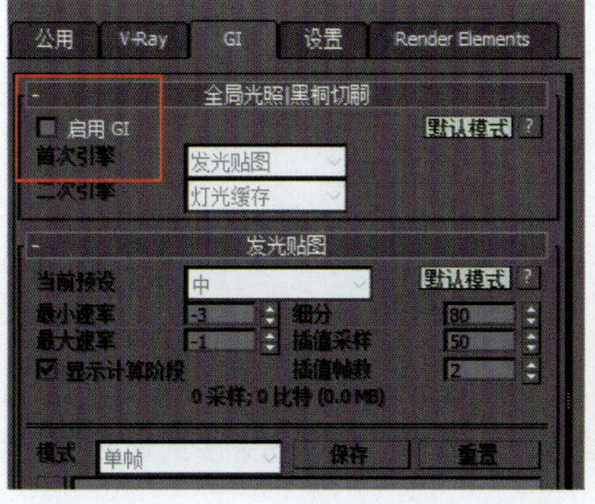

图2-131

图2-132

完成渲染后，通常会在Photoshop软件中进行后期处理，以得到更为理想的效果。后期处理根据图像的渲染质量和对细节的要求，需要综合考虑图像所表现的氛围，甚至局部补光、局部装饰物件的补充等，它在效果图制作过程中是一个非常重要的环节。简单的后期处理只是适当调节图像的亮度、对比度，使图像的光感更充分。

（1）打开Photoshop软件，执行【文件】→【打开】命令，打开渲染的效果图。执行【图像】→【调整】→【亮度/对比度】命令，调整亮度对比度使图像更清晰，如图2-133所示。

（2）执行【图像】→【调整】→【曲线】命令，调整图像的明暗关系，如图2-134所示。

图2-133

（3）打开渲染好的AO图，选择【移动工具】并按住Shift键拖入图中与效果图重合，修改图层类型为【叠加】模式，【不透明度】设置为30%，加强明暗对比，增强图像的厚重感。按Ctrl+A组合键全选图像，执行【编辑】→【描边】命令，描边宽度设置为20像素，颜色为黑色，将调整好的图像保存为.jpg格式，最终效果如图2-135所示。

后期处理

图2-134

图2-135

本章小结

本章主要介绍了小户型客厅空间效果图表现方法，涉及室内空间建模知识、摄影机知识、常用VRay材质知识、灯光布置方法、VRay渲染设置以及Photoshop后期处理方法。建议读者多到网上看一些相关效果图制作的图片，也可以多临摹照片，以提高自身的认知水平。

第3章

东南亚风格客厅空间效果图设计

◆本章简介

单面建模方法；室内空间吊顶模型制作方法；装饰墙面造型建模方法 ；VRay材质表现、灯光设计及渲染知识。

◆学习目标

熟练掌握室内空间单面建模方法以及顶面造型、装饰墙面创建方法；掌握室内常用材质设置方法、灯光布置思路和渲染知识；熟悉不同风格表现技巧。

3.1　案例场景分析

本章案例为东南亚风格客厅空间效果图设计，是小户型结构，空间较为紧凑。为了突出风格，表现空间丰富的色彩，增强视觉感受，采用对比强烈的绿色墙面和造型丰富的木质墙面造型，并配以大幅装饰画框和颜色变化丰富的沙发、抱枕，突出空间色彩搭配，体现出浓郁的东南亚风格。

3.2　客厅空间模型创建

本案例采用单面建模的方式进行空间模型的制作。

3.2.1　3ds Max建模前设置

（1）打开3ds Max软件，执行菜单栏【自定义】→【单位设置】命令，弹出如图3-1所示的对话框。

3ds max建模前设置

（2）在【捕捉】选项卡上右击，在弹出的【栅格和捕捉设置】对话框中进行如图3-2所示的设置。

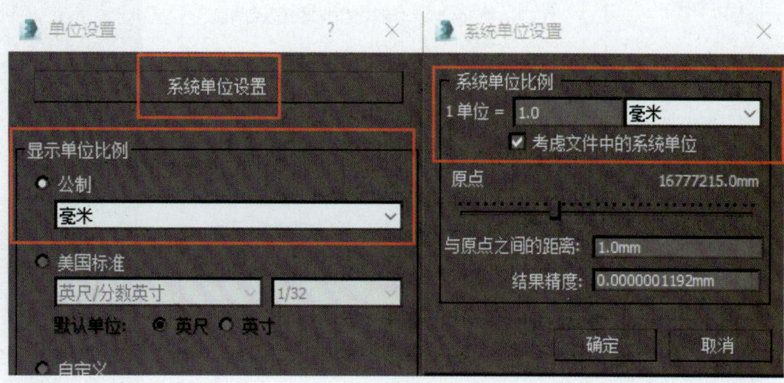

图3-1

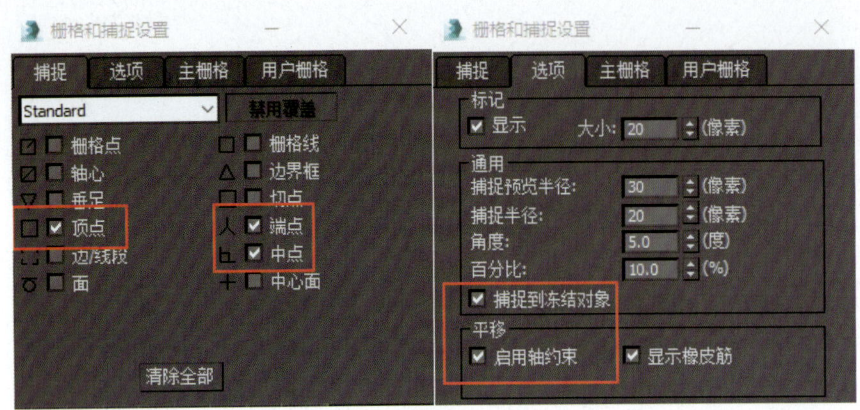

图3-2

（3）在菜单栏执行【自定义】→【首选项】命令，勾选【按方向自动切换窗口/交叉】复选框，如图3-3所示。

图3-3

3.2.2 室内空间建模

1. 导入CAD设计图纸及设置

（1）单击3ds Max左上角图标，选择【导入】，如图3-4所示。选择配套网盘“第3章\CAD\平面整理”文件。

导入CAD设计图纸

（2）在【导入选项】对话框中保持默认参数不变，单击【确定】按钮，在顶视图观察得到如图3-5所示效果。

（3）在顶视图中框选所有CAD图纸，执行菜单栏【组】→【成组】命令，在弹出的【组】对话框中命名为“平面布置CAD”，将多个对象组合为一个对象。

（4）选择“平面布置CAD”对象，选择【移动工具】，在状态栏将X、Y、Z坐标归零。

（5）选择“平面布置CAD”对象，右击并选择【冻结当前选择】，避免建模过程中移动变换CAD图纸，并按G键隐藏网格显示，调整后的图纸如图3-6所示。

2. 墙体建模

（1）执行【创建】面板下的【图形】→【线】命令，在顶视图中沿如图3-7所示的红色区域画线。注意画线过程中不要断线，并在门窗的位置生成点。画线后的效果如图3-8所示。

墙体建模

（2）为创建的线添加【挤出】修改器，挤出的数量为2 900 mm，得到墙体空间模型，命名为“墙体”，如图3-9所示。

（3）选择“墙体”对象，对其添加【法线】修改器，并在对象上右击，选择【对象属性】，在弹出的【对象属性】对话框中勾选【背面消隐】复选框，如图3-10所示。

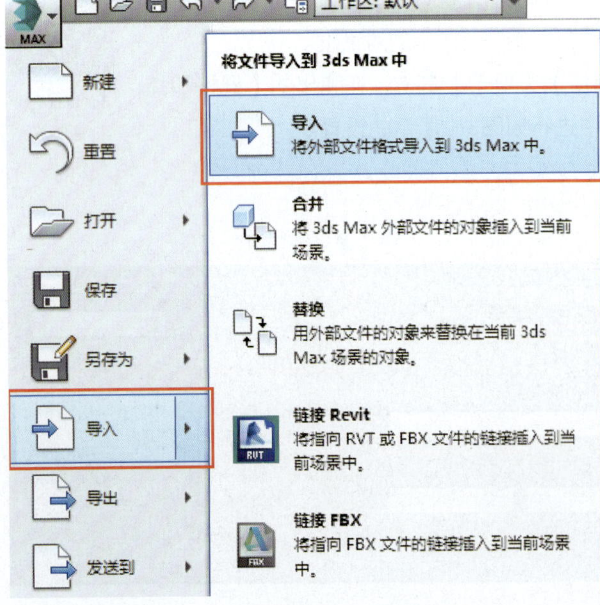

图3-4

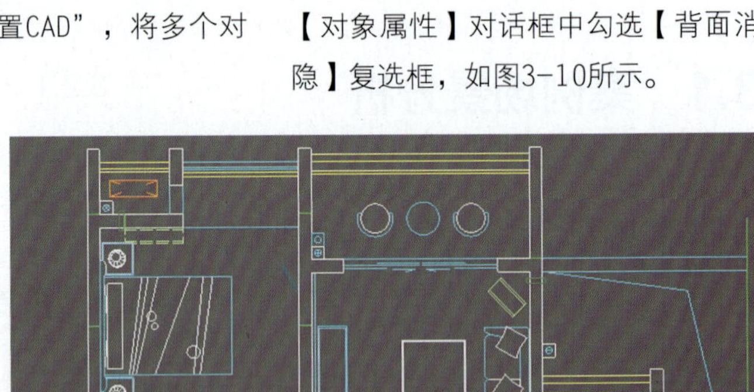

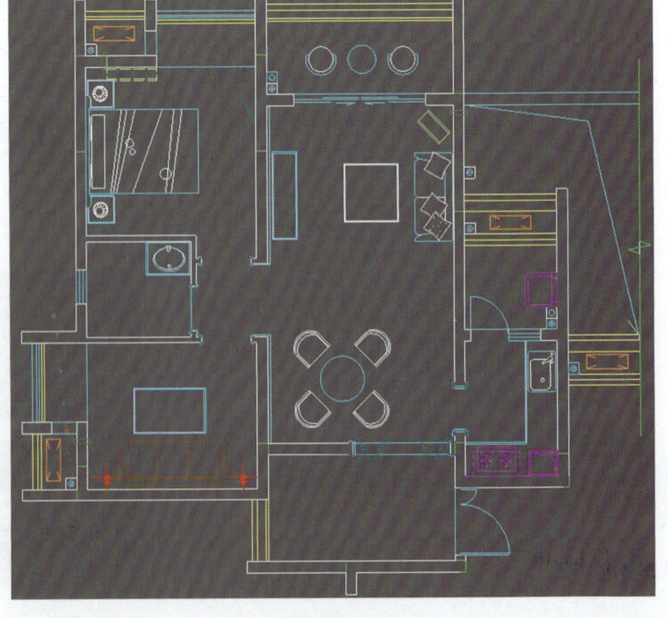

图3-5

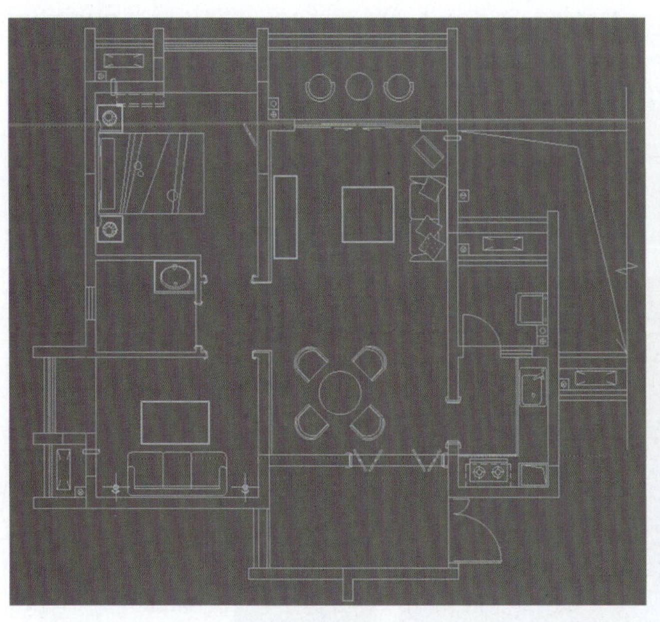

图3-6

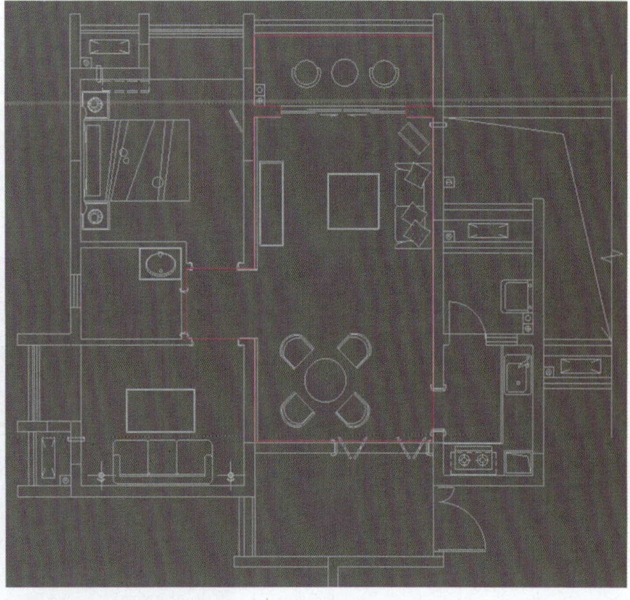

图3-7

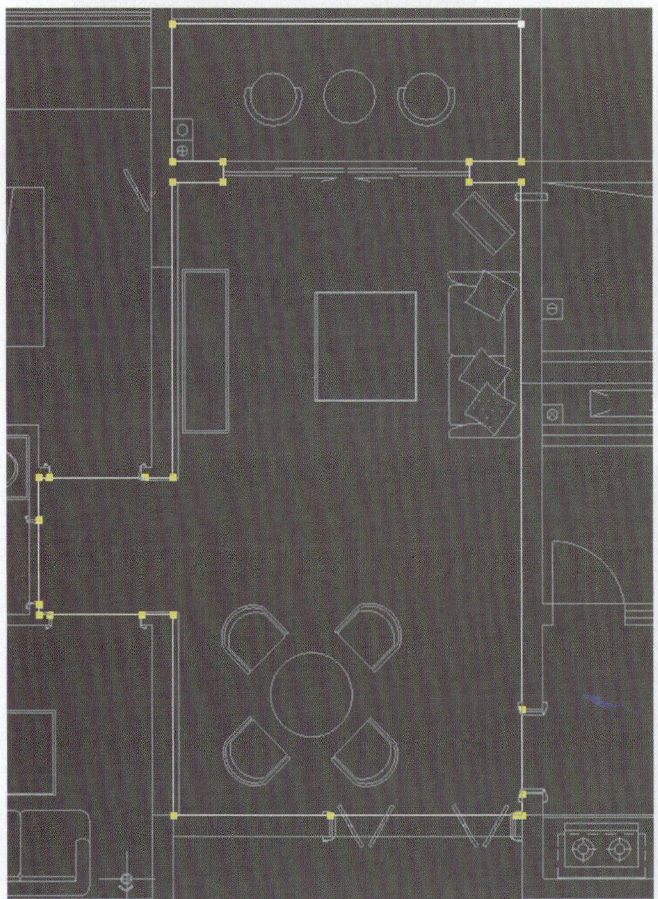

图3-8

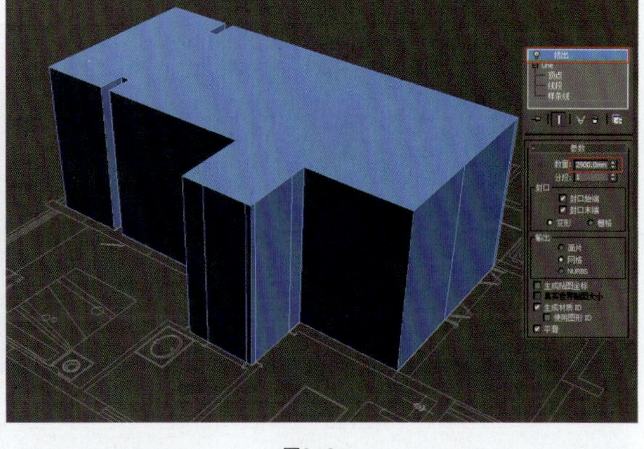

图3-9

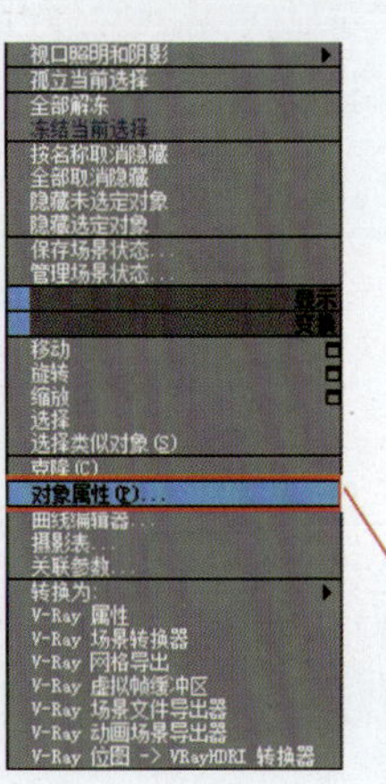

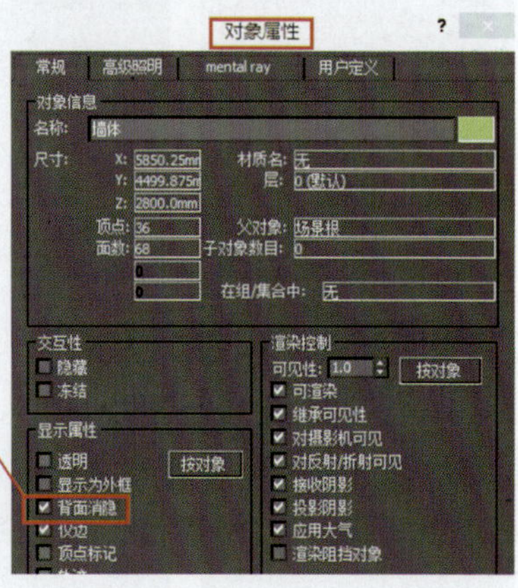

图3-10

（4）选择“墙体”对象，右击，执行【转换为】→【转换为可编辑多边形】命令，得到的效果如图3-11所示。

（5）在透视图中将显示方式由【真实】改为【明暗处理】，这样可以使后期的操作更为流畅，如图3-12所示。

3. 门窗建模

（1）选择可编辑多边形的【边】层级，选择如图3-13所示的边，执行【编辑边】卷展栏下的【连接】命令，如图3-14所示，连接一条边，并将所连接边的z轴高度调整到2 050 mm，得到的效果如图3-15所示。

（2）选择【多边形】层级，并勾选【忽略背面】复选框，如图3-16所示。选择门洞的面，并单击【编辑多边形】卷展栏下【挤出】按钮右边的设置通道按钮，在弹出的对话框中设置挤出的高度为-200 mm，得到的效果如图3-17所示。

门窗建模

（3）按Delete键删除门洞的面，可以通过调用现成门的模型放在相应的位置，如图3-18所示。

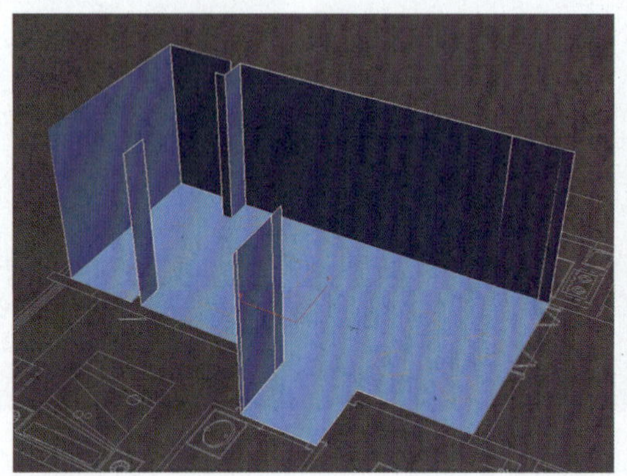

图3-11

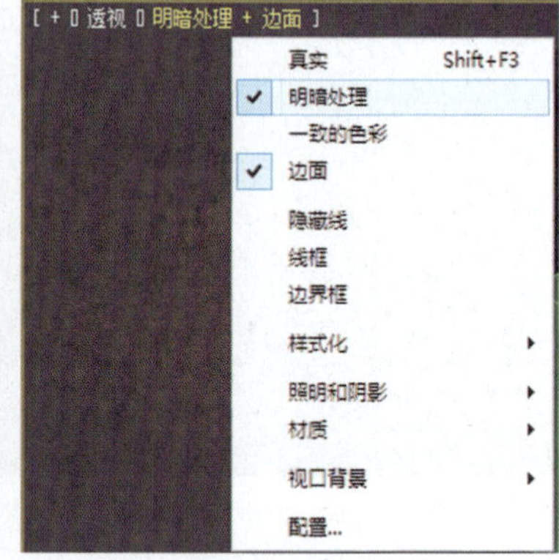

图3-12

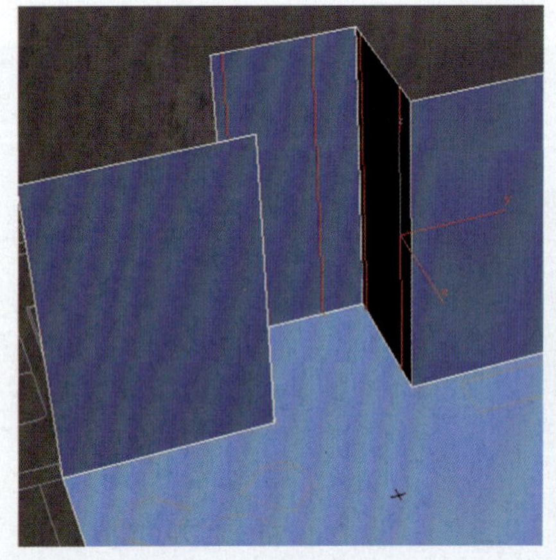

图3-13

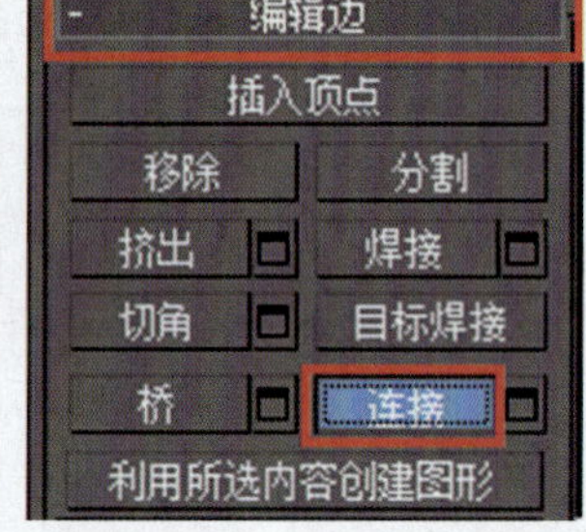

图3-14

图3-15

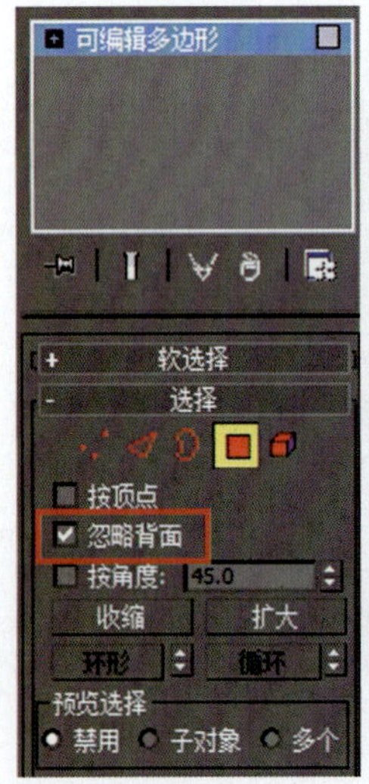

图3-16

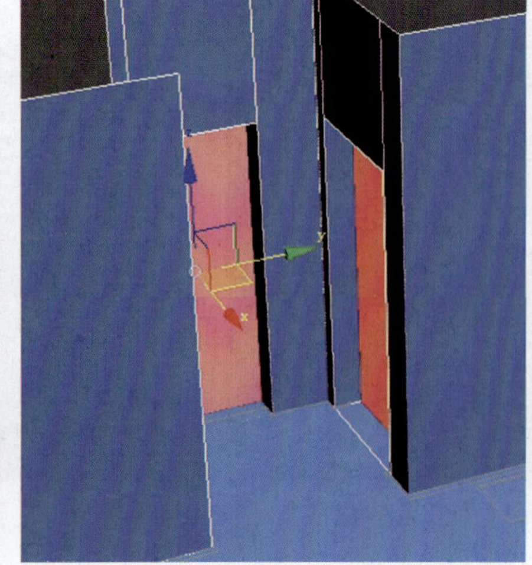

图3-17

图3-18

（4）切换到【边】层级，选择阳台位置左右两边的线，单击【编辑边】卷展栏下【连接】按钮右边的设置通道按钮，连接数量设置为2，如图3-19所示。并将连接的下端的边的Z轴高度调整到100 mm，上端的边的Z轴高度调整为2 400 mm，如图3-20所示。

（5）选择【多边形】层级，选择阳台位置的面，并单击【编辑多边形】卷展栏下【挤出】按钮右边的设置通道按钮，在弹出的对话框中设置挤出的【数量】为-300 mm，如图3-21所示。并将挤出的面删除，得到的效果如图3-22所示。

（6）选择【边】层级，选择窗户位置墙体左右两边的线，如图3-23所示。单击【编辑边】卷展栏下【连接】按钮右边的设置通道按钮，数量设置为1，连接后的效果如图3-24所示。

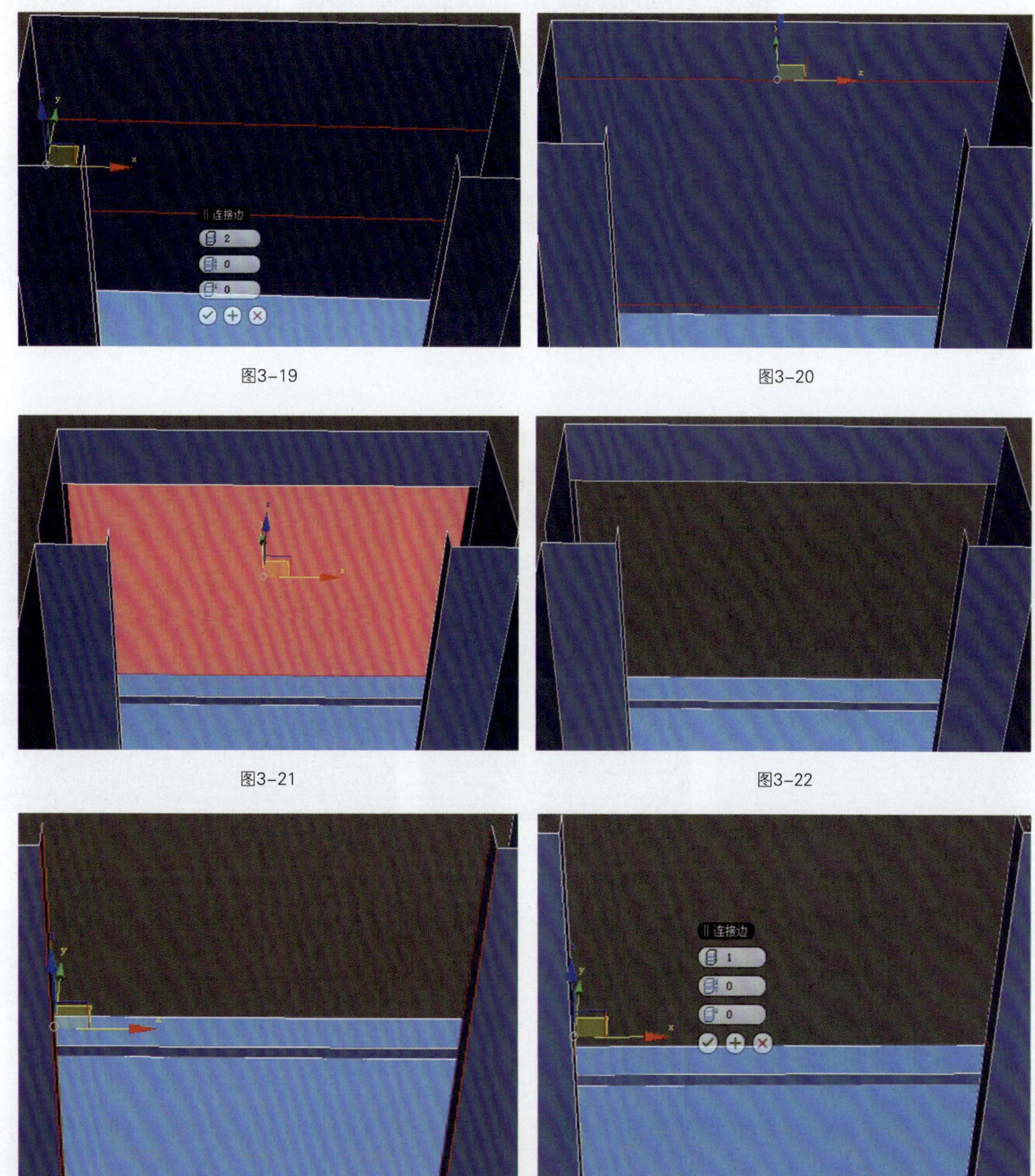

图3-19 图3-20

图3-21 图3-22

图3-23 图3-24

（7）选择【多边形】层级，选择窗户位置墙体上端左右两边的面，如图3-25所示。执行【编辑多边形】卷展栏下的【桥】命令，生成墙体，桥接后的效果如图3-26所示。

（8）选择【多边形】层级，选择桥接得到的墙体的下端的面，设置z轴的高度为2 200 mm，调整后的效果如图3-27所示。

（9）执行【创建】面板下的【窗】→【固定窗】命令，如图3-28所示，在顶视图中窗户的位置创建一个窗户，并重命名为“窗户”，如图3-29所示。

（10）选择“窗户”对象，右击，将对象转换为可编辑多边形，调整外观，得到的效果如图3-30所示。

（11）选择【元素】层级，选择窗户玻璃的元素，如图3-31所示，并执行【编辑几何体】卷展栏下的【分离】命令，在弹出的对话框中命名为“玻璃”，并指定另外一个颜色以区别显示，调整后的效果如图3-32所示。

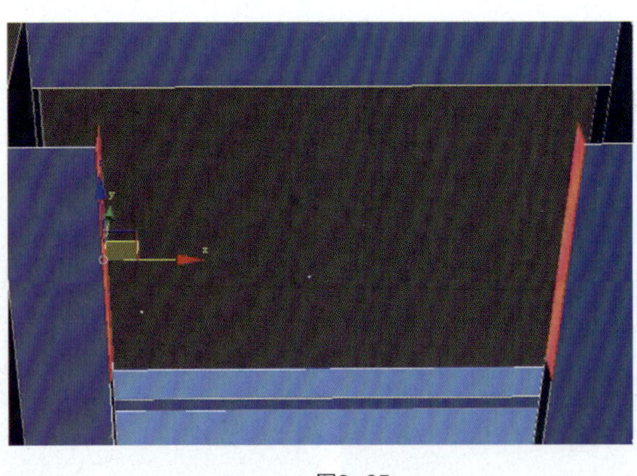
图3-25

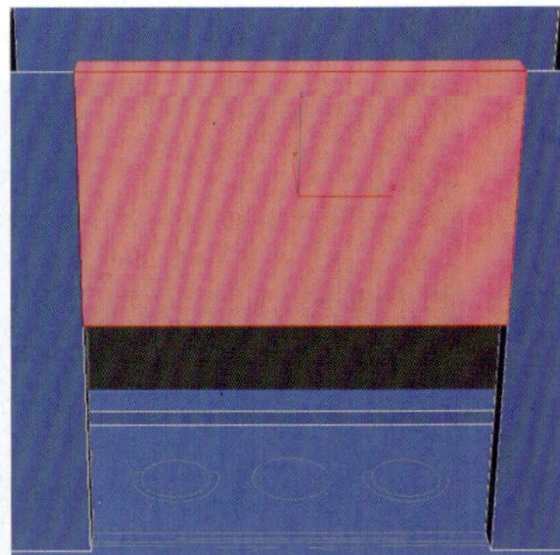
图3-26

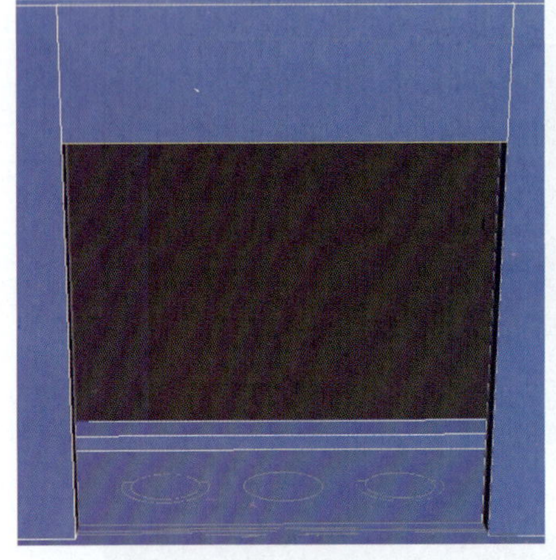
图3-27

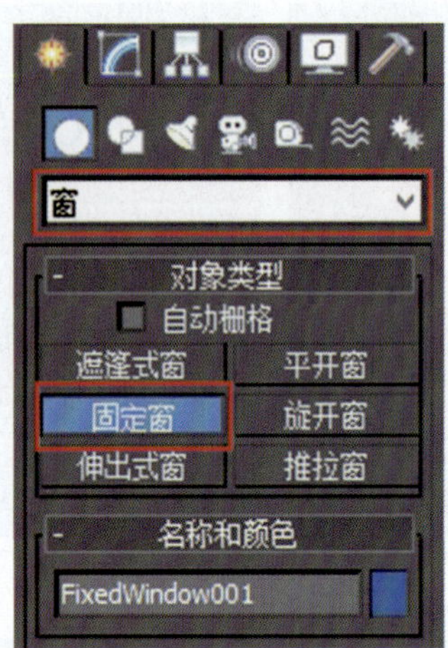

图3-28

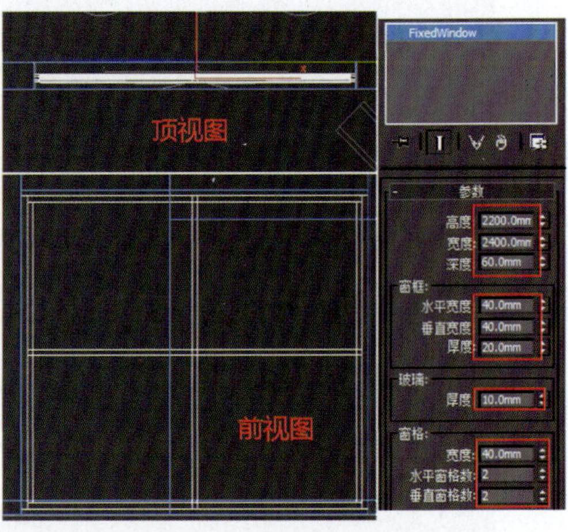

图3-29

图3-30

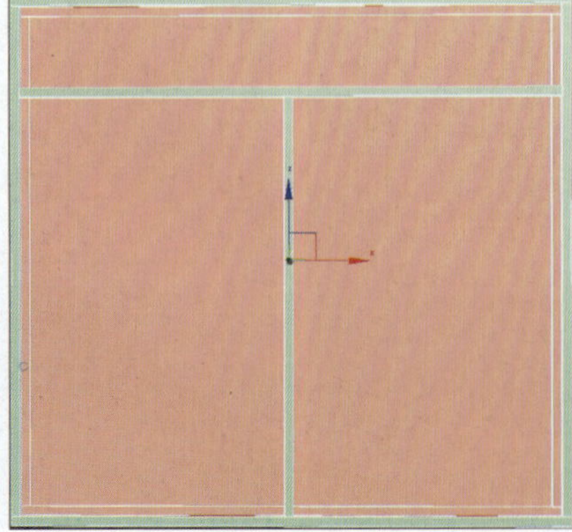
图3-31

图3-32

4. 栏杆创建

（1）选择【创建】面板下的【AEC扩展】→【栏杆】，如图3-33所示，在顶视图中阳台的位置创建一个栏杆，得到的效果如图3-34所示，参数设置如图3-35所示。

（2）选择"栏杆"对象，并转换为可编辑多边形，调整点的位置对栏杆进行修改，修改后得到的效果如图3-36所示。

（3）调整后的空间效果如图3-37所示。

3.2.3 吊顶模型制作

本项目的吊顶相对复杂，要求理解掌握吊顶的空间层次关系及灯带位置关系。

1. 边吊模型制作

（1）选择【矩形工具】，在前视图中绘制一个长500 mm、宽60 mm的矩形，并右击，执行【转换为可编辑样条线】命令，添加点修改形状，得到的效果如图3-38所示，作为边吊的剖面。

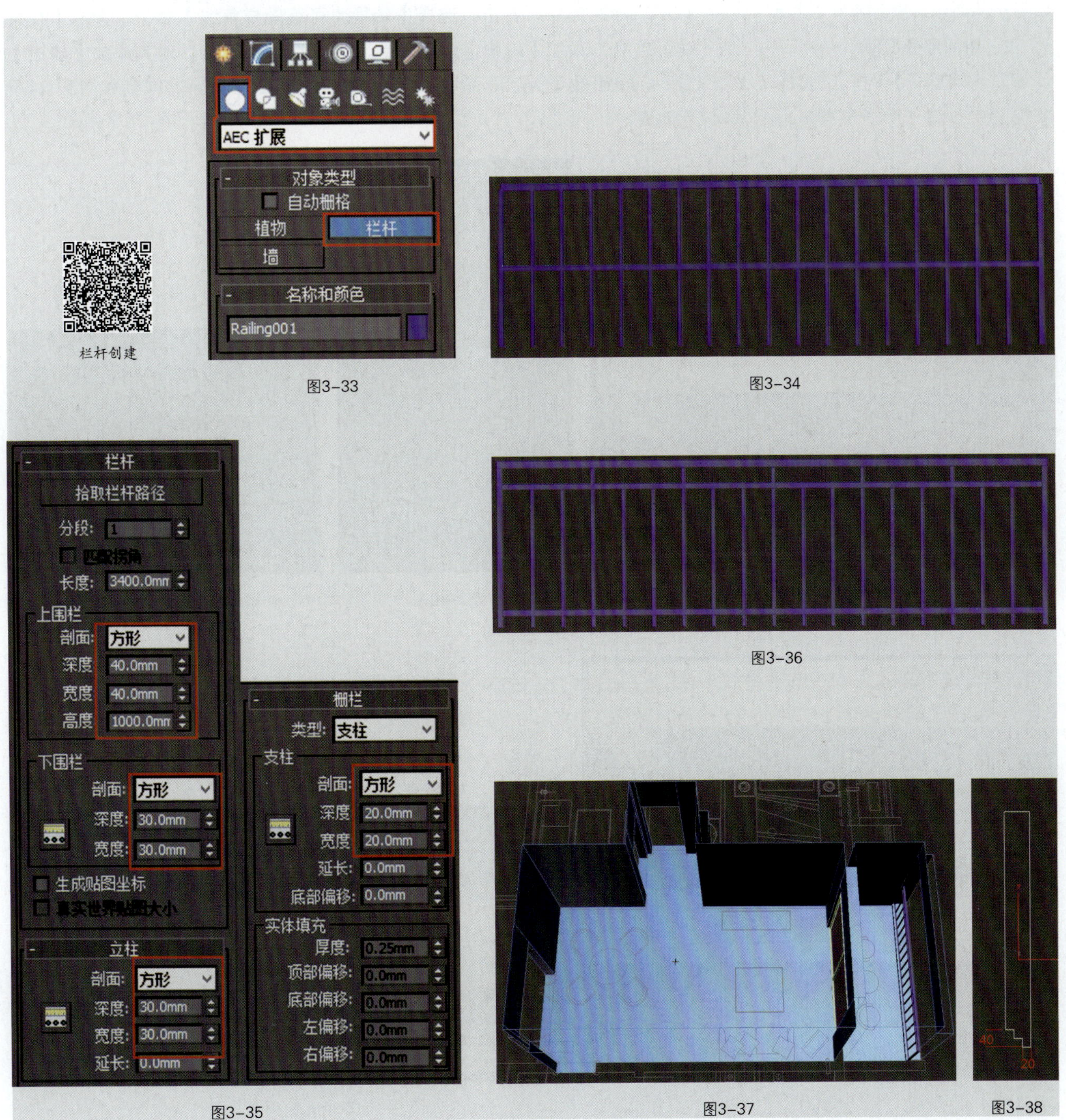

图3-33　图3-34　图3-35　图3-36　图3-37　图3-38

（2）选择【矩形工具】，在顶视图中客厅和餐厅空间位置创建一个长5 900 mm、宽3 400 mm的矩形，对其添加【扫描】修改器，选择【使用定制剖面】，执行【拾取】命令，拾取上一步所创建的边吊剖面，并调整轴对齐的方式，移动对象对齐空间模型的顶端，在顶视图中以餐厅的墙面对齐，留出窗帘盒的位置，得到的效果如图3-39所示，重命名为“边吊”。

2. 中间部分吊顶

（1）选择【矩形工具】，在顶视图中创建一个长5 780 mm、宽3 020 mm的矩形，如图3-40所示，右击，执行【转换为可编辑样条线】命令，选择【样条线】层级，添加【轮廓】，【轮廓】值设置为350 mm，如图3-41所示。

（2）对其添加【挤出】修改器，挤出值设置为100 mm，并调整z轴的高度为2 650 mm，得到的效果如图3-42所示。

（3）选择【矩形工具】，在顶视图中绘制一个长6 000 mm、宽3 400 mm的矩形，并添加【挤出】修改器，挤出值设置为50 mm，并调整z轴的高度为2 850 mm，得到的效果如图3-43所示。

（4）选择【矩形工具】，在顶视图中创建一个长5 780 mm、宽3 020 mm的矩形，右击，选择【转换为可编辑样条线】命令，选择【样条线】层级，添加【轮廓】，【轮廓】值设置为280 mm，对其添加【挤出】命令，挤出数量为100 mm，并调整z轴高度为2 750 mm，得到如图3-44所示效果。

边吊模型制作

中间部分吊顶

图3-39

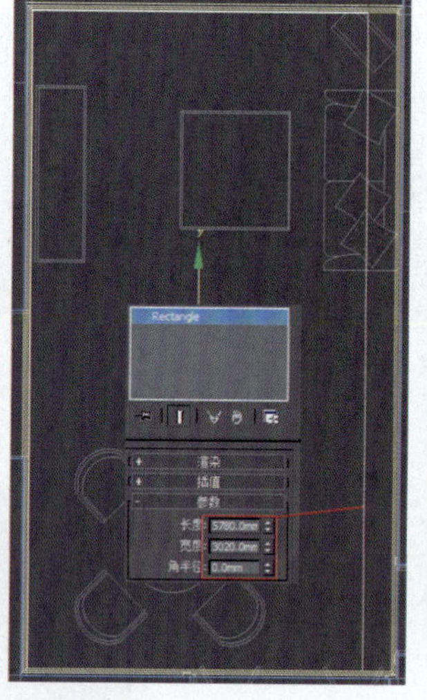

图3-40

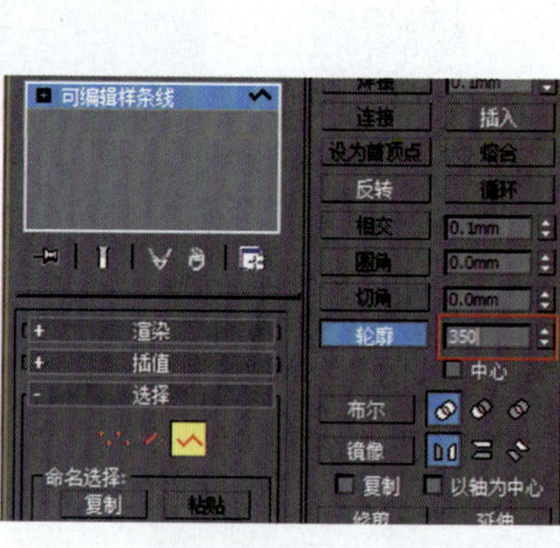

图3-41

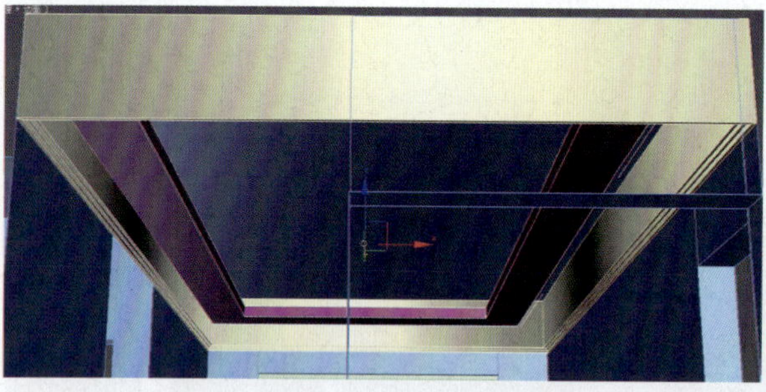
图3-42

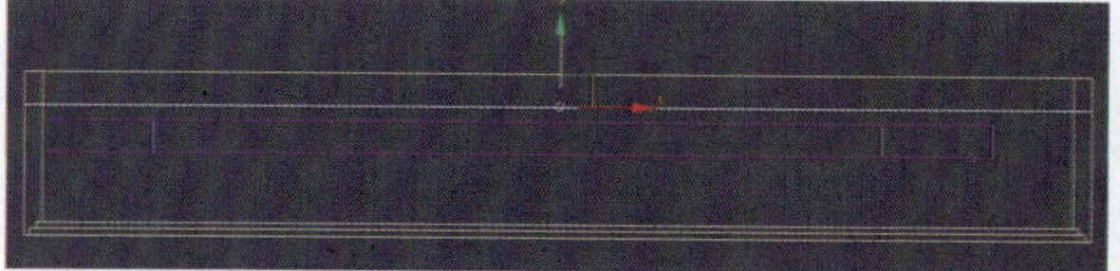
图3-43

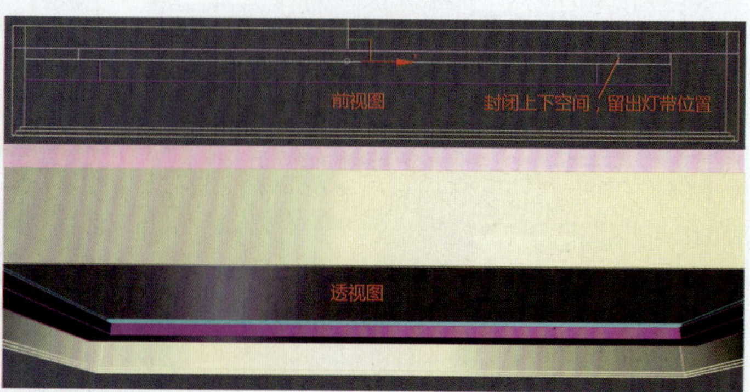

图3-44

3. 中间造型模型制作

（1）选择【创建】面板下的【几何体】→【平面】，在顶视图中创建一个长和宽均为2 000 mm的平面，并设置【长度分段】为1、【宽度分段】为20，如图3-45所示。

（2）按Alt+Q组合键孤立对象，并将对象转换为可编辑多边形，选择【边】层级，选择中间部分的边，如图3-46所示。单击【编辑边】卷展栏下【切角】按钮右边的设置通道按钮，在弹出的对话框中设置边切角量为5 mm，得到的效果如图3-47所示。

（3）执行【编辑几何体】卷展栏下的【切割】命令，按S键开启捕捉，沿对象的对角线进行切割，如图3-48所示。

（4）选择【多边形】层级，删除左、右、下三个方向的三角形区域，得到如图3-49所示的效果。

（5）选择【多边形】层级，选择如图3-50所示的面，选择【编辑多边形】卷展栏下【挤出】按钮右边的设置通道按钮，在弹出的对话框中设置挤出的数量为10 mm，得到的效果如图3-51所示。

（6）选择物体，按A键开启【角度】捕捉，在顶视图中旋转复制得到另外三边的对象，如图3-52所示。

（7）选择4个物体，执行【实用工具】面板下的【塌陷】→【塌陷选定对象】命令，如图3-53所示，将4个对象塌陷为一个物体。

中间造型模型制作

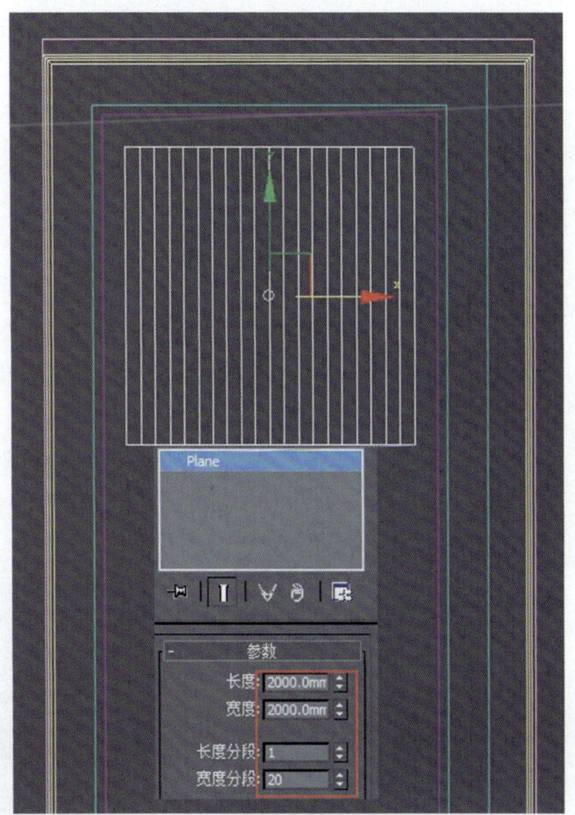

图3-45

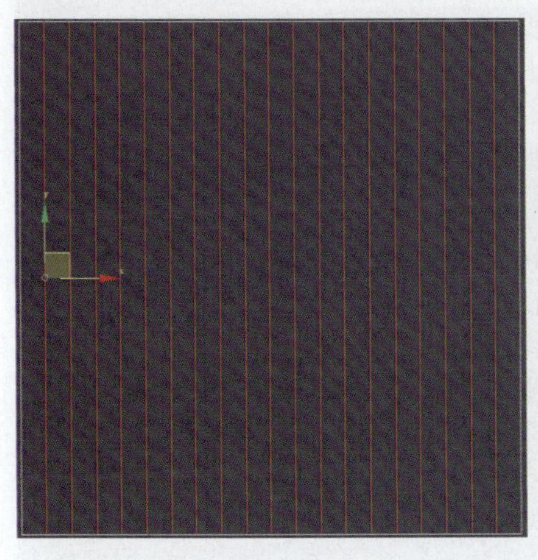

图3-46

图3-47

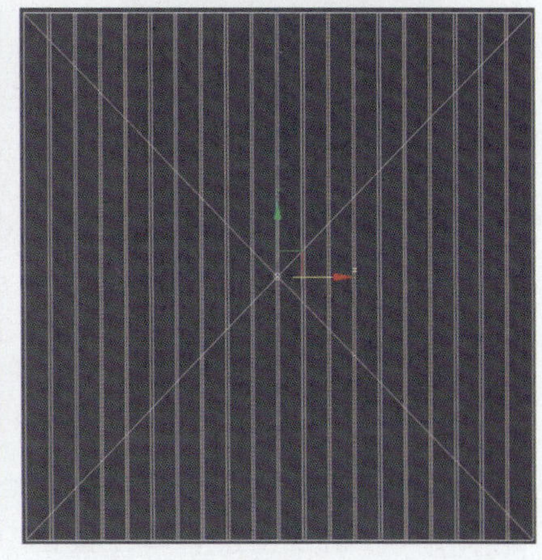

图3-48

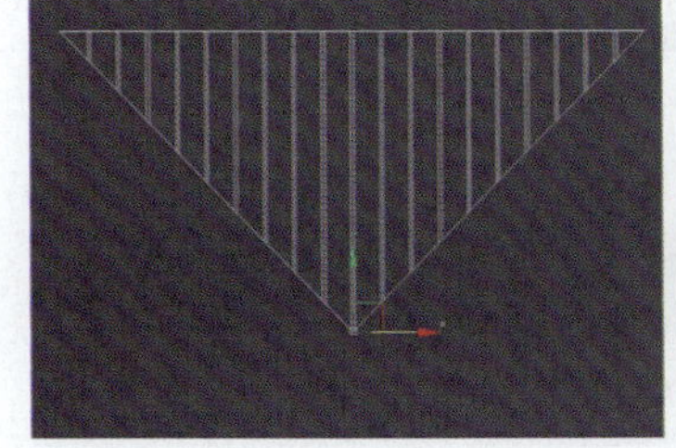

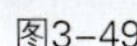

图3-49

图3-50

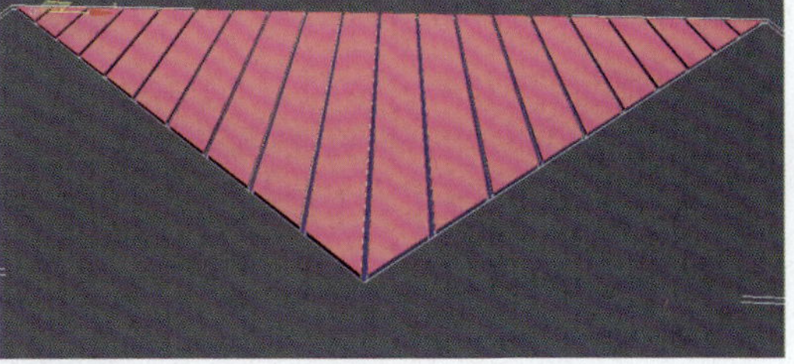

图3-51

图3-52

图3-53

（8）在前视图中，单击按钮▣，在弹出的【镜像】对话框中选择沿y轴镜像，如图3-54所示。调整z轴高度到2 750 mm，得到的效果如图3-55所示。

（9）按Alt+Q组合键孤立中间造型对象，选择【图形】→【矩形】命令，在顶视图中创建一个长120 mm、宽70 mm的矩形，并将对象转换为可编辑样条线，对其添加点，修改得到如图3-56所示效果，作为造型的剖面对象。

（10）选择【图形】→【矩形】命令，在顶视图中以中间造型为捕捉对象，创建一个长和宽均为2 000 mm的矩形，对其添加【扫描】修改器，拾取上一步操作中所创建的剖面，得到的效果如图3-57所示。

（11）选择扫描后得到的造型线，在前视图中按Ctrl+V组合键复制一个副本，选择复制的对象，删除【扫描】修改器，添加【挤出】修改器，挤出【数量】为50 mm，并调整底端对齐造型线，得到效果如图3-58所示。

（12）选择【几何体】→【长方体】命令，在造型的下端面创建一个长和宽均为250 mm、高为15 mm的长方体，并转换为可编辑多边形，选择【多边形】层级，选择下端的面，单击【编辑多边形】卷展栏下【插入】按钮右边的设置通道按钮，【插入】值为15 mm，对插入的面继续执行【挤出】命令，挤出值为-10 mm，退出孤立选择，得到如图3-59所示的效果。

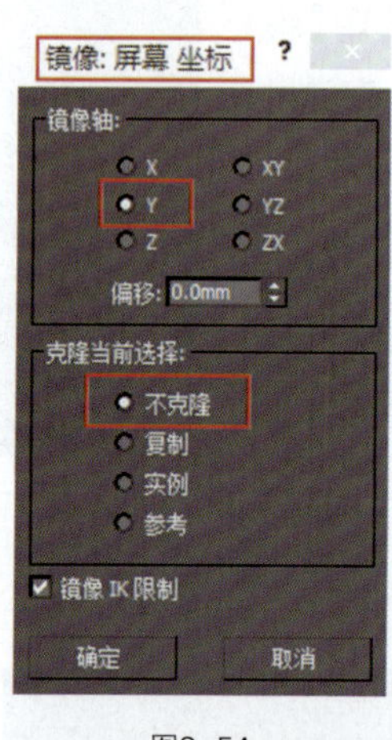

图3-54

图3-55

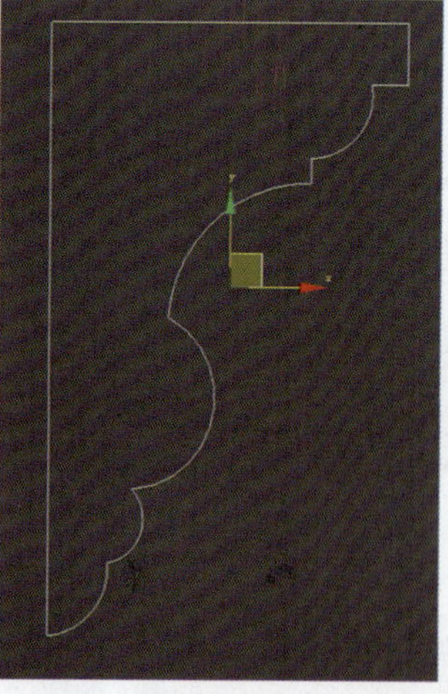

图3-56

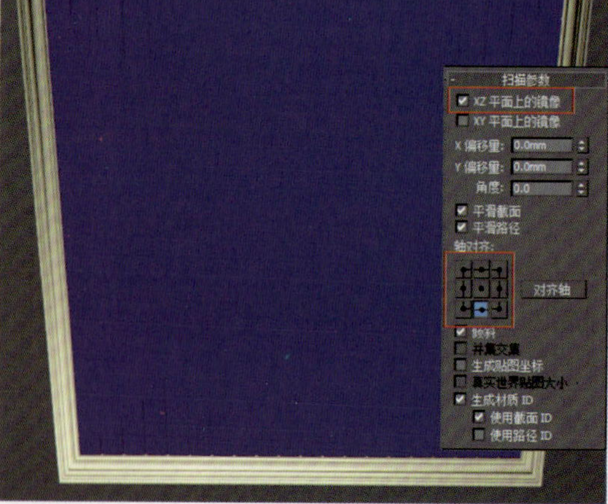

图3-57

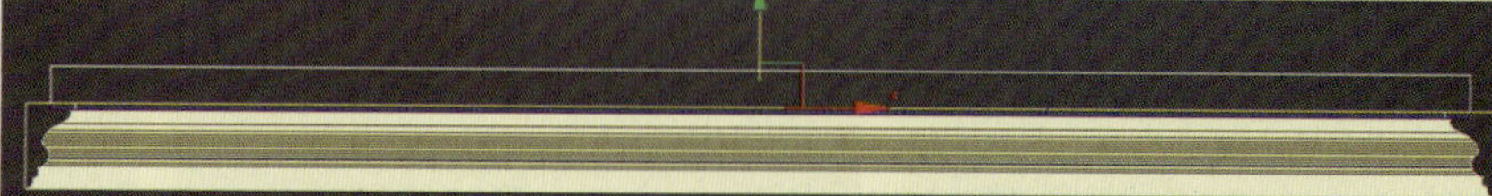

图3-58

图3-59

过道门洞造型

3.2.4 过道门洞造型

（1）选择【图形】→【线】命令，按S键开启捕捉，在左视图中如图3-60所示的区域画线。

（2）选择所画线的【样条线】层级，执行【轮廓】命令，【轮廓】值设置为-20 mm，对其添加【挤出】修改器，挤出【数量】为320 mm，对齐后得到的效果如图3-61所示，命名为“门洞”。

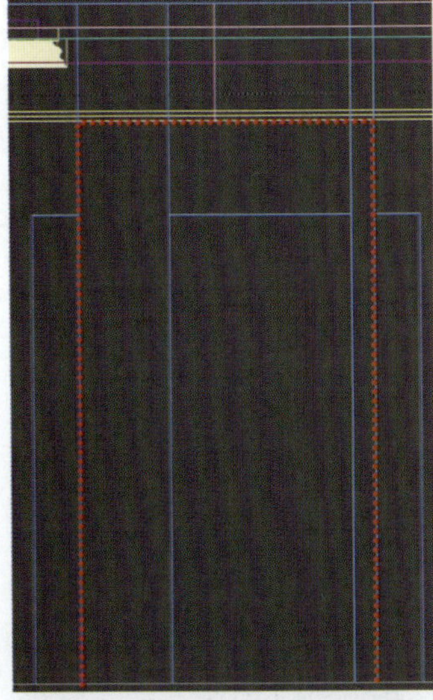

图3-60

图3-61

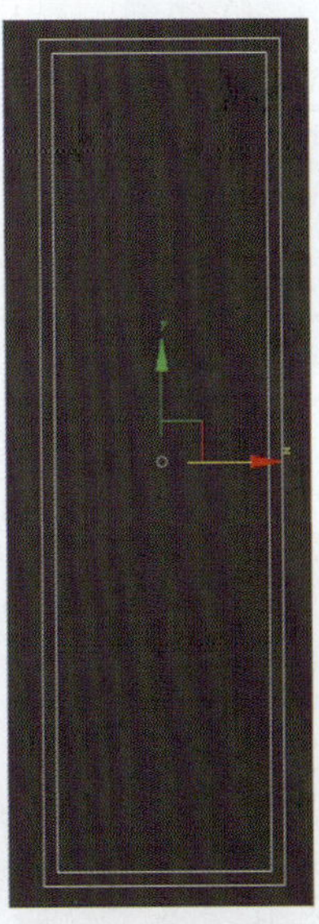

图3-62

3.2.5 电视墙造型

电视墙的造型稍显复杂，需要熟练运用【编辑样条线】下的【布尔】和【修剪】命令等。

（1）选择【图形】→【矩形】命令，在左视图中创建一个长2 400 mm、宽700 mm的矩形，将对象转换为可编辑样条线，选择【样条线】层级，执行【轮廓】命令，【轮廓】值为40 mm，得到的效果如图3-62所示。

（2）对其添加【倒角】修改器，修改器参数设置如图3-63所示，得到的效果如图3-64所示。

（3）选择【图形】→【矩形】命令，参考捕捉上面所完成的造型框架内侧，在左视图中创建一个长2 320 mm、宽620 mm的矩形，将对象转换为可编辑样条线，选择【样条线】层级，执行【轮廓】命令，【轮廓】值为10 mm，并对其添加【挤出】修改器，挤出【数量】为25 mm，得到的效果如图3-65所示。

（4）继续选择【矩形工具】，在左视图中创建一个长30 mm、宽600 mm的矩形，对其添加【挤出】修改器，挤出【数量】为25 mm，如图3-66所示，并复制一个，调整位置，得到的效果如图3-67所示。

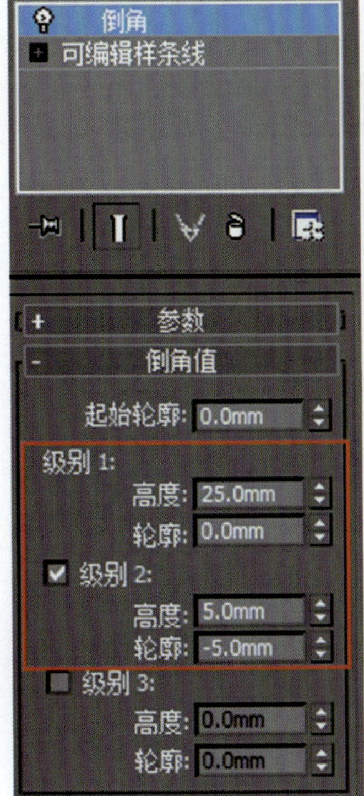

图3-63

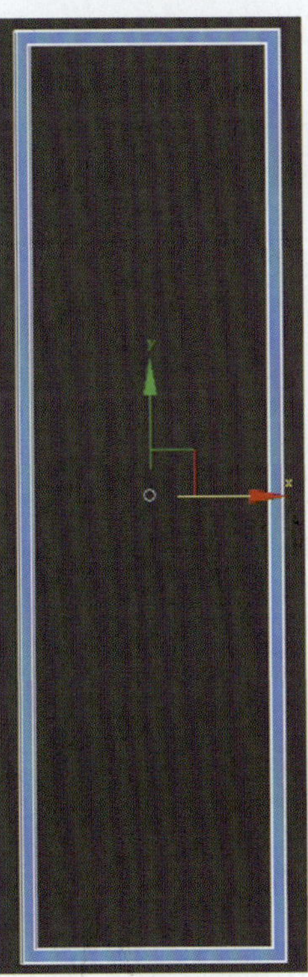

图3-64

图3-65

图3-66

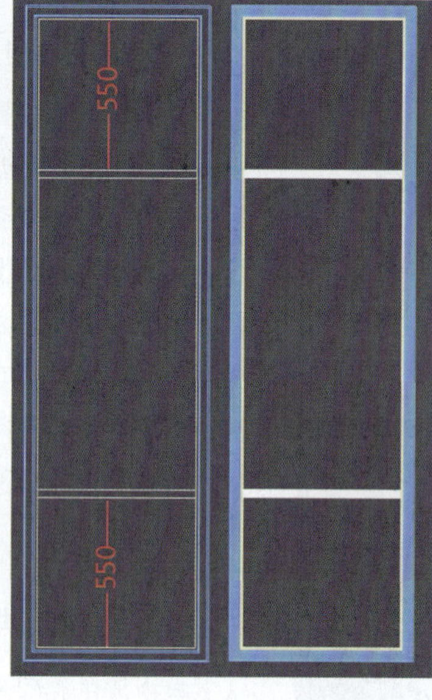

图3-67

（5）选择【矩形工具】，在左视图中如图3-68所示的位置创建一个长550 mm、宽600 mm的矩形。在图形内继续创建一个长395 mm、宽50 mm的矩形，并转换为可编辑样条线，如图3-69所示，修改得到的效果如图3-70所示，并旋转复制，调整点的位置得到如图3-71所示的形状，选择【几何体】卷展栏下的【附加】命令，单击图3-68所创建的矩形，将对象附加到一起，对其添加【挤出】修改器，挤出【数量】为20 mm，得到如图3-72所示的效果。

（6）选择对象，单击按钮▣，沿y轴镜像复制一个副本，并对齐到底端，得到的效果如图3-73所示。

（7）选择【矩形工具】，在左视图中如图3-74所示的位置创建一个长1 140 mm、宽600 mm的矩形。在图形内继续创建一个长330 mm、宽50 mm的矩形，并转换为可编辑样条线，如图3-75所示，修改点，得到的效果如图3-76所示。

电视墙造型

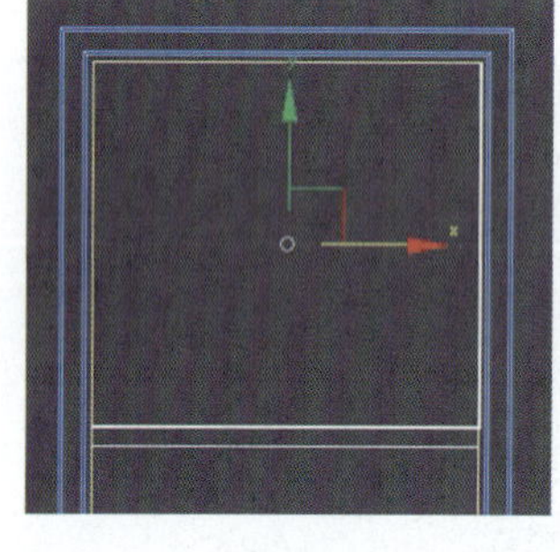

图3-68

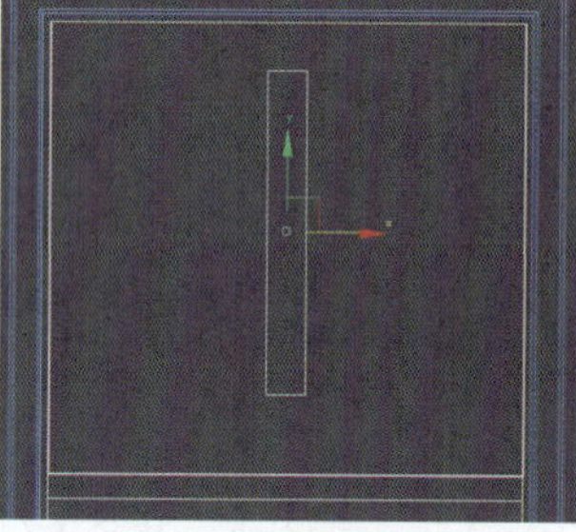

图3-69

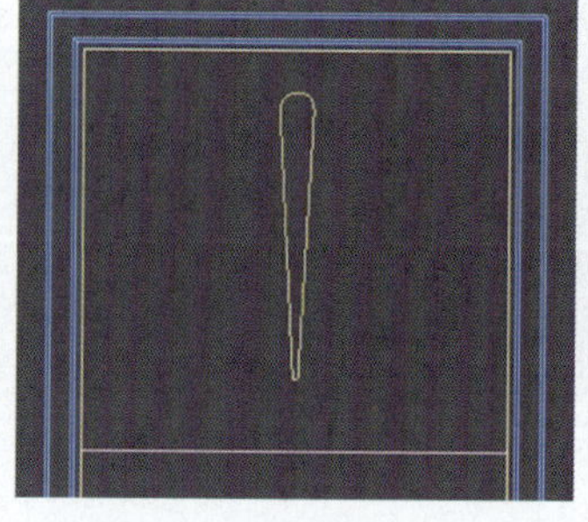

图3-70

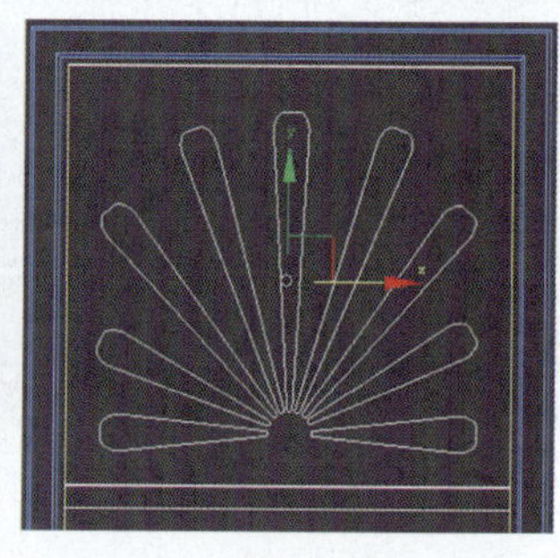

图3-71

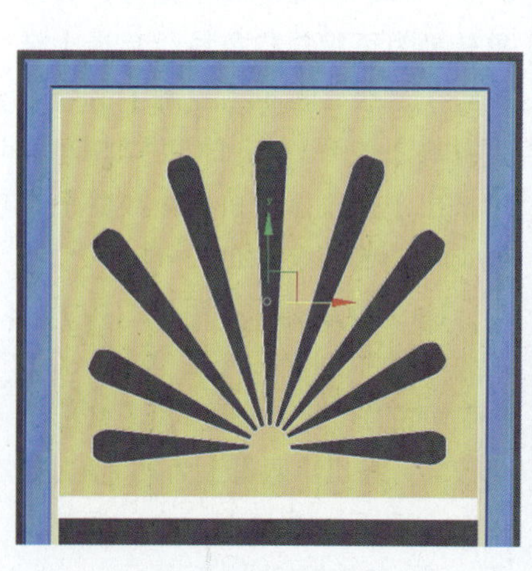
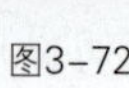

图3-72

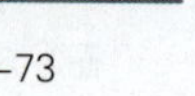

图3-73

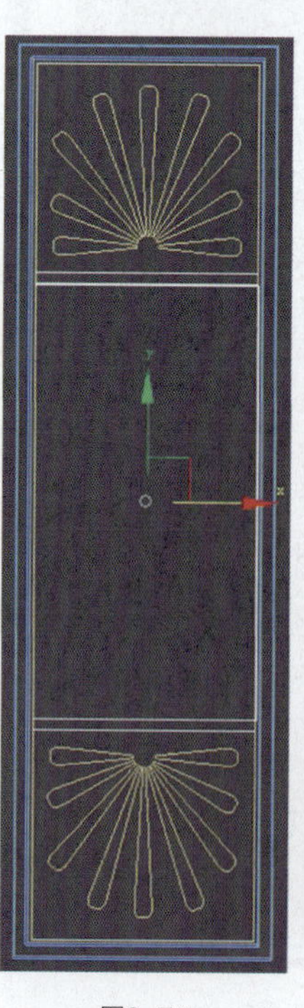

图3-74

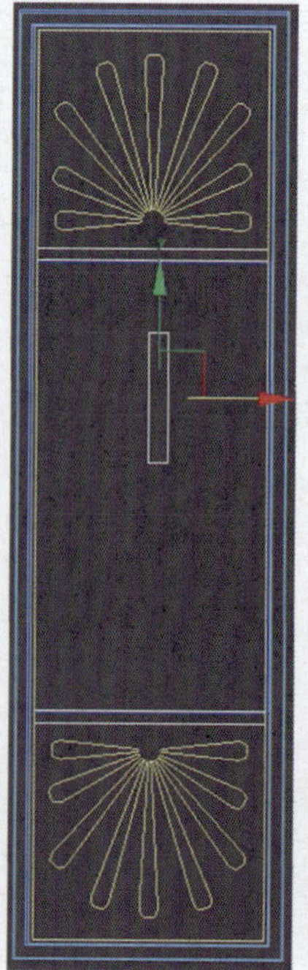

图3-75

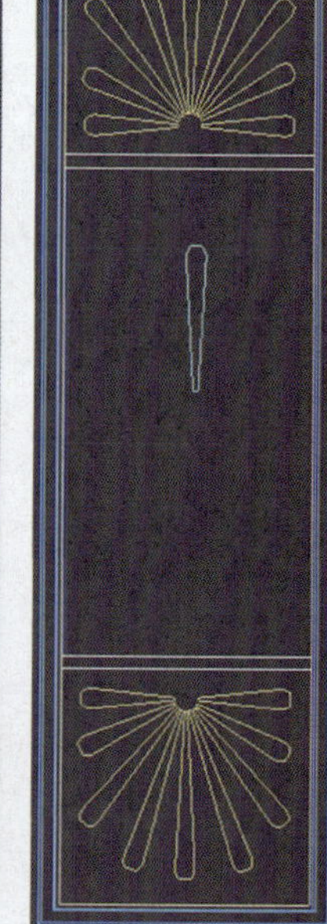

图3-76

（8）选择【图形】→【圆】命令，在图形的上下各画一个圆，上面圆的半径为20 mm，下面圆的半径为12 mm，并调整位置，如图3-77所示。选择中间的造型，执行【几何体】卷展栏下的【附加】命令，单击上下的圆，将对象附加在一起，如图3-78所示。

（9）选择对象的【样条线】层级，选择中间的样条线，单击【几何体】卷展栏下的【布尔】按钮，模式为【并集】，依次单击上下圆的图形，进行布尔合并运算，得到的效果如图3-79所示。依次将得到的对象复制7个，并调整位置，得到的效果如图3-80所示。在中间的位置画一个半径为15 mm的圆并复制4个，选择中间的某一造型，执行【几何体】卷展栏下的【附加】命令，依次单击其他的造型和新创建的圆，以及图3-74所示的矩形，将所有对象附加在一起，如图3-81所示。

（10）为附加完成的对象添加【挤出】修改器，数量为20 mm，得到的效果如图3-82所示。

（11）选择对象，执行【组】→【成组】命令，将对象组合为一个群组，命名为“电视墙面”，以方便后面的操作。将对象关联复制3个，并调整好位置，得到的效果如图3-83所示。

电视墙造型

3.2.6 创建踢脚线

（1）按Alt+Q组合键孤立“墙体”对象，选择【线工具】，在顶视图中沿边画线，并在门窗的位置生成点，命名为“踢脚线”，如图3-84所示。删除门窗位置和电视背景墙的线段，得到的效果如图3-85所示。

（2）选择【图形】→【矩形】命令，在顶视图中创建一个长60 mm、宽12 mm的矩形，并转换为可编辑样条线，添加点调整，得到的效果如图3-86所示。

创建踢脚线

（3）选择“踢脚线”对象，添加【扫描】修改器，拾取剖面造型，并调整对齐方式，得到的效果如图3-87所示。

图3-77

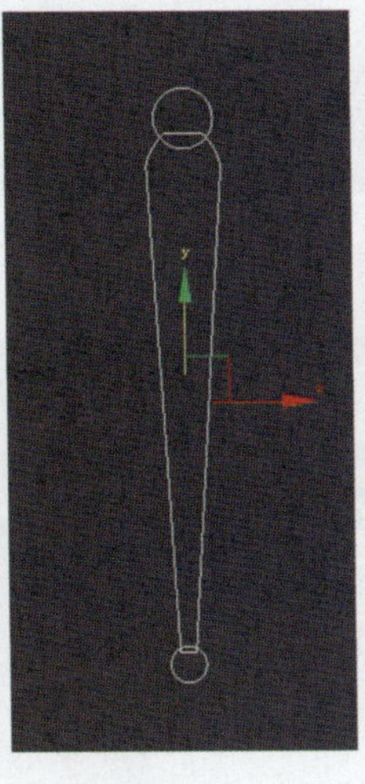

图3-78

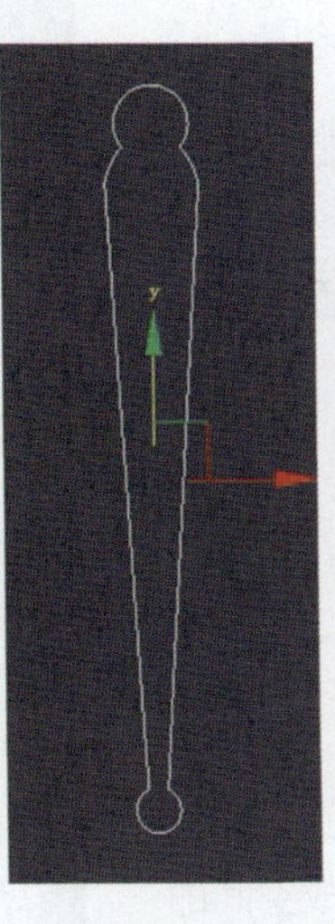

图3-79

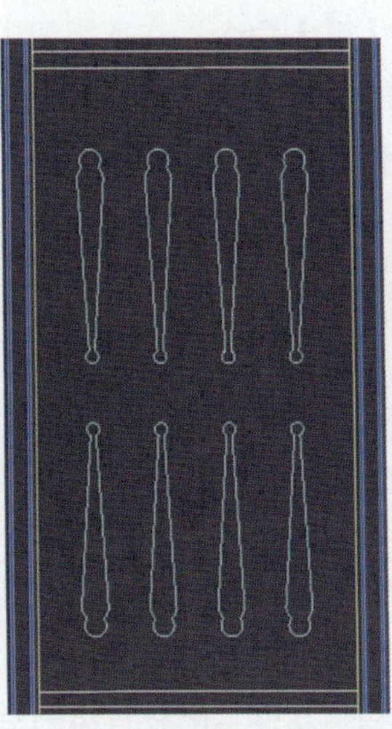

图3-80

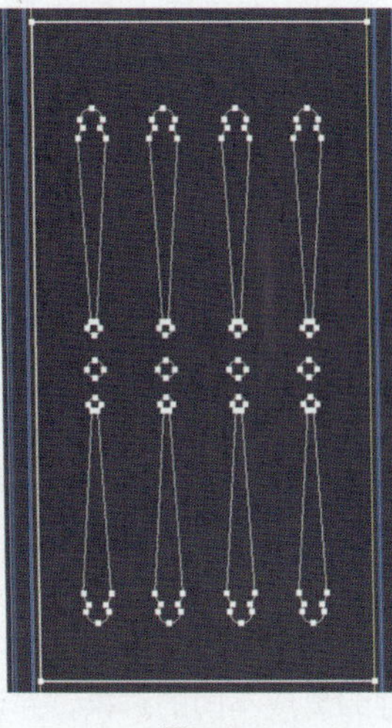

图3-81

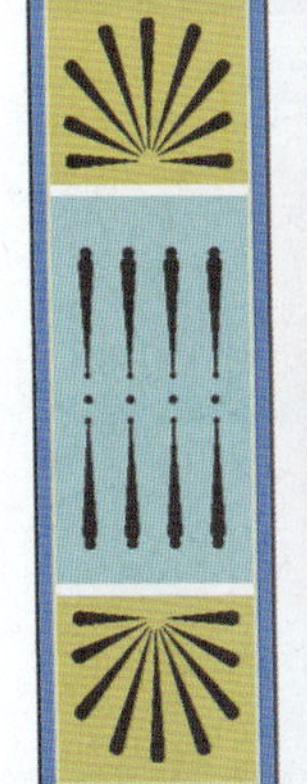

图3-82

图3-83

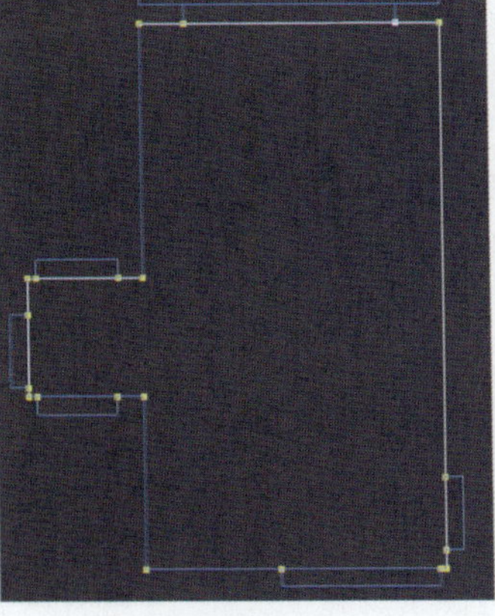

图3-84

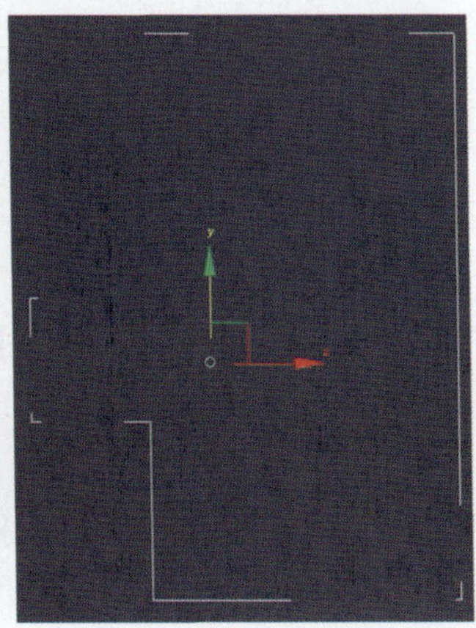

图3-85

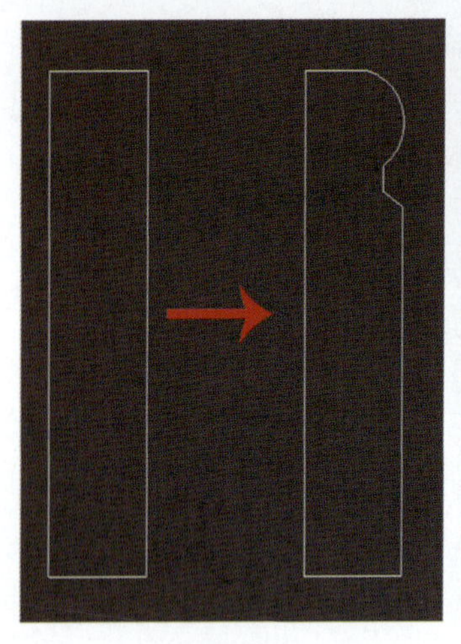

图3-86

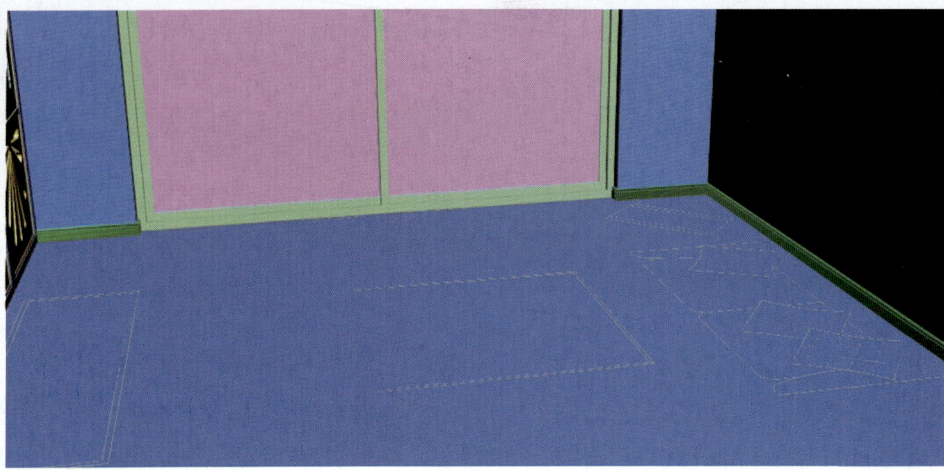

图3-87

3.2.7 创建外景

外景可以更加丰富场景气氛的表现，可以直接在3ds Max中完成外景的制作，也可以通过Photoshop后期处理来完成。

（1）选择【图形】→【弧】命令，在顶视图中创建一个弧形，命名为“外景”，如图3-88所示。

（2）对“外景”对象添加【挤出】修改器，挤出【数量】为3 500 mm，并添加【法线】修改器，得到的效果如图3-89所示。

创建外景

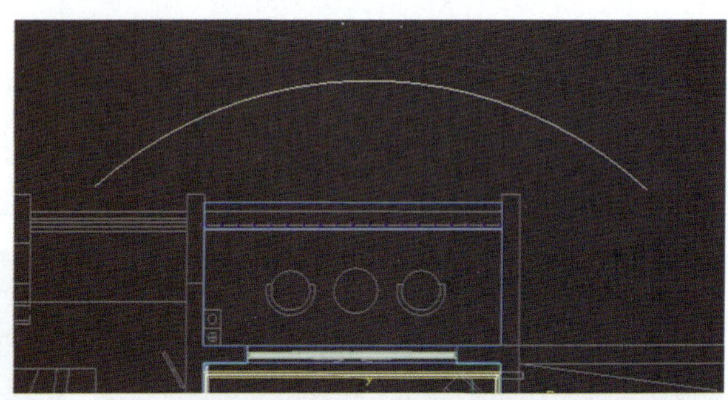

图3-88

3.3 整理及合并家具模型

为了方便模型材质表现，需要将“墙体”对象顶、墙、地分离成不同的对象，并调用风格统一的家具模型完成空间的布置。

图3-89

3.3.1 模型整理

1. 分离顶面

（1）选择“墙体”对象，按Alt+Q组合键孤立对象，选择【多边形】层级，选择“墙体”对象的顶面，如图3-90所示。

（2）执行【编辑几何体】卷展栏下的【分离】命令，在弹出的【分离】对话框中命名为“顶棚”，如图3-91所示。

2. 分离地面

（1）用分离顶面的方法分离出地面，并命名为“地面”，为了便于观察，分别给地面和顶面指定不同的颜色，如图3-92所示。

模型整理

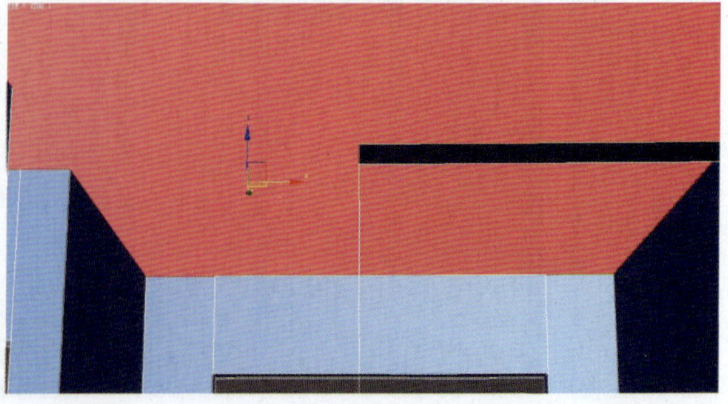

图3-90

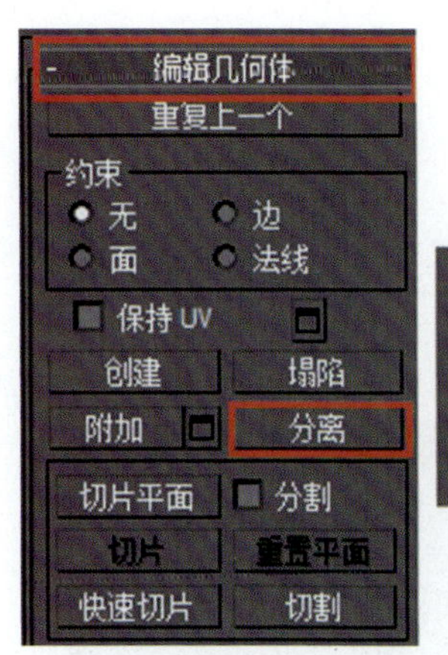

图3-91

图3-92

（2）选择“地面”对象，继续分离出门槛石和阳台地面，分别命名为“门槛石”和“阳台地面”，并指定不同的颜色加以区别，如图3-93所示。

3.3.2 合并家具模型

合并模型的方法：执行【文件】→【导入】→【合并】命令，选择配套网盘“第3章\Max\调用模型”文件，依次将家具模型合并到场景中，合并后的场景如图3-94所示。由于本场景只表现客厅部分的效果图，合并家具也只考虑客厅部分，其他地方模型忽略。

合并家具模型

小提示：合并模型也可以先打开模型文件夹，直接用鼠标选中要合并的对象，通过拖动直接移动到场景中实现模型的合并。

3.4 创建摄影机

摄影机的相关知识在第2章中已经介绍过，本章不再赘述，为了便于观察，可以将CAD平面图删除。

（1）选择【摄影机】，在顶视图中如图3-95所示的位置创建一个摄影机。

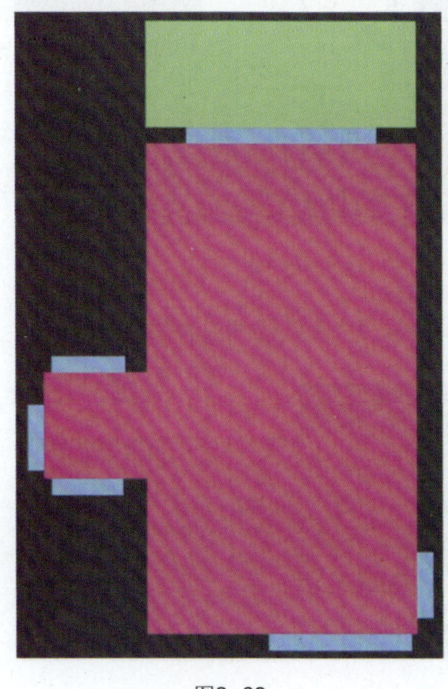
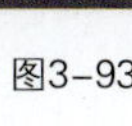

图3-93

图3-94

（2）选择【摄影机】，设置【修改】面板下的【参数】卷展栏，将【镜头】设置为24 mm，如图3-96所示。

（3）设置【摄影机】的z轴高度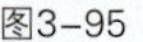为1 100 mm，选择摄影机的目标点，高度设置为1 100 mm，调整后的摄影机显示范围如图3-97所示。

（4）在透视图中按下C键，切换到摄影机视图，并在摄影机视图按下Shift+F组合键显示可渲染范围，正确显示场景，最终场景在摄影机视图显示的效果如图3-98所示。

由于场景中合并的家具模型都有了相应的材质，这里只讲解场景中顶棚、地面、墙面、电视背景墙的VRay材质。在设置材质之前，需要将渲染器设置为VRay渲染器。

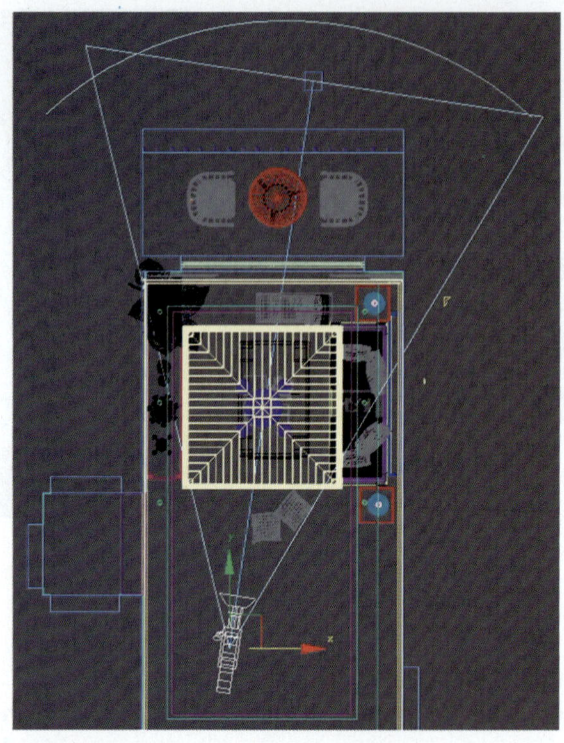

图3-95

对场景创建摄影机

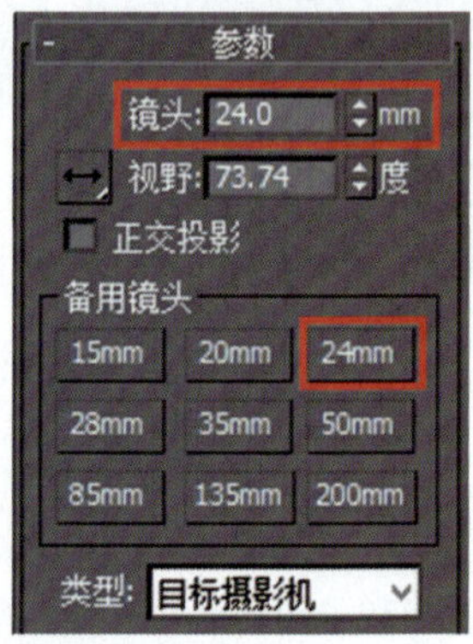

图3-96

3.5 赋予场景材质

由于场景中合并的家具模型都有了相应的材质，这里只讲解场景中顶棚、地面、墙面、电视背景墙的VRay材质。在设置材质之前，需要把渲染器设置为VRay渲染器。

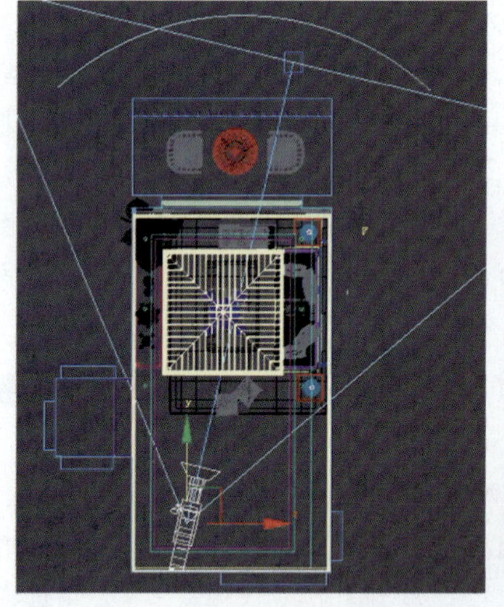

图3-97

图3-98

3.5.1 设置VRay渲染器

执行【渲染设置】命令，或直接按F10键，打开【渲染设置】对话框，在【公用】选项卡中单击【指定渲染器】前的【+】按钮，并单击【选择渲染器】按钮，在弹出的下拉列表中选择【VRay Adv 3.60.03】，如图3-99所示。

设置VRay渲染器

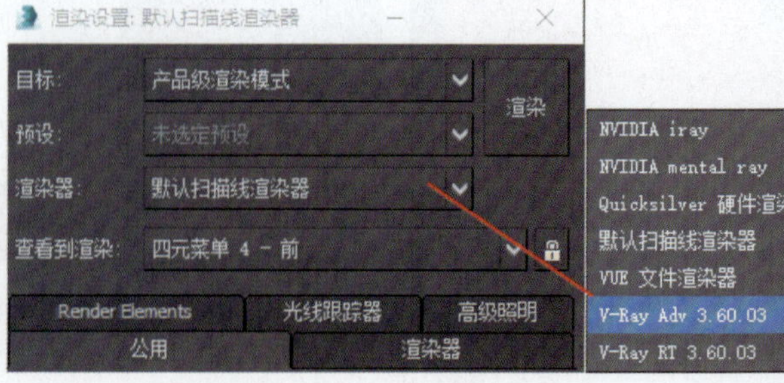

图3-99

3.5.2 指定VRay材质

为了便于观察，将场景中家具模型隐藏，减少计算机对场景显示的负担，方法为选中要隐藏的对象，右击，在弹出的对话框中选择【隐藏选定对象】，如图3-100所示。如果要取消隐藏对象，则选择【全部取消隐藏】或【按名称取消隐藏】。隐藏家具模型后的效果如图3-101所示。

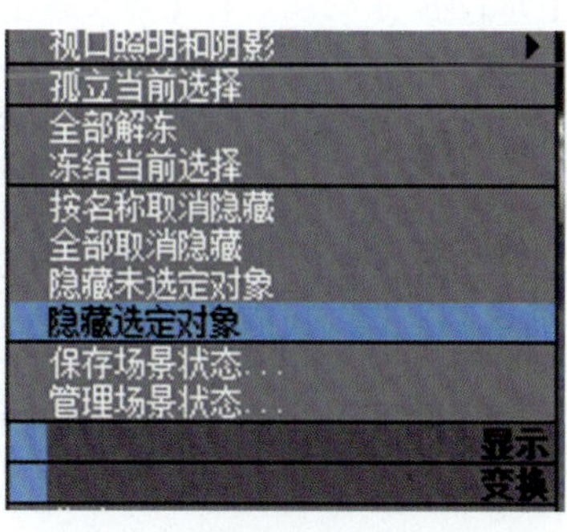

图3-100

图3-101

1. 白色乳胶漆材质

（1）选择吊顶及原始顶棚，并按Alt+Q组合键孤立当前选择，按M键，打开【材质编辑器】对话框，选择第1个材质球，重命名为“白色乳胶漆”，单击【Standard】按钮，在弹出的【材质/贴图浏览器】对话框中选择【VRayMtl】，并双击对象，转换到【VRayMtl】材质，如图3-102所示。

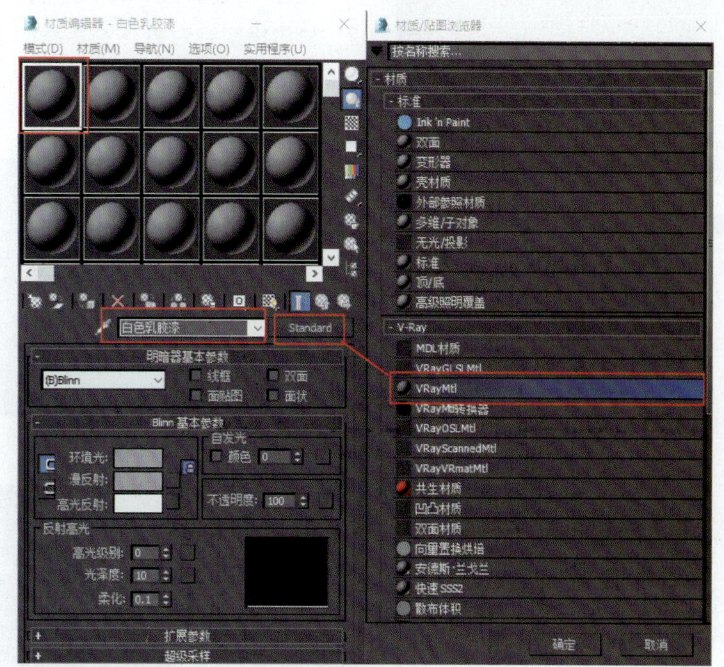

图3-102

（2）设置【漫反射】颜色RGB值为248、248、248，单击【将材质指定给选定对象】按钮，将“白色乳胶漆”材质指定给吊顶及原始顶棚，如图3-103所示，右击，选择【隐藏选定对象】，将“吊顶”及“顶棚”对象隐藏，得到的效果如图3-104所示。

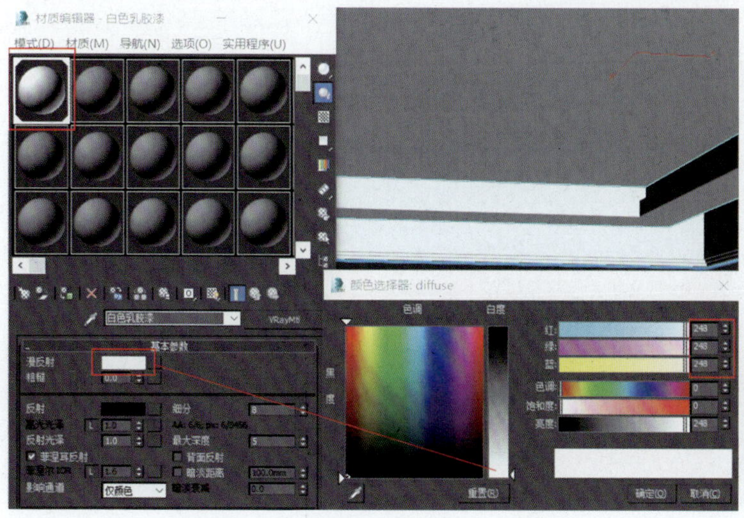

图3-103

指定vray材质

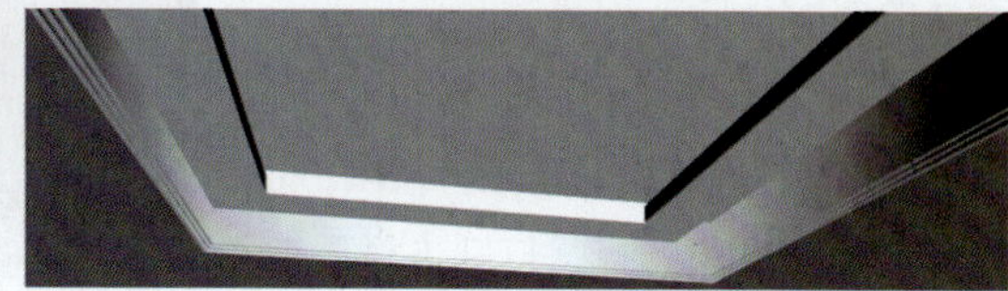

图3-104

2．木纹油漆材质

（1）选择吊顶中间造型，按Alt+Q组合键孤立当前选择，如图3-105所示。打开【材质编辑器】对话框，选择第2个材质球，重命名为“木纹油漆”材质，并单击【Standard】按钮转换为【VRayMtl】材质。

图3-105

（2）单击【漫反射】后面的贴图通道，指定配套网盘“第3章\贴图\木纹001”贴图，并添加【UVW贴图】修改器，参数类型选择【长方体】，参数设置如图3-106所示。单击【视口中显示明暗处理贴图】按钮，单击【转到父对象】按钮，设置【反射】颜色RGB值为30、30、30，设置【反射光泽】值为0.88，【细分】值为8，如图3-107所示，并隐藏对象。

3．墙面乳胶漆材质

选择“墙体”对象，按Alt+Q组合键孤立当前选择，打开【材质编辑器】对话框，选择第3个材质球，重命名为“绿色乳胶漆”，并单击【Standard】按钮转换为【VRayMtl】材质，设置【漫反射】颜色RGB值为45、71、18，如图3-108所示，并隐藏对象。

4．电视背景墙材质

（1）选择电视背景墙，按Alt+Q组合键孤立当前选择，打开【材质编辑器】对话框，选择第4个材质球，重命名为“木纹油漆2”，并单击【Standard】按钮转换为【VRayMtl】材质，在【漫反射】贴图通道中加载“木纹002”贴图，并将【模糊】设置为0.1，【W】角度设置为90°，如图3-109所示。对其添加【UVW贴图】修改器，参数设置如图3-110所示。

（2）设置【反射】颜色RGB值为255、255、255，勾选【菲涅耳反射】复选框，设置【反射光泽】值为0.88，【细分】值为8，如图3-111所示，将材质指定给电视背景墙造型，并隐藏对象。

5．踢脚线和门洞材质

选择“踢脚线”和“门洞”对象，将“木纹油漆2”材质指定给对象，对其添加【UVW贴图】修改器，选择【长方体】类型，长、宽、高均设置为600 mm，并隐藏对象。

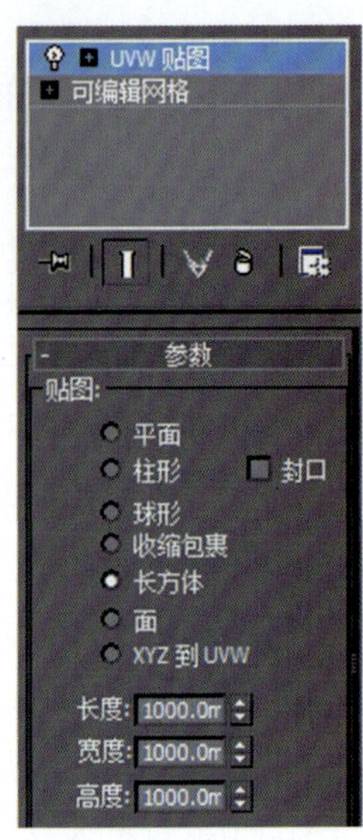

图3-106

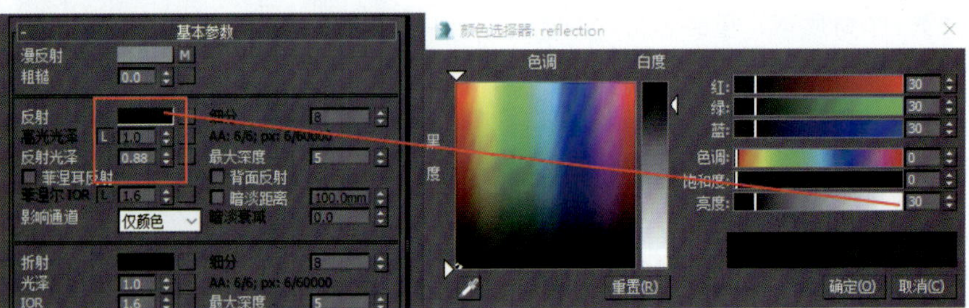

图3-107

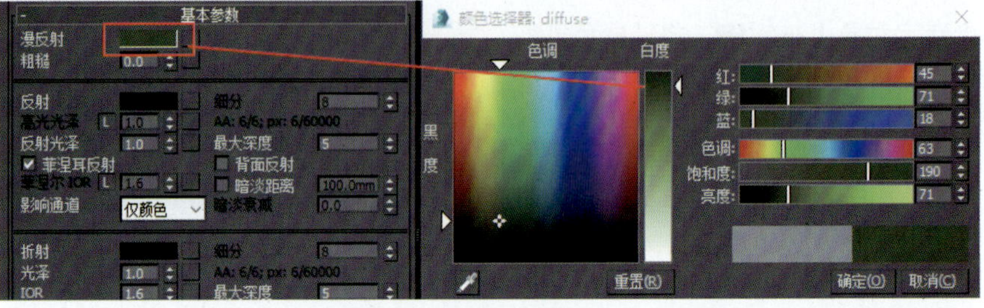

图3-108

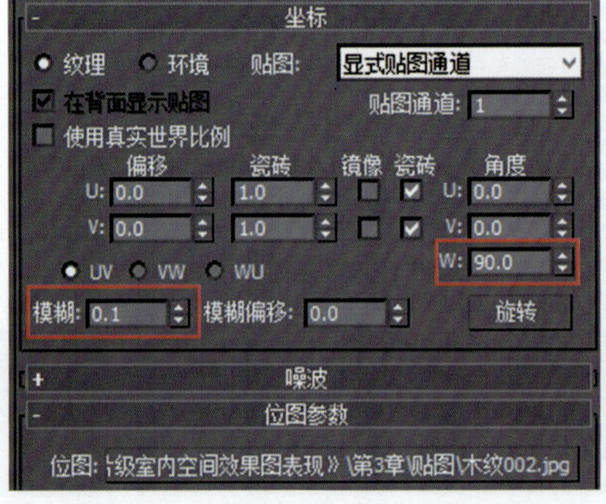

图3-109

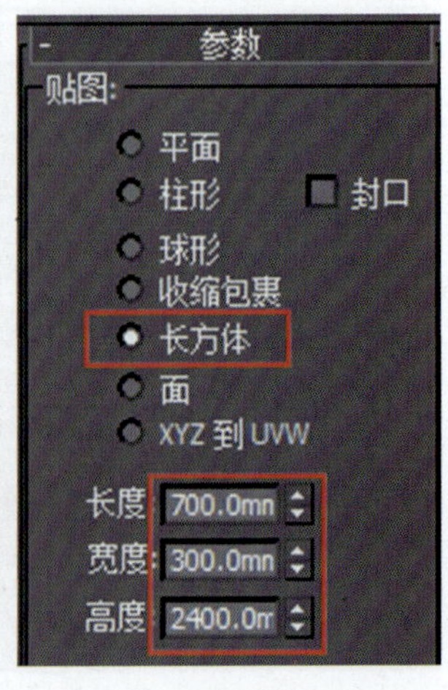

图3-110

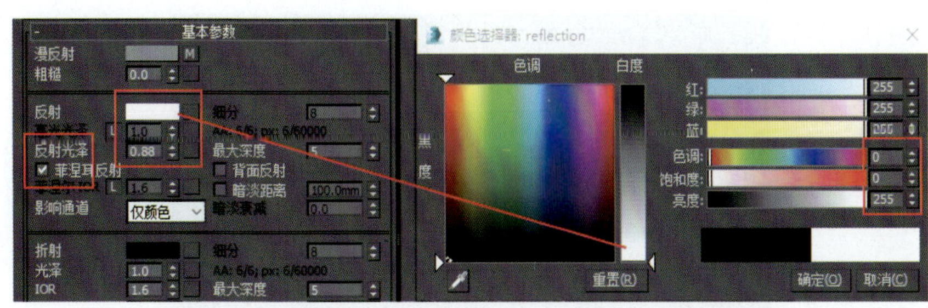

图3-111

6. 木地板材质

（1）选择“地面”对象并孤立选择，指定一个新的材质球重命名为“木地板”，将材质转换为【VRayMtl】材质，在【漫反射】通道中添加“木地板001”贴图，设置【模糊】值为0.1。在【反射】贴图通道添加【衰减】贴图，并将【衰减类型】设置为【Fresnel】，侧面颜色设置为淡蓝色，如图3-112所示。设置【高光光泽】值为0.8、【反射光泽】值为0.9、【细分】值为8，如图3-113所示。并在【凹凸】贴图通道中添加同一张“木地板001”贴图，【凹凸】值为15。

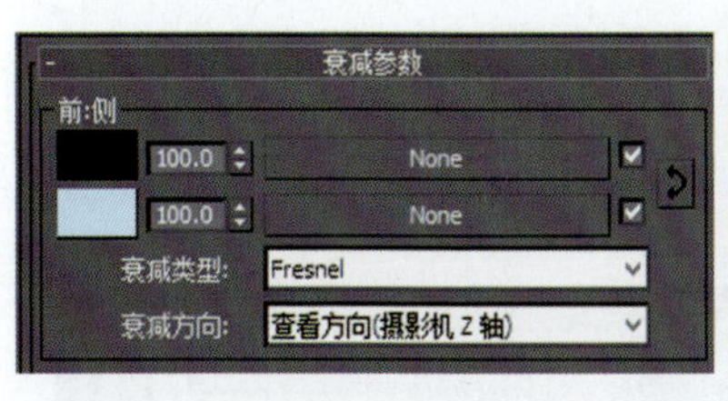

图3-112

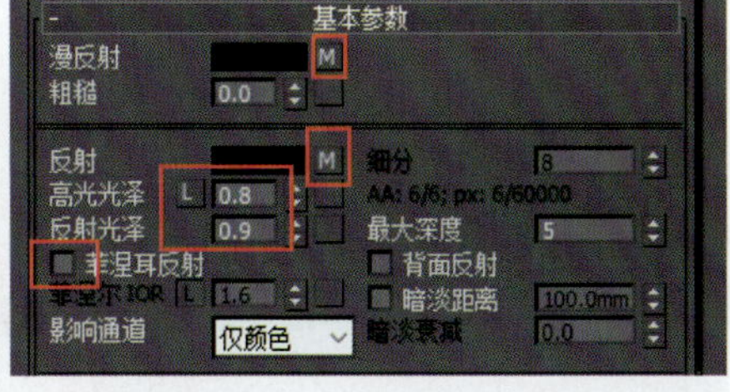

图3-113

（2）对“地面”对象添加【UVW贴图】修改器，选择【平面】类型，长和宽均为1 200 mm，如图3-114所示，完成贴图设置后的地面效果如图3-115所示。

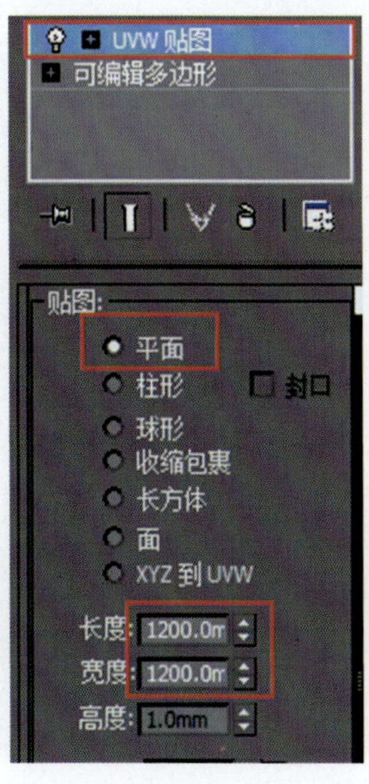

图3-114

图3-115

7. 门槛石材质

选择“门槛石”对象，选择“地面”材质球，拖动到一个新的材质球上复制一个，对复制的材质重命名为“门槛石”，并指定给对象，单击【漫反射】贴图通道，将“木地板001”贴图替换为“哑光地砖001”贴图，同样将【凹凸】贴图“木地板001”更换为“哑光地砖001”。对其添加【UVW贴图】修改器，长和宽均为200 mm，完成贴图设置后的地面效果如图3-116所示。

图3-116

8. 阳台地砖材质

选择“阳台地面”对象，拖动复制“门槛石”材质球，重命名为“阳台地砖”并指定给对象，单击【漫反射】通道，将“哑光地砖001”贴图替换为“哑光地砖002”贴图，同样将【凹凸】贴图“哑光地砖001”更换为“哑光地砖002”。对其添加【UVW贴图】修改器，长和宽均为800 mm，完成贴图设置后的阳台地面效果如图3-117所示。

9. 窗框钨钢材质

选择窗框对象，指定一个新的材质球，重命名为“钨钢”，并将材质转换为【VRayMtl】材质，设置【漫反射】和【反射】的颜色RGB值为30、30、30，【反射光泽】值为0.85，【细分】值为8，如图3-118所示。将“钨钢”材质同时指定给栏杆。

10. 窗户玻璃材质

选择“玻璃”对象，设置【漫反射】的RGB值为197、220、207，设置【反射】为白色，勾选【菲涅耳反射】复选框，设置【折射】为白色，勾选【影响阴影】复选框，选择【颜色+Alpha】，如图3-119所示。

11. 外景材质

选择“外景”对象，指定一个新的材质球，重命名为“外景”，将材质转换为灯光材质，将【颜色】的倍增值设置为1.5，并在贴图通道加载“外景001”贴图，如图3-120所示。对其添加【UVW贴图】修改器，选择【长方体】类型，保持默认的长、宽、高比例即可，如图3-121所示。

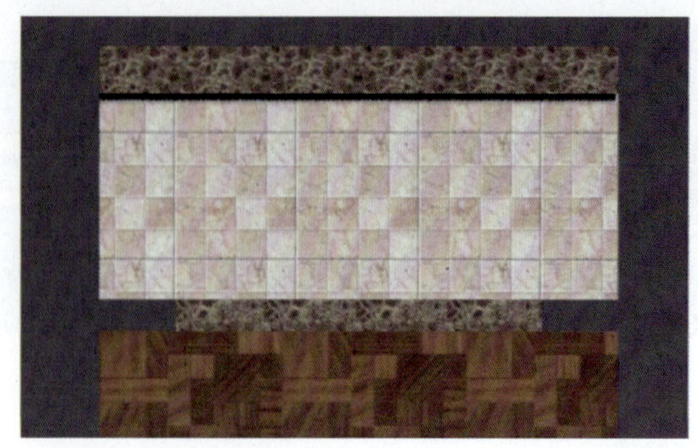

图3-117

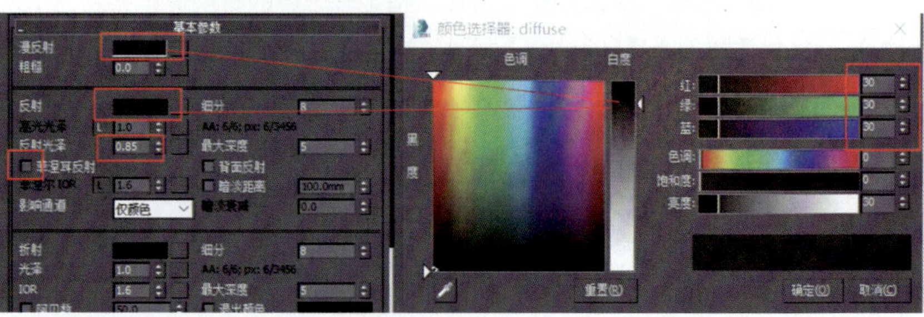

图3-118

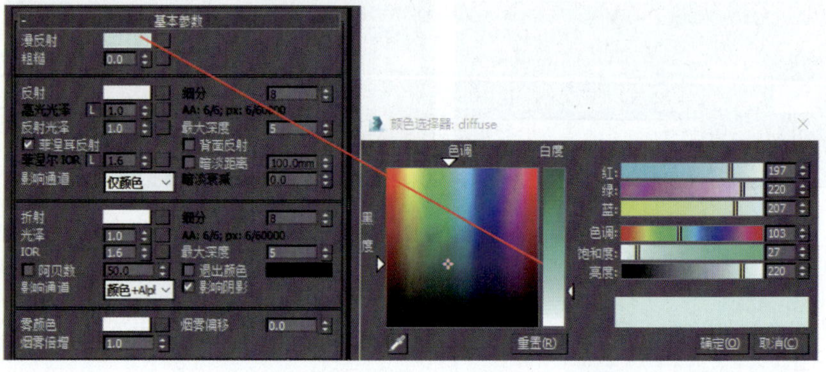

图3-119

3.6 灯光设置

本场景主要采用太阳光加室内灯带光、射灯光的方式来表现场景氛围，突出色彩空间气氛。

3.6.1 太阳光的创建

太阳光的创建

（1）先设置室外太阳光，在【创建】面板中选择【灯光】选项，在下拉列表中选择【VRay】，选择【VRay太阳】。在顶视图中如图3-122所示位置创建一个VRay太阳，并在左视图中调整高度，使之穿过窗户，在视图中位置关系如图3-123所示。

（2）在【修改】面板中修改【强

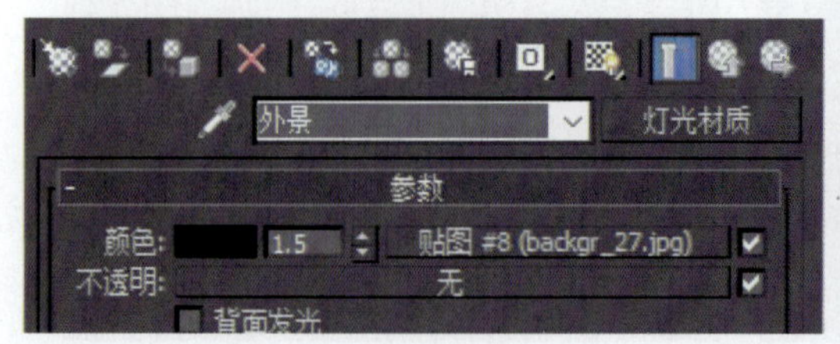

图3-120

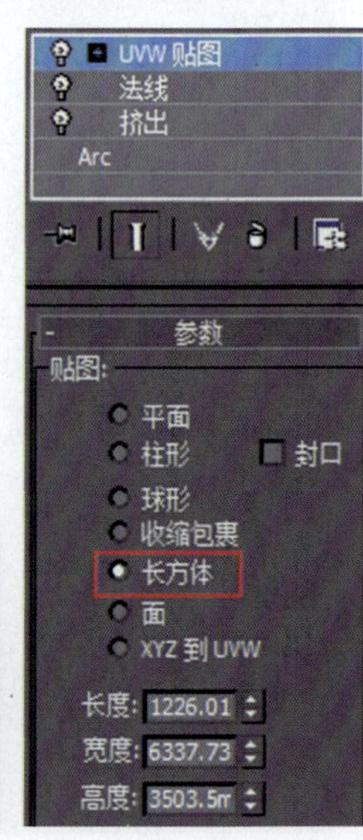

图3-121

度倍增】值为0.05，其他参数保持不变，如图3-124所示。

3.6.2 室内灯带光的表现

（1）选择【VRayLight】，【类型】为默认平面，在顶视图中右侧墙的位置创建一个VRay面光，并调整高度到灯槽位置，如图3-125所示，设置灯光的【倍增器】值为8，【颜色】RGB值为238、141、63，并勾选【不可见】复选框，取消勾选【影响反射】复选框，如图3-126所示。

室内灯带光的表现

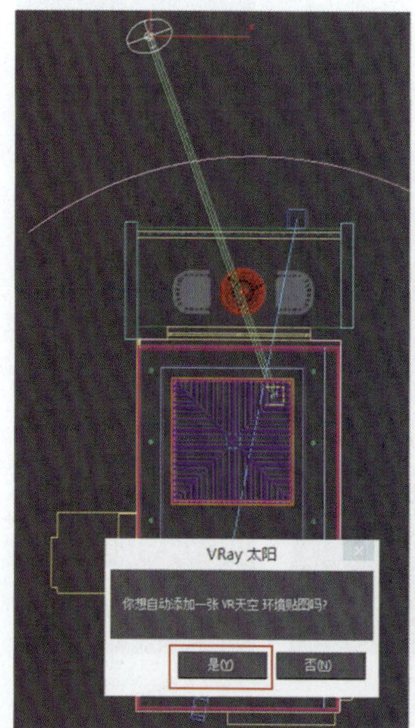

图3-122

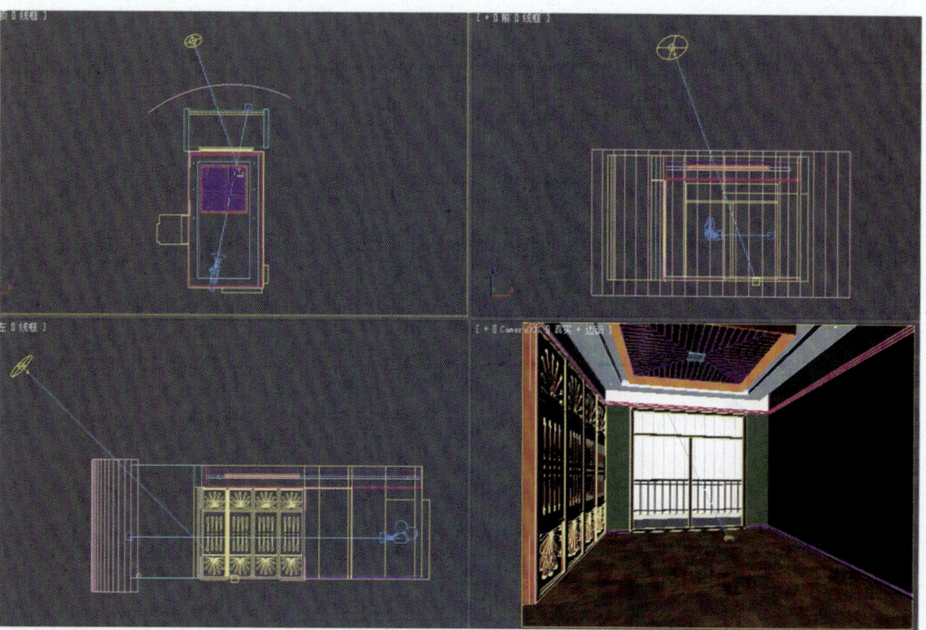

图3-123

VRay太阳参数
启用
不可见
影响漫反射
漫反射参考 1.0
影响镜面
镜面参考 1.0
生成大气阴影
浑浊 2.5
臭氧 0.35
强度倍增 0.05
大小倍增 1.0
过滤颜色
颜色模式 过滤
阴影细分 3
阴影偏移 0.2mm
光子发射半径 50.0mr
天空模型 Hosek et al.
间接地平线照明 25000.
地面反射
混合角度 5.739
地平线位移 0.0
排除...

图3-124

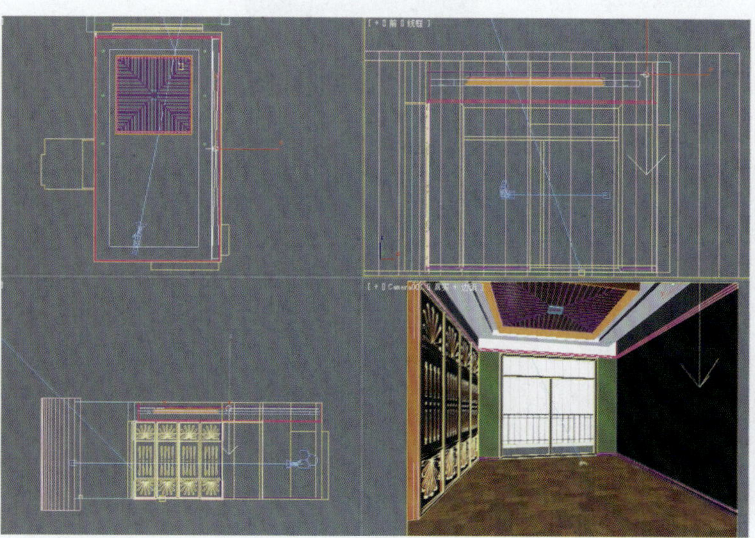

图3-125

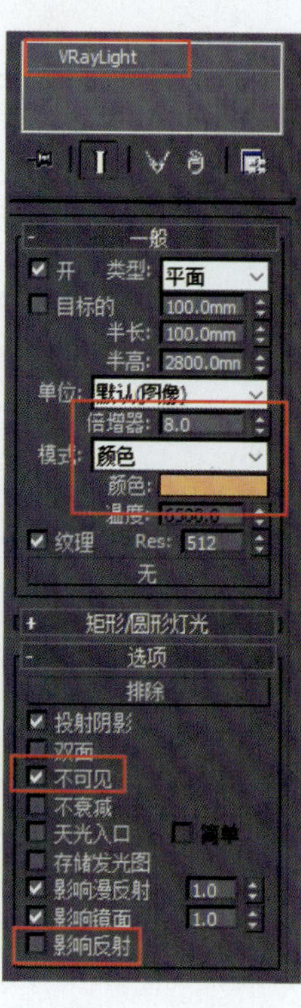

图3-126

（2）复制上一步所创建的灯带光，选择【实例】的方式复制，在前视图选择复制的灯光，单击按钮，沿y轴镜像，调整位置到中间灯槽，并继续【实例】复制3个，调整位置和大小后的效果如图3-127所示。

3.6.3　射灯灯光的表现

（1）选择【VRayIES】，在前视图中射灯模型的下方创建一个VRayIES光，并在光域网通道处加载光域网文件“30.ies”，【颜色】RGB值设置为248、215、163，其他参数保持默认，如图3-128所示。

（2）选择上一步所创建的VRayIES光，在顶视图中调整好位置，并用【实例】的方式复制6个，调整后得到的效果如图3-129所示。

3.6.4　场景补光

为了增强场景亮度，在场景中进行必要的补光，突出局部灯光的亮度。

选择【VRayLight】，在顶视图中客厅的位置创建一个面光，【倍增器】值为2，【颜色】RGB值为250、223、201，如图3-130所示，并调整Z轴高度到2 600 mm，用【实例】的方式复制一个，移动到餐厅的上方，调整后的效果如图3-131所示。

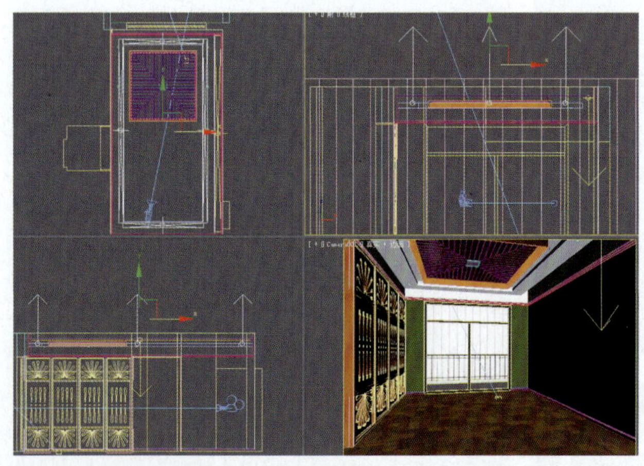

图3-127

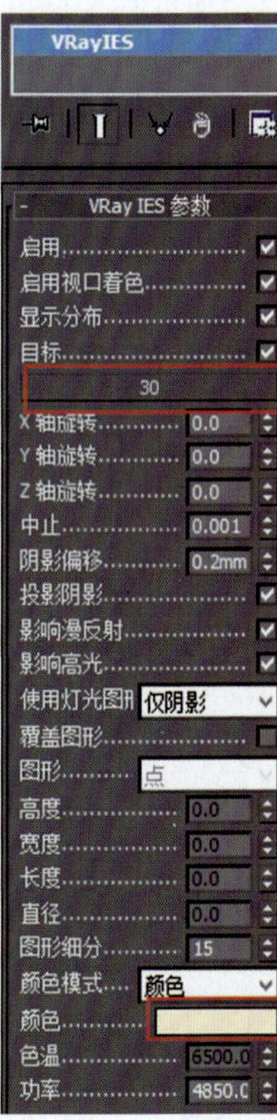

图3-128

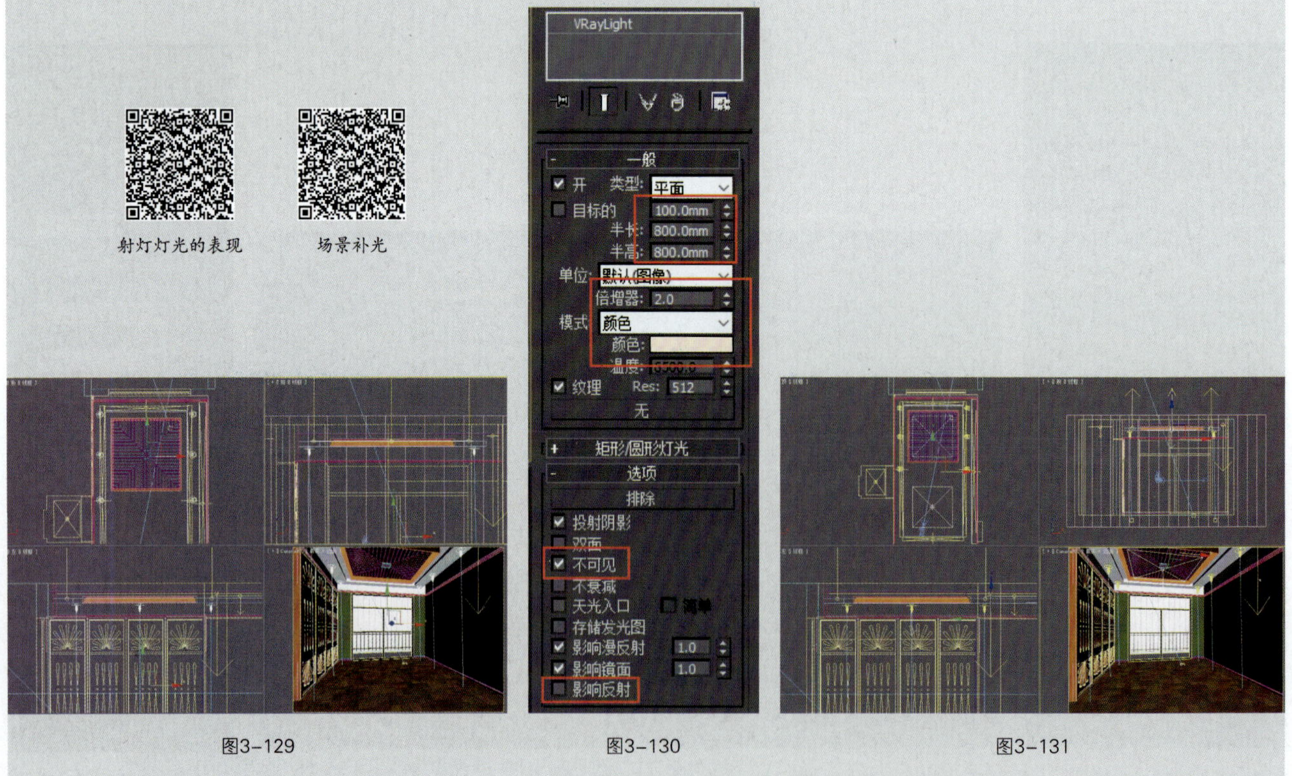

图3-129　图3-130　图3-131

3.7 渲染设置

3.7.1 测试渲染设置

（1）打开【渲染设置】对话框，将【公用】选项卡下的【输出大小】设置为500 mm×375 mm，如图3-132所示。

（2）设置【VRay】选项卡如图3-133所示，【图像采样（抗锯齿）】类型为【块】，并关闭【图像过滤器】，将【颜色贴图】类型改为【指数】。

（3）【GI】选项卡设置如图3-134所示，【首次引擎】采用【发光贴图】，【二次引擎】采用【灯光缓存】；【发光贴图】的【当前预设】选择【非常低】，并勾选【显示计算阶段】复选框，便于观察渲染过程。【灯光缓存】的【细分】值设置为200，勾选【显示计算阶段】复选框。

（4）测试渲染，得到的效果如图3-135所示。

（5）从测试渲染的结果看，顶面中间的造型需要单独补光。在顶视图中创建一个【VR灯光】，并在前视图中单击【镜像】按钮，沿y轴镜像，方向朝上，设置【倍增器】值为2，【颜色】为白色，执行【排除】命令，在弹出的对话框中选择“中间造型”组，并选择模式为【包含】，单击【确定】按钮退出，如图3-136所示。

测试渲染设置（一）

测试渲染设置（二）

图3-132

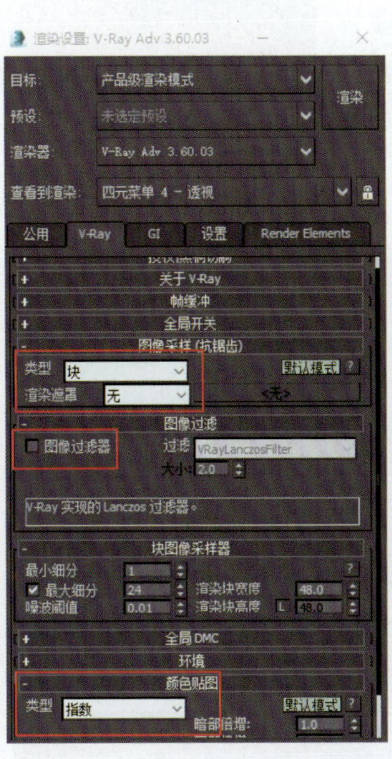

图3-133

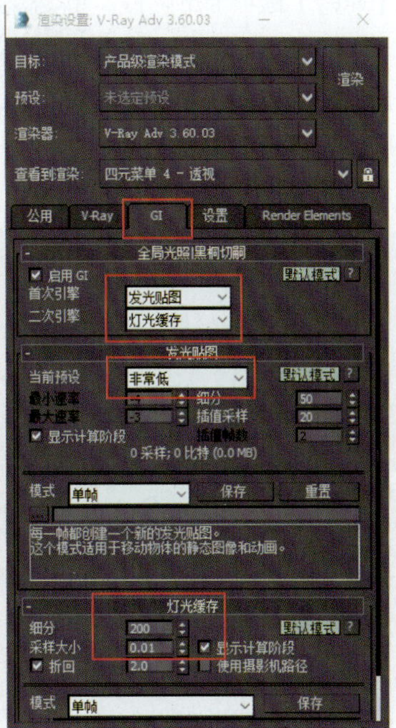

图3-134

图3-135

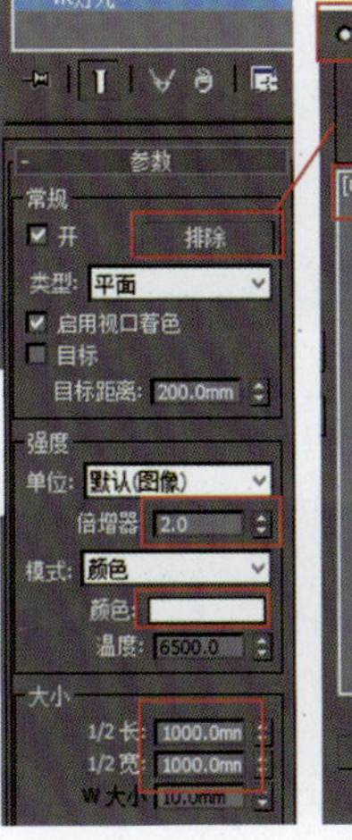

图3-136

（6）补光完成后进行测试渲染，得到的效果如图3-137所示。

图3-137

3.7.2　最终渲染设置

测试渲染得到满意的效果图后，对场景进行最终渲染设置。

（1）打开【渲染设置】对话框，将【公用】选项卡下的【输出大小】设置为3 000 mm×2 250 mm，并保存为.tga格式，如图3-138所示。

（2）设置【VRay】选项卡如图3-139所示，【GI】选项卡设置如图3-140所示。

（3）在【VRay】选项卡下，打开“全局DMC”卷展栏，把【默认模式】切换为【高级模式】，参数设置如图3-141所示。

最终渲染设置

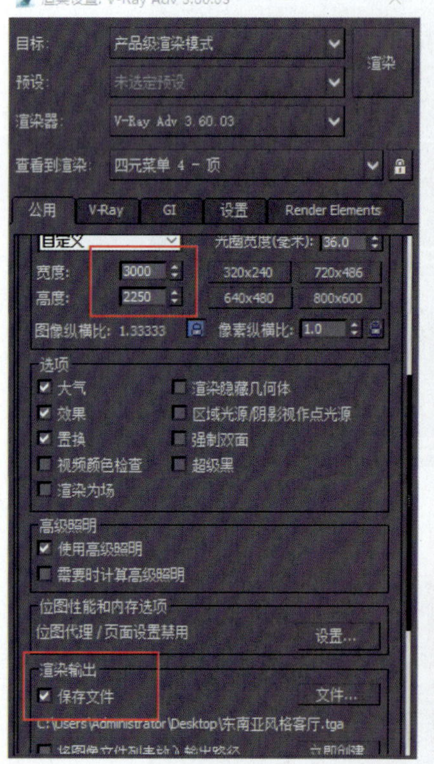

图3-138

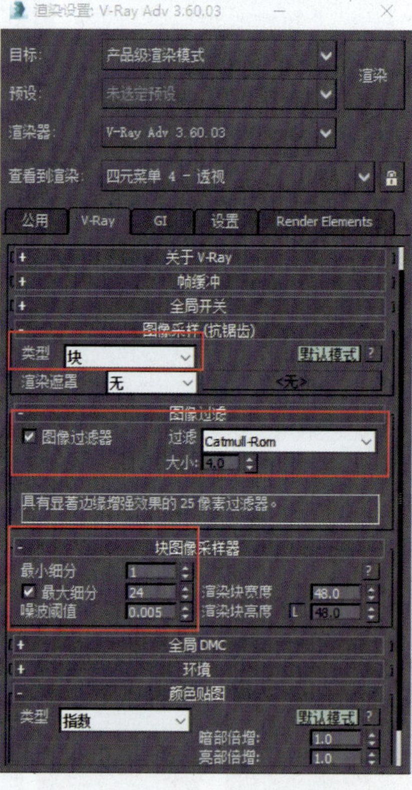

图3-139

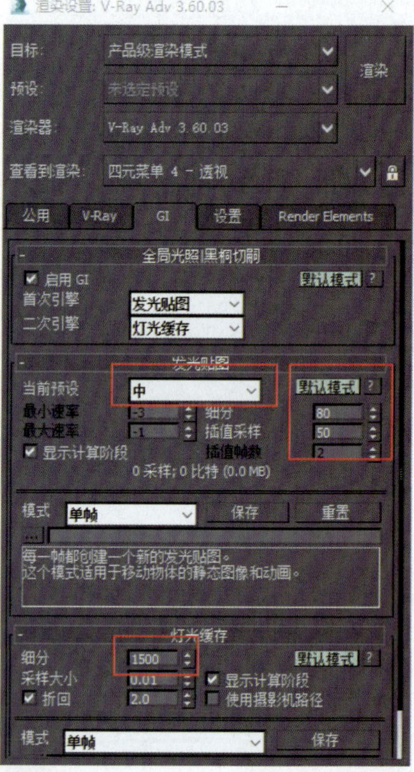

图3-140

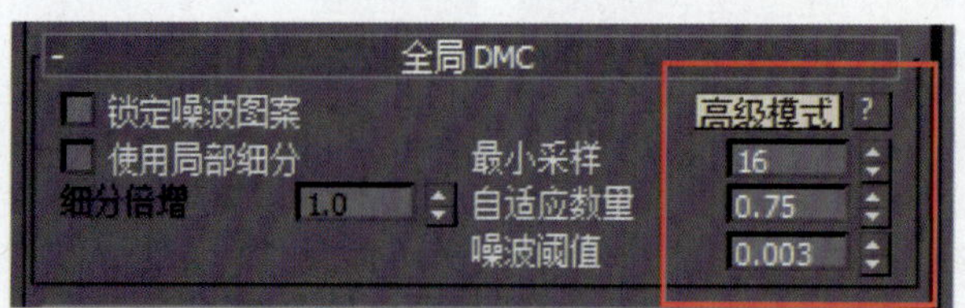

图3-141

（4）设置完成后单击【渲染】按钮进行渲染，渲染完成后的效果如图3-142所示。

图3-142

3.7.3　渲染AO图

渲染AO图是为了便于后期处理得到更加真实的效果。渲染设置方法如下。

（1）保存场景，删除场景中所有灯光，保存图像名为“东南亚风格客厅AO”。

（2）选择【VRay】选项卡，展开【全局开关】卷展栏，勾选【覆盖材质】复选框并单击后面的通道按钮，对其添加“灯光”材质，将添加的“灯光”材质拖动到“一个”材质球上，在弹出的对话框中选择【实例】方式复制，在“灯光”材质的【颜色】通道处添加“污垢”材质，将【半径】参数设置为500 mm，【细分】值设置为25，如图3-143所示。

渲染AO图

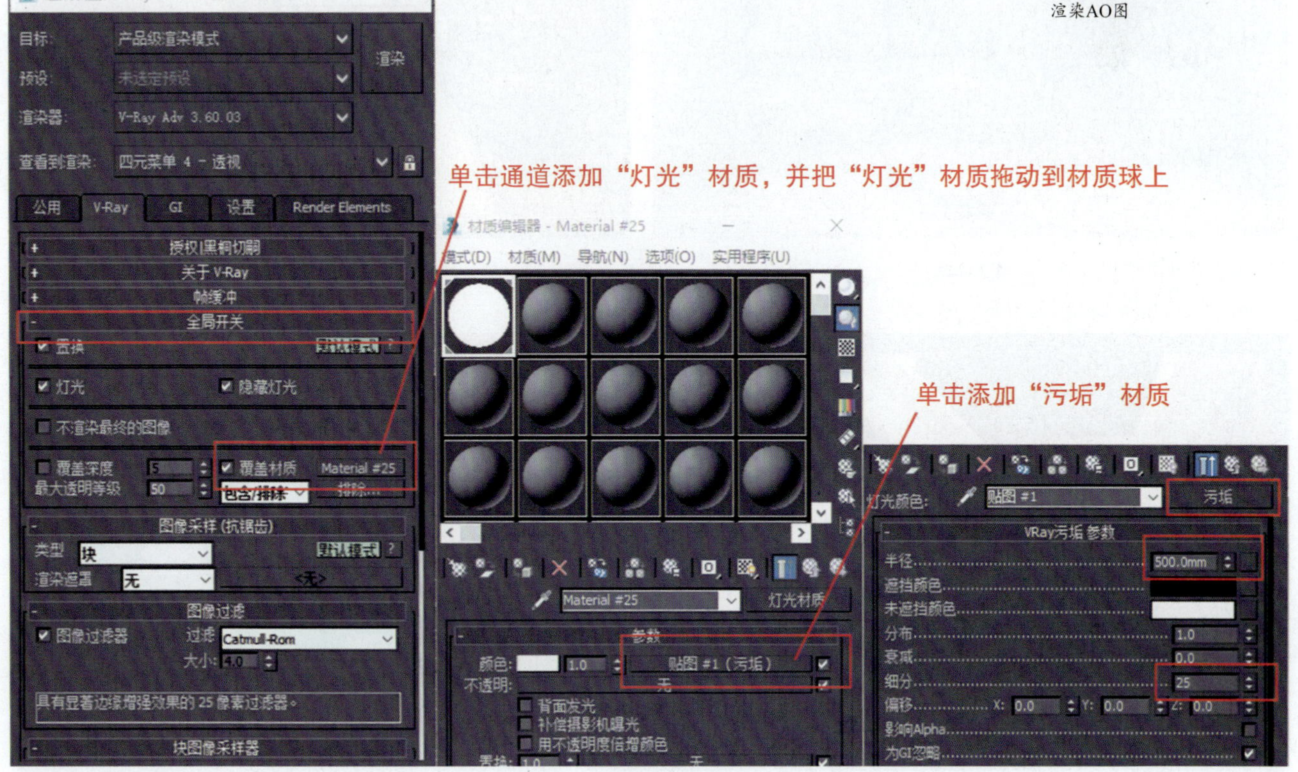

图3-143

（3）对【GI】选项卡进行如图3-144所示的设置，关闭间接照明。

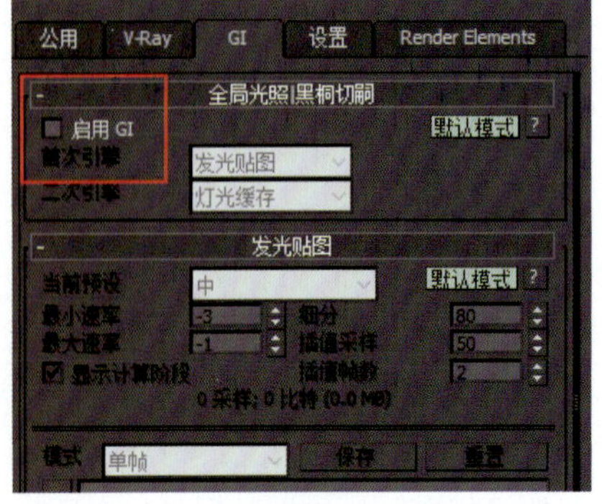

图3-144

（4）设置完成后单击【渲染】按钮进行渲染，渲染完成后的AO图如图3-145所示。

3.8 Photoshop后期处理

（1）用Photoshop软件打开“东南亚风格客厅”效果图。执行【图像】→【调整】→【亮度/对比度】命令，调整亮度、对比度，使图像更清晰，如图3-146所示。

PS后期处理

（2）按Ctrl+M组合键，打开【曲线】对话框，调整图像的明暗关系，如图3-147所示。

（3）打开渲染好的AO图，选择【移动工具】，按住Shift键拖入图中并与之前的效果图重合，修改图层类型为【叠加】模式，【不透明度】设置为40%，加强对比，增强图像的厚重感，如图3-148所示。

图3-145

图3-146

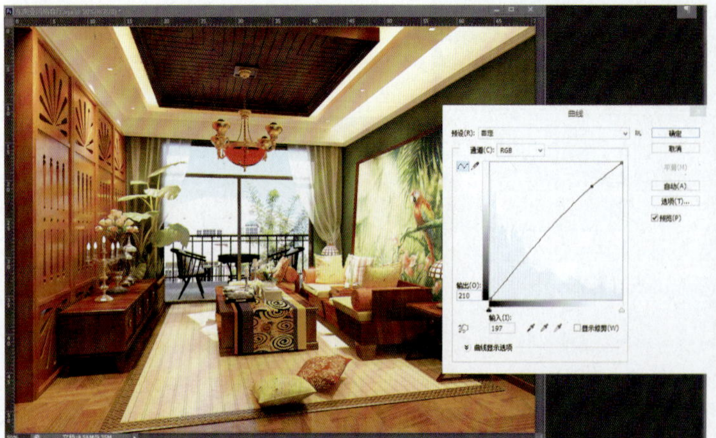
图3-147

图3-148

（4）按Ctrl+A组合键全选图形，执行【编辑】→【描边】命令，描边宽度设置为20像素，颜色为黑色，最终效果如图3-149所示。

图3-149

本章小结

本章主要介绍了东南亚风格客厅空间效果图表现方法，涉及室内空间模型和吊顶模型的制作、电视背景墙建模、外景制作，以及摄影机、VRay材质、灯光布置、VRay渲染和Photoshop后期处理等知识。

第4章 现代法式风格客厅空间效果图设计

◆本章知识点

室内空间单面建模的方法；参考CAD设计图制作地面铺装及吊顶的方法；墙面木线造型建模以及电视柜建模方法；VRay材质表现、灯光设计及渲染知识。

◆学习目标

熟练掌握室内空间单面建模方法、地面铺装、顶面造型、墙面装饰和电视柜建模方法；掌握室内常用材质设置方法、灯光布置思路和渲染知识，熟悉不同风格表现技巧。

4.1 案例场景分析

本章案例为现代法式风格样板房效果图设计，是三室两厅大户型结构，空间比较大。在案例讲解中主要以客厅空间设计表现为主，强化对复杂空间建模的理解和材质灯光知识的灵活运用，以及VR全景设计表现方法。为了突出法式风格元素，墙面采用蓝色的乳胶漆配以木线造型，吊顶结构层次关系明显，加以灯光设计，表现空间变化，增加视觉效果。

4.2 客厅空间模型创建

本案例仍然采用单面建模的方式进行空间模型的制作，加深对建模方法的理解，并熟练运用相关的命令。

4.2.1 3ds Max建模前设置

3ds Max建模前设置

（1）打开3ds Max软件，执行菜单栏【自定义】→【单位设置】命令，弹出如图4-1所示的对话框。

（2）在【捕捉】选项卡上右击，在弹出的【栅格和捕捉设置】对话框中进行如图4-2所示的设置。

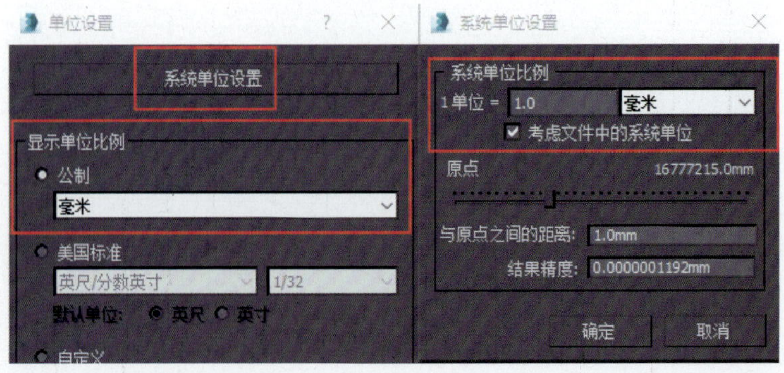

图4-1

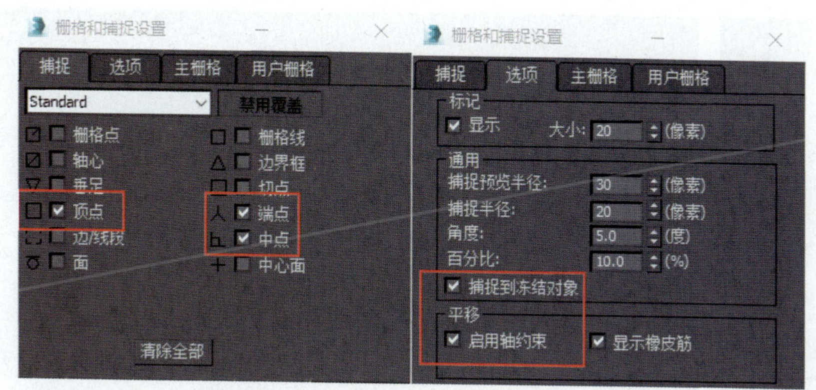

图4-2

（3）在菜单栏执行【自定义】→【首选项】命令，在弹出的对话框中勾选【按方向自动切换窗口/交叉】复选框。

4.2.2　室内空间建模

室内空间建模

1. 导入CAD设计图纸及设置

（1）选择导入配套网盘“第4章\CAD\1.平面布置”文件。

（2）在【导入选项】对话框中保持默认参数不变，单击【确定】按钮，在顶视图按G键隐藏网格，观察得到的效果如图4-3所示。

（3）在顶视图中框选所有CAD图纸，执行菜单栏【组】→【成组】命令，命名为“平面布置图”。

（4）选择“平面布置图”对象，选择【移动工具】，在状态栏将x、y、z坐标归零。

（5）选择“平面布置图”对象，右击，选择【冻结当前选择】，调整后的图纸如图4-4所示。

2. 墙体建模

（1）执行【创建】面板下的【图形】→【线】命令，在顶视图中沿客厅和餐厅区域内侧墙区域画线，在门窗的位置生成点，画线后的效果如图4-5所示。

（2）为创建的线添加【挤出】修改器，挤出的数量为2 850 mm，得到墙体空间模型，命名为“墙体”，如图4-6所示。

（3）选择“墙体”对象，为其添加【法线】修改器，并在对象上右击，选择【对象属性】，勾选【背面消隐】复选框，并将“墙体”对象转换为可编辑多边形，得到的效果如图4-7所示。

（4）在透视图中将显示方式由【真实】改为【明暗处理】，后期的操作将更为流畅，如图4-8所示。

3. 门窗建模

（1）选择【边】层级，选择如图4-9所示的边，执行【编辑边】卷展栏下的【连接】命令，连接一条边，并将所连接的边的z轴高度调整到2 100 mm，得到的效果如图4-10所示。

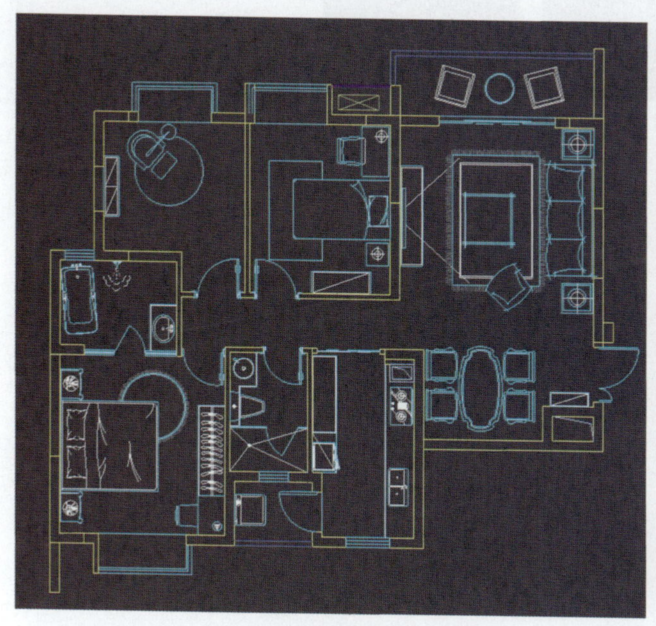

图4-3

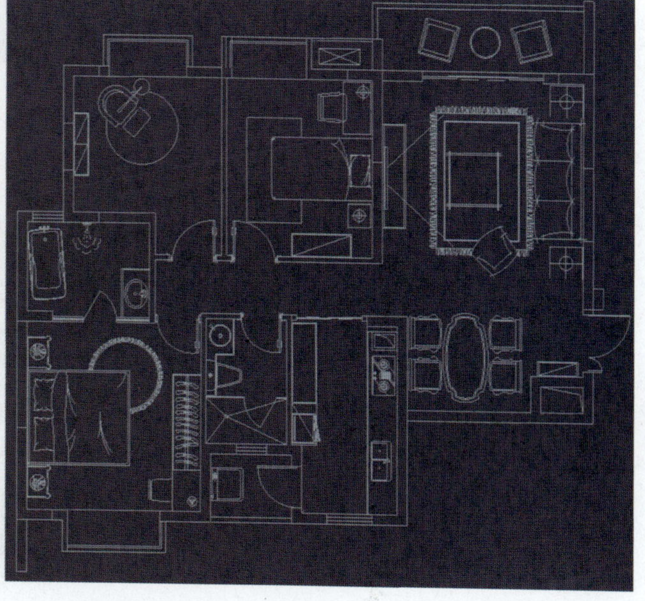

图4-4

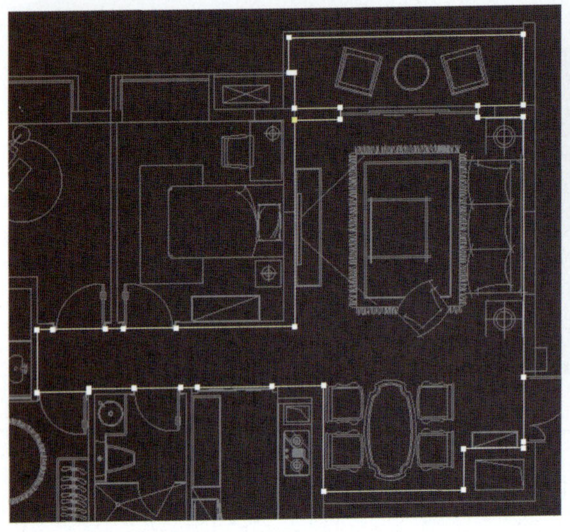

图4-5

图4-6

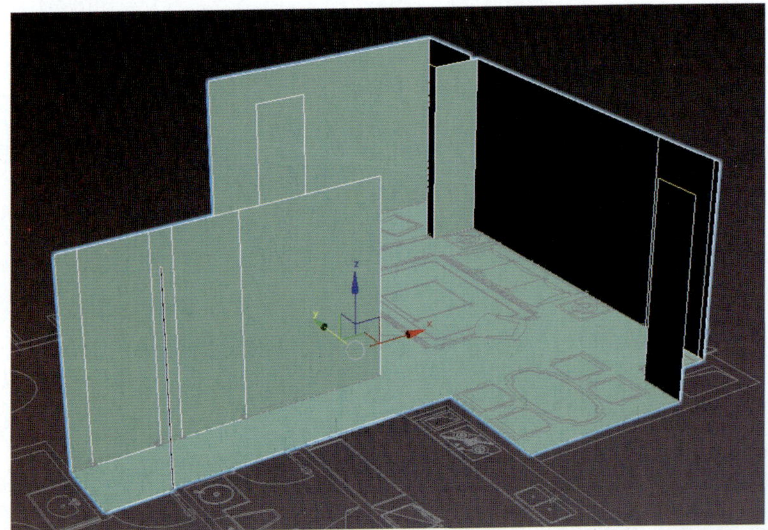

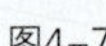

图4-7

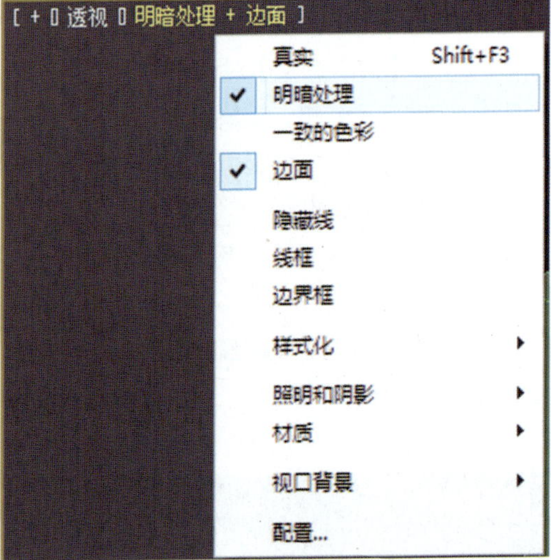

图4-8

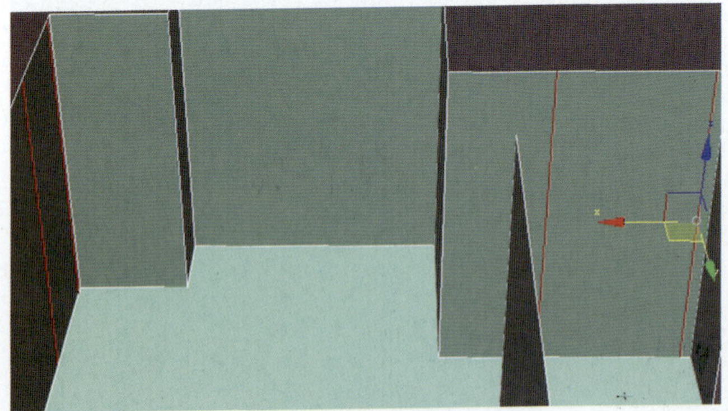

图4-9

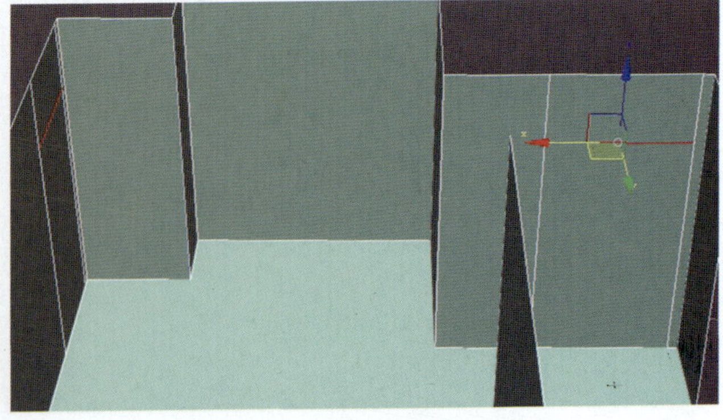

图4-10

（2）选择【多边形】层级，并勾选【忽略背面】复选框，如图4-11所示。选择门洞的面，并单击【编辑多边形】卷展栏下【挤出】按钮右边的设置通道按钮，在弹出的对话框中设置挤出的高度为-200 mm，得到的效果如图4-12所示。

（3）按Delete键删除门洞的面，如图4-13所示。

（4）选择【边】层级，选择窗户位置墙体左右两边的线，如图4-14所示。单击【编辑边】卷展栏下【连接】按钮右边的设置通道按钮，设置数量为1，将连接所生成的边的z轴高度调整到2 400 mm，调整后的效果如图4-15所示。

（5）选择【多边形】层级，选择窗户位置面，单击【编辑多边形】卷展栏下【挤出】按钮右边的设置通道按钮，在弹出的对话框中设置挤出的高度为-200 mm，如图4-16所示。

（6）按Delete键删除窗户位置的面，如图4-17所示。

（7）创建窗户模型，选择【创建】面板，在下拉列表中选择【窗】选项，在【对象类型】卷展栏中选择【固定窗】，如图4-18所示，在顶视图中窗户的位置创建一个窗户，并重命名为“窗户”，如图4-19所示。

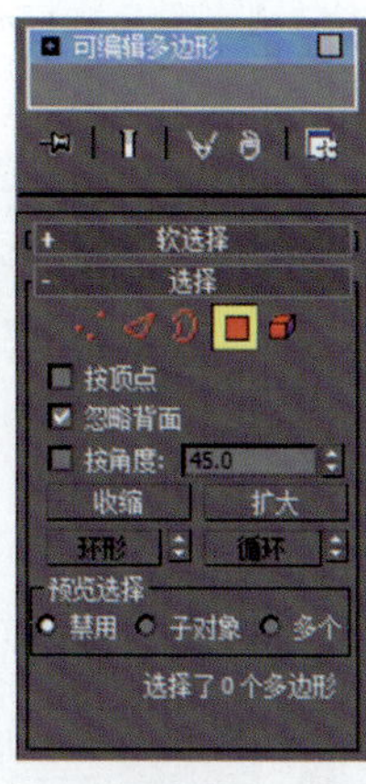

图4-11

图4-12

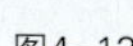

图4-13

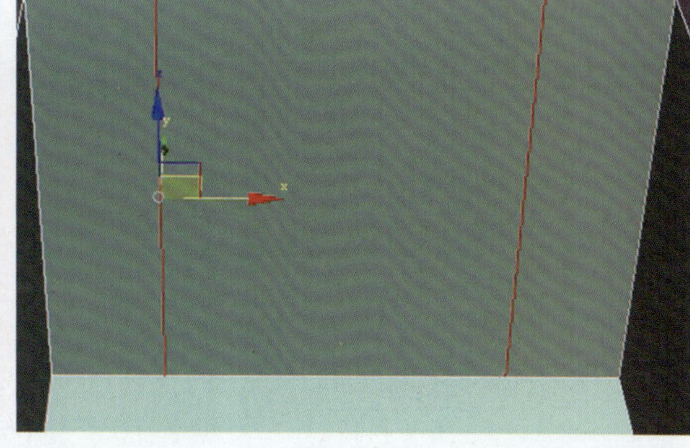

图4-14

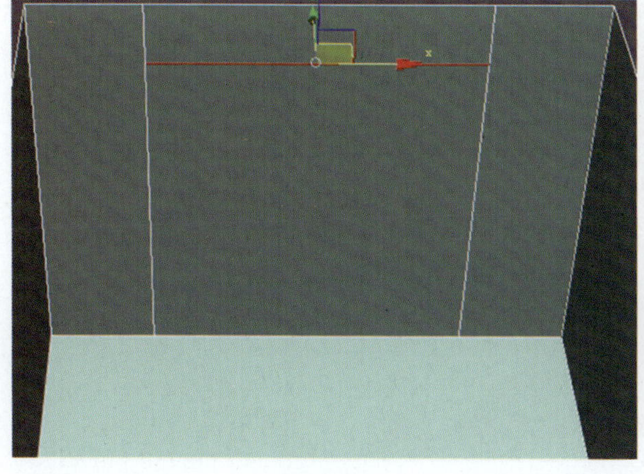

图4-15

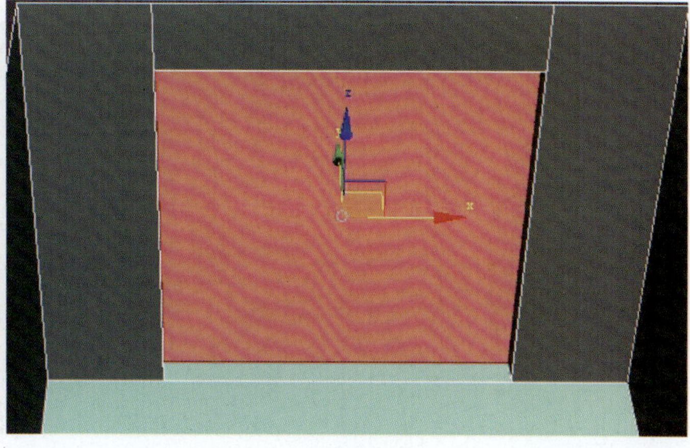

图4-16

（8）选择“窗户”对象，右击，将对象转换为可编辑多边形，调整点的位置，得到如图4-20所示的效果。

（9）选择“窗户”对象，选择【元素】层级，选择窗户玻璃的元素，如图4-21所示，并执行【编辑几何体】卷展栏下的【分离】命令，在弹出的对话框中命名为“玻璃”，并指定另外一个颜色以区别显示，调整后的效果如图4-22所示。

（10）调整后的空间效果如图4-23所示。

4.2.3 地面铺装制作

地面铺装制作

本案例地面建模将参考CAD设计图纸进行，以得到较为精确的比例。

（1）在场景中右击，选择【全部解冻】，将“平面布置图”对象删除，得到的效果如图4-24所示。

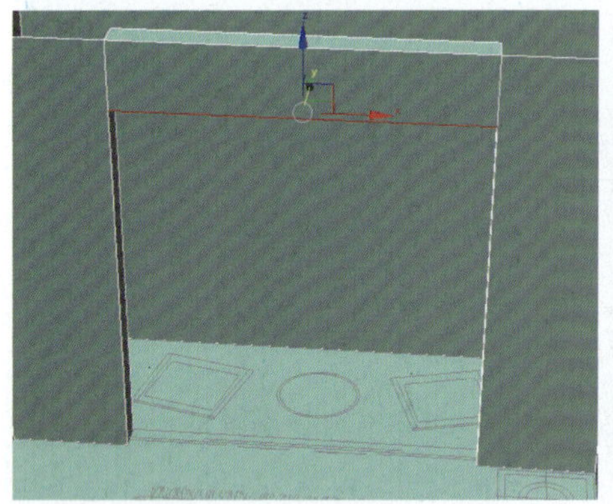

图4-17

图4-18

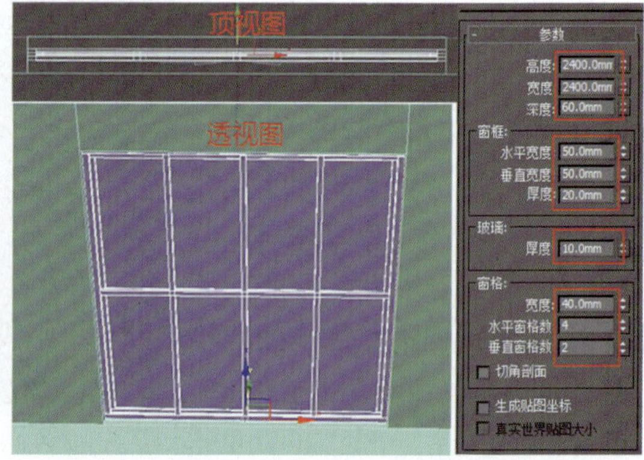

图4-19

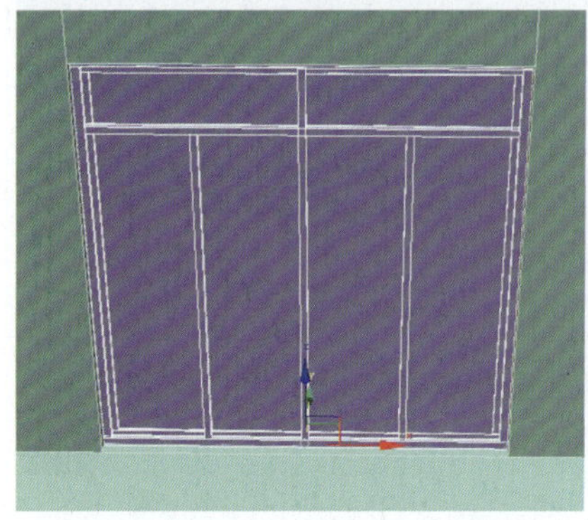

图4-20

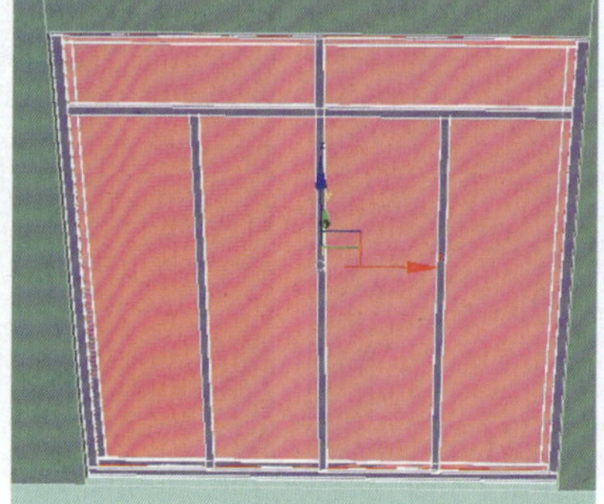

图4-21

图4-22

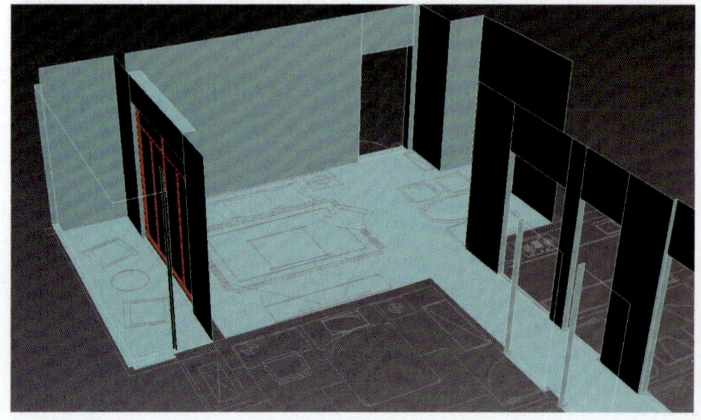

图4-23

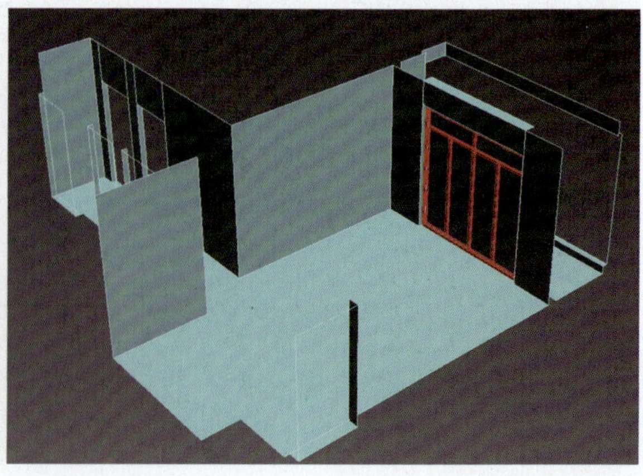

图4-24

（2）导入配套网盘“第4章\CAD\2.地面铺装”文件，并框选对象，执行菜单栏【组】→【成组】命令，将对象群组命名为“地面铺装”，并在顶视图中对齐墙体模型，将z轴高度归零处理，如图4-25所示。

（3）为了避免移动CAD图纸，方便观察对象，选择“地面铺装”对象将其冻结，冻结对象后效果如图4-26所示。

（4）这个案例因为考虑做全景图，需要把阳台栏杆模型做好。选择【线】，在顶视图中参考转角阳台绘制一条线，如图4-27所示；选择【AEC扩展】卷展栏下的【栏杆】，拾取线作为路径，调整参数后效果如图4-28所示。

（5）选择【多边形】层级，选择“墙体”对象的底面，如图4-29所示。执行【编辑几何体】卷展栏下的【分离】命令，命名为“边带1”，并另外指定一个颜色以便于观察，如图4-30所示。选择“边带1”对象，按Alt+Q组合键孤立选择，选择【顶点】层级，选择多余的孤立点，主要是在门窗的位置，按Backspace键删除，便于后面的插入面操作。

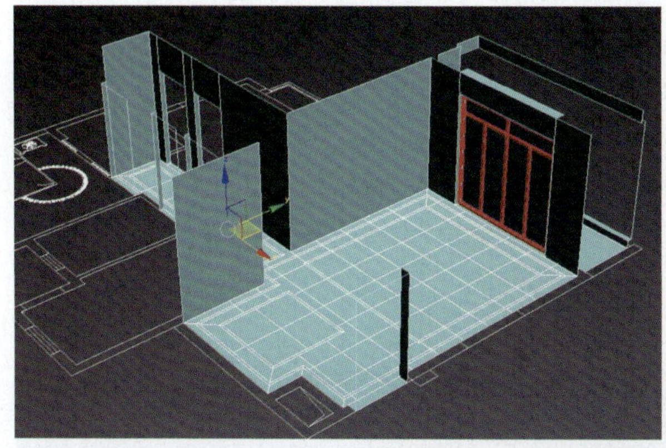

图4-25

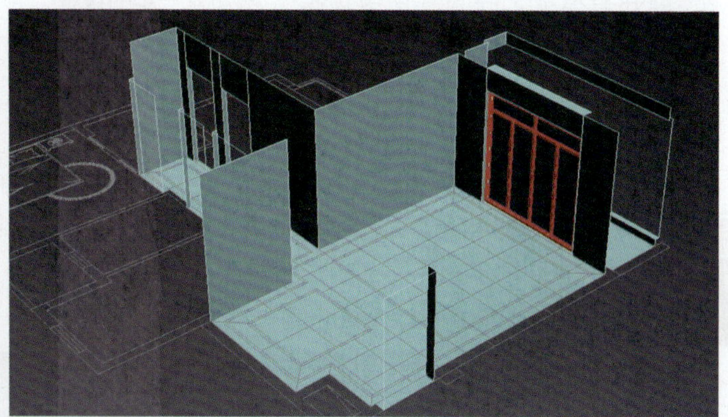

图4-26

图4-27

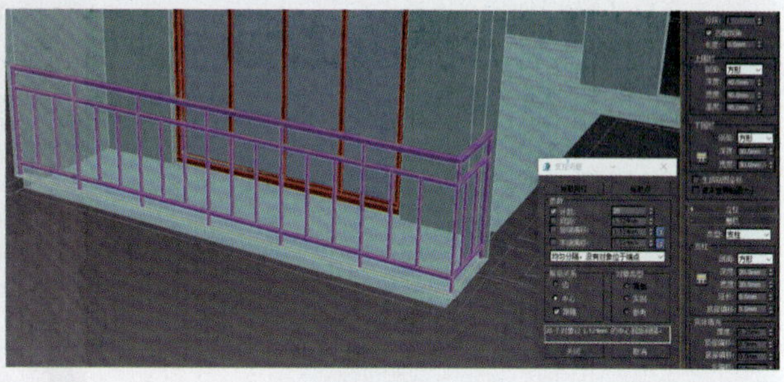

图4-28

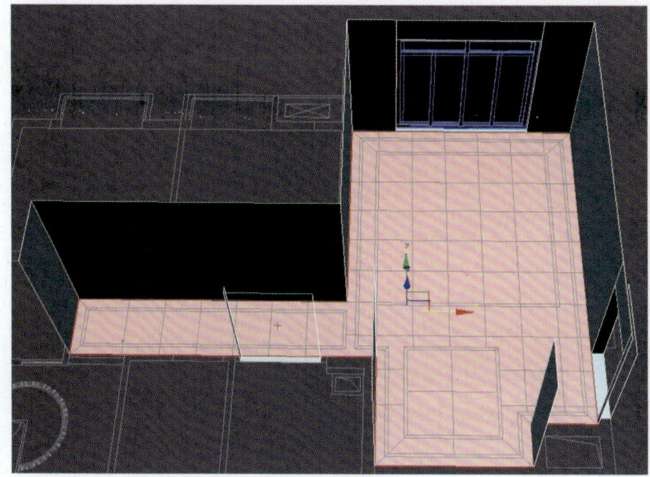

图4-29

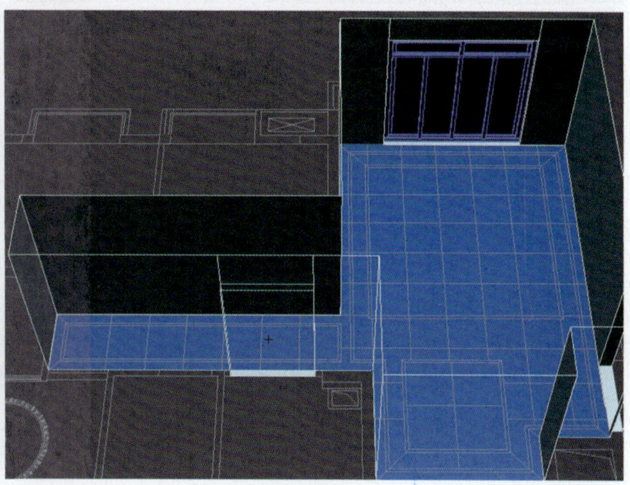

图4-30

（6）选择刚分离的“边带1”对象，选择【多边形】层级，单击【编辑多边形】卷展栏下【插入】按钮右边的设置通道按钮，【插入】的值为150 mm，如图4-31所示。

（7）执行【分离】命令，将刚插入的面分离，命名为“边带2”，并另外指定一个颜色以便于观察，如图4-32所示。选择“边带2”对象，按S键开启捕捉，在顶视图中选择【编辑几何体】卷展栏下的【切割】命令，切出如图4-33所示的边。

（8）选择【多边形】层级，选择刚切割生成的面，执行【分离】命令，选择“边带1”对象，执行【编辑几何体】卷展栏下的【附加】命令，拾取刚分离的面，附加在一起，得到的效果如图4-34所示。

（9）选择“边带2”对象，选择【多边形】层级，如图4-35所示，单击【编辑多边形】卷展栏下【插入】按钮右边的设置通道按钮，【插入】的值为50 mm。执行【分离】命令，将刚插入的面分离，命名为“地砖1”，并另外指定一个颜色以便于观察，如图4-36所示。

（10）由于客厅餐厅部分造型相对较为复杂，如果用【切割】命令容易出现交叉的线，可以考虑把中间部分删除，如图4-37所示。

（11）选择【线工具】沿边画线并闭合，取消勾选【开始新图形】 开始新图形 复选框，再选择【矩形工具】把中间两个矩形画出，得到附加在一起的线框，并把对象直接转换为可编辑多边形，得到如图4-38所示的效果。

（12）继续选择【矩形工具】，画出内侧的边带和地面模型，如图4-39所示。

（13）整理地面对象，选择相同材质的对象附加在一起，便于后期赋予材质，并将冻结的“地面铺装”的CAD文件解冻删除，整理后的地面铺装如图4-40所示。

图4-31

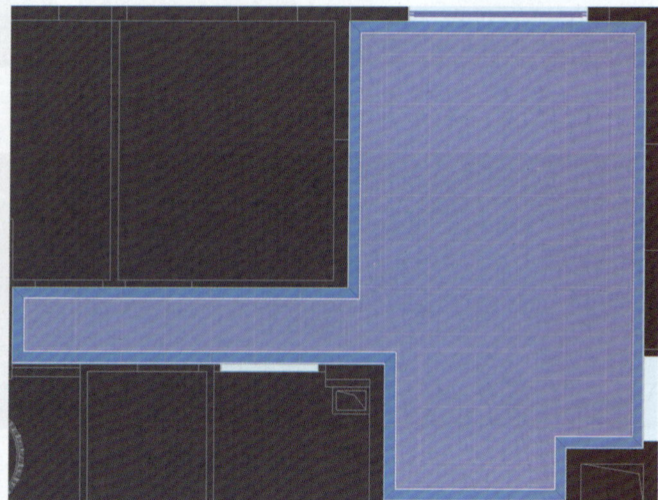
图4-32

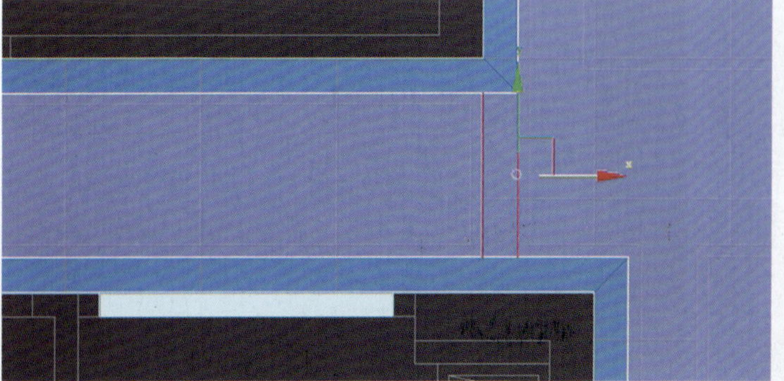
图4-33

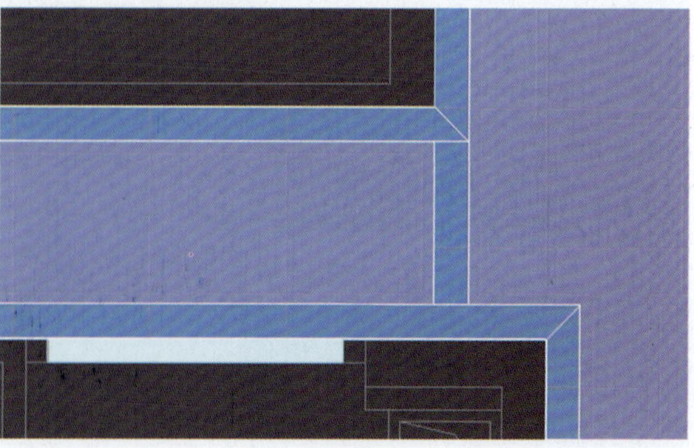
图4-34

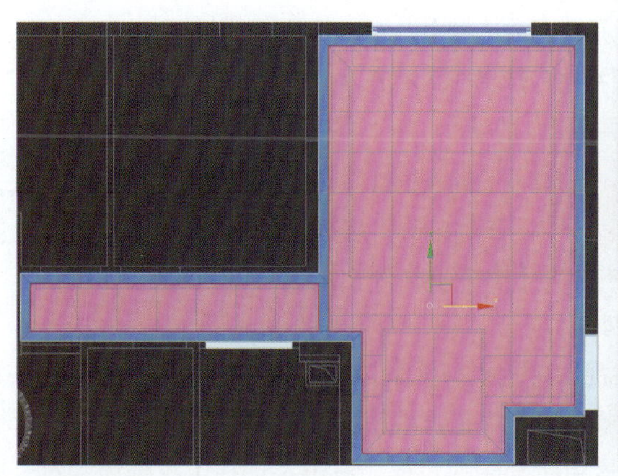
图4-35

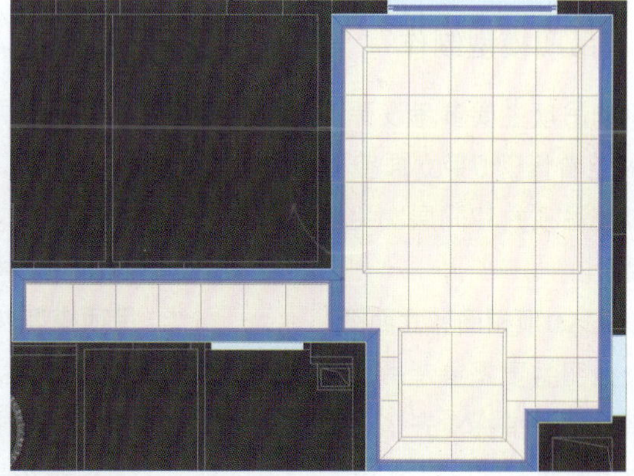
图4-36

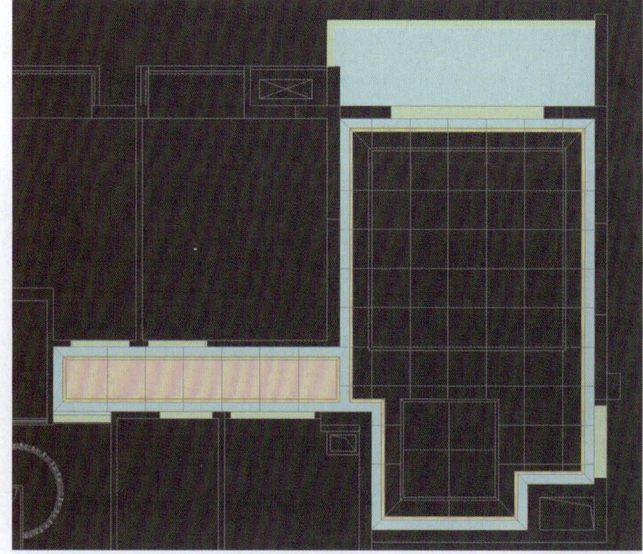
图4-37

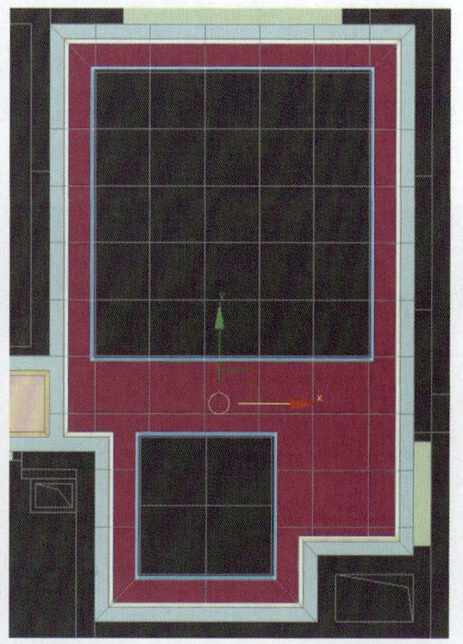
图4-38

图4-39

图4-40

4.2.4 吊顶模型制作

本案例的吊顶主要参考设计图纸进行，要求能看懂CAD平立面空间关系，理解掌握吊顶的空间层次关系及灯带位置关系。

1. 导入CAD顶棚图和立面图

导入立面图主要是参考吊顶空间的位置关系，便于捕捉对齐，在立面造型建模中也会使用到立面图。

（1）在顶视图中选择导入配套网盘“第4章\CAD\3.顶棚布置”文件，将导入的顶棚布置图框选并成组，命名为“顶棚图”，按S键开启捕捉，在顶视图中对齐墙体结构关系，右击并执行【冻结当前选择】命令，如图4-41所示。

（2）继续在顶视图中选择导入配套网盘“第4章\CAD\4.客厅A立面”文件，将导入的立面图框选并成组，命名为“A立面”，在顶视图中对齐与墙体之间的结构关系，按A键开启角度捕捉，选择【旋转工具】，沿z、y轴方向垂直旋转90°，在前视图中对齐上下关系，使之处于立面造型状态，右击并执行【冻结当前选择】命令，如图4-42所示。

导入CAD天棚图和立面图

2. 吊顶模型制作

为了便于观察视图中的模型关系，可以将之前创建的所有模型隐藏，也避免在操作过程中错误移动了位置关系。

吊顶模型制作（一）

（1）框选场景中所创建的对象，右击，选择【隐藏选定对象】，隐藏后只留下了“顶棚图”和“A立面”对象，如图4-43所示。

（2）在【捕捉】选项卡上右击，打开【栅格和捕捉设置】对话框，只勾选【顶点】复选框，按S键开启【2.5维捕捉】。执行【创建】面板下的【图形】→【线】命令，在顶视图中参照“顶棚图”对象绘制吊顶的平面造型，并减去射灯的孔位，如图4-44所示。

图4-41

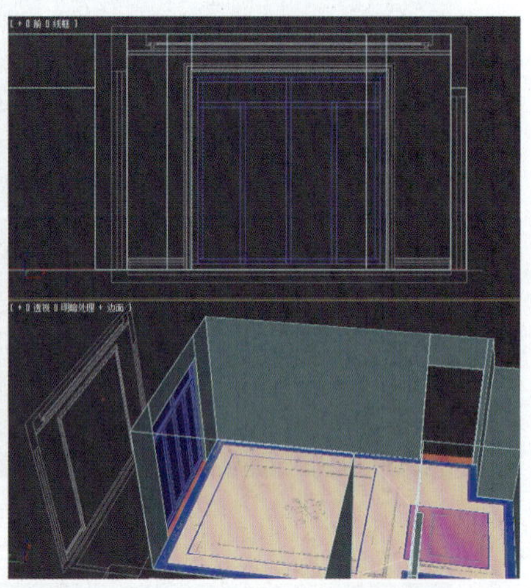

图4-42

图4-43

图4-44

小提示：注意在画内圈的矩形的时候，先取消勾选【开始新图形】 开始新图形 复选框，这样所创建的图形就自动附加在一个对象上。

（3）为其添加【挤出】修改器，挤出【数量】为60 mm，设置z轴的高度为2 650 mm，对齐到顶棚的位置，命名为“吊顶”，如图4-45所示。

（4）选择“吊顶”对象，在前视图中按住Shift键向上移动复制一个副本，修改挤出的【数量】为140 mm，z轴的高度设置为2 710 mm，如图4-46所示，选择副本对象，返回【可编辑样条线】层级，选择【顶点】，删除射灯位置的点，在顶视图中调整顶点位置到外侧的点，如图4-47所示，调整好后再返回【挤出】层级。

（5）调整后得到的空间位置关系如图4-48所示。

（6）执行【图形】→【线】命令，在前视图中参照“A立面”对象绘制吊顶的剖面造型，如图4-49所示，注意在绘制弧形时单击生成点后拖动鼠标产生贝塞尔控制点，便于调整点的形状。

吊顶模型制作（二）

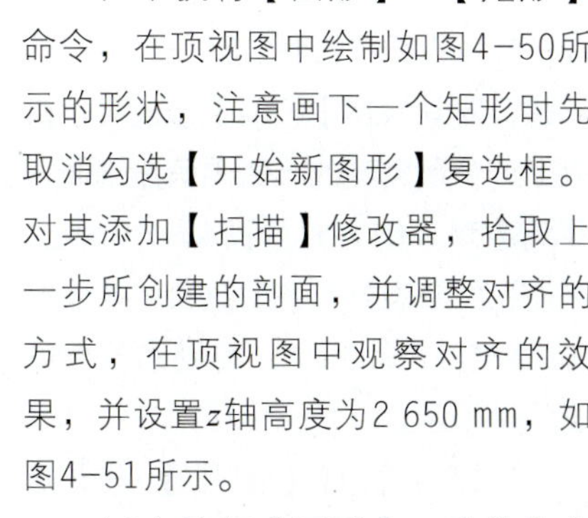

（7）执行【图形】→【矩形】命令，在顶视图中绘制如图4-50所示的形状，注意画下一个矩形时先取消勾选【开始新图形】复选框。对其添加【扫描】修改器，拾取上一步所创建的剖面，并调整对齐的方式，在顶视图中观察对齐的效果，并设置z轴高度为2 650 mm，如图4-51所示。

（8）执行【图形】→【线】命令，在前视图中参照“A立面”对象绘制石膏阴角线的剖面造型，如图4-52所示。

图4-45

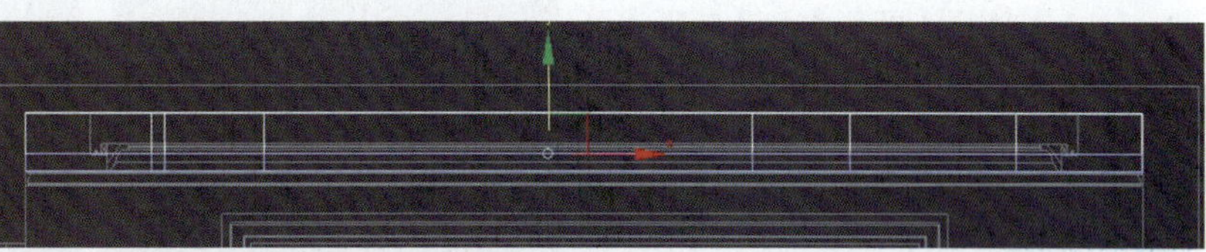

图4-46

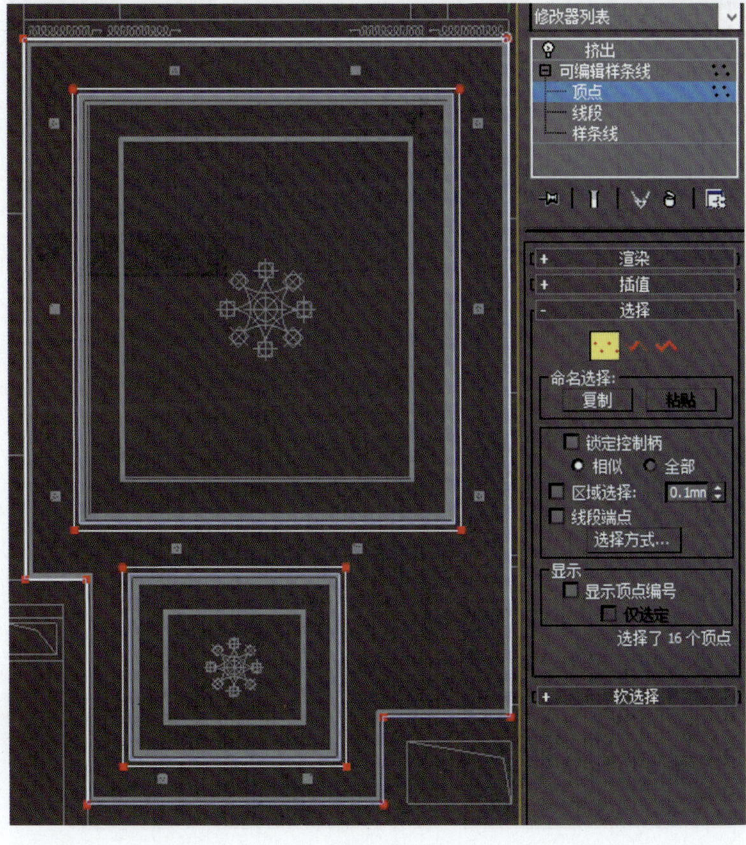

图4-47

图4-48

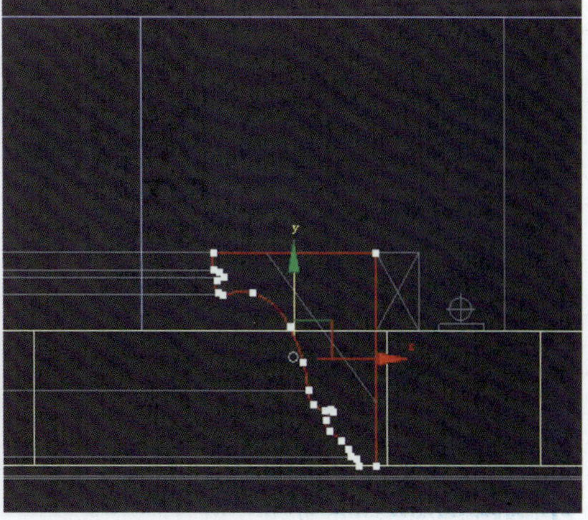

图4-49

（9）执行【图形】→【线】命令，在顶视图中绘制如图4-53所示的形状，对其添加【扫描】修改器，拾取上一步所创建的石膏阴角线剖面，并调整对齐的方式如图4-54所示。在顶视图中观察对齐的效果，并设置z轴高度为2 600 mm，得到的效果如图4-55所示。

（10）执行【图形】→【矩形】命令，在前视图中绘制一个长10 mm、宽30 mm的矩形，并转换为可编辑样条线，添加点后修改得到如图4-56所示的图形，作为顶面造型剖面。

（11）执行【图形】→【矩形】命令，在顶视图中如图4-57所示的位置画图形，对其添加【扫描】修改器，拾取上一步所创建的剖面，并调整对齐的方式为右侧对齐，在顶视图中观察对齐的效果，在前视图中移动对齐到原始顶棚，得到的效果如图4-58所示。

图4-50

图4-51

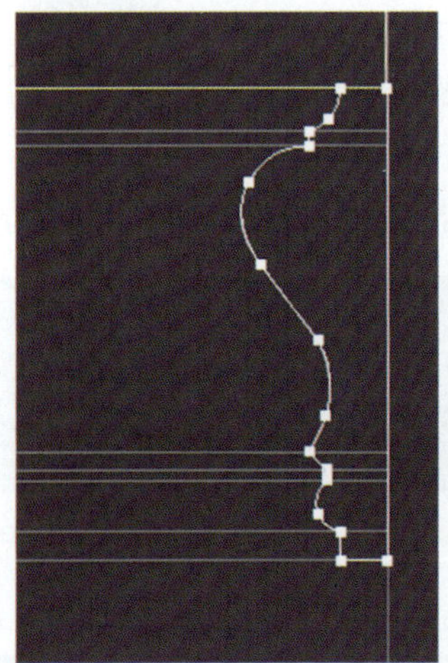

图4-52

图4-53

图4-54

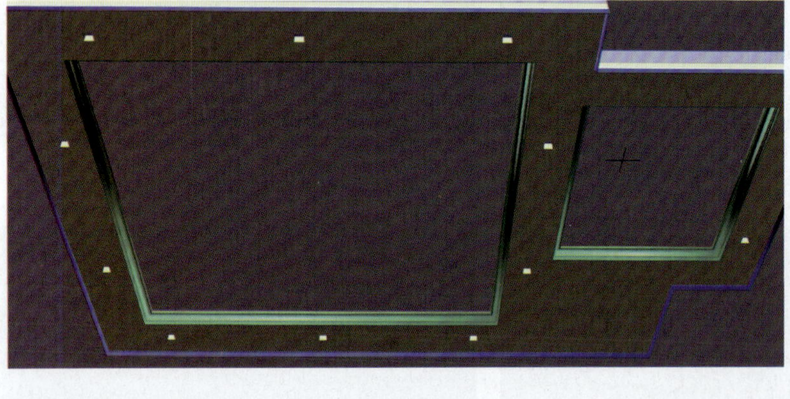

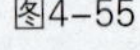

图4-55

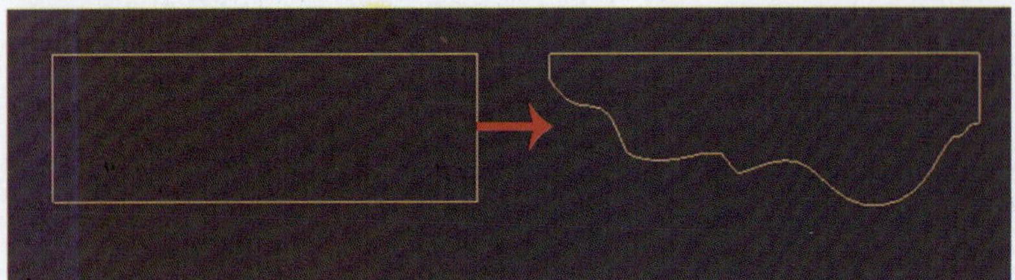

图4-56

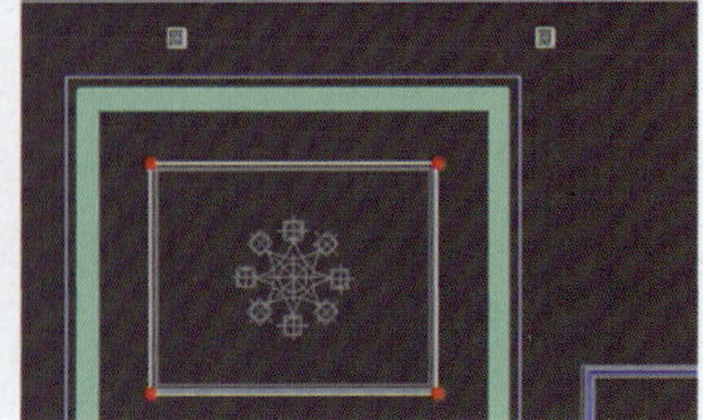

图4-57

（12）选择所有的吊顶造型，执行菜单栏【组】→【成组】命令，将其成组，命名为“吊顶”，右击，选择【全部取消隐藏】，选择【显示】面板下的【冻结】卷展栏，执行【按点击解冻】命令，如图4-59所示，在视图中单击“顶棚图”对象解除冻结，按Delete键删除，观察得到的效果如图4-60所示。

4.2.5　墙面木线造型

墙面木线造型比较简单，主要使用【扫描】修改器完成，要求能看懂CAD平立面空间关系，理解掌握造型位置关系。

1. 导入CAD立面图

导入CAD立面图

（1）在顶视图中选择导入配套网盘“第4章\CAD\5.客厅B立面”文件，框选导入的CAD图形，执行【组】→【成组】命令，将其成组，命名为“B立面”，按A键开启角度捕捉，选择【旋转工具】，在顶视图中水平旋转90°，按S键开启捕捉，对齐与墙体间的结构关系，如图4-61所示。

（2）选择【旋转工具】，沿*Z*、*X*轴方向垂直旋转90°，在左视图中对齐上下关系，使之处于立面造型状态，如图4-62所示，右击并执行【冻结当前选择】命令。

2. 绘制墙面木线剖面

选择“吊顶”群组，右击，执行【隐藏选定对象】命令，便于观察场景，选择【图形】→【线】命令，在顶视图中创建一个长30 mm、宽50 mm的矩形，将对象转换为可编辑样条线，在图形上添加点，调整得到如图4-63所示的效果，作为墙面木线造型的剖面，并命名为“木线剖面1”。用同样的方法继续创建一个长10 mm、宽20 mm的矩形，修改成图4-64所示的效果，命名为“木线剖面2”。

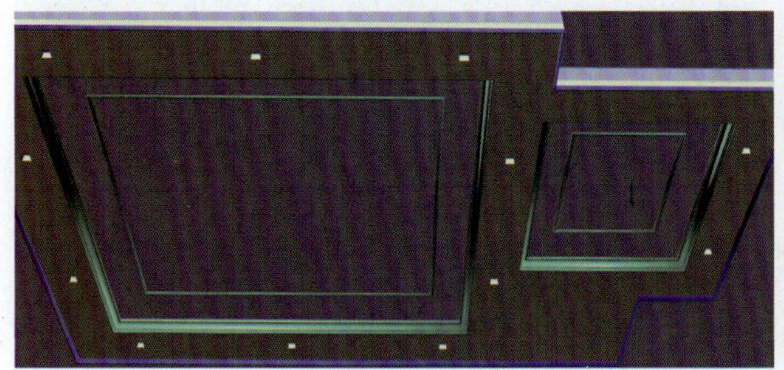

图4-58

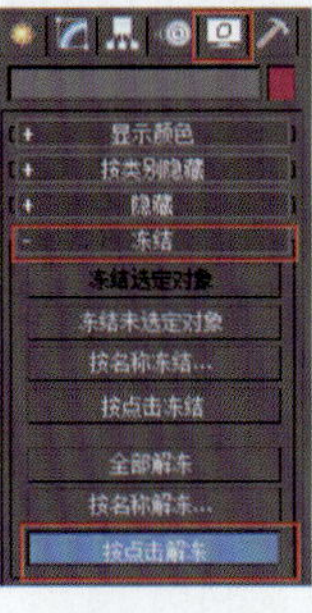

图4-59

图4-60

图4-61

图4-62

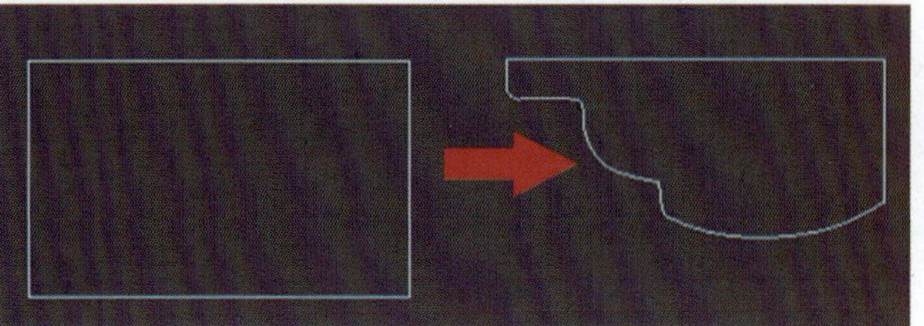

图4-63

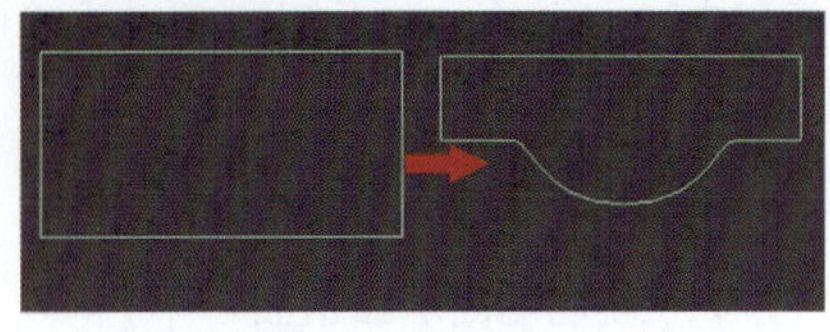

图4-64

3. 创建B立面墙木线造型

（1）执行【图形】→【矩形】命令，按S键开启捕捉，在左视图中参考“B立面”对象绘制矩形，注意在绘制下一个矩形时先取消勾选【开始新图形】复选框，绘制得到的图形如图4-65所示。对其添加【扫描】修改器，拾取“木线剖面1”对齐，并对其添加【平滑】修改器，调整对齐的方式如图4-66所示。

（2）在顶视图中锁定x轴向，移动生成的木线对齐墙体，得到的效果如图4-67所示。

（3）执行【图形】→【矩形】命令，按S键开启捕捉，在左视图中参考“B立面”对象绘制内侧的造型线，绘制得到的图形如图4-68所示。为其添加【扫描】修改器，拾取“木线剖面2”对象，并对其添加【平滑】修改器，调整对齐的方式，在顶视图中锁定x轴向，移动生成的木线对齐墙体，得到的效果如图4-69所示。

（4）执行【图形】→【矩形】命令，按S键开启捕捉，在左视图中参考“B立面”对象绘制内侧的造型线，绘制得到的图形如图4-70所示。为其添加【挤出】修改器，挤出【数量】设置为2 mm，在顶视图中锁定x轴向，移动对齐到墙体，得到的效果如图4-71所示。

创建B立面墙木线造型

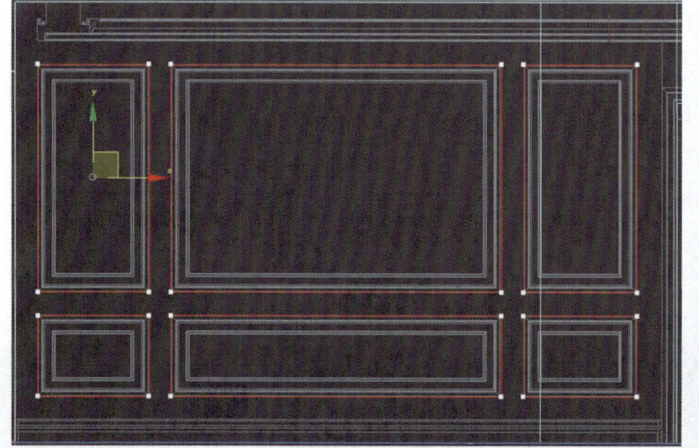

图4-65

图4-66

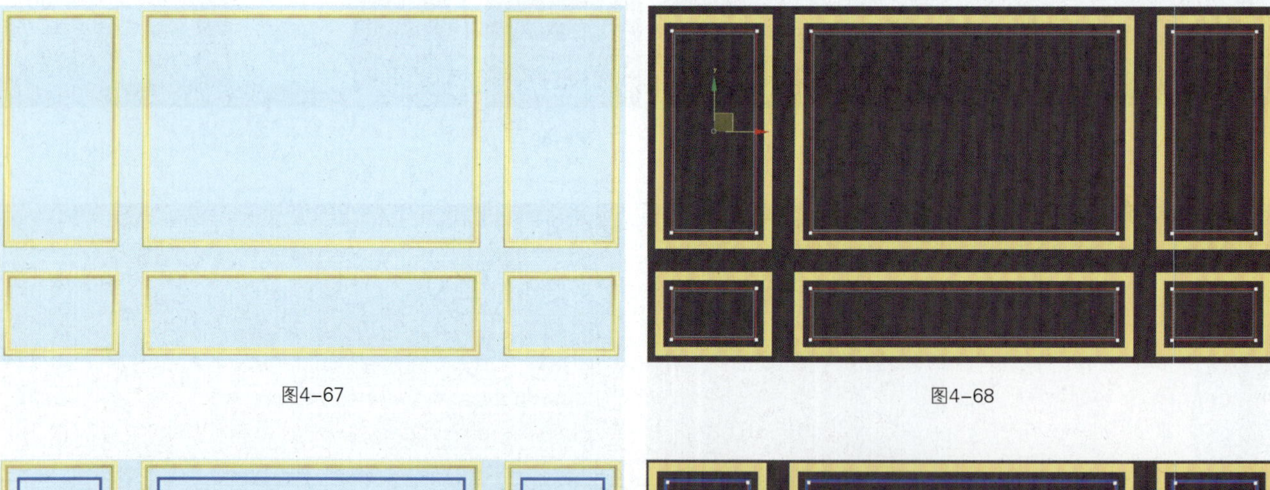

图4-67　　图4-68

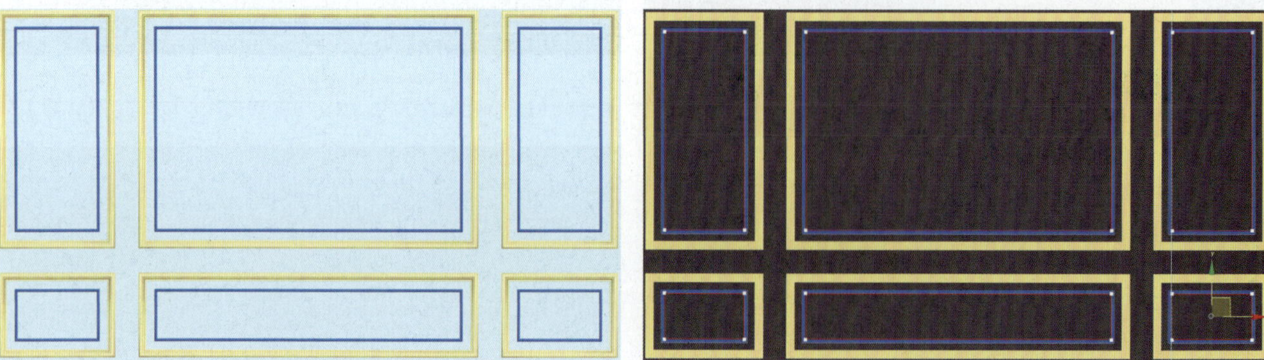

图4-69　　图4-70

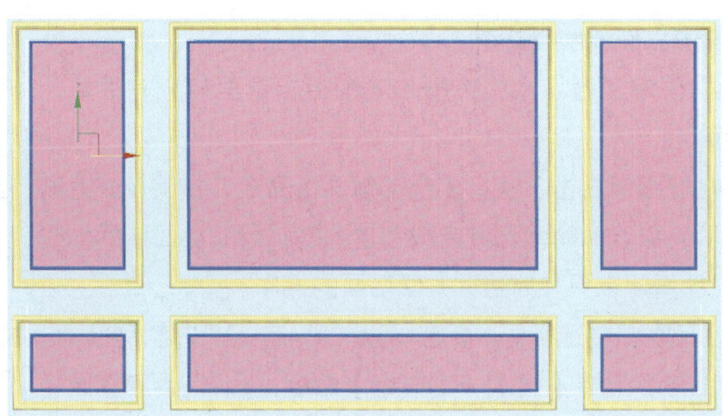

图4-71

（5）用同样的方法完成如图4-72所示位置的造型，得到的效果如图4-73所示。完成“B立面”造型墙的透视图效果如图4-74所示。

4. 创建C立面墙木线造型

创建C立面墙木线造型

（1）选择【显示】面板下的【冻结】卷展栏，执行【按点击解冻】命令，在视图中单击“A立面”和“B立面”对象，解除冻结，按Delete键删除。

（2）在顶视图中选择导入配套网盘“第4章\CAD\6，客厅C立面”文件，框选导入的CAD图形，执行【组】→【成组】命令，将其成组，命名为“C立面”，单击【镜像】按钮，沿*Z*轴镜像，按S键开启捕捉，对齐与墙体之间的结构关系，按A键开启角度捕捉，执行【旋转】命令，在顶视图中沿*Z*、*Y*轴向垂直旋转90°，在前视图中对齐上下关系，使之处于立面造型状态，如图4-75所示，右击并执行【冻结当前选择】命令。

（3）执行【图形】→【矩形】命令，按S键开启捕捉，在前视图中参考“C立面”对象绘制外侧的造型线，绘制得到的图形如图4-76所示。对其添加【扫描】修改器，拾取“木线剖面1”对象，并对其添加【平滑】修改器，调整对齐的方式，如图4-77所示。

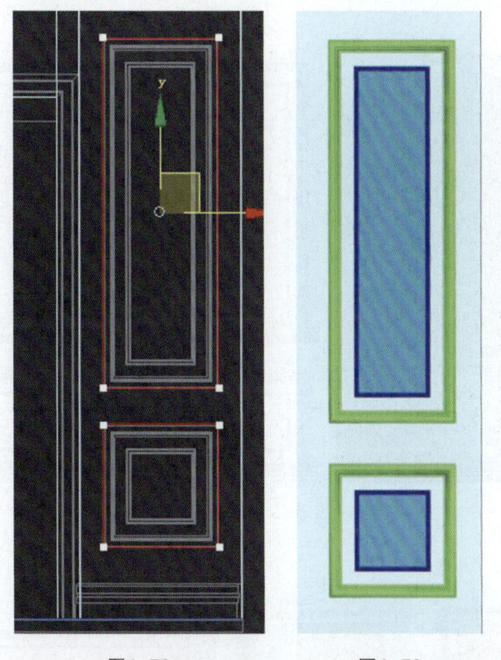

图4-72　　图4-73

图4-74

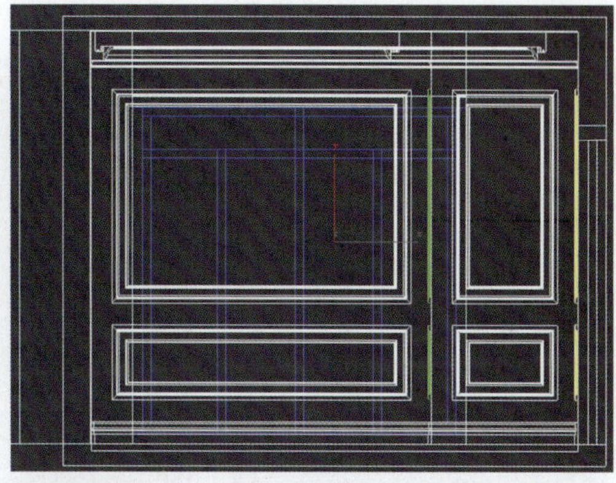

图4-75

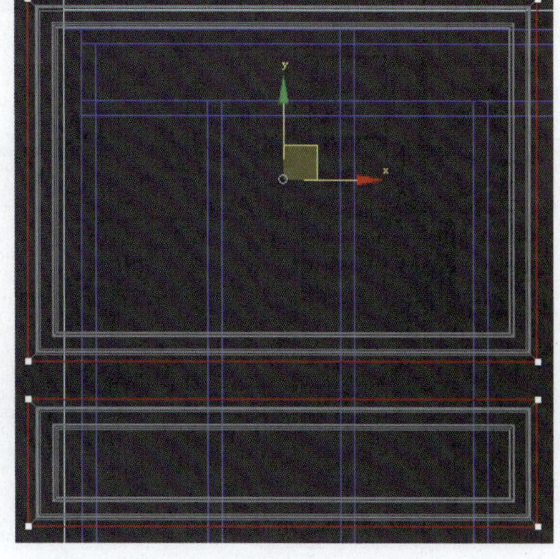

图4-76

（4）执行【图形】→【矩形】命令，在前视图中参考“C立面”对象绘制内侧的造型线，绘制得到的图形如图4-78所示。对其添加【扫描】修改器，拾取“木线剖面2”对象，并对其添加【平滑】修改器，调整对齐的方式，如图4-79所示。

（5）执行【图形】→【矩形】命令，在前视图中参考“C立面”对象绘制内侧的造型线，绘制得到的图形如图4-80所示。对其添加【挤出】修改器，挤出【数量】设置为2 mm，在顶视图中锁定x轴向，移动对齐到墙体，得到的效果如图4-81所示。

（6）用同样的方法完成“C立面”对象上的另一处木线造型，完成后效果如图4-82所示。

5. 创建D立面墙木线造型

由于D立面墙包含了木线造型和电视柜，这里将分开讲解，更便于理解。

创建D立面墙木线造型

（1）在视图中右击，执行【全部解冻】命令，按Delete键删除“C立面”对象，并隐藏已经完成创建的B立面和C立面墙的木线造型，使视图看起来更加简洁，方便后面的操作。

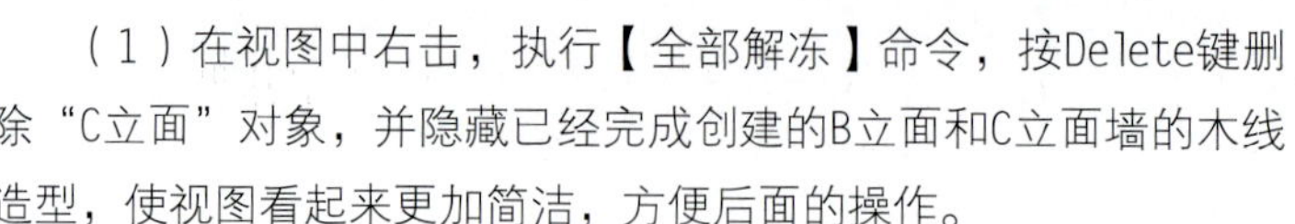

（2）在顶视图中选择导入配套网盘“第4章\CAD\7.客厅D立面”文件，框选导入的CAD图形，选择【组】→【成组】命令，命名为“D立面”，按A键开启角度捕捉，执行【旋转】命令在顶视图中逆时针旋转-90°，按S键开启捕捉，移动对齐与墙体之间的结构关系，选择【旋转工具】在顶视图中沿z、x轴向垂直旋转90°，在左视图中对齐上下关系，如图4-83所示，右击执行【冻结当前选择】命令。

（3）木线的做法和前面是相同的，参考前面的方法完成“D立面”对象餐厅位置木线建模，完成后效果如图4-84所示。

（4）门洞门套线制作，在顶视图中画一个长80 mm、宽210 mm的矩形，将对象转换为可编辑样条线，添加点调整修改成如图4-85所示的形状，作为门套线的剖面。参考前面的方法完成“D立面”对象餐厅位置木线建模。

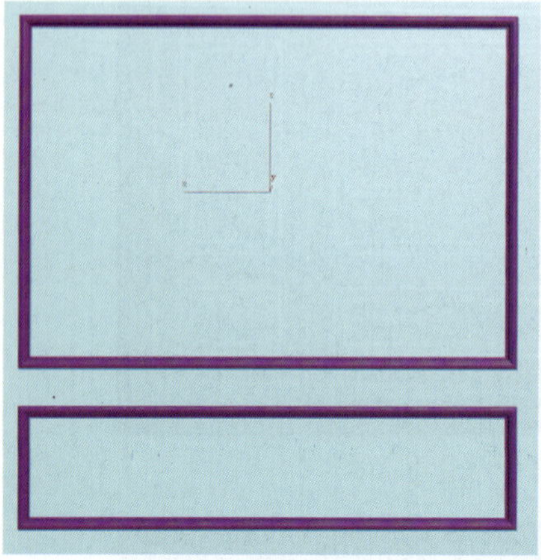

图4-77

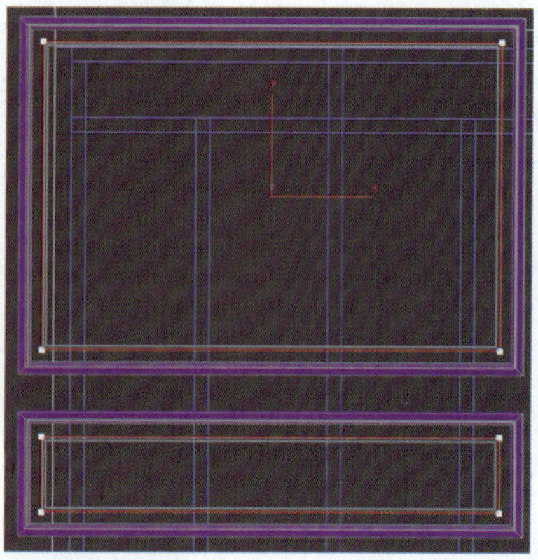

图4-78

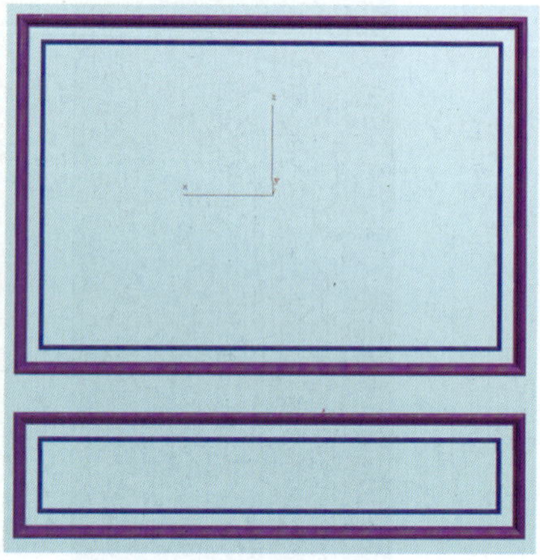

图4-79

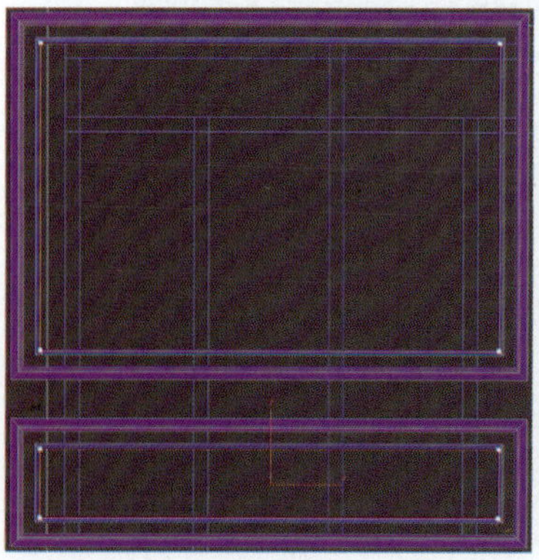

图4-80

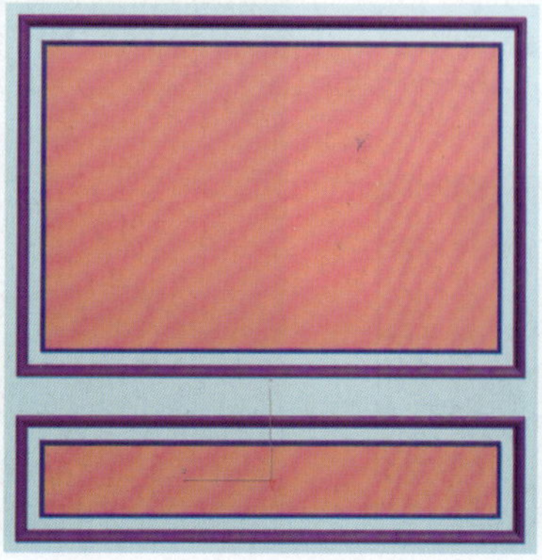

图4-81

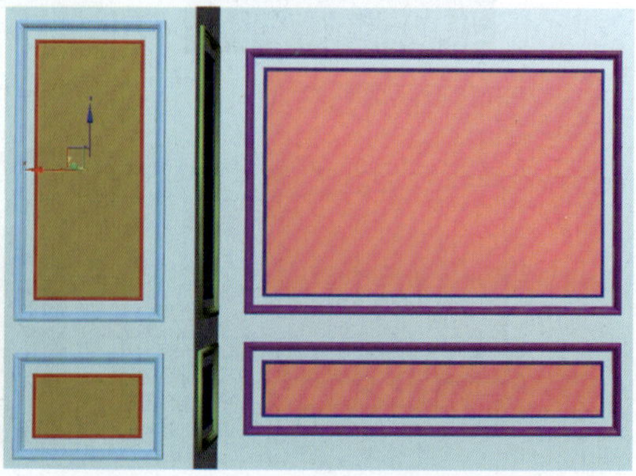

图4-82

（5）执行【图形】→【线】命令，参考“D立面”对象门洞的位置画线，如图4-86所示。对其添加【扫描】修改器，拾取上一步所创建的剖面，并调整对齐的方式如图4-87所示，得到的效果如图4-88所示。

小提示：可以对扫描得到的对象再添加【对称】修改器，调整对称的轴向，使之前后都有造型线。

（6）执行【图形】→【矩形】命令，参考“D立面”对象门洞上方的位置画一个矩形，对其添加【挤出】修改器，挤出【数量】为200 mm，作为门洞上方的墙，如图4-89所示。完成木线造型后“D立面”对象的模型效果如图4-90所示。

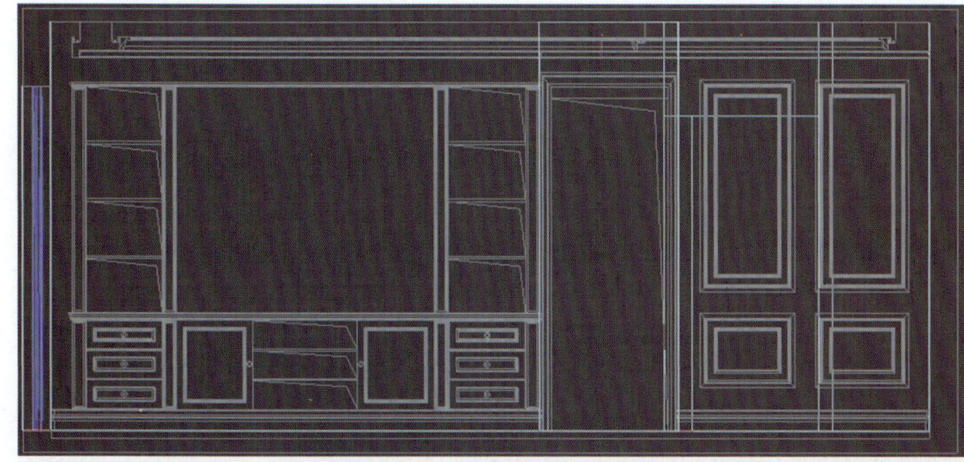

图4-83

图4-84

图4-85

图4-86

图4-87

图4-88

图4-89

图4-90

4.2.6 电视柜造型

电视柜的造型较为复杂，需要熟练运用编辑样条线下的点编辑，掌握好造型结构关系。

1. 制作柜子上面和中间面板

（1）执行【图形】→【线】命令，在左视图中参考“D立面”对象绘制如图4-91所示的两个剖面，分别命名为“电视柜剖面1”和“电视柜剖面2”。

（2）执行【图形】→【矩形】命令，在顶视图中绘制一个长3 350 mm、宽450 mm的矩形，在左视图中参考CAD图纸对齐，将对象转换为可编辑样条线，选择【边】层级，删除靠左侧的边，如图4-92所示。

（3）对其添加【扫描】修改器，拾取“电视柜剖面1”对象，调整对齐方式如图4-93所示，得到的效果如图4-94所示。将对象转换为可编辑多边形，选择【多边形】层级，按住Ctrl键选择左右内侧的面，如图4-95所示，执行【编辑多边形】卷展栏下的【桥】命令，得到的效果如图4-96所示，局部放大效果如图4-97所示。

（4）继续在顶视图中绘制一个长3 350 mm、宽450 mm的矩形，在左视图中参考CAD图纸对齐，将对象转换为可编辑样条线，选择【边】层级，删除靠左侧的边，对其添加【扫描】修改器，拾取“电视柜剖面2”对象，得到的效果如图4-98所示。将对象转换为可编辑多边形，选择【多边形】层级，按住Ctrl键选择左右内侧的面，执行【编辑多边形】卷展栏下的【桥】命令，得到的效果如图4-99所示。

电视柜造型

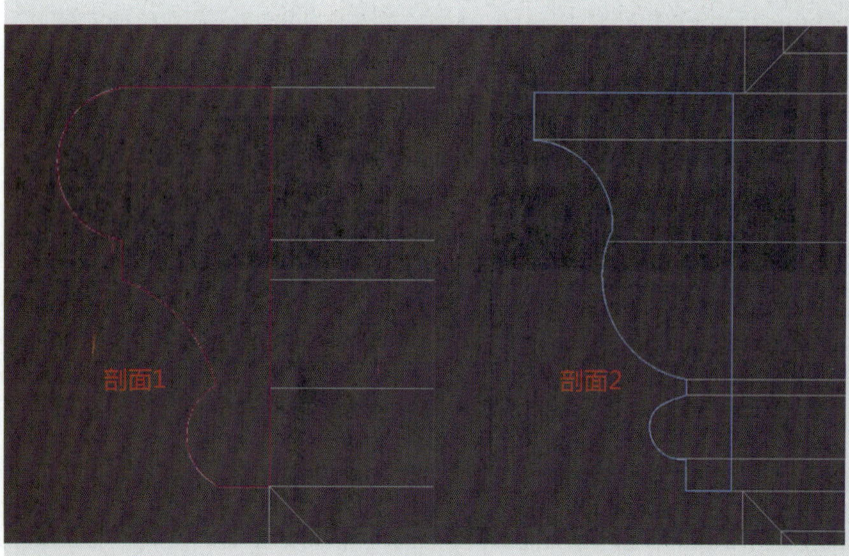

图4-91

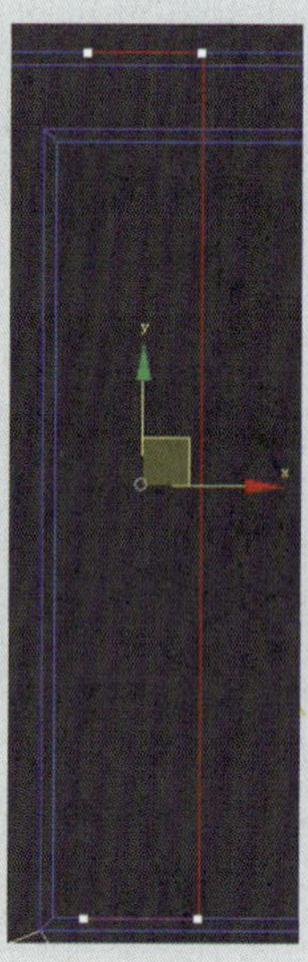

图4-92

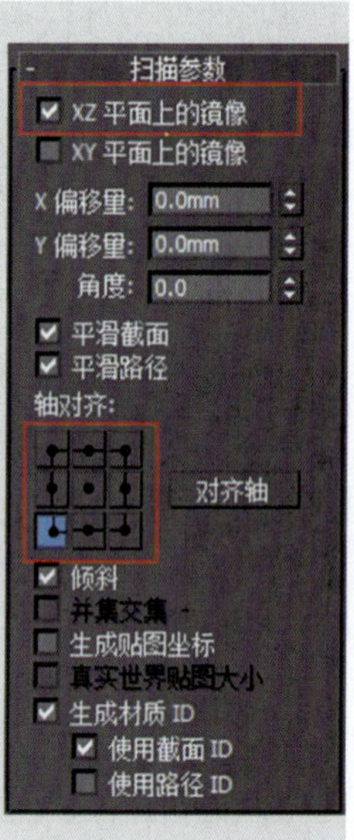

图4-93

图4-94

图4-95

图4-96

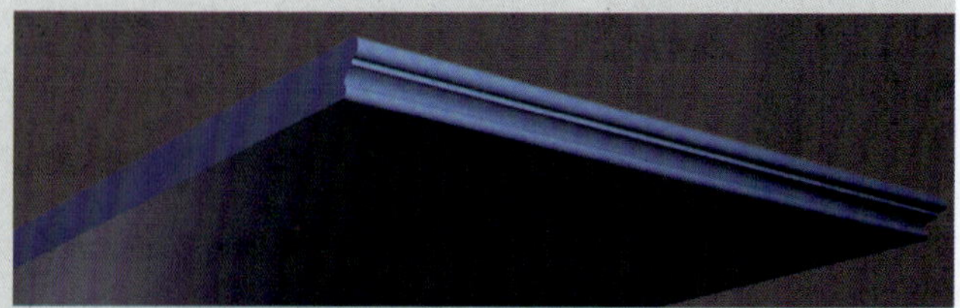

图4-97

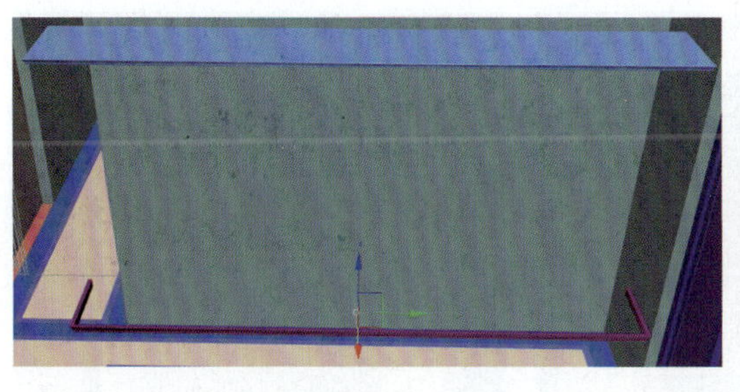
图4-98

图4-99

2. 制作柜体隔板

（1）执行【图形】→【矩形】命令，在左视图中参考CAD图纸绘制一个长1 580 mm、宽100 mm的矩形，如图4-100所示。对其添加【挤出】修改器，挤出【数量】为450 mm，得到的效果如图4-101所示。将对象转换为可编辑多边形，选择【多边形】层级，选择前端的面，执行【插入】命令，【插入】值为5 mm，如图4-102所示。

（2）执行【倒角】命令，【高度】值为-10 mm，【轮廓】值为-10 mm，如图4-103所示。单击【倒角】对话框中的【+】按钮，设【高度】值为10 mm，【轮廓】值为-5 mm，如图4-104所示。

（3）执行【插入】命令，【插入】值为5 mm，如图4-105所示。执行【挤出】命令，挤出2 mm，得到的效果如图4-106所示。

（4）选择【边】层级，选择如图4-107所示的环形边，执行【切角】命令，进行如图4-108所示的设置。

（5）选择【元素】层级，选中对象，在左视图中参考电视柜的立面图，进行克隆复制并对齐，选择【克隆到元素】，得到的效果如图4-109所示。

（6）用相同的方法制作出柜子的门板，在制作效果图中一般不会打开柜门看内部的结构，所以内部空间不用考虑，柜门门板如图4-110和图4-111所示。

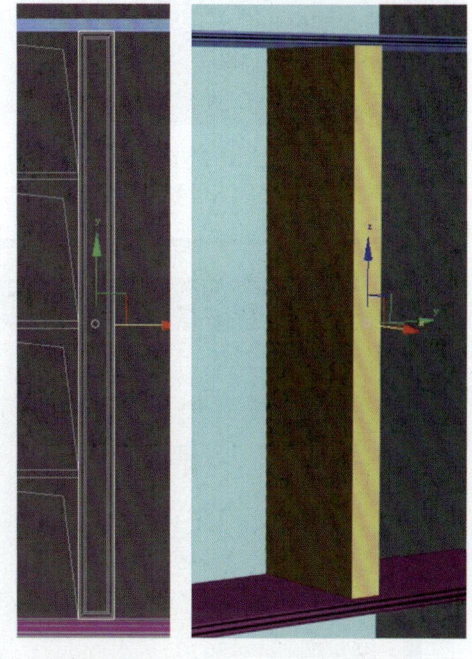
图4-100　　图4-101

图4-102

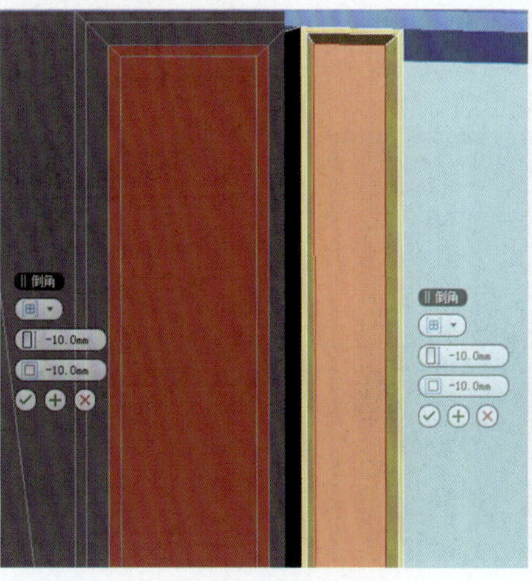

图4-103

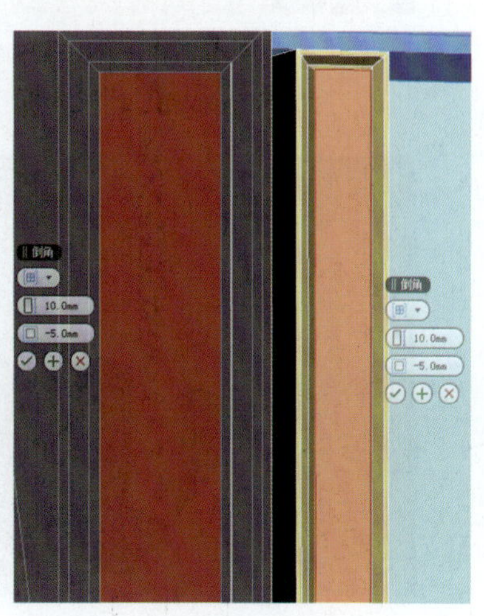

图4-104

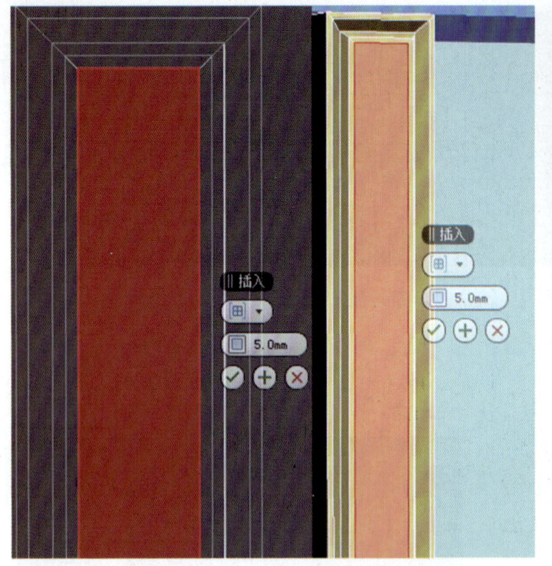

图4-105

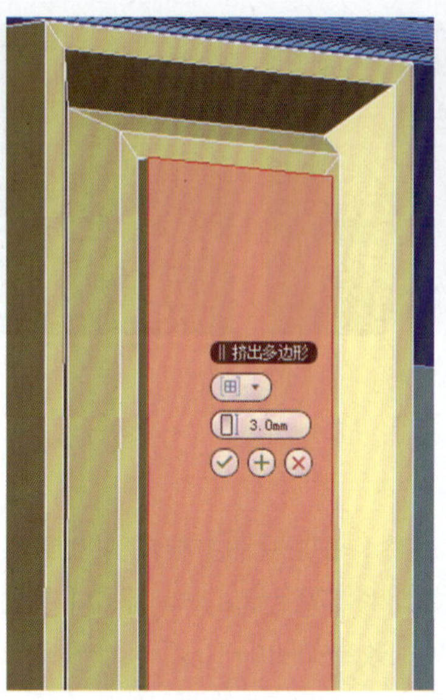

图4-106

图4-107

图4-108

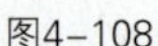

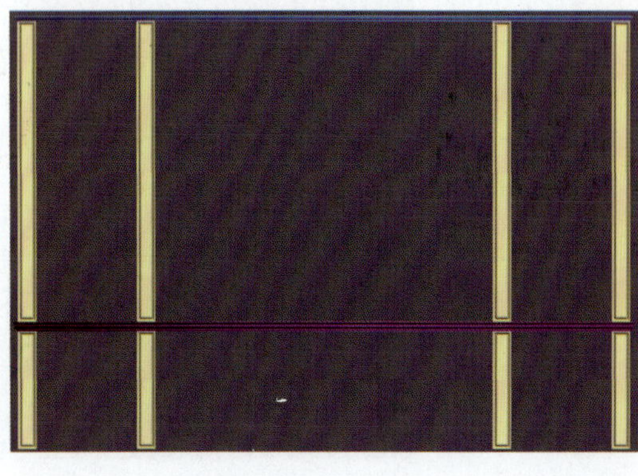

图4-109

图4-110

图4-111

（7）通过复制得到其他位置的柜板，最终得到的效果如图4-112所示。

（8）参考前面制作柜子中间面板的方法完成柜子底座的制作，效果如图4-113所示。选择所有的柜体成组为一个对象，便于后面的操作，门把手采用调用模型的方式完成。

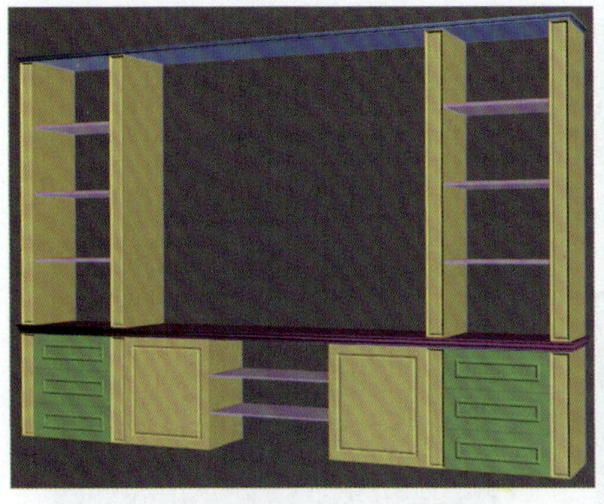

图4-112

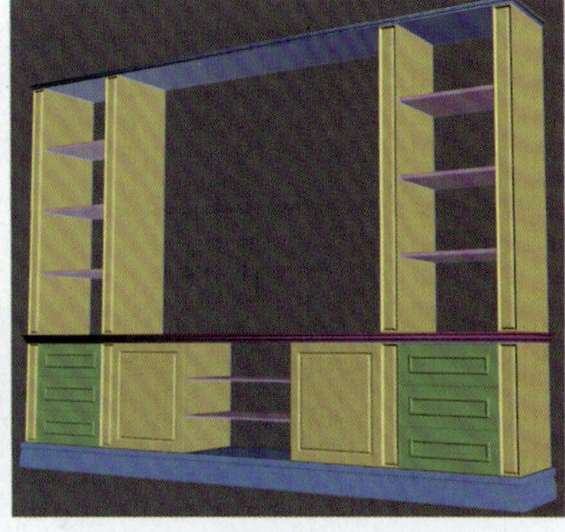

图4-113

4.2.7 创建踢脚线

（1）按Alt+Q组合键孤立“墙体”对象，选择【线工具】，在顶视图中沿边画线，并在门窗的位置生成点，命名为“踢脚线”，如图4-114所示。删除门窗位置线段，得到的效果如图4-115所示。

（2）选择“踢脚线”对象，添加【扫描】修改器，拾取作为电视柜底座所绘制的剖面，并调整对齐方式，得到的效果如图4-116所示。

（3）右击，执行【全部解冻】命令，删除“D立面”对象，执行【全部取消隐藏】命令，得到的效果如图4-117所示。由于过道位置摄影机观察不到，顶面造型可以考虑不做。如果空间要表现多个镜头，其吊顶做法和客厅位置是一样的，这里就不再叙述。至此，空间模型制作完成。

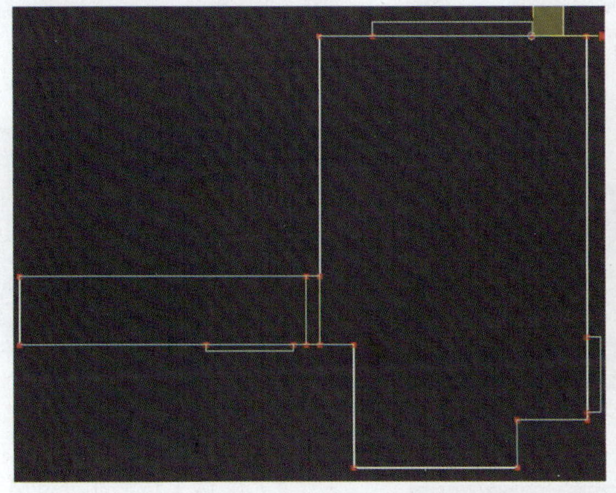

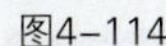

图4-114

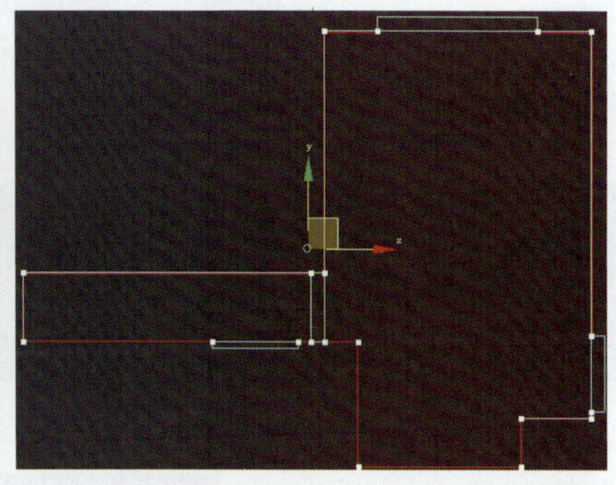

图4-115

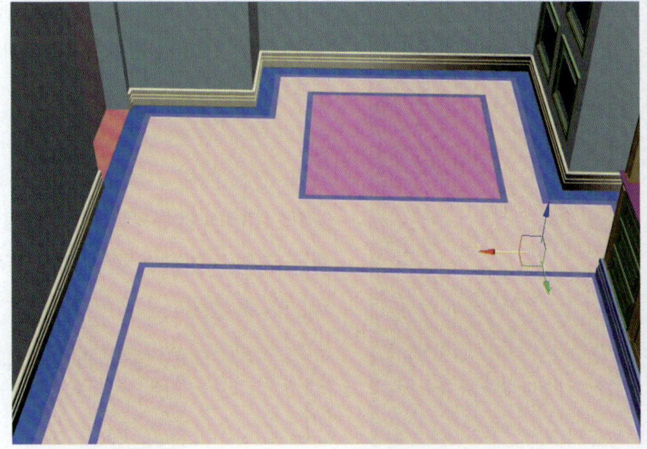

图4-116

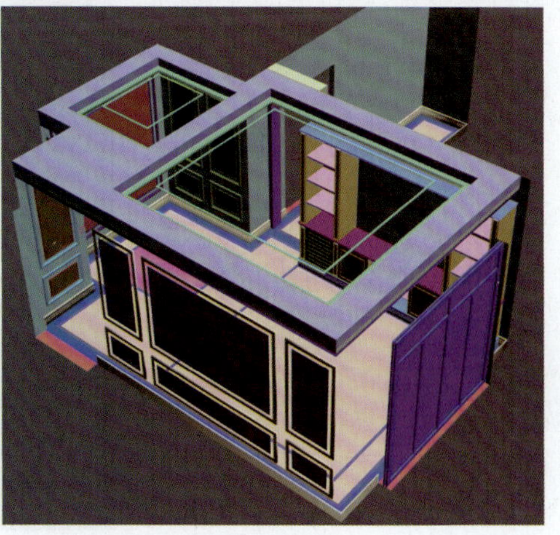

图4-117

4.3 整理及合并家具模型

为了方便模型材质表现，需要将“墙体”对象顶、墙分离成不同的对象（地面在制作铺装的时候已经分离）。对于墙面的木线造型，为了便于指定材质，可以分对象成组，并调用风格统一的家具模型完成空间的布置。

模型整理

合并家具模型

4.3.1 模型整理

（1）分离顶面，选择“墙体”对象，按Alt+Q组合键孤立对象，选择【多边形】层级，选择“墙体”对象的顶面，执行【分离】命令，命名为“屋顶”，并指定另一种颜色以区别显示，如图4-118所示。

图4-118

（2）将墙面木线造型分外侧木线、内侧木线、内侧平面进行成组，便于调节材质，以提高效率，如图4-119所示。

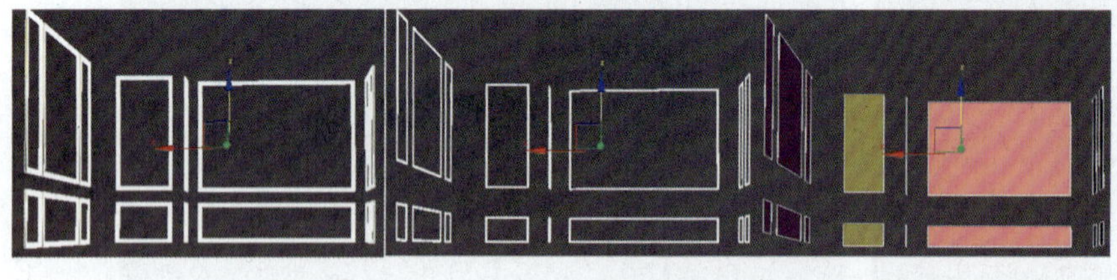

图4-119

4.3.2 合并家具模型

选择配套光盘“第4章\Max\调用模型”文件，依次将家具模型合并到场景。

4.4 创建摄影机

摄影机的相关知识已经在前面的章节中进行了介绍，本节将不再叙述。

（1）选择【摄影机】，在顶视图中如图4-120所示的位置创建一个摄影机。

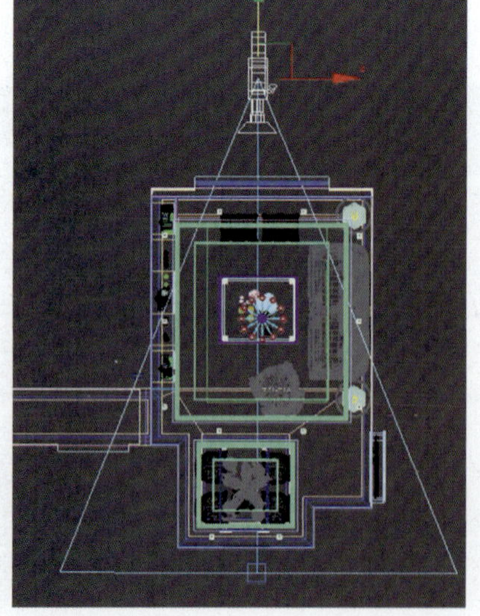

图4-120

（2）选择【摄影机】，设置【修改】面板下的【参数】卷展栏，将【镜头】设置为24 mm，如图4-121所示，勾选【手动剪切】复选框，设置【近距剪切】值为1 850 mm，【远距剪切】值为9 000 mm，如图4-122所示。

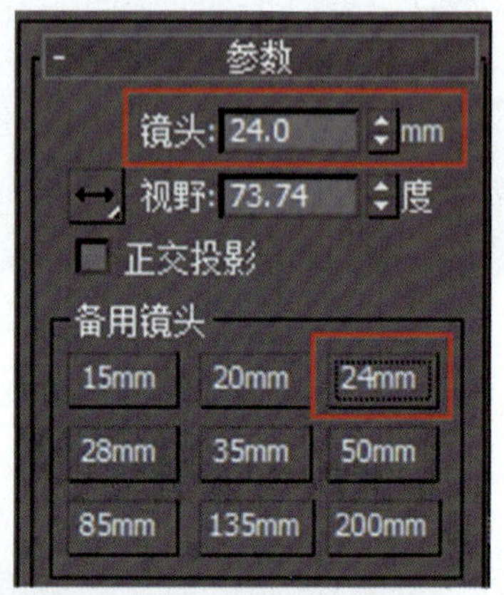

图4-121

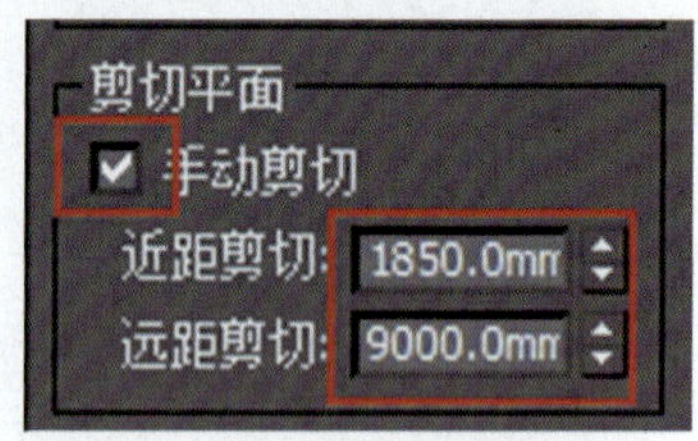

图4-122

（3）设置【摄影机】的Z轴高度 Z: 1100.0mm 为1 100 mm，选择摄影机的目标点，高度同样设置为1 100 mm，调整后的摄影机显示范围如图4-123所示。

（4）在透视图中按C键，切换到摄影机视图，并在摄影机视图按Shift+F组合键显示可渲染范围，正确显示场景，最终场景在摄影机视图显示的效果如图4-124所示。

对场景创建摄影机

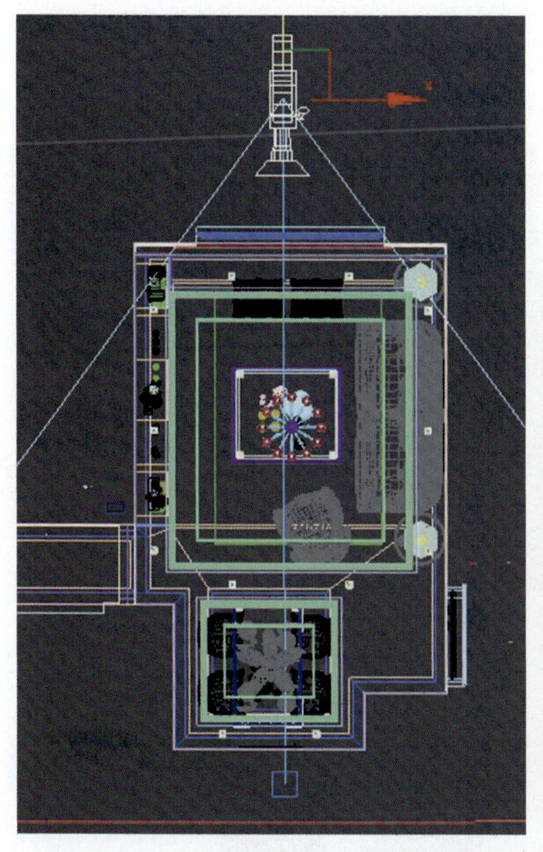

图4-123

图4-124

4.5 赋予场景材质

由于场景中合并的家具模型都指定了相应的材质，这里只讲解场景中顶棚、地面、墙面、墙面造型木线和电视柜的VRay材质。在设置材质之前，需要将渲染器设置为VRay渲染器。

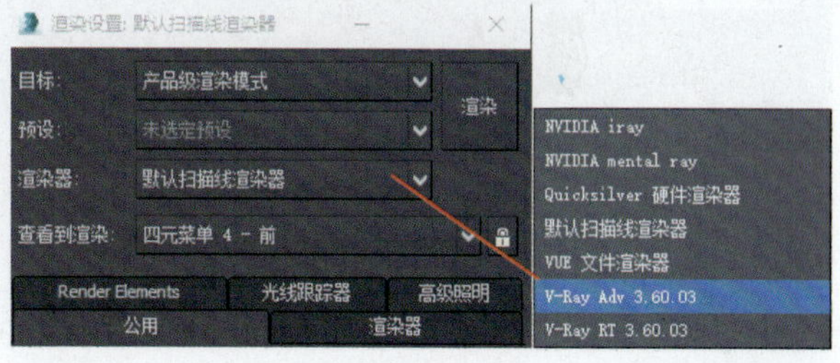

图4-125

4.5.1 设置VRay渲染器

按F10键，打开【渲染设置】对话框，在【公用】选项卡中单击【指定渲染器】前的【+】号按钮，并单击【选择渲染器】按钮▣，在弹出的下拉列表中选择【VRay Adv 3.60.03】，如图4-125所示。

设置VRay 渲染器

4.5.2 指定VRay材质

为了便于观察，可以将场景中家具模型隐藏，减少计算机对场景显示的负担，隐藏家具模型后的效果如图4-126所示。

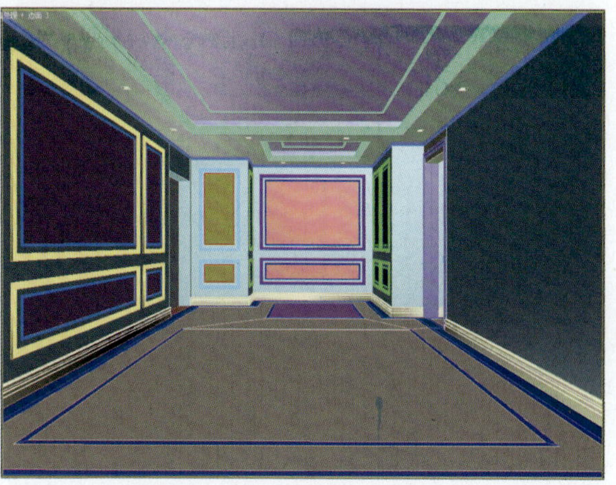

图4-126

1. 白色乳胶漆材质

（1）选择吊顶及原始顶棚，并按Alt+Q组合键孤立当前选择，打开【材质编辑器】对话框，选择第1个材质球，重命名为“白色乳胶漆”，执行【Standard】命令，在弹出的【材质/贴图浏览器】对话框中选择【VRayMtl】，并双击对象，转换为【VRayMtl】材质，如图4-127所示。

（2）设置【漫反射】颜色RGB值为248、248、248，单击按钮，将“白色乳胶漆”材质指定给吊顶（根据模型显示的情况可以给组添加【平滑】修改器）和分离的顶棚，如图4-128所示，右击并选择【隐藏选定对象】，将吊顶及顶棚对象隐藏。

小提示：对于扫描得到的模型，如果出现显示有阴影情况，可以对其添加【平滑】修改器，对于成组的对象作用效果是一样的。

2. 蓝色乳胶漆材质

选择“墙体”对象，并按Alt+Q组合键孤立当前选择，打开【材质编辑器】对话框，选择第2个材质球，重命名为“蓝色乳胶漆”，将材质转换为【VRayMtl】材质，设置【漫反射】颜色RGB值为203、224、234，单击按钮，将“蓝色乳胶漆”材质指定给墙体对象，如图4-129所示，隐藏墙体。

3. 米黄色乳胶漆材质

选择内侧平面组对象，并按Alt+Q组合键孤立当前选择，选择第3个材质球，重命名为“米黄色乳胶漆”，将材质转换为【VRayMtl】材质，设置【漫反射】颜色RGB值为252、247、237，单击按钮，将“米黄色乳胶漆”材质指定给内侧平面组对象，如图4-130所示，隐藏对象。

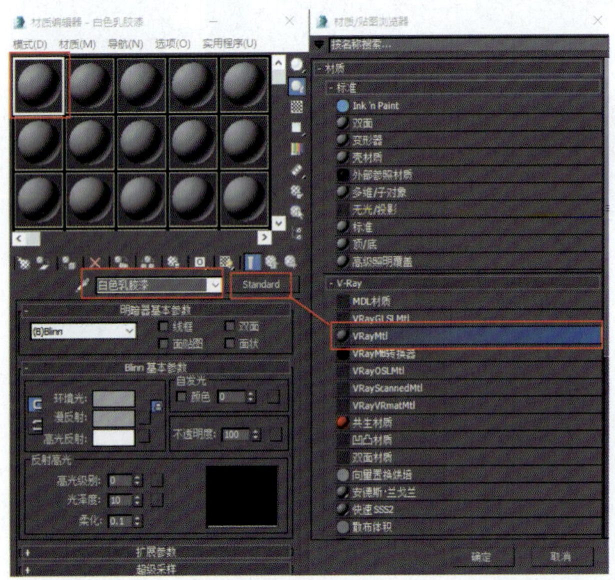

图4-127

指定Vray材质（一）

指定Vray材质（二）

图4-128

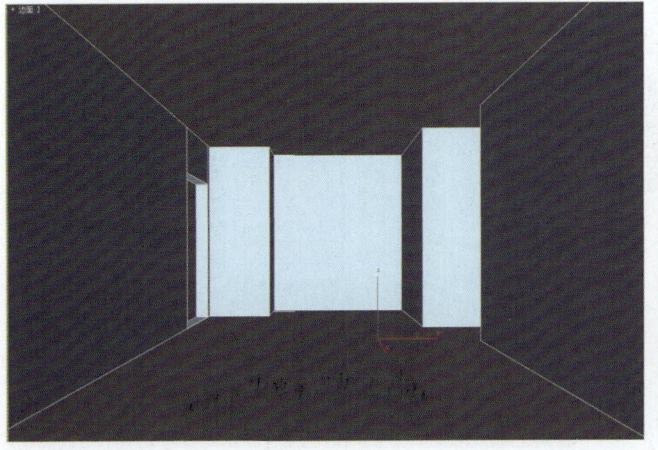

图4-129

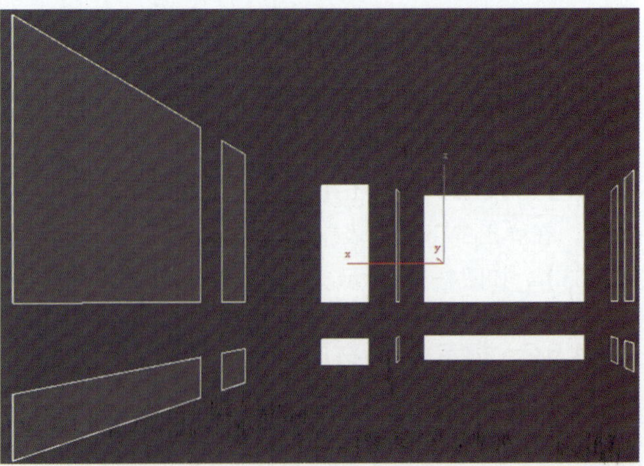

图4-130

4. 木线材质

（1）选择外侧木线组对象，并按Alt+Q组合键孤立当前选择，选择第4个材质球，重命名为“白色油漆”，将材质转换为【VRayMtl】材质，设置【漫反射】颜色RGB值为255、255、255，在【反射】颜色通道后面添加【衰减】贴图，【衰减类型】选择【Fresnel】，设置【高光光泽】为0.82，【反射光泽】为0.91，【细分】值为8，如图4-131所示。单击按钮，将“白色油漆”材质指定给外侧木线组对象，得到如图4-132所示的效果，隐藏对象。将“白色油漆”材质也指定给“电视柜”和“门洞门套”对象。

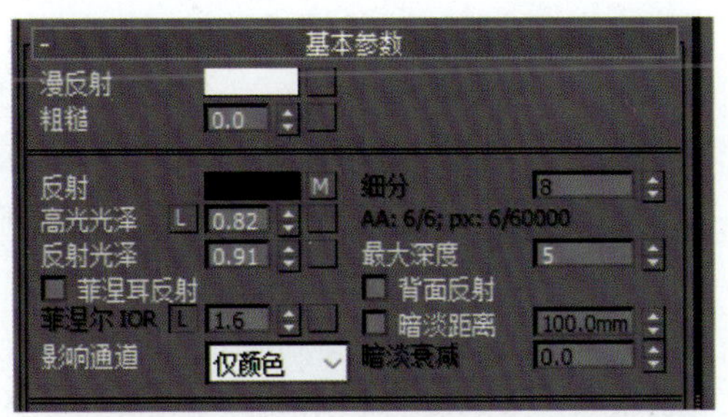

图4-131

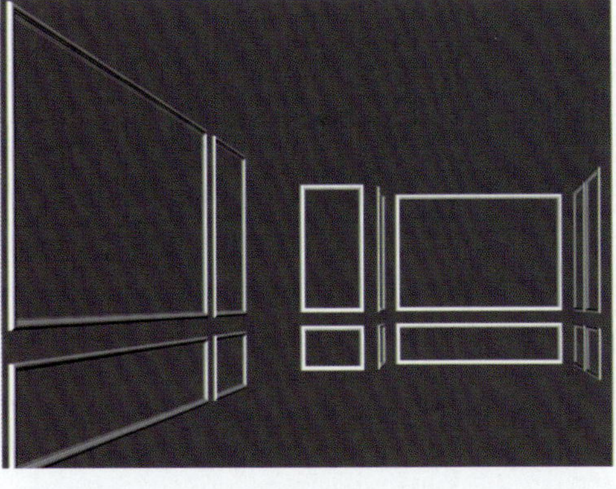

图4-132

（2）选择内侧木线组对象，并按Alt+Q组合键孤立当前选择，拖动“白色油漆”材质到一个新材质球上释放，复制一个材质，重命名为“古铜色”，设置【漫反射】颜色RGB值为96、68、25，【反射】颜色RGB值为90、79、55，设置【反射光泽】为0.88，【细分】值为8，【双向反射分布函数】选择【Ward】类型，【各向异性】设置为0.5，如图4-133所示。单击按钮，将“古铜色”材质指定给内侧木线组对象，得到的效果如图4-134所示，隐藏对象。同时将“古铜色”材质也指定给“踢脚线”对象。

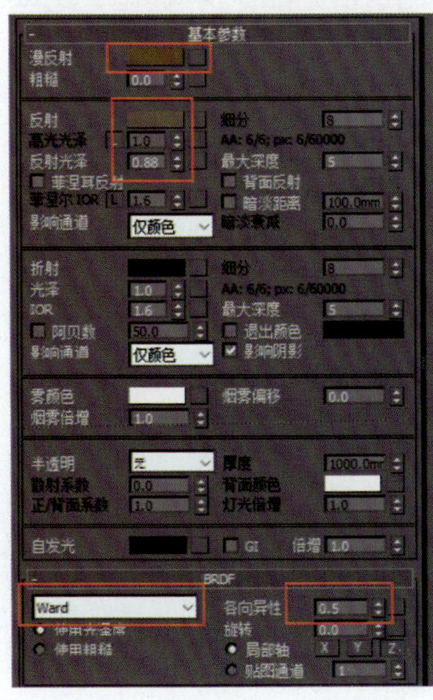

图4-133

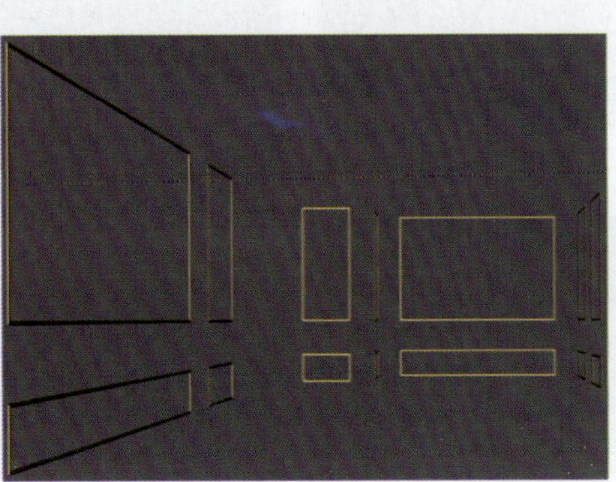

图4-134

5. 地面铺装材质

（1）选择“地砖1”对象并孤立选择，指定一个新的材质球，重命名为“地砖001”，将材质转换为【VRayMtl】材质，在【漫反射】贴图通道中添加“地砖001”贴图，设置【角度】选项的【W】值为90°，【模糊】值为0.1，如图4-135所示。在【反射】通道添加【衰减】贴图，并将【衰减类型】设置为【Fresnel】，侧面颜色设置为淡蓝色，RGB值为190、228、255，如图4-136所示。设置【高光光泽】值为0.85，【反射光泽】值为0.92，【细分】值为8，如图4-137所示。在【凹凸】贴图通道中添加同一张“地砖001”贴图，【凹凸】值为15。

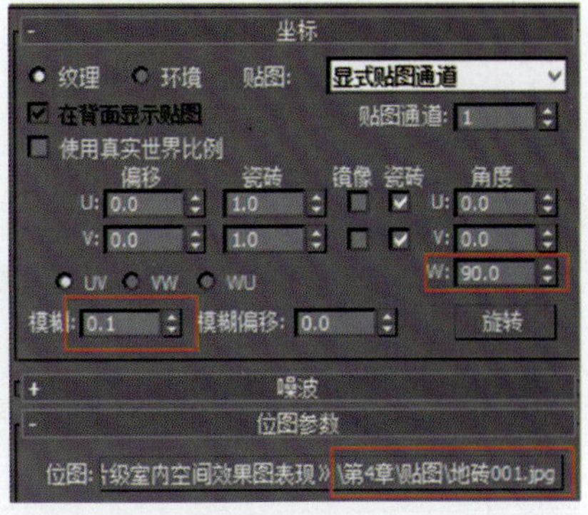

图4-135

图4-136

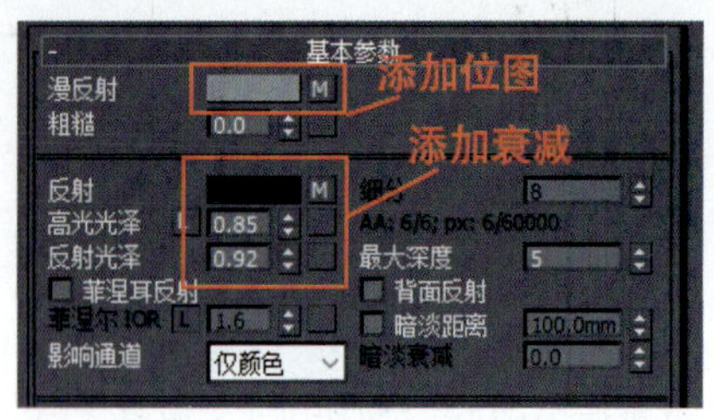

图4-137

（2）对“地砖1”对象添加【UVW贴图】修改器，并设置长、宽尺寸为800 mm×800 mm，完成贴图设置后的效果如图4-138所示。

（3）选择“餐厅地砖”对象并孤立选择，复制一个“地砖001”材质，重命名为“地砖002”，在【漫反射】贴图通道中将“地砖001”贴图更改为“地砖002”，将【凹凸】贴图通道的“地砖001”贴图也改为“地砖002”，其他地方设置的参数保持不变。添加【UVW贴图】修改器，长宽尺寸为600 mm×600 mm，如图4-139所示。

（4）选择“边带1”对象并孤立选择，复制一个“地砖001”材质，重命名为“边带001”，在【漫反射】贴图通道中将“地砖001”贴图更改为“1-杭非”，将【凹凸】贴图通道的“地砖001”贴图也改为“1-杭非”，其他地方设置的参数保持不变。添加【UVW贴图】修改器，长宽尺寸为600 mm×600 mm，如图4-140所示。

（5）选择“边带2”对象，复制“地砖001”材质，重命名为“边带002”，在【漫反射】贴图通道中将“地砖001”贴图更改为“1-杭非4”，将【凹凸】贴图通道的“地砖001”贴图也改为“1-杭非4”，其他地方设置的参数保持不变。添加【UVW贴图】修改器，长宽尺寸为600 mm×600 mm，如图4-141所示。

（6）选择“门槛石”对象，复制“地砖001”材质，重命名为“门槛石”，在【漫反射】贴图通道中将“地砖001”贴图更改为“A-F-012”，将【凹凸】贴图通道的“地砖001”贴图也改为“A-F-012”，其他地方设置的参数保持不变。添加【UVW贴图】修改器，长、宽尺寸为600 mm×600 mm，所有地砖完成后的效果如图4-142所示。

6. 窗框材质

选择窗框对象，将前面设置的“白色油漆”材质指定给窗框即可。

7. 窗户玻璃材质

选择“玻璃”对象，选择一个新的材质并转换为【VRayMtl】材质，设置【漫反射】的RGB值为197、220、207，设置【反射】为白色，勾选【菲涅耳反射】复选框，设置【折射】为白色，勾选【影响阴影】复选框，选择【颜色+Alpha】，如图4-143所示。至此，场景中所有材质设置完成，可以将隐藏的对象全部取消隐藏，得到的效果如图4-144所示。

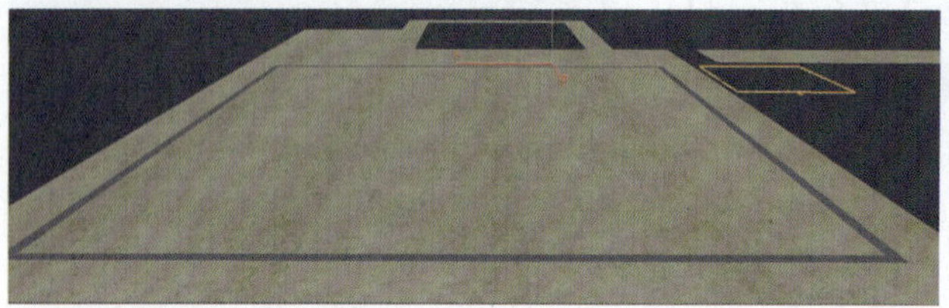

图4-138

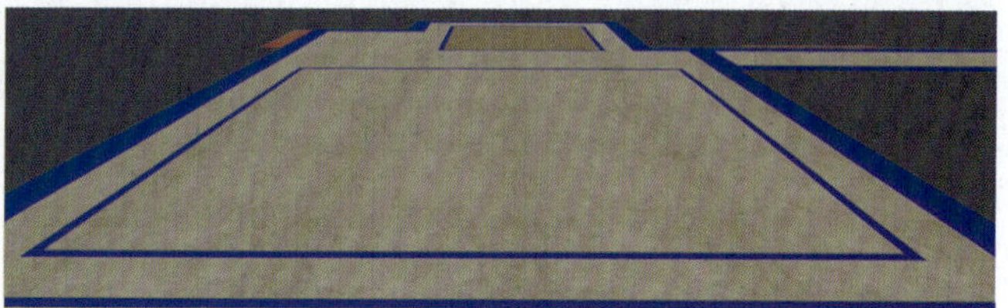

图4-139

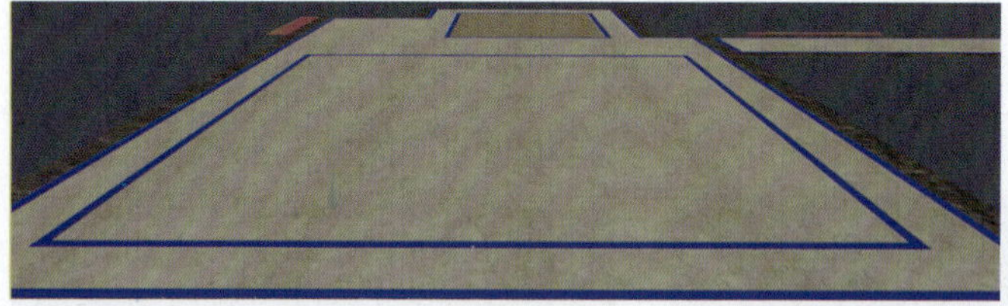

图4-140

图4-141

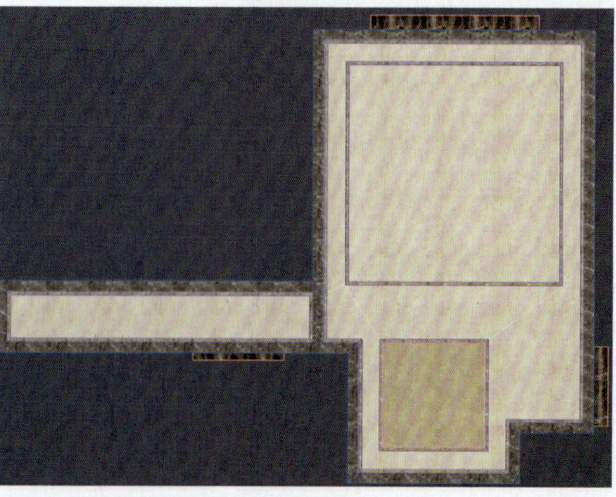

图4-142

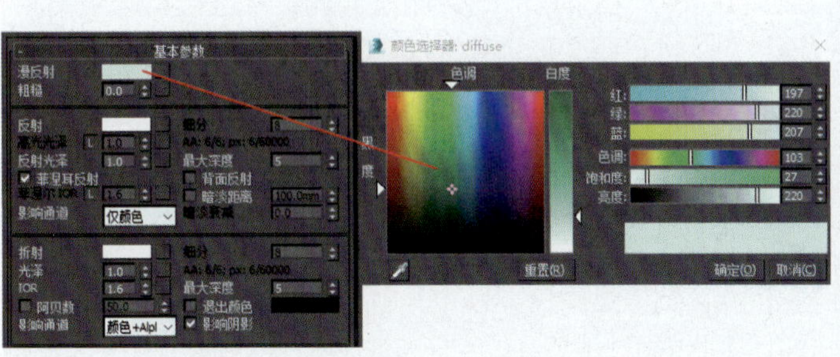
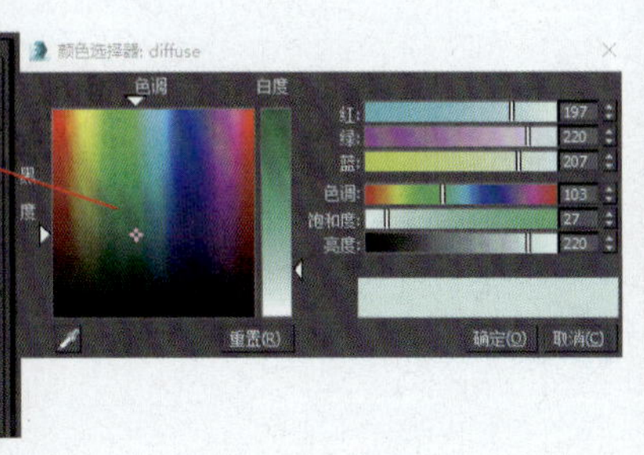

图4-143

图4-144

4.6 灯光设置

本场景主要采用室外环境光加室内灯带光、射灯光的方式来表现场景氛围，突出雅致的色彩空间气氛。

灯光设置

4.6.1 环境光的创建

（1）设置室外环境光，在【创建】面板中选择【灯光】选项，在下拉列表中选择【VRay】，选择【VRayLight】。在前视图中窗户所在的位置创建一个VR面光，视图间的位置关系如图4-145所示。

（2）在【修改】面板中修改【倍增器】值为8，【颜色】RGB值为139、194、255，勾选【不可见】复选框，取消勾选【影响反射】复选框，如图4-146所示。

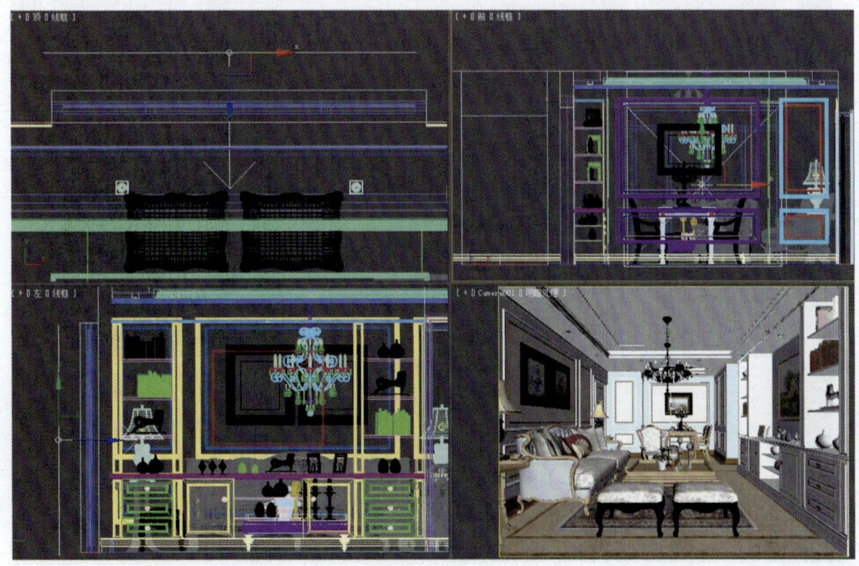

图4-145

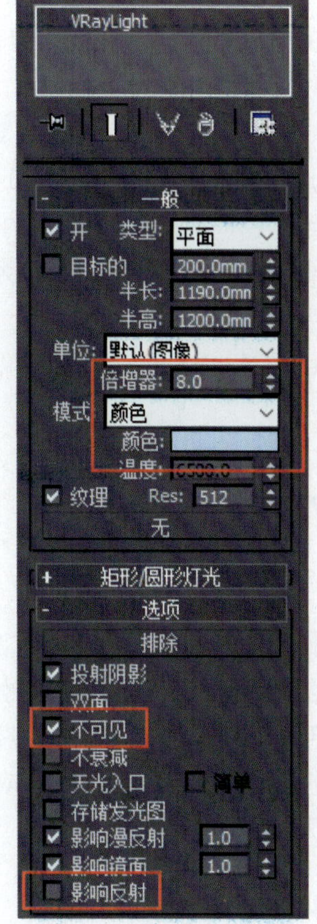

图4-146

4.6.2 室内灯带光的表现

选择“吊顶”对象并孤立选择，选择【VRayLight】，【类型】选择【平面】，在顶视图中沿预留灯带的位置创建一个VRay面光，并调整高度到灯槽位置，执行【镜像】命令沿y轴镜像，设置灯光的【倍增器】值为6，【颜色】RGB值为255、188、102，并勾选【不可见】复选框，取消勾选【影响反射】复选框，用【实例】的方式复制完成其他位置的灯带，如图4-147所示。

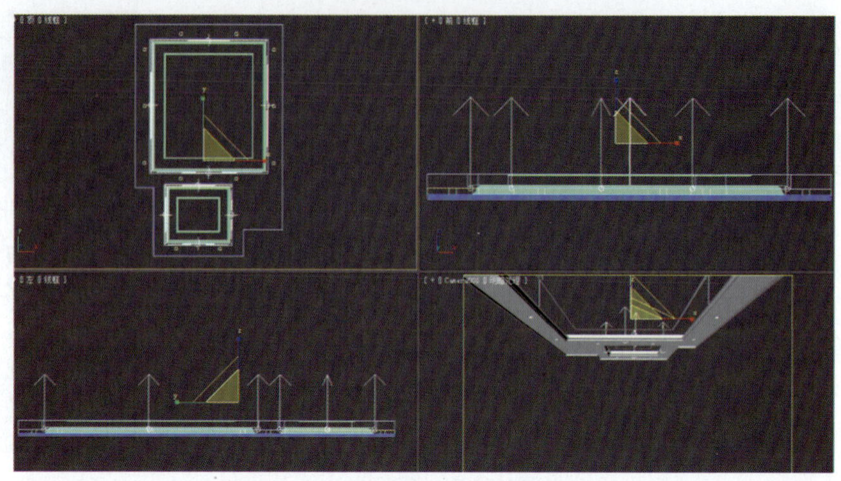
图4-147

4.6.3 射灯灯光的表现

（1）选择【VRayIES】，在前视图中射灯模型的下方创建一个VRayIES光，并在光域网通道处加载光域网文件“TD-004.ies”，【功率】设置为600，其他参数保持默认，用【实例】的方式复制完成其他位置的射灯，射灯布置如图4-148所示。

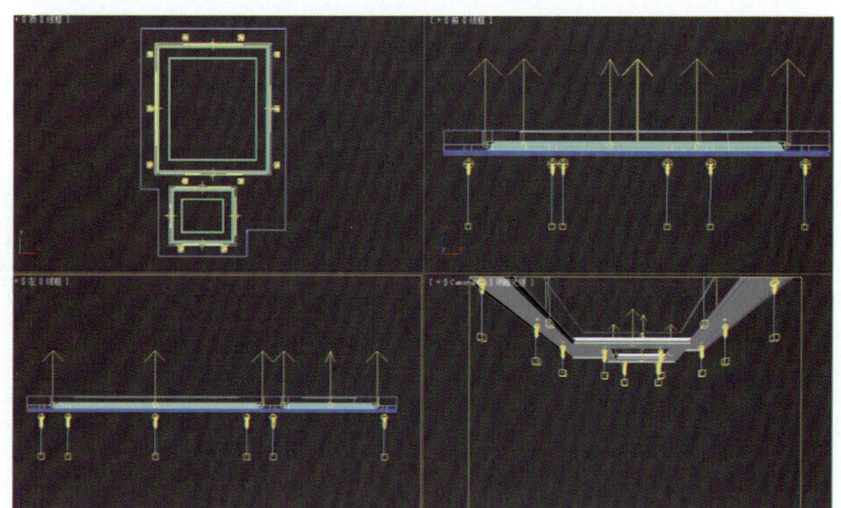
图4-148

（2）选择上一步所创建的VRayIES光，在电视柜里面复制1个，另外选择【VRayLight】在隔板的位置创建面光，【倍增器】值设置为3，【颜色】RGB值为255、191、79，增强电视柜的空间感，如图4-149所示。

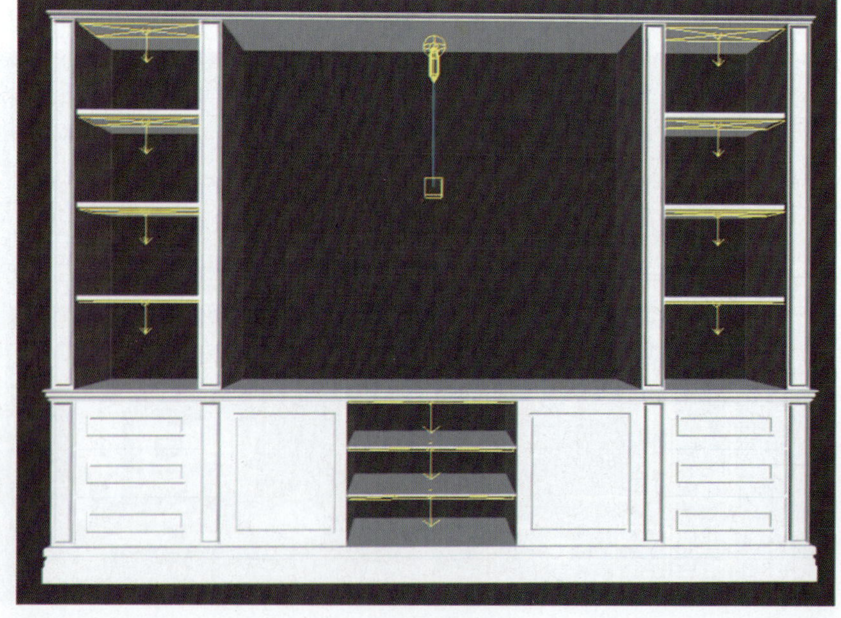
图4-149

4.7 渲染设置

在效果图制作过程中，布置灯光过程需要不断地对场景进行测试渲染，再配合灯光调节材质，调整所要表现的空间气氛，直到得到满意的灯光材质效果后再进行最终渲染。

4.7.1 测试渲染设置

（1）打开【渲染设置】对话框，将【公用】选项卡下的【输出大小】设置为500 mm×375 mm，如图4-150所示。

（2）设置【VRay】选项卡，如图4-151所示，【图像采样（抗锯齿）】类型为【块】，并关闭【图像过滤器】，将【颜色贴图】类型改为【指数】。

（3）【GI】选项卡设置如图4-152所示。

（4）测试渲染，得到的效果如图4-153所示。

测试渲染设置

4.7.2 最终渲染设置

（1）打开【渲染设置】对话框，将【公用】选项卡下的【输出大小】设置为3 300 mm×2 250 mm，并保存为.tga格式，如图4-154所示。

（2）设置【VRay】选项卡如图4-155所示，设置【GI】选项卡如图4-156所示。

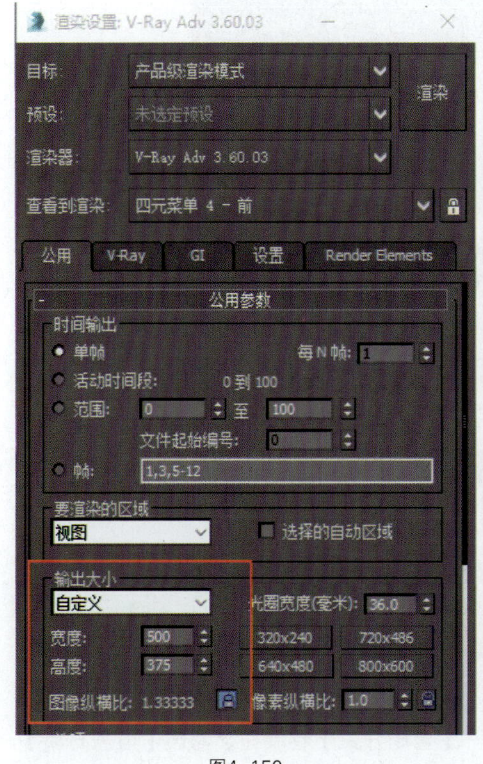

图4-150

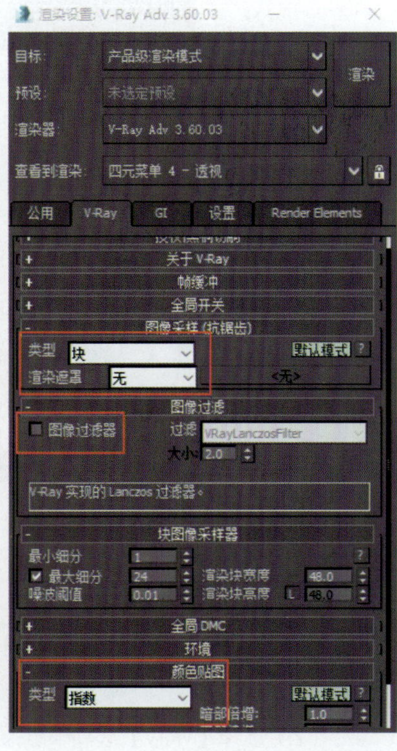

图4-151

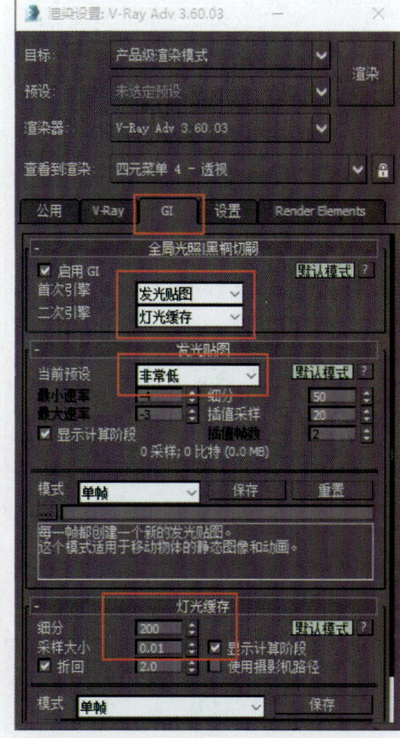

图4-152

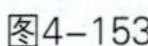

图4-153

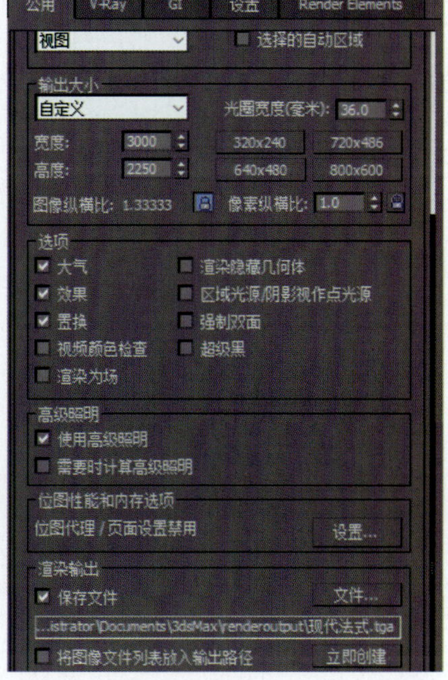

图4-154

图4-155

图4-156

（3）在【VRay】选项卡下，选择【全局DMC】卷展栏，把默认模式切换为【高级模式】，参数设置如图4-157所示。

（4）设置完成后单击【渲染】按钮进行渲染，渲染完成后的效果如图4-158所示。

最终渲染设置

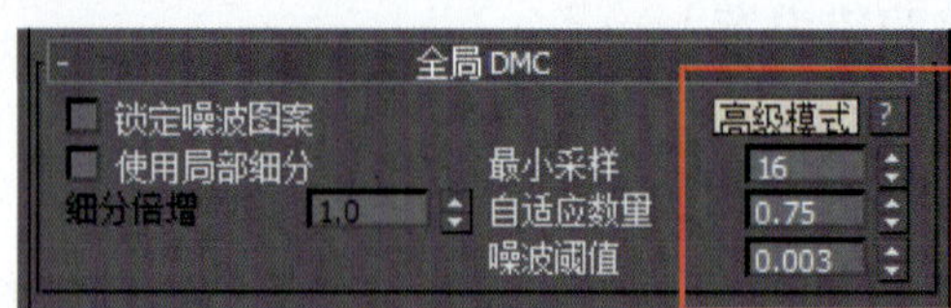

图4-157

图4-158

4.7.3 渲染AO图

渲染AO图是为了便于后期处理得到更加真实的效果，渲染设置方法如下：

（1）保存场景，删除场景中所有灯光，保存图像名为“现代法式AO”。

（2）选择【VRay】选项卡，展开【全局开关】卷展栏，勾选【覆盖材质】复选框并单击后面的设置通道按钮，对其添加【灯光材质】，将添加的灯光材质拖动到一个材质球上，在弹出的对话框中选择【实例】方式复制，在【灯光材质】的【颜色】通道处添加【污垢】材质，将【半径】参数设置为500，【细分】值设置为25，设置参数如图4-159所示。

渲染AO图

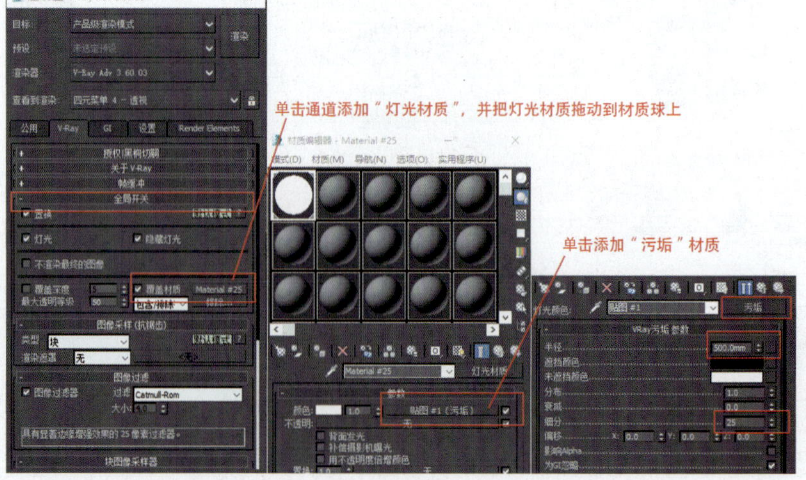

图4-159

（3）对【GI】选项卡进行如图4-160所示的设置，取消勾选“启用GI”复选框。

（4）设置完成后单击【渲染】按钮进行渲染，渲染完成后的AO图如图4-161所示。

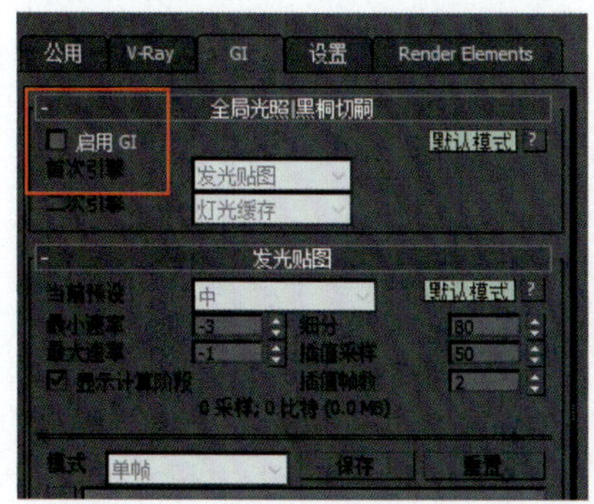

图4-160

图4-161

4.8 Photoshop后期处理

（1）在Photoshop中打开“现代法式客厅”效果图。执行【图像】→【调整】→【亮度/对比度】命令，调整亮度和对比度，如图4-162所示。

（2）按Ctrl+M组合键，打开【曲线】对话框，调整图像的明暗关系，如图4-163所示。

（3）打开渲染好的AO图，选择【移动工具】，按住Shift键将AO图拖入图像中并与之前的效果图重合，修改图层类型为【叠加】模式，【不透明度】设置为30%，加重物体的明暗对比，增强图像的厚重感，如图4-164所示。

（4）按Ctrl+A组合键全选图形，选择【编辑】→【描边】命令，描边宽度设置为20像素，颜色为黑色，最终效果如图4-165所示。

图4-162

图4-163

图4-164

图4-165

4.9　VR全景图渲染

（1）在3ds Max中打开“现代法式”源文件，把摄影机调整到客厅的中心位置，镜头调整为24 mm，取消勾选【剪切平面】复选框，如图4-166所示。

（2）打开【渲染设置】对话框，进行VR全景的渲染设置，注意图像宽度和高度的纵横比为2：1，如图4-167、图4-168所示。

（3）最终渲染效果如图4-169所示。

（4）根据渲染的效果灵活调整，并渲染VR全景的AO图，如图4-170所示，便于后期Photoshop调整效果。

（5）最终通过Photoshop调整后的效果如图4-171所示。

（6）VR室内全景图，可以通过注册全景图合成的网站，比如“建E全景”网进行VR编辑，编辑后通过分享二维码链接，可以借助VR眼镜或者手机进行观看和分享，具体操作观看配套视频“4.9-3VR全景合成”了解。

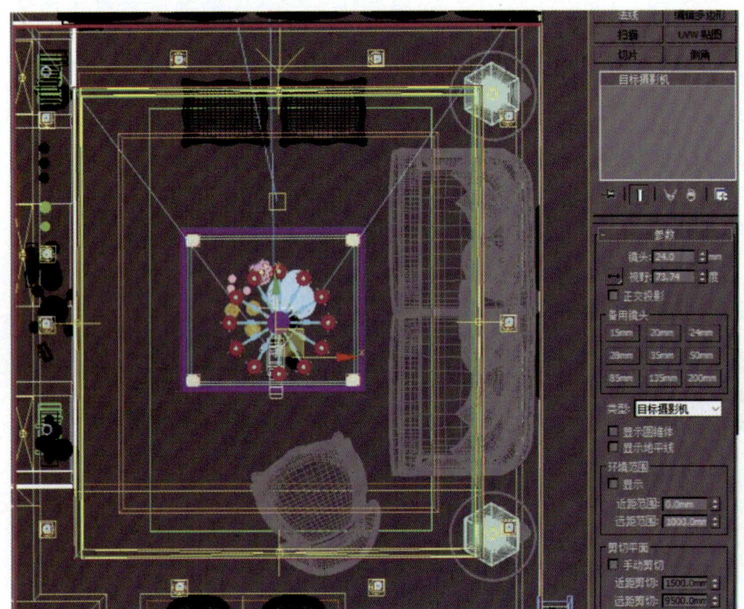

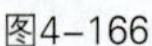
图4-166

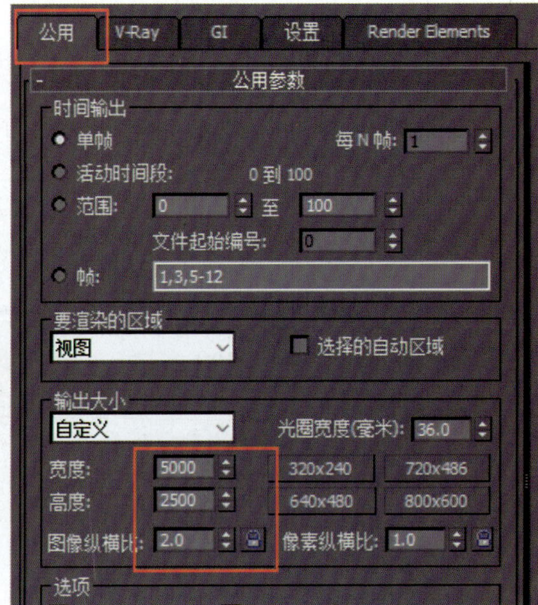

图4-167

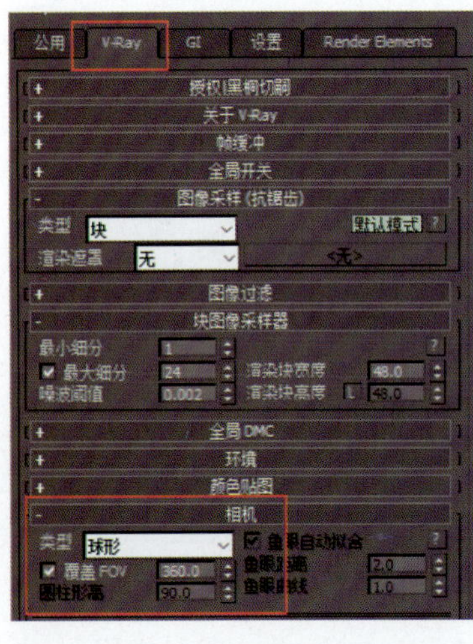

图4-168

图4-169

图4-170

VR全景图渲染

VR全景AO图渲染

VR全景PS后期

VR全景合成

图4-171

本章小结

本章主要介绍了现代法式风格大户型客厅、餐厅效果图表现方法，涉及室内空间模型创建、吊顶模型制作、立面造型、电视柜建模等知识，加强对摄影机镜头表现、VRay常用材质设置、灯光气氛表现、VRay渲染、Photoshop后期处理和VR全景图渲染等使用进行了讲解。

第 5 章

现代美式风格卧室空间效果图设计

◆本章知识点

室内空间建模方法；参考CAD设计图制作吊顶的方法；墙面造型建模方法；VRay材质表现、灯光设计及渲染知识；VR全景室内设计的知识。

◆学习目标

熟练掌握室内空间单面建模方法、顶面造型、装饰墙面造型的制作方法；掌握室内常用材质设置方法、灯光布置思路和渲染知识；熟悉不同风格表现技巧。

5.1 案例场景分析

本章案例为现代美式风格样板房空间效果图设计，户型为大户型结构。本章主要讲解卧室部分效果图表现以及VR卧室全景图设计的方法。由于卧室和和主卫相连，需要注重空间的通透性和隐私性的处理，墙面以白色乳胶漆材质为主，配以条纹的墙纸，表现柔和、舒适的空间感。吊顶结构层次关系明显，注重灯带光的表现，增强视觉空间效果。

5.2 卧室空间模型创建

5.2.1 建模前设置

（1）打开3ds Max软件，首先进行单位设置，如图5-1所示。

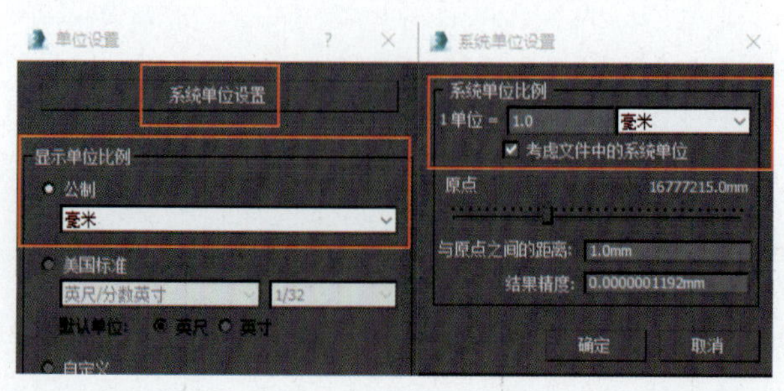

图5-1

（2）在【捕捉】选项卡上右击，在弹出的【栅格和捕捉设置】对话框中进行如图5-2所示的设置。

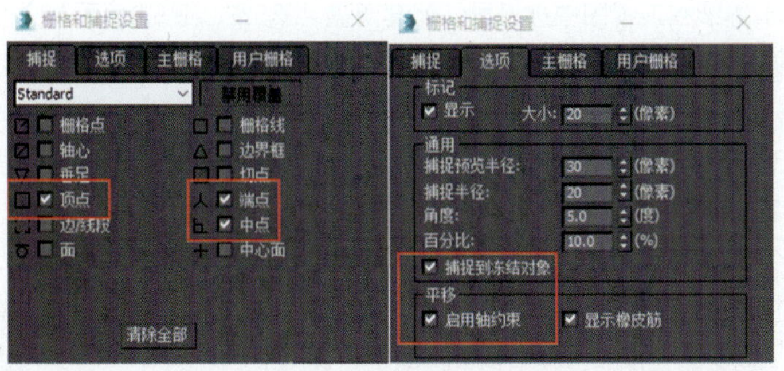

图5-2

（3）在菜单栏执行【自定义】→【首选项】命令，勾选【按方向自动切换窗口/交叉】复选框。

5.2.2 室内空间建模

室内空间建模

1. 导入CAD设计图纸及设置

（1）导入配套网盘“第5章\CAD\1.平面布置”文件。

（2）在顶视图按G键隐藏网格。

（3）在顶视图中框选所有CAD图纸，执行菜单栏【组】→【成组】命令，命名为“平面布置图”。

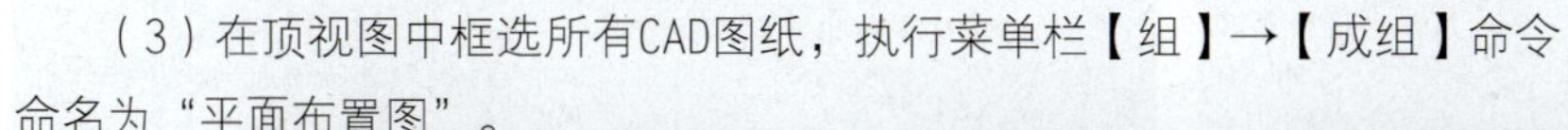

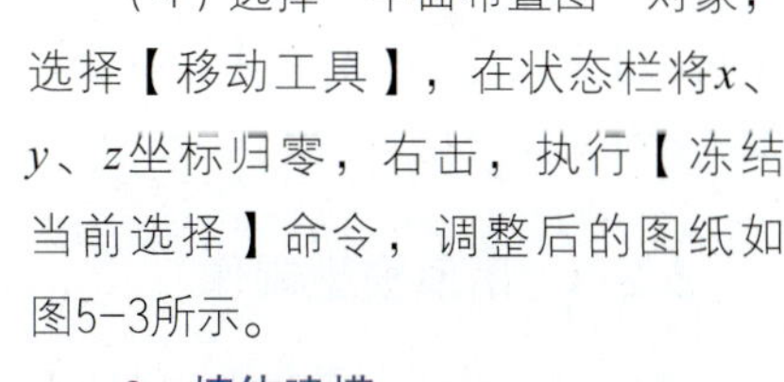

（4）选择“平面布置图”对象，选择【移动工具】，在状态栏将x、y、z坐标归零，右击，执行【冻结当前选择】命令，调整后的图纸如图5-3所示。

2. 墙体建模

（1）执行【创建】面板下的【图形】→【线】命令，在顶视图中沿主卧内侧墙画线，在门窗的位置生成点，画线后的效果如图5-4所示。

（2）对创建的线添加【挤出】修改器，挤出的数量为2 850 mm，得到墙体空间模型，命名为“墙体”，如图5-5所示。

（3）选择“墙体”对象，对其添加【法线】修改器，并在对象上右击，选择【对象属性】，在弹出的对话框中勾选【背面消隐】复选框。将“墙体”对象换化为可编辑多边形，得到的效果如图5-6所示。

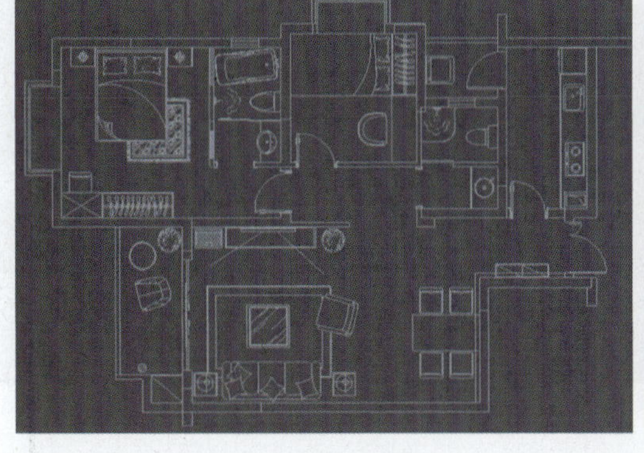

图5-3

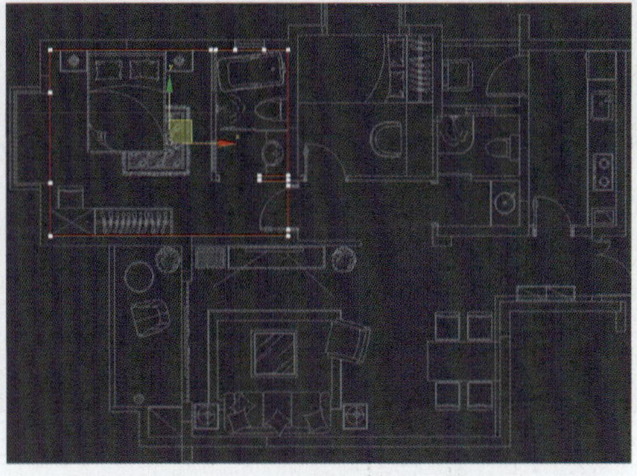

图5-4

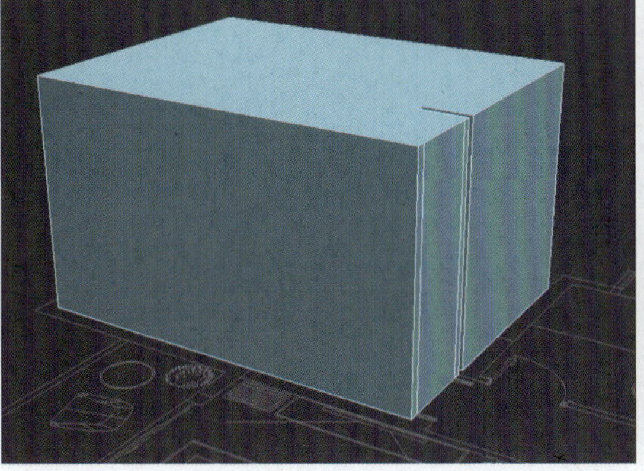

图5-5

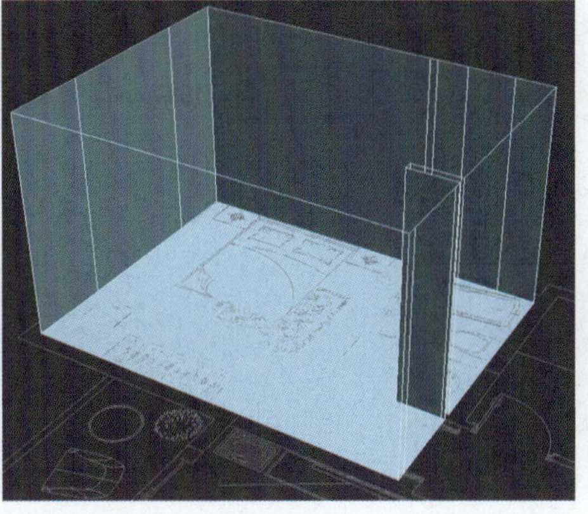

图5-6

（4）在透视图中将显示方式由【真实】改为【明暗处理】，以使后期的操作更为流畅。

5.2.3 吊顶模型制作

本案例的吊顶主要参考设计图纸进行，要求能看懂CAD平立面空间关系，理解并掌握吊顶的空间层次关系及灯带位置关系。

1．导入CAD顶棚图和立面图

（1）为了便于观察对象，先将“平面布置图”对象解除冻结，并隐藏对象。

（2）在顶视图中选择导入配套光盘“第5章\CAD\3.顶棚布置”文件，对导入的顶棚布置图框选并成组，命名为“顶棚图”，按S键开启捕捉，在顶视图中对齐墙体结构关系，右击并执行【冻结当前选择】命令，如图5-7所示。

（3）继续在顶视图中选择导入配套网盘“第5章\CAD\5.B立面”文件，对导入的立面图框选并成组，命名为“B立面”，在顶视图中对齐与墙体之间的结构关系，按A键开启角度捕捉，选择【旋转工具】，沿z、x方向垂直旋转90°，在左视图中对齐上下关系，使之处于立面造型状态，右击并执行【冻结当前选择】命令，如图5-8所示。

2．吊顶模型制作

吊顶模型制作

为了便于观察视图中的模型关系，可以将之前创建的所有模型隐藏，也避免在操作过程中错误移动了位置关系。

（1）框选场景中所创建的对象，右击，执行【隐藏选定对象】命令，隐藏后只留下了“顶棚图”和“B立面”对象，如图5-9所示。

（2）按S键开启【2.5维捕捉】，执行【图形】→【线】命令，在顶视图中参照“顶棚图”对象绘制如图5-10所示的图形，先制作进门位置吊顶。

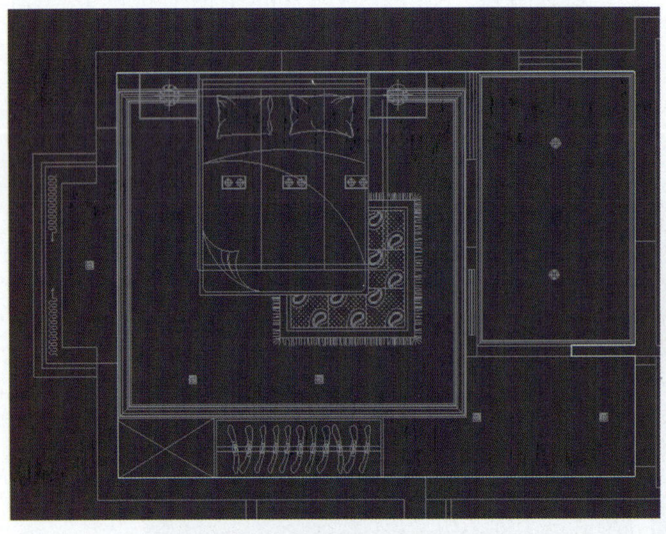
图5-7

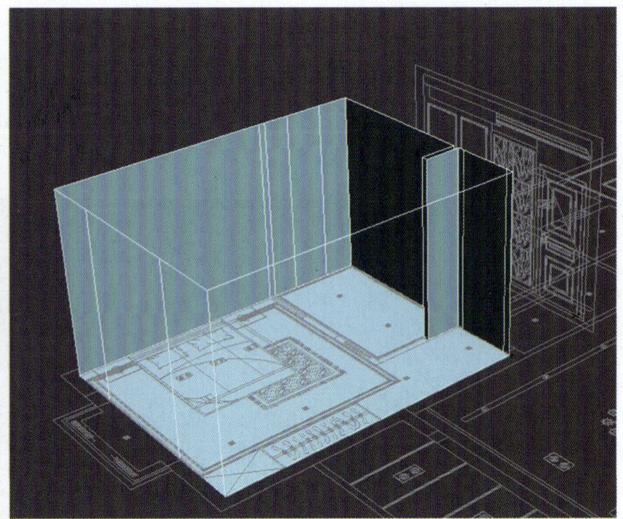
图5-8

图5-9

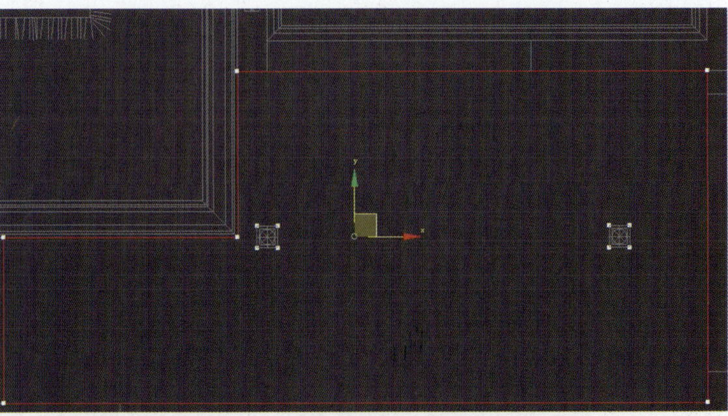
图5-10

（3）对其添加【挤出】修改器，挤出【数量】为450 mm，设置z轴的高度为2 400 mm，对齐到顶棚的位置，命名为“吊顶”，如图5-11所示。

（4）执行【图形】→【线】命令，在左视图中参考“B立面”对象绘制阴角线的剖面，如图5-12所示，继续选择【线工具】在顶视图中参考“顶棚图”对象的位置画出如图5-13所示的图形。对其添加【扫描】修改器，拾取剖面，并调整对齐的方式，得到的效果如图5-14所示。

（5）执行【图形】→【线】命令，在顶视图中参考“顶棚图”对象绘制如图5-15所示的图形，对其添加【挤出】修改器，挤出【数量】为150 mm，设置z轴的高度为2 700 mm，如图5-16所示。

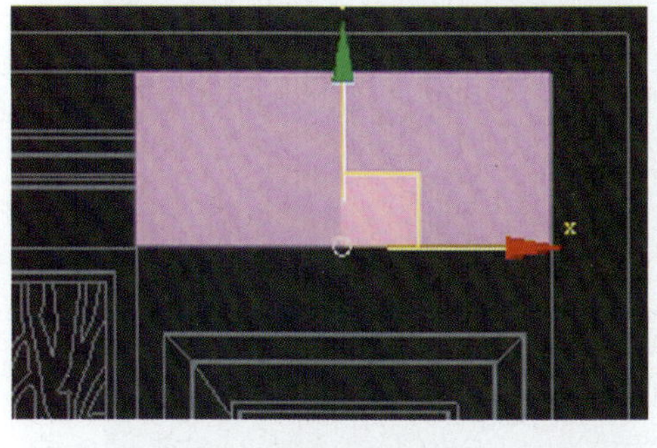

图5-11

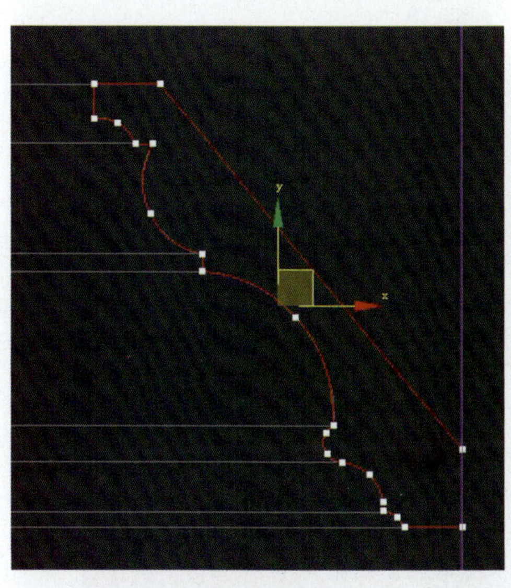

图5-12

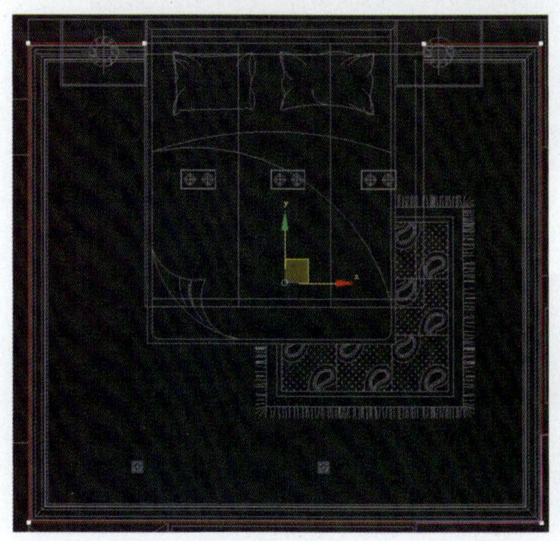

图5-13

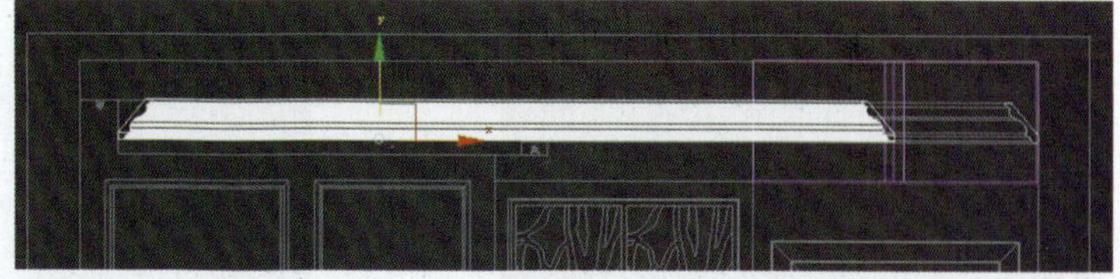

图5-14

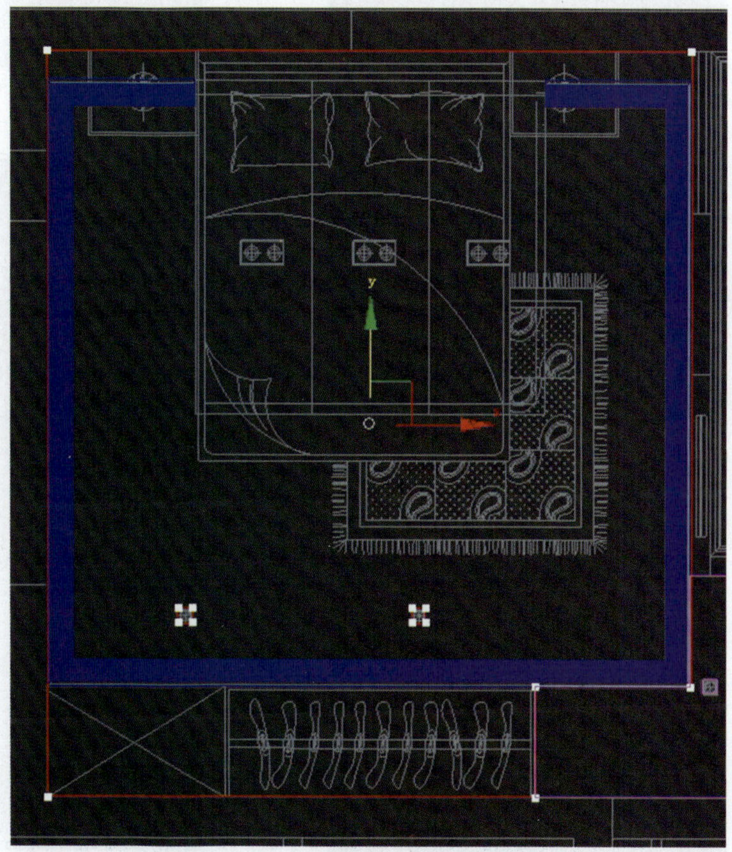

图5-15

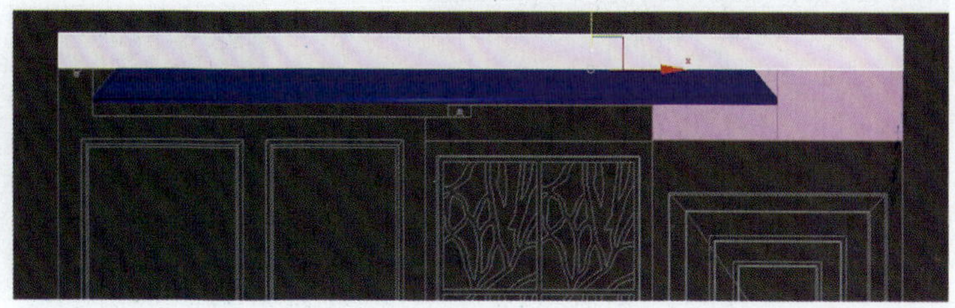

图5-16

（6）执行【图形】→【矩形】命令，在顶视图中参考“顶棚图”对象卫生间吊顶位置画一个矩形，如图5-17所示，对其添加【挤出】修改器，挤出【数量】为450 mm，z轴的高度设置为2 400 mm，调整后得到的空间位置关系如图5-18所示。

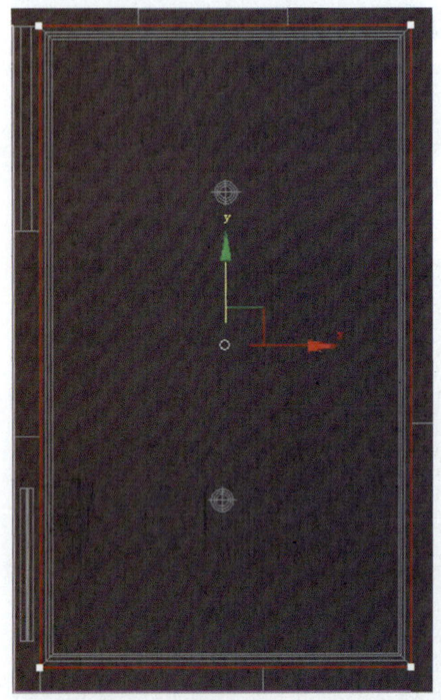

图5-17

图5-18

（7）继续导入“A立面”CAD文件，在顶视图中调整对齐位置关系，并垂直旋转90°，在前视图中对齐上下关系，冻结对象，得到的效果如图5-19所示，参考完成吊顶的制作。

（8）执行【图形】→【矩形】命令，在顶视图中参照“顶棚面”对象绘制吊顶的中间部分造型，如图5-20所示。对其添加【挤出】修改器，挤出【数值】为50 mm，Z轴的高度设置为2 500 mm，调整后得到的空间位置关系如图5-21所示。

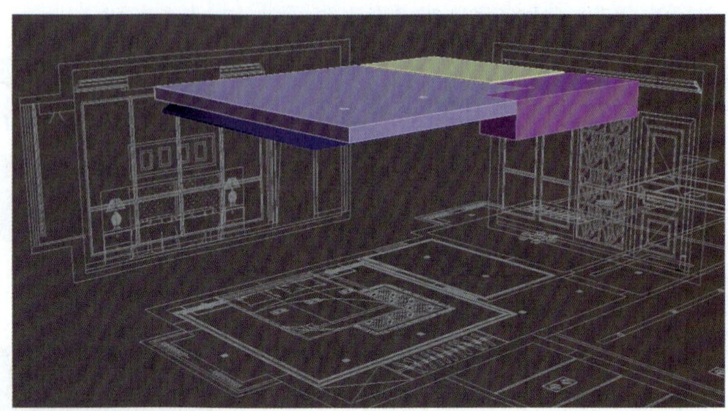

图5-19

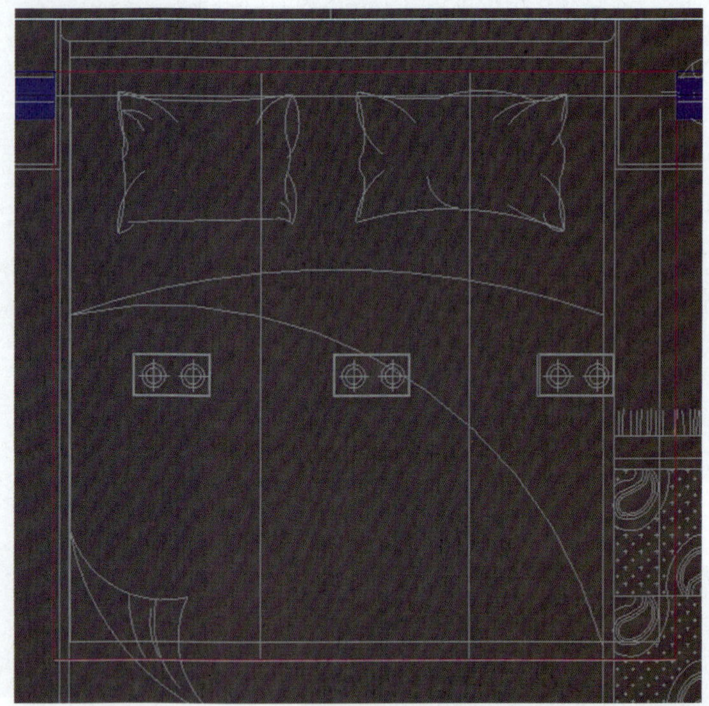

图5-20

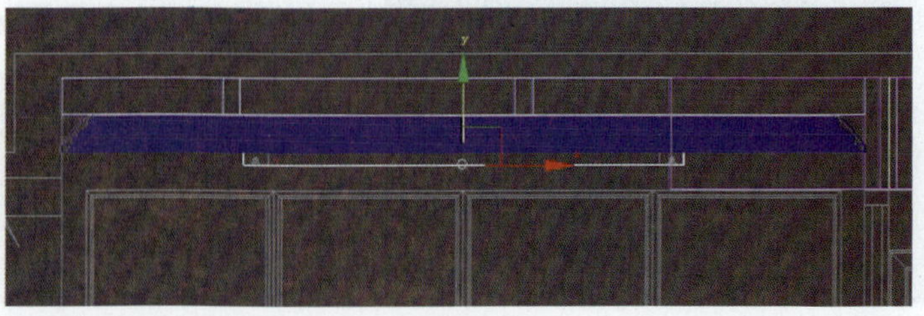

图5-21

（9）将对象转换为可编辑多边形，选择【多边形】层级，选择【编辑多边形】卷展栏下的【插入】命令，设置【插入】值为50 mm，如图5-22所示。单击【确定】按钮后对插入的面继续添加【挤出】命令，挤出高度为-30 mm，如图5-23所示。继续执行【插入】命令，再次插入50 mm，如图5-24所示，单击【确定】按钮后对插入的面继续执行【挤出】命令，挤出值为180 mm，如图5-25所示。

（10）选择【边】层级，选择下端上下的两条边，单击【连接】按钮，连接两条边，如图5-26所示。确定后单击【挤出】按钮右边的设置通道按钮，对边进行挤出，高度值为-10 mm，宽度值为3 mm，如图5-27所示。

（11）执行【图形】→【矩形】命令，在顶视图中绘制如图5-28所示的形状，对其添加【挤出】修改器，挤出【数量】为80 mm。将它和中间的造型一起孤立选择，在前视图中调整位置关系如图5-29所示。选择中间造型对象，选择【创建】面板下的【复合对象】选项，如图5-30所示。在弹出的对话框中选择【ProBoolean】，如图5-31所示，执行【开始拾取】命令，拾取所创建的三个矩形，进行布尔运算，得到的结果如图5-32所示。

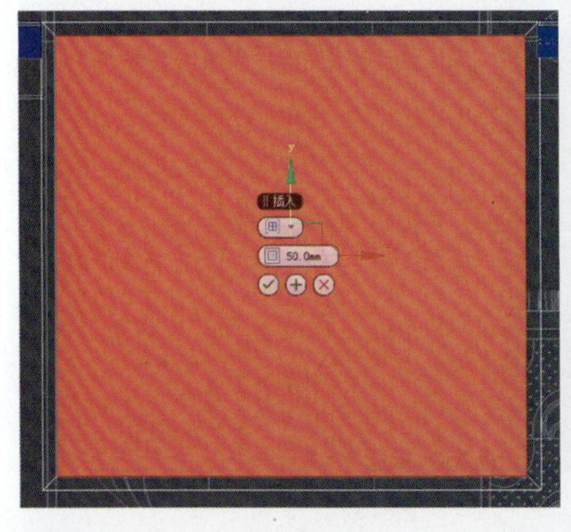

图5-22

图5-23

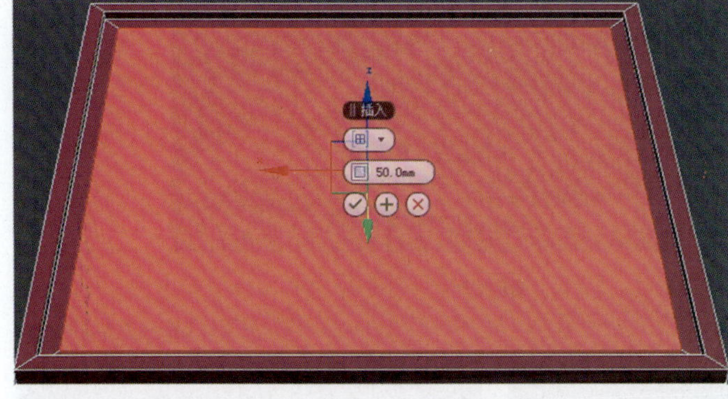

图5-24

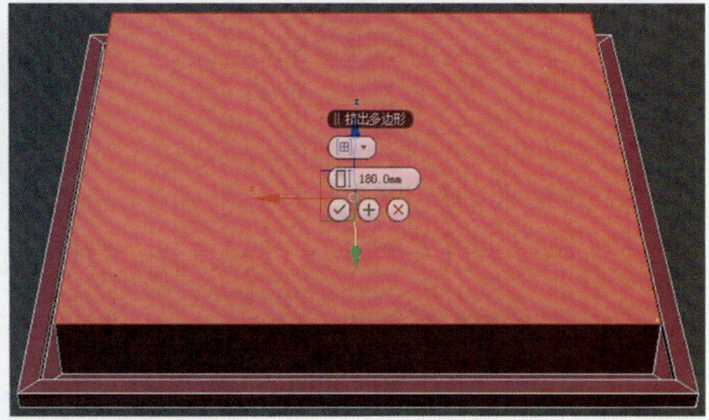

图5-25

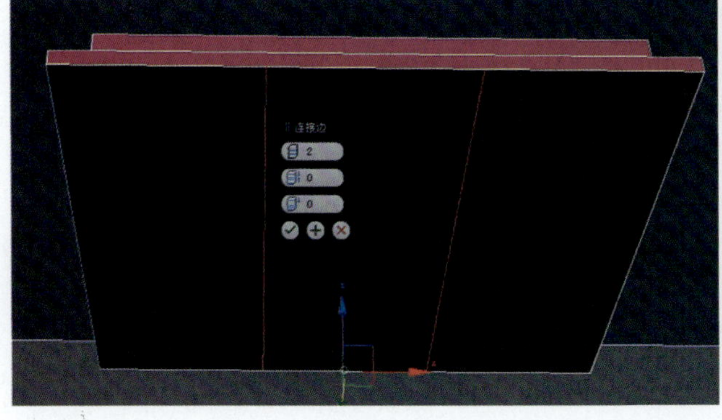

图5-26

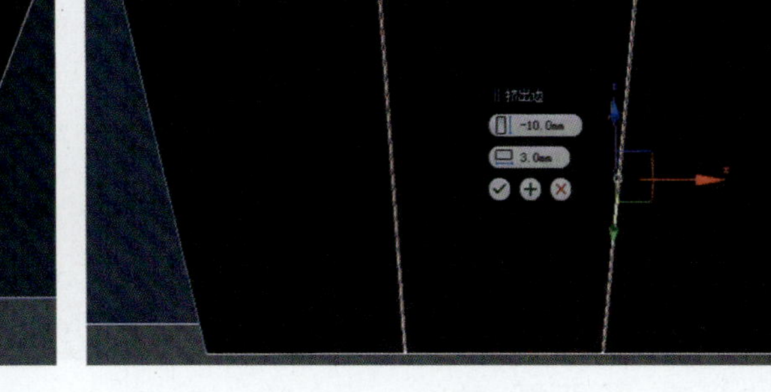

图5-27

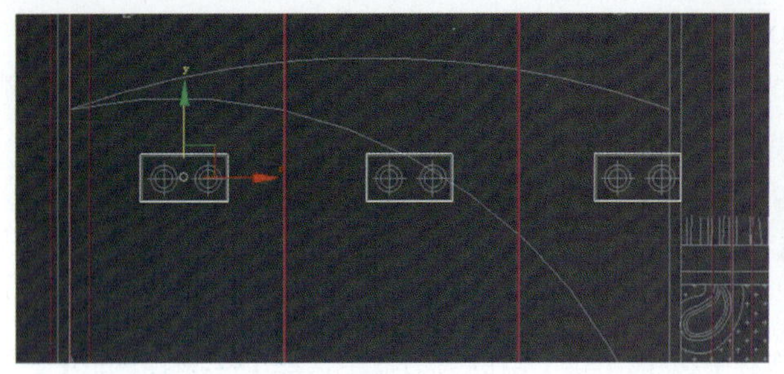

图5-28

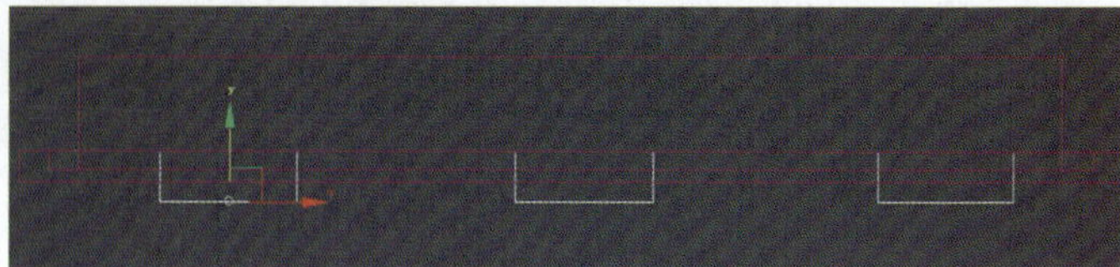

图5-29

图5-30

图5-31

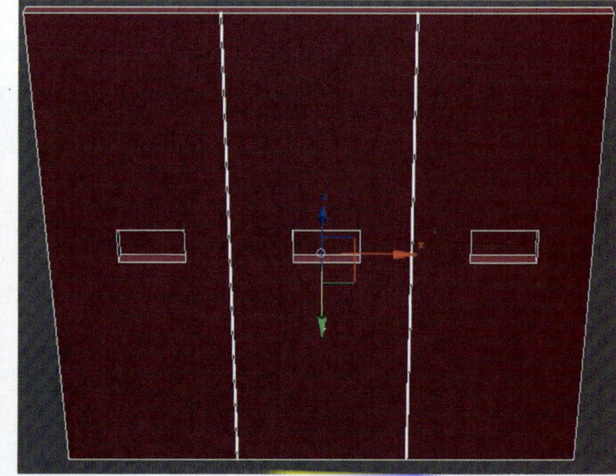

图5-32

（12）调整完成后的吊顶造型如图5-33所示，将对象成组，命名为“吊顶”。将“顶棚图”对象解除冻结并删除，将“平面布置图”CAD文件取消隐藏并冻结。

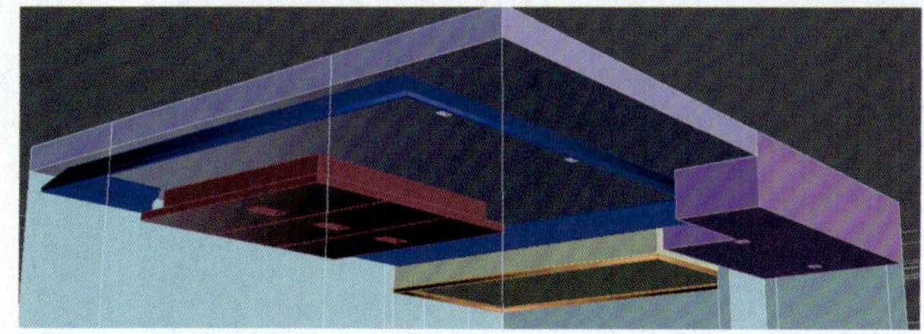

图5-33

5.2.4 墙面造型建模

1. B立面造型建模

（1）为便于观察，先隐藏“吊顶”和“墙体”对象，执行【图形】→【矩形】命令，在左视图中参考“B立面”对象，画出如图5-34所示的造型线，添加【挤出】修改器，挤出【数量】为100 mm，参考“平面布置图”对象的位置对齐，如图5-35所示。

（2）执行【几何体】→【平面】命令，参考“B立面”对象，在左视图中创建一个平面，如

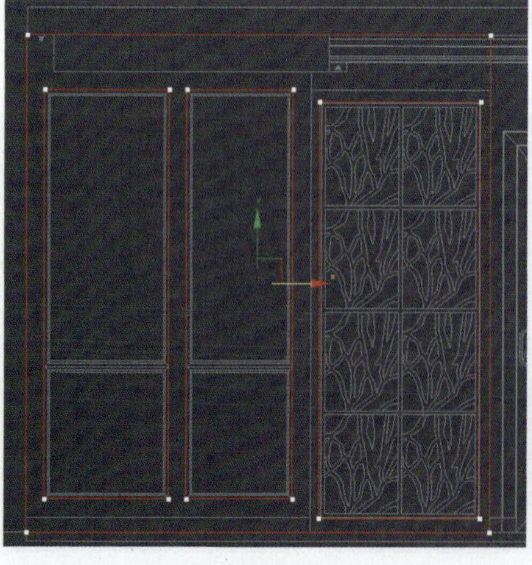

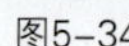

图5-34

图5-35

图5-36所示。将对象转换为可编辑多边形，选择【边】层级，调整位置和CAD图纸位置重叠，选择【多边形】层级，选择上下的面，单击【挤出】按钮右边的设置通道按钮，挤出40 mm，如图5-37所示。

（3）单击【插入】按钮右边的设置通道按钮，【插入】值为20 mm，类型设置为【按多边形】，得到的效果如图5-38所示。对插入的面继续单击【倒角】按钮右边的设置通道按钮，【高度】设置为-10 mm，【轮廓】为-10 mm，如图5-39所示。单击中间的“+”按钮，将【高度】改为-30 mm，【轮廓】改为0（相当于再挤出-30 mm），如图5-40所示（在模型制作中，有时为了增加细节，可以考虑选择中间那条边向内挤出，增加接缝效果）。

（4）在继续选中挤出面的情况下，执行【分离】命令，命名为“玻璃”，选中“玻璃”对象添加【壳】修改器，【外部量】设置为10 mm，并指定另一种颜色以区别显示，如图5-41所示。选择边框和玻璃，移动复制一个副本，将复制的副本塌陷为一个对象，生成【可编辑网格】物体，选择【点】层级，移动点的位置对齐CAD参考图位置，效果如图5-42所示。

（5）执行【图形】→【矩形】命令，在左视图参考“B立面”对象绘制矩形，并转换为可编辑样条线，选择【样条线】层级，执行【轮廓】命令，【轮廓】值为5 mm，并单独调整左侧上下点对齐CAD参考图，如图5-43所示。

B立面造型建模（一）

B立面造型建模（二）

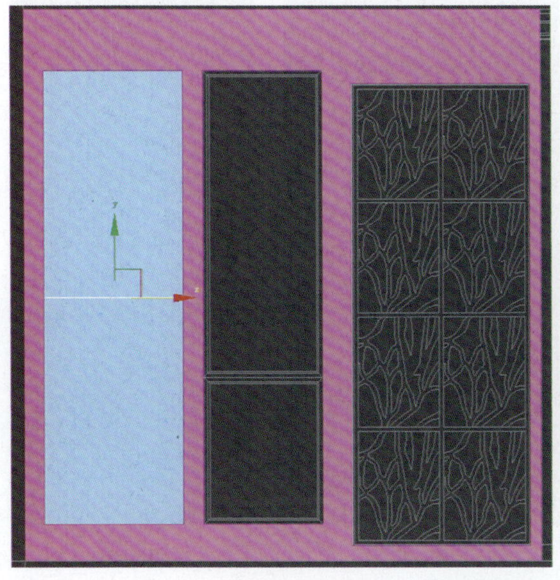
图5-36

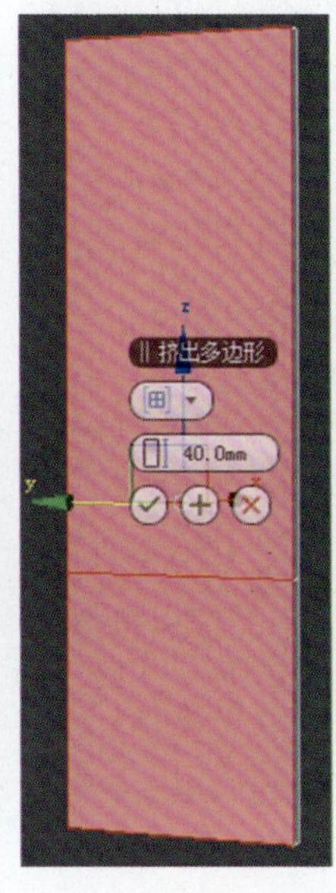

图5-37

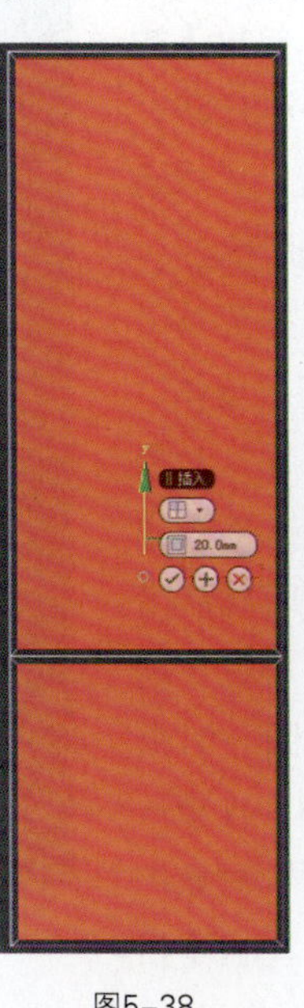

图5-38

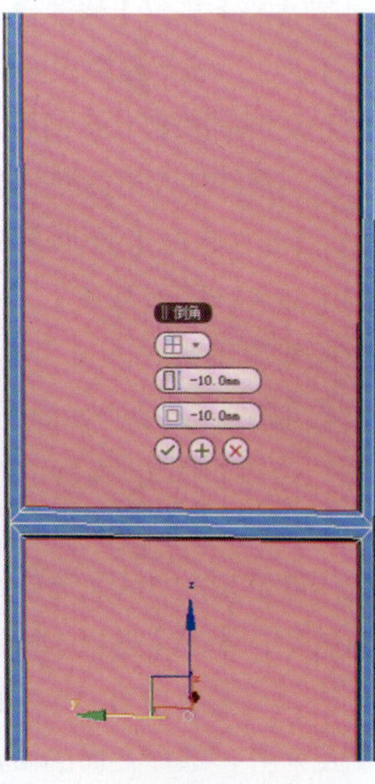

图5-39

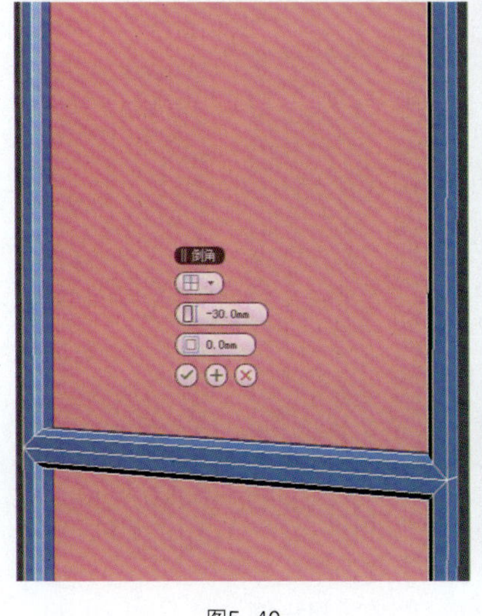

图5-40

图5-41

图5-42

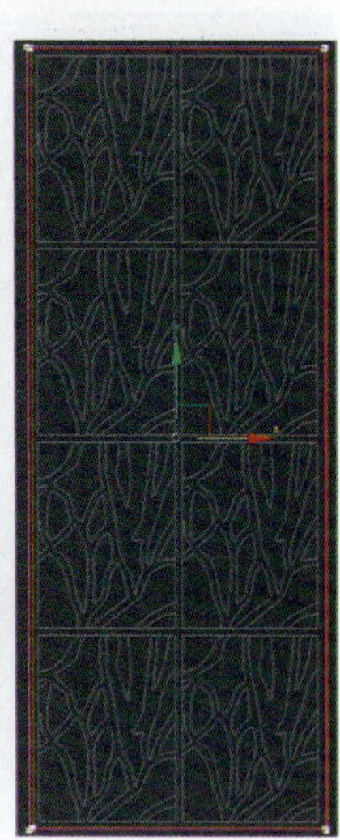
图5-43

（6）对其添加【挤出】修改器，挤出【数量】为50 mm，并在顶视图中对齐位置，如图5-44所示。执行【矩形】命令，画出如图5-45所示的图形，并添加【挤出】修改器，挤出【数量】为20 mm，效果如图5-46所示（注意开始第一个矩形后要取消勾选【开始新图形】复选框，如果所画的图形不是一个对象，一定要附加在一起才能添加【挤出】修改器）。

（7）执行【图形】→【线】命令，参考CAD文件画出内部造型，注意图形的构成关系，如图5-47所示。对其添加【挤出】修改器，挤出【数量】为10 mm，效果如图5-48所示，依次复制对齐到其余的位置，并成组对象，最终的效果如图5-49所示。

（8）选择【显示】快捷菜单下的【按名称取消隐藏】，将“墙体”对象显示出来，参考“B立面”对象门的高度，将墙体上的门连接挤出来，效果如图5-50所示。同样参考“A立面”对象门的位置，将卫生间的门做出来，方法为选择如图5-51所示的边，单击【连接】按钮，连接一条边，调整高度和“A立面”对象门高度对齐，选择上面的面，单击【挤出】按钮右边的设置通道按钮，挤出840 mm，如图5-52所示，再单击【+】按钮，输入60 mm，选择下端的面，向下挤出2 090 mm，得到的效果如图5-53所示。卫生间的内部隔断在镜头中基本看不出来，可以忽略不做。

2．创建A立面墙造型

创建A立面墙造型

（1）执行【几何体】→【平面】命令，按S键开启捕捉，在前视图中参考“A立面”对象绘制平面，设置【长度分段】为2，如图5-54所示。将对象转换为可编辑多边形，选择【边】层级，调整位置和CAD图纸位置重叠，选择【多边形】层级，选择上下的面，单击【挤出】按钮右边的设置通道按钮，挤出20 mm，如图5-55所示。

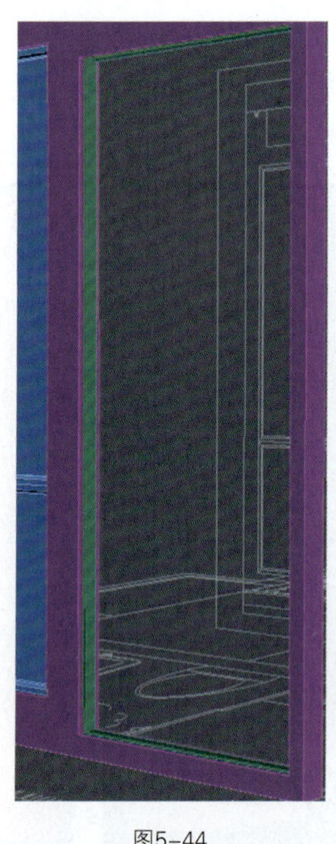
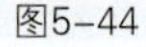
图5-44

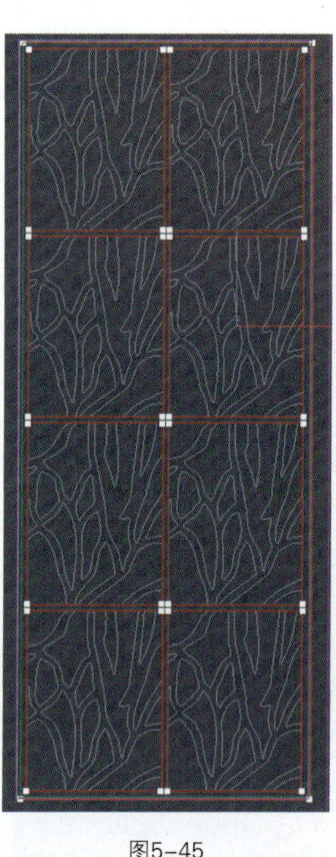
图5-45

图5-46

图5-47

图5-48

图5-49

（2）单击【插入】按钮右边的设置通道按钮，【插入】值为20 mm，类型设置为【按多边形】，得到的效果如图5-56所示，对插入的面继续单击【倒角】按钮右边的设置通道按钮，【高度】设置为-10 mm，【轮廓】设置为-10 mm，如图5-57所示。单击中间的【+】按钮，将【高度】改为-5 mm，【轮廓】改为0（相当于再挤出-5 mm），如图5-58所示。

（3）选择中间的边，单击【挤出】按钮右边的设置通道按钮，高度设置为-5 mm，宽度为3 mm，如图5-59所示。选择如图5-60所示的循环边（选择的时候可以上下各选一条边，然后执行【选择】卷展栏下的【循环】命令，可以实现选中整个循环线上的边），单击【切角】按钮右边的设置通道按钮，【边切角量】设置为5 mm，效果如图5-61所示。

（4）选择对象，参考“A立面”对象【实例】复制3个，并对齐地面铺装图位置，得到的效果如图5-62所示，将“A立面”和“B立面”对象解除冻结并删除。

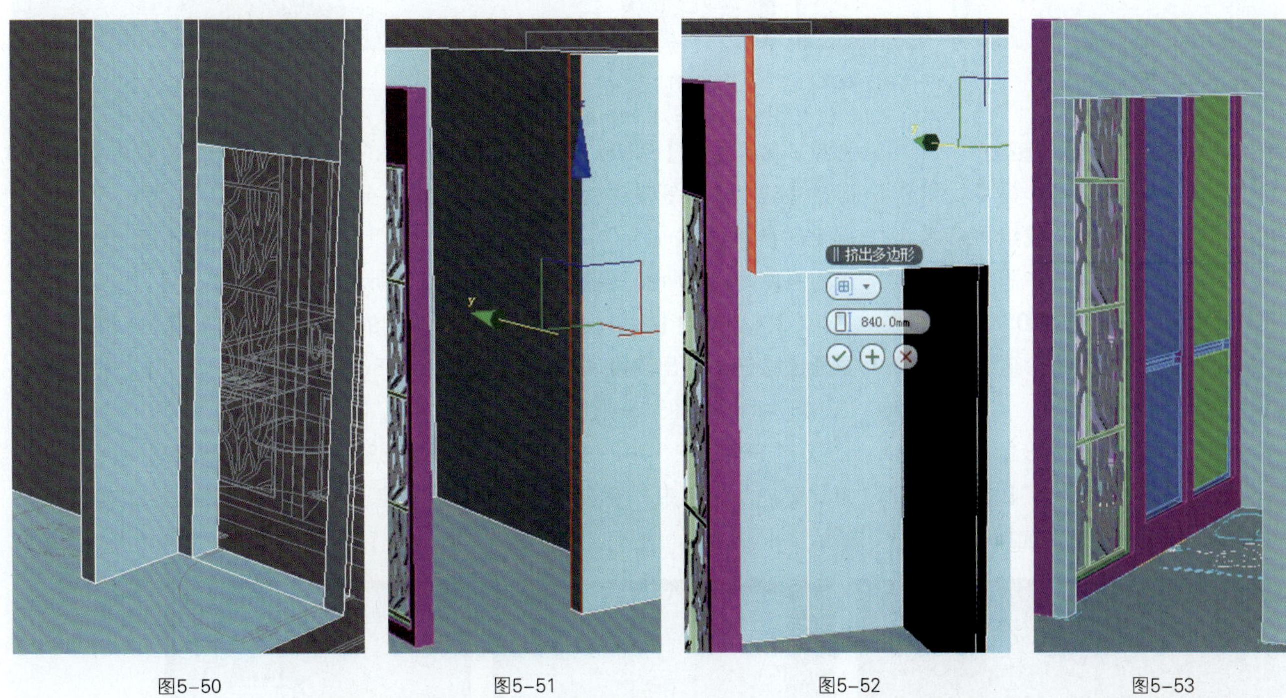

图5-50 图5-51 图5-52 图5-53

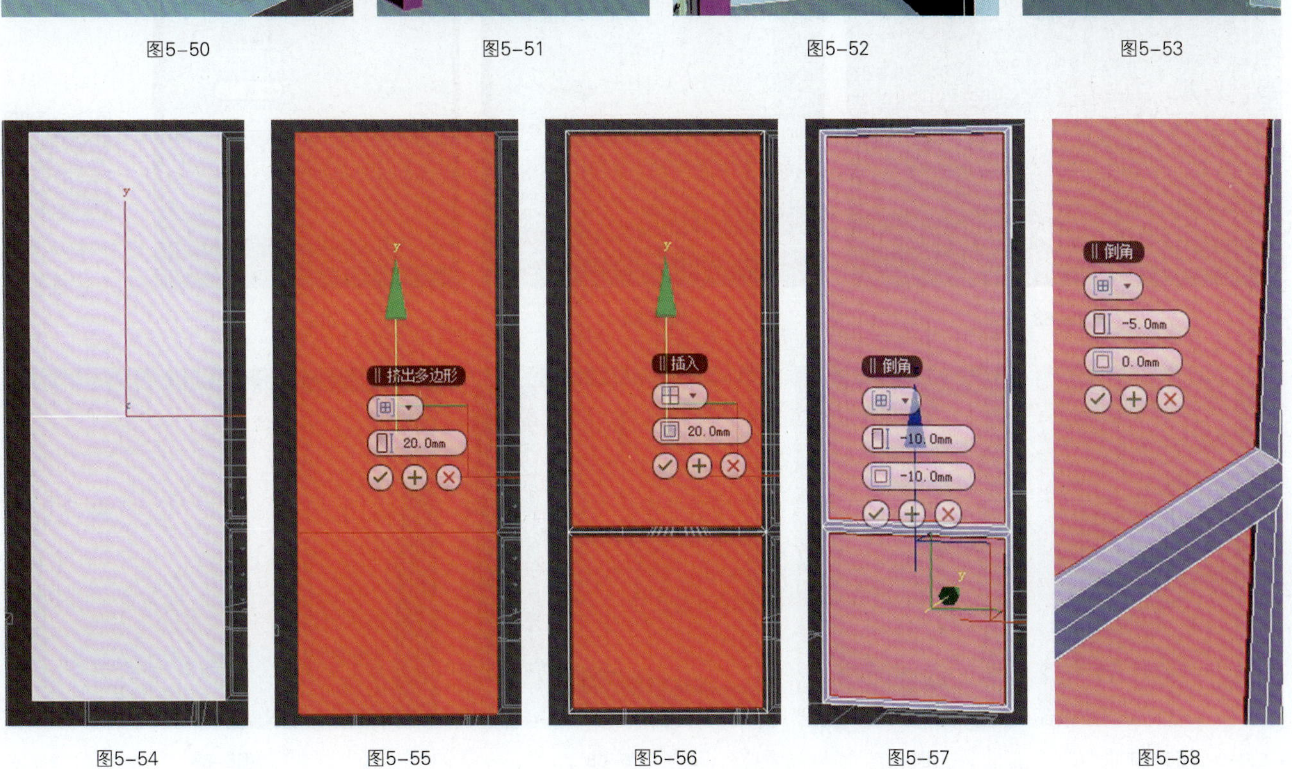

图5-54 图5-55 图5-56 图5-57 图5-58

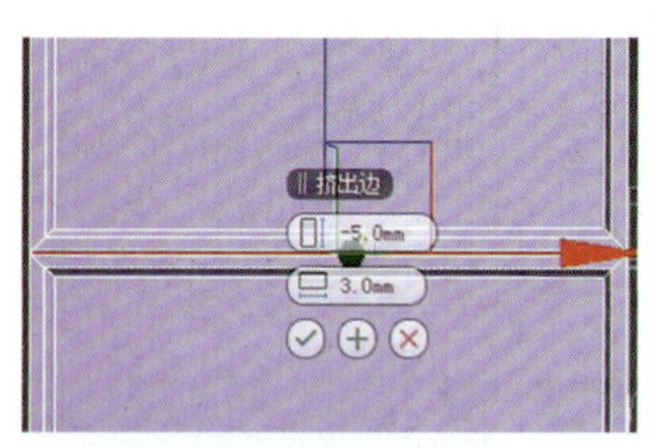

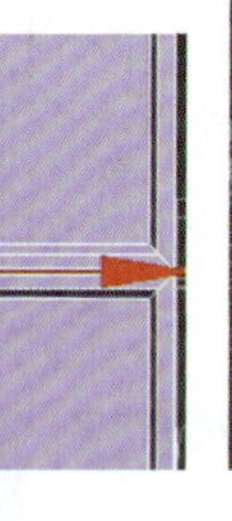

图5-59

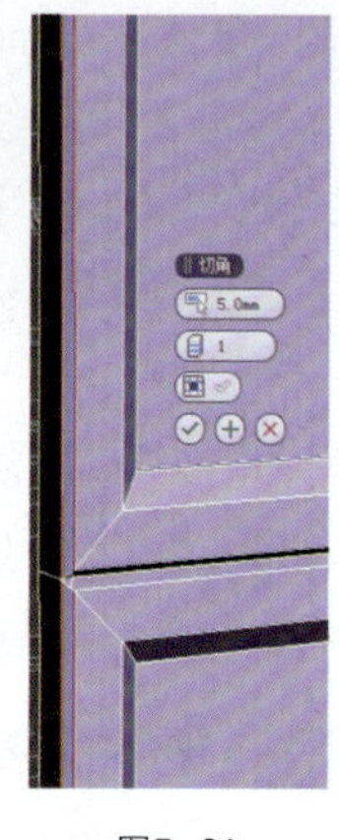

图5-60　图5-61

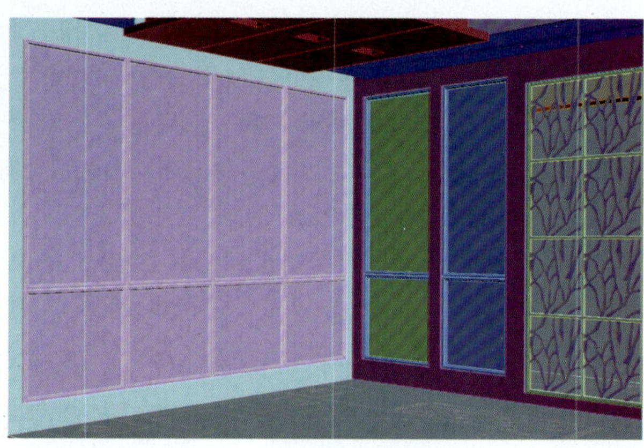

图5-62

3. 创建D立面窗户造型

（1）执行【导入】命令，导入"D立面"CAD文件，成组并命名为"D立面"，在顶视图中移动旋转对齐墙体关系，垂直旋转90°，在左视图中对齐上下关系后冻结对象，如图5-63所示。

（2）隐藏A立面和B立面上的造型，只保留"墙体""D立面"和"平面布置图"对象，选择"墙体"对象，选择【边】层级，选择如图5-64所示的两条边，单击【编辑边】卷展栏下的【连接】按钮右边的设置通道按钮，【分段】设置为2，如图5-65所示，确定后参考"D立面"CAD图纸位置调整边的上下关系，下边的高度为500 mm，上边高度为2 300 mm，调整后效果如图5-66所示。

（3）切换到【多边形】层级，选择中间的面，单击【挤出】按钮右边的设置通道按钮，挤出高度-200 mm，效果如图5-67所示。单击【+】按钮，再挤出-480 mm，如图5-68所示。

（4）选中左、中、右三个面，如图5-69所示，执行【分离】命令，命名为"窗户"，选中"窗户"对象并另外指定一种颜色以区别显示，如图5-70所示。

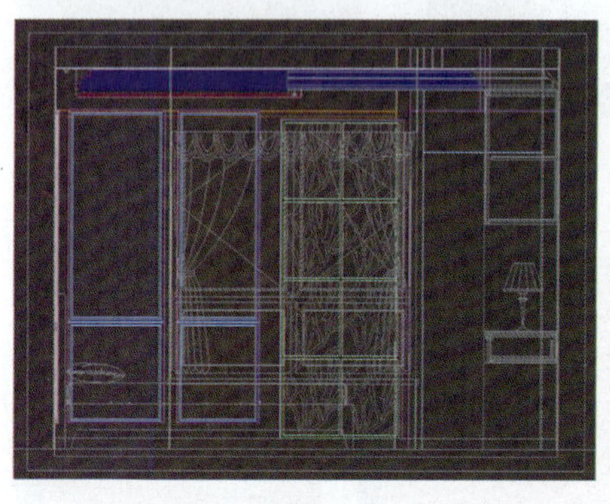

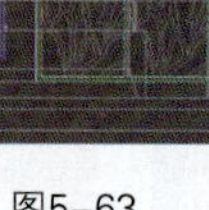

图5-63

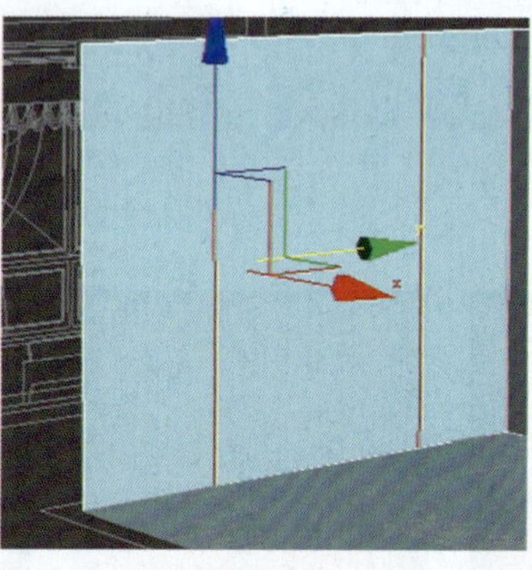

图5-64

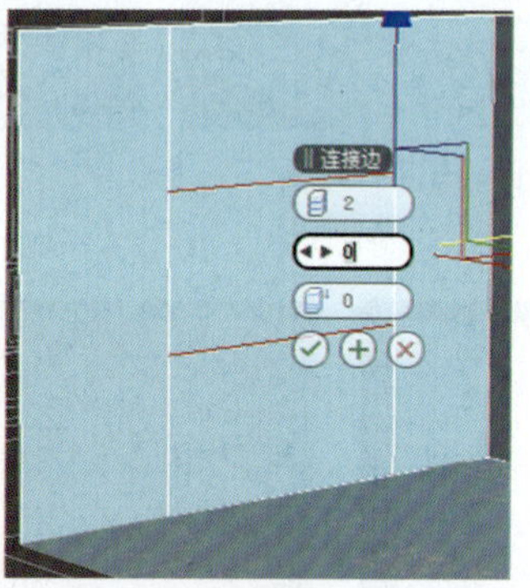

图5-65

创建D立面窗户造型

图5-66

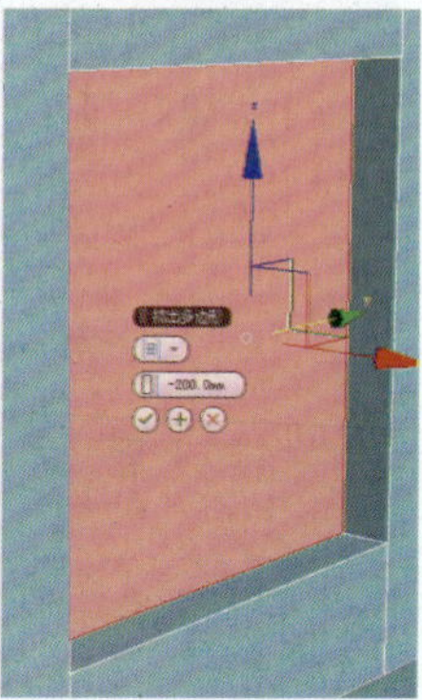

图5-67

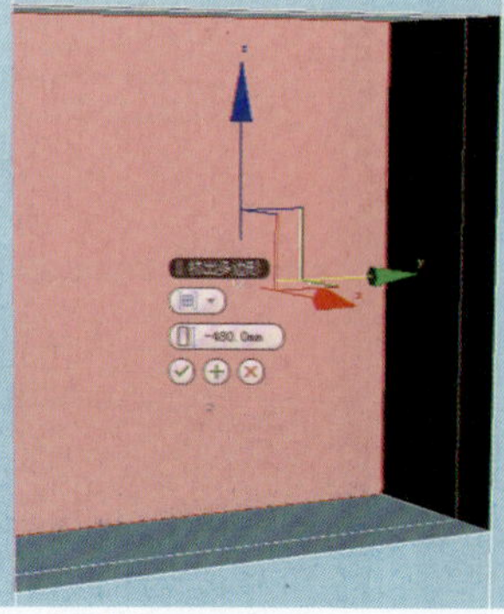

图5-68

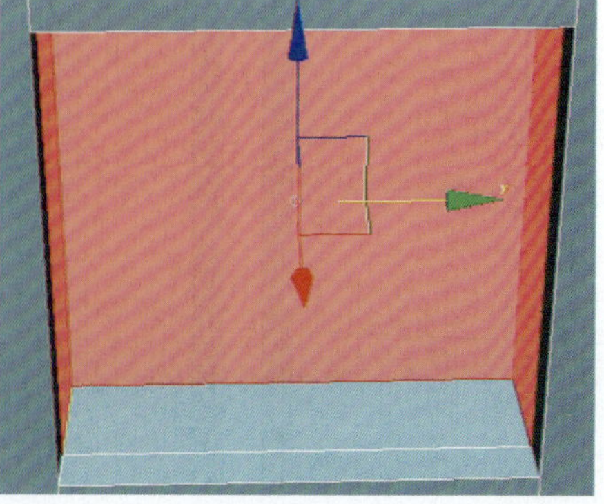

图5-69

（5）选择窗户对象的【多边形】层级，框选三个面，单击【插入】按钮右边的设置通道按钮，数量为40 mm，类型改为【按多边形】，效果如图5-71所示。在如图5-72所示的位置连接一条边。

（6）将左视图切换到右视图，便于观察模型的边线，执行【编辑几何体】卷展栏下的【切割】命令，在右视图中参考“D立面”对象切出如图5-73所示的线。选择图5-74所示的面，单击【挤出】按钮右边的设置通道按钮，挤出高度为-20 mm，效果如图5-75所示。

（7）选择【边】层级，选中上下的边，连接一条边，如图5-76所示。切换到【多边形】层级，选择图5-77所示的面并单击【插入】按钮右边的设置通道按钮，数量为50 mm。继续单击【挤出】按钮右边的设置通道按钮，高度为-20 mm，如图5-78所示。并将挤出的面【分离】，命名为“玻璃”，另外指定一种颜色以区别显示。

（8）选择“窗户”对象【边】层级，选中窗户中间的边，单击【挤出】按钮右边的设置通道按钮，高度为-10mm，宽度为3mm，得到的效果如图5-79所示。

图5-70

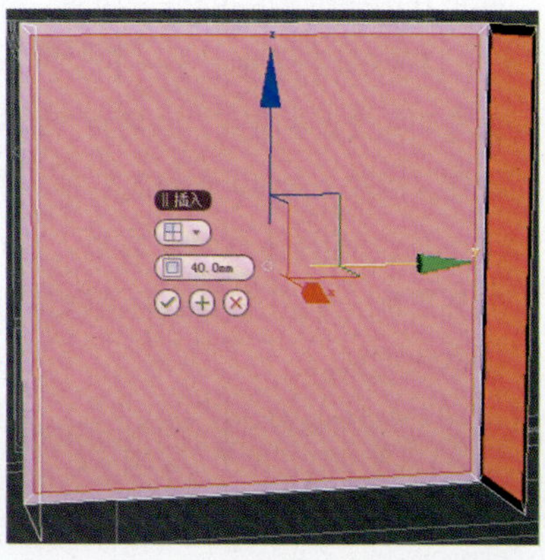

图5-71

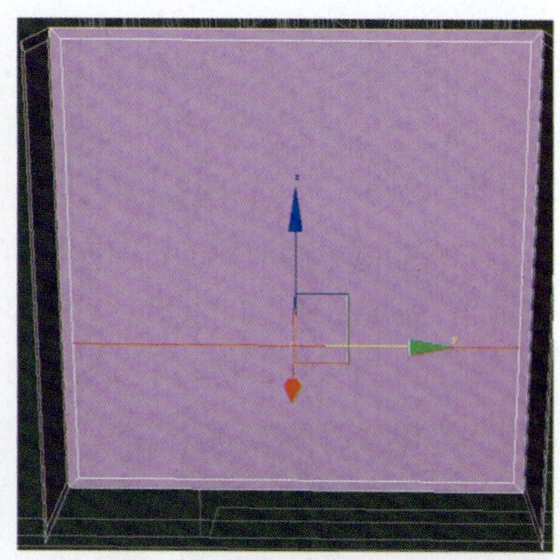

图5-72

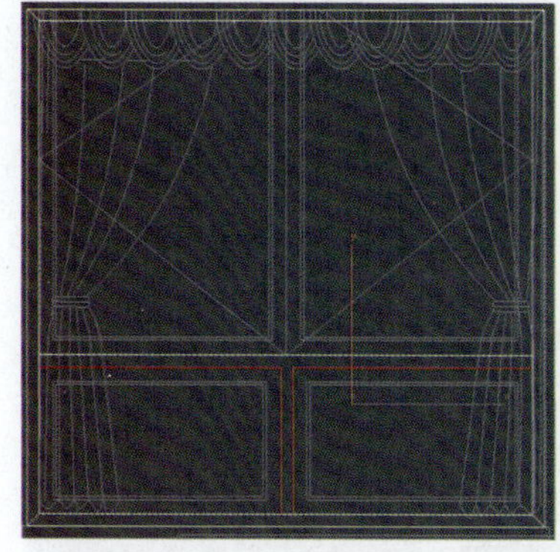

图5-73

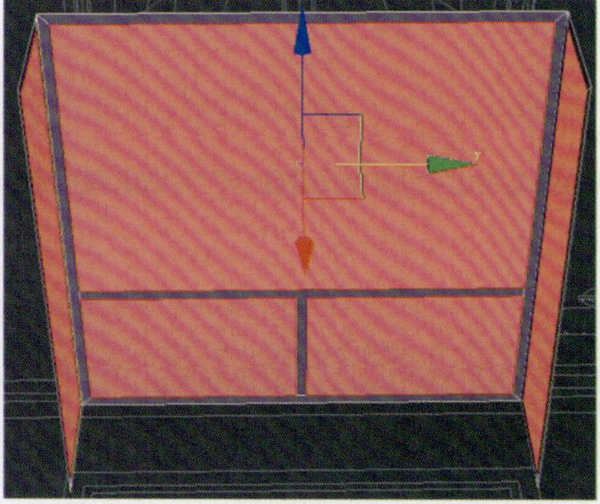

图5-74

图5-75

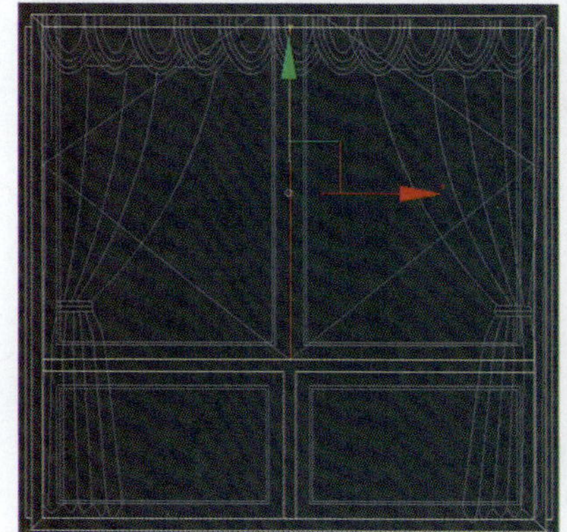

图5-76

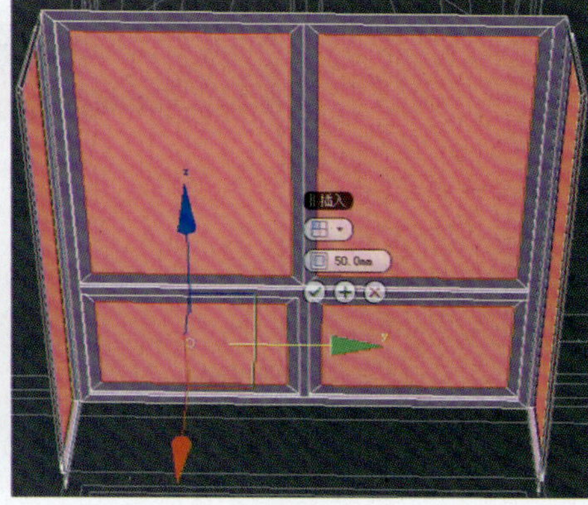

图5-77

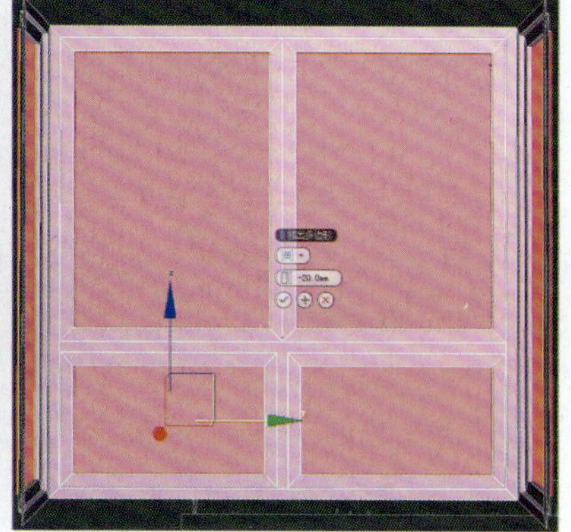

图5-78

图5-79

（9）制作窗台板，执行【图形】→【矩形】命令，在顶视图中参考平面图窗户的位置画一个矩形，并转换为可编辑样条线，将右侧的边向右移动20 mm，效果如图5-80所示。对其添加【挤出】修改器，挤出【数量】为40 mm，在右视图中调整对齐到窗台的位置，命名为“窗台”，如图5-81所示。

（10）将“窗台”对象转换为可编辑多边形，选择【点】层级，在右视图中移动点的位置对齐CAD参考图，如图5-82所示。

（11）选择“窗台”对象【边】层级，选择台面的边线，单击【切角】设置通道按钮，【边切角量】为10 mm，如图5-83所示。

5.2.5 创建踢脚线

创建踢脚线

（1）执行【图形】→【矩形】命令，在视图中创建一个长75 mm、宽10 mm的矩形，将对象转换为可编辑样条线，添加点调整形状得到如图5-84所示效果，作为踢脚线剖面。

（2）执行【图形】→【线】命令，在顶视图中参考“平面布置图”对象画线，并在门的位置生成点，命名为“踢脚线”，删除门位置线段。对其添加【扫描】修改器，拾取上一步所创建的剖面，并调整对齐方式，得到的效果如图5-85所示。

（3）选择【显示】面板，执行【按点击解冻】命令，将“D立面”对象解冻并删除，选择【全部取消隐藏】，得到的效果如图5-86所示，至此，空间模型制作完成。

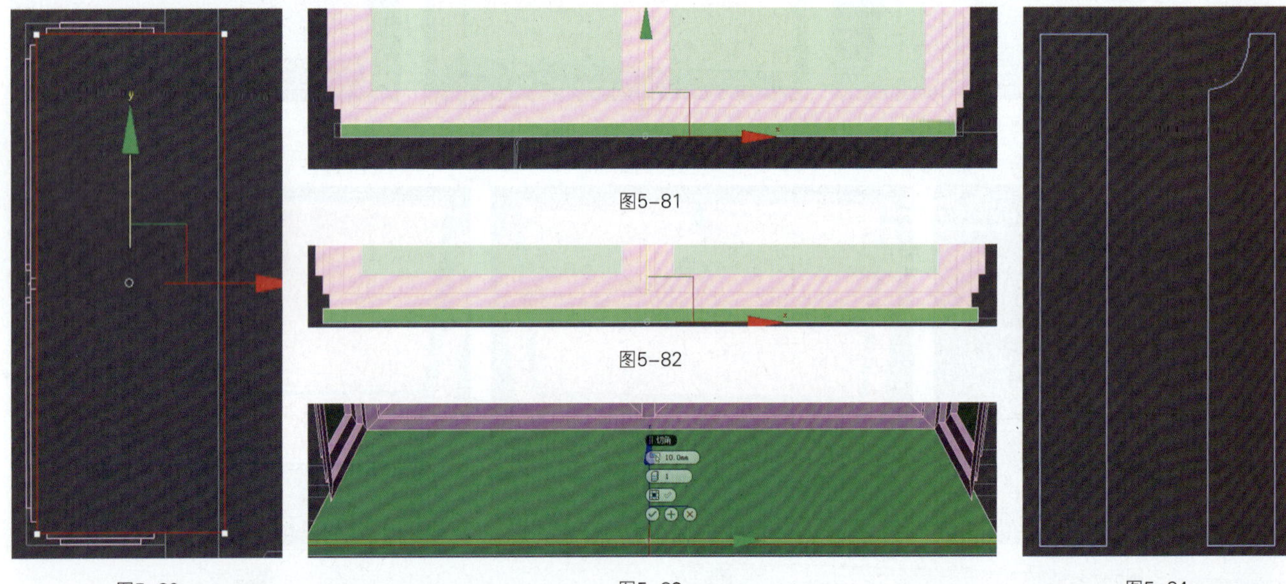
图5-81

图5-82

图5-80　图5-83　图5-84

图5-85

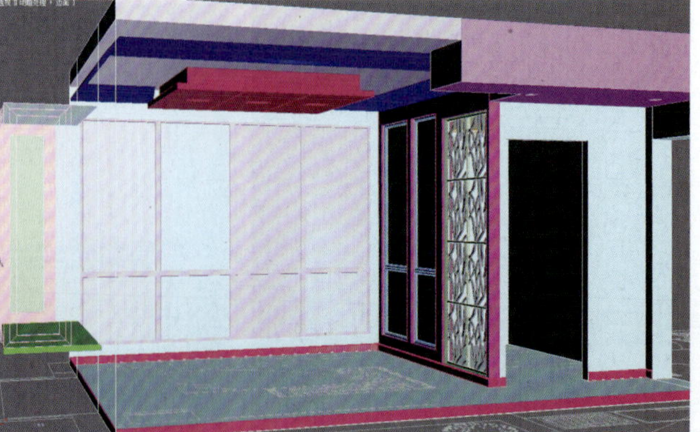
图5-86

5.3 整理及合并家具模型

为了方便模型材质表现，需要将“墙体”对象顶、墙、地面、卫生间分离成不同的对象。

5.3.1 模型整理

（1）分离顶面。选择“墙体”对象，按Alt+Q组合键孤立对象，选择【多边形】层级，选择墙体对象的顶面，执行【分离】命令，命名为“屋顶”，并指定另一个颜色以区别显示。同样的方法分离出地面，命名为“地面”，将卫生间的墙面也分离出来，并参考平面位置挤出一个窗户，方法同前面制作飘窗一样，这里不再多做叙述，分离后效果如图5-87所示。

（2）将“地面”和“平面布置图”对象单独孤立选择，选择“地面”对象，执行【编辑几何体】卷展栏下的【切割】命令，开启【2.5维捕捉】，在顶视图中切出如图5-88所示的边。选择【多边形】层级，选中卫生间的面，执行【分离】命令，命名为“卫生间地面”，指定另一个颜色以区别显示，如图5-89所示。

5.3.2 合并家具模型

选择配套网盘“第5章\Max\调用模型”文件，依次将家具模型合并到场景中，效果如图5-90所示。合并完成家具模型之后，右击，执行【全部解冻】命令，将“平面布置图”对象删除。

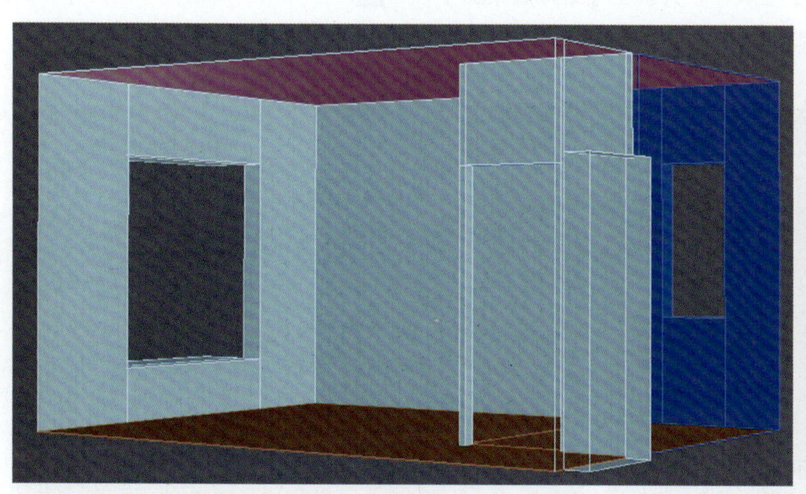

图5-87

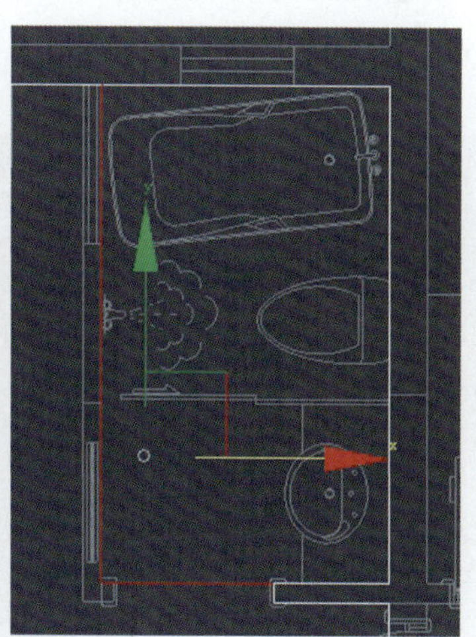

图5-88

模型整理

合并家具模型

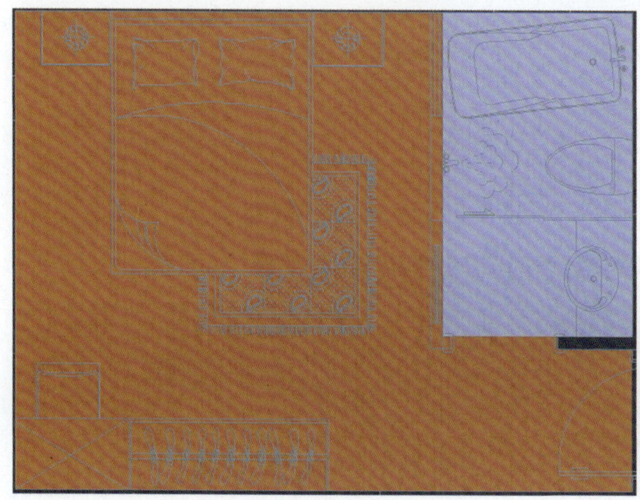

图5-89

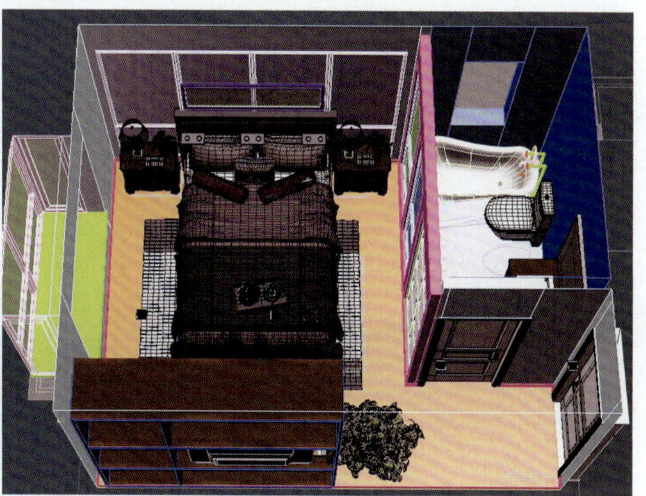

图5-90

5.4 创建摄影机

摄影机的相关知识已经在前面的章节中进行了讲述，本节将不再细说。

（1）选择【摄影机】，在顶视图中如图5-91所示的位置创建一个摄影机。

（2）选择【摄影机】，将【镜头】设置为24 mm，执行【手动剪切】命令，【近距剪切】值为1 550 mm，【远距剪切】值为7 000 mm。设置【摄影机】的z轴高度为1 100 mm，选择摄影机的目标点，高度也设置为1 100 mm，调整后的摄影机显示范围如图5-92所示。

（3）在透视图中按C键，切换到摄影机视图，并在摄影机视图按Shift+F组合键显示可渲染范围，正确显示场景，最终显示的效果如图5-93所示。

5.5 赋予场景材质

这里只讲解场景中顶棚、地面、墙面、墙面造型、隔断、玻璃的VRay材质，在设置材质之前，需要将渲染器设置为VRay渲染器。

5.5.1 设置VRay渲染器

按F10键，打开【渲染设置】对话框，在【公用】选项卡中展开【指定渲染器】卷展栏，并单击【选择渲染器】按钮■，在弹出的对话框中选择【VRay Adv 3.60.03】，如图5-94所示。

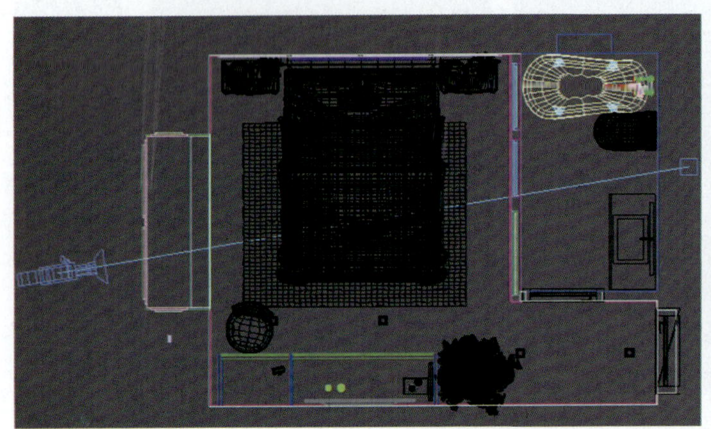

图5-91

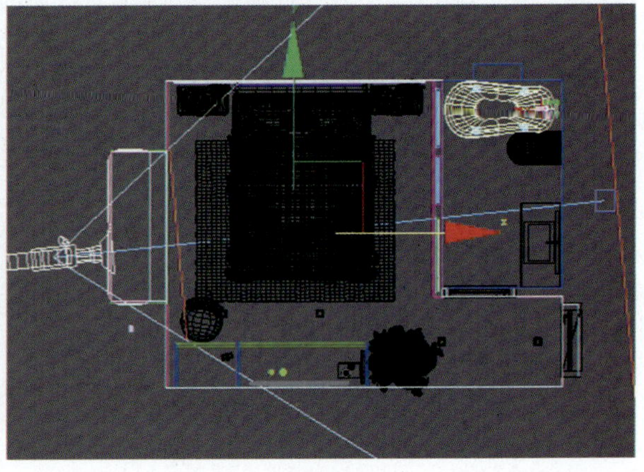

图5-92

图5-93

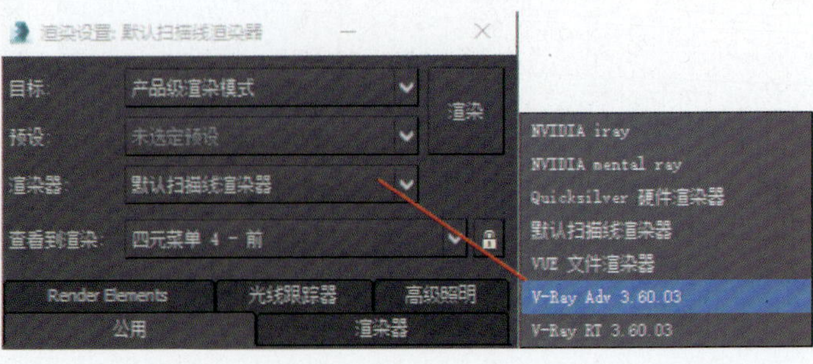

图5-94

5.5.2 指定VRay材质

为便于观察，将场景中家具模型隐藏，以便于操作，隐藏家具模型后的效果如图5-95所示。

图5-95

1. 白色乳胶漆材质

（1）选择吊顶及原始顶棚，并按Alt+Q组合键孤立当前选择，按M键打开【材质编辑器】对话框，选择第1个材质球，重命名为“白色乳胶漆”，将材质转换为【VRayMtl】材质，如图5-96所示。

（2）设置【漫反射】颜色RGB值为248、248、248，单击按钮，将“白色乳胶漆”材质指定给吊顶和分离的顶面，如图5-97所示，右击，执行【隐藏选定对象】命令，将“吊顶”及“顶棚”对象隐藏。

2. 中间部分吊顶材质

（1）选择第2个材质球并转换为【VRayMtl】材质，在【漫反射】贴图通道处加载配套网盘“第5章\贴图\吊顶贴图”文件，设置【反射】颜色RGB值为220、220、220，勾选【菲涅耳反射】复选框，【高光光泽】值为0.84，【反射光泽】值为0.92，【细分】值为20，如图5-98所示，并在【凹凸】贴图通道中也添加同一张贴图，凹凸值保持默认30。

（2）对其添加【UVW贴图】修改器，选择【长方体】类型，参数如图5-99所示，得到的效果如图5-100所示。

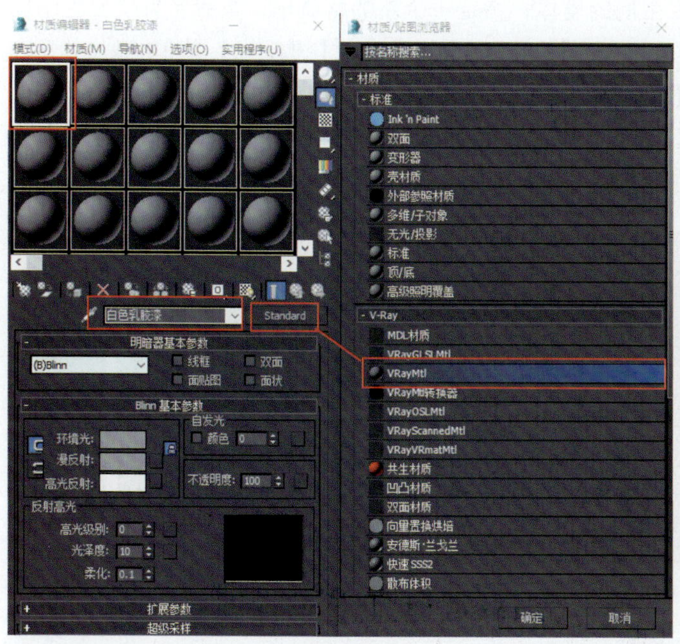

图5-96

图5-97

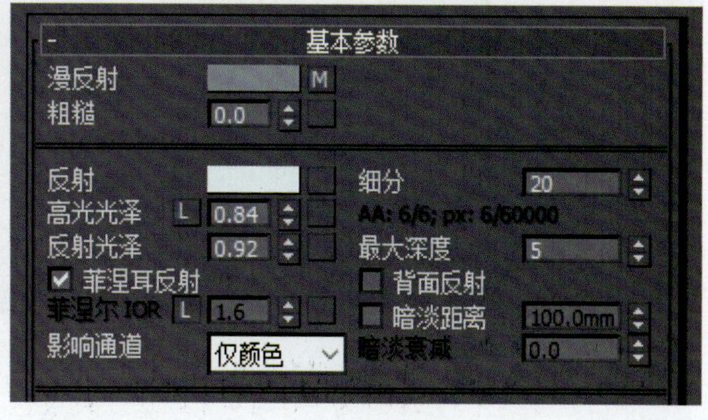

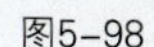

图5-98

图5-99

图5-100

3. 墙纸材质

（1）选择“墙体”对象，选择【多边形】层级，执行【分离】命令，将床头后面的墙面分离出来，如图5-101所示，并将“白色乳胶漆”材质指定给对象。

（2）打开【材质编辑器】对话框，选择第3个材质球，重命名为“墙纸”，将材质转换为【VRayMtl】材质，在【漫反射】贴图通道中选择“墙纸001”，其他参数保持默认，单击按钮，将“墙纸”材质指定给墙体对象，并对其添加【UVW贴图】修改器，选择【长方体】类型，长、宽、高均设置为2 000 mm，得到的效果如图5-102所示，并隐藏墙体。

（3）选择卧室和卫生间之间的墙体，将“白色乳胶漆”材质指定给对象，如图5-103所示。

4. 墙面造型材质

（1）选择墙面造型，按Alt+Q组合键孤立当前选择，如图5-104所示。打开【材质编辑器】对话框，选择一个材质球，重命名为“白色油漆”，将材质转换为【VRayMtl】材质，设置【漫反射】颜色RGB值为255、255、255，在【反射】贴图通道中添加【衰减】贴图，【衰减类型】选择【Fresnel】，设置【高光光泽】为0.7，【反射光泽】为0.88，【细分】值为20，如图5-105所示。单击按钮，将“白色油漆”材质指定给对象，得到的效果如图5-106所示，并隐藏对象。

（2）选择玻璃隔断，选择一个新的材质球并转换为【VRayMtl】材质，设置【漫反射】颜色RGB值为255、255、255，【反射】颜色RGB值为255、255、255，并勾选【菲涅耳反射】复选框，【反射光泽】值为0.95，【折射】颜色RGB值为255、255、255，勾选【影响阴影】复选框，指定材质给对象，如图5-107所示。

5. 卫生间墙和顶材质

（1）卫生间的顶部在摄影机视图看到的范围比较少，不是表现的重点，这里直接指定给“白色油漆”材质即可。

（2）选择卫生间的墙体，指定一个新的材质球，重命名为“卫生间墙体”，将标准材质转换为【VRayMtl】材质，在【漫反射】按钮中添加“马赛克002”贴图，【模糊】值为0.1，设置【反射】颜色RGB值为255、255、255，并勾选【菲涅耳反射】复选框，【高光光泽】值为0.85，【反射光泽】值为0.92，【细分】值为15，如图5-108所示。

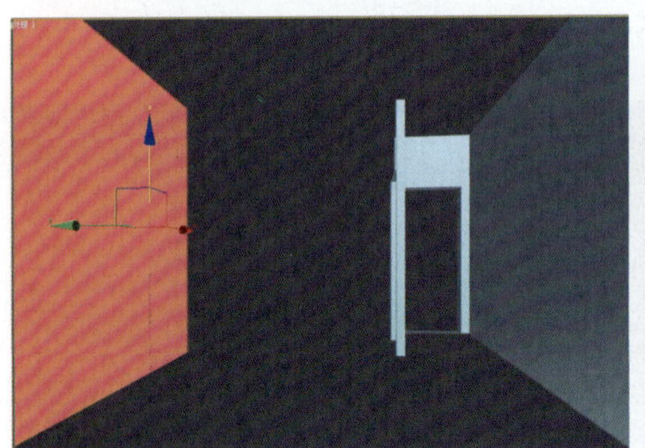

图5-101

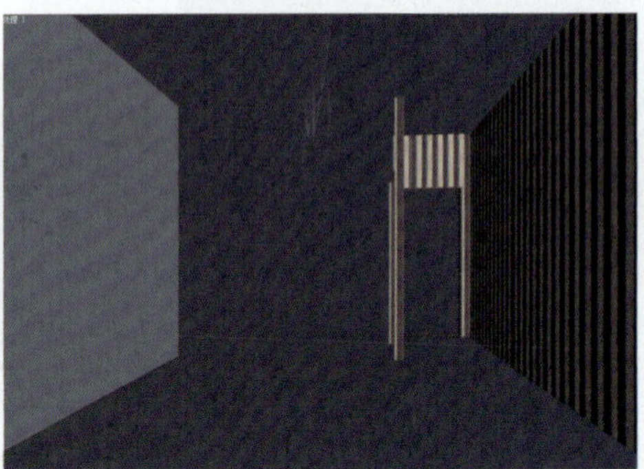

图5-102

图5-103

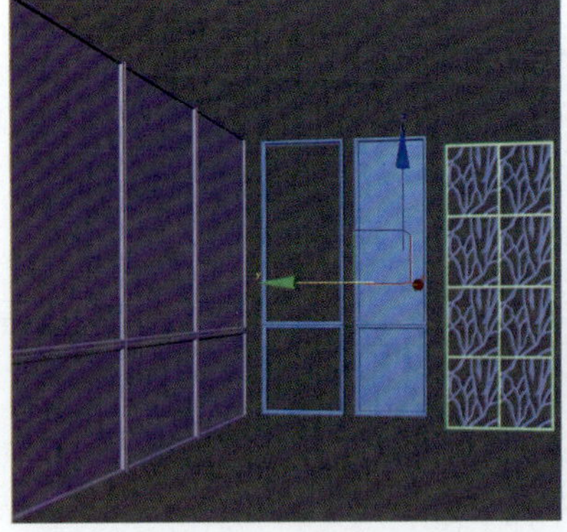

图5-104

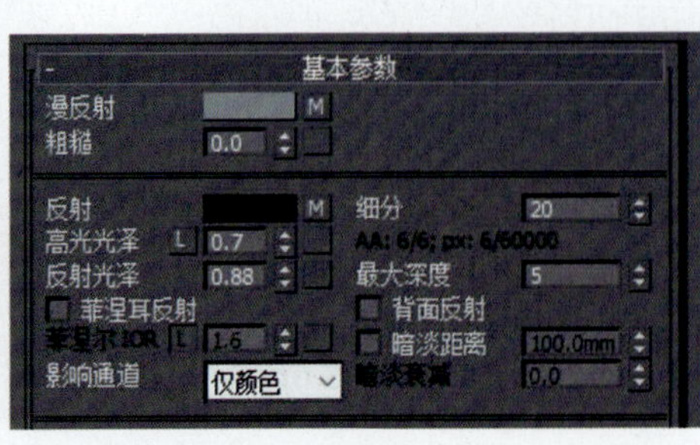

图5-105

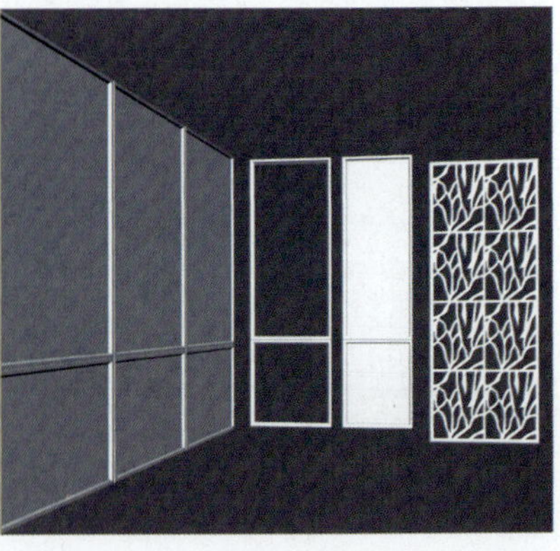

图5-106

（3）对墙体添加【UVW贴图】修改器，选择【长方体】类型，并设置长、宽、高的值为1 200 mm，完成贴图设置后的效果如图5-109所示，隐藏对象。

6．地面铺装材质

（1）选择“地面”对象并孤立选择，指定一个新的材质球，重命名为“木地板”，将标准材质转换为【VRayMtl】材质，在【漫反射】贴图通道中添加“木地板001”贴图，【角度】【W】设置为90°，【模糊】值为0.1，如图5-110所示。在【反射】贴图通道添加【衰减】贴图，并将【衰减类型】设置为【Fresnel】，侧面颜色设置为淡蓝色，RGB值为190、228、255，如图5-111所示。设置【高光光泽】值为0.85，【反射光泽】值为0.92，【细分】值为15，如图5-112所示，并在【凹凸】贴图通道中添加同一张“木地板001”贴图，【凹凸】值为15。

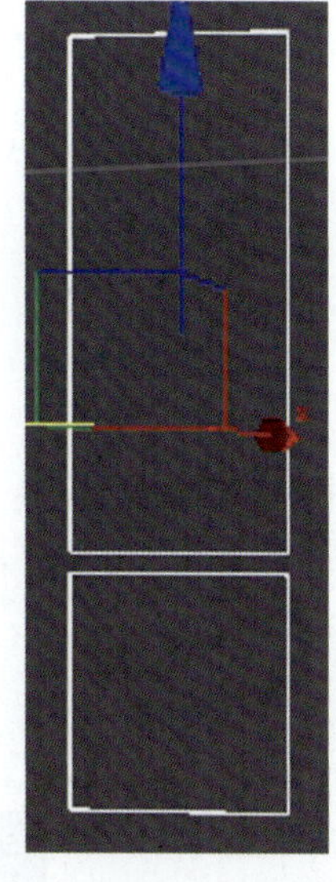

图5-107

（2）对“地面”对象添加【UVW贴图】修改器，选择【平面】类型，并设置长、宽尺寸为700 mm×1 200 mm，完成贴图设置后的效果如图5-113所示。

（3）选择“卫生间地砖”对象，复制一个“木地板001”材质，重命名为“地砖001”，在【漫反射】贴图通道中将“木地板001”贴图更改为“地砖001”贴图，将【凹凸】贴图通道也改为“地砖001”贴图，其他地方设置的参数保持不变。添加【UVW贴图】修改器，长、宽尺寸为800 mm×800 mm，如图5-114所示。

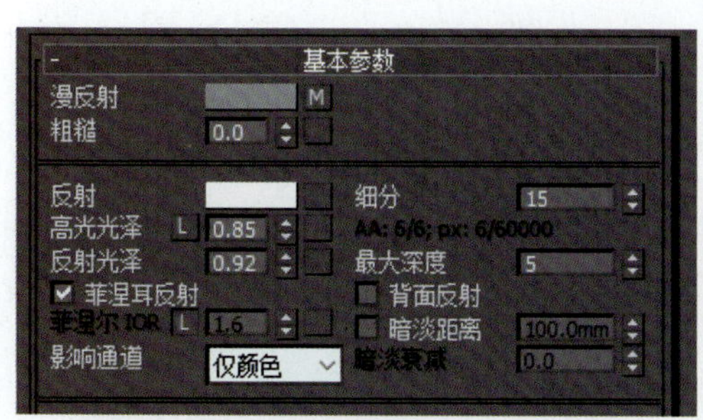

图5-108

图5-109

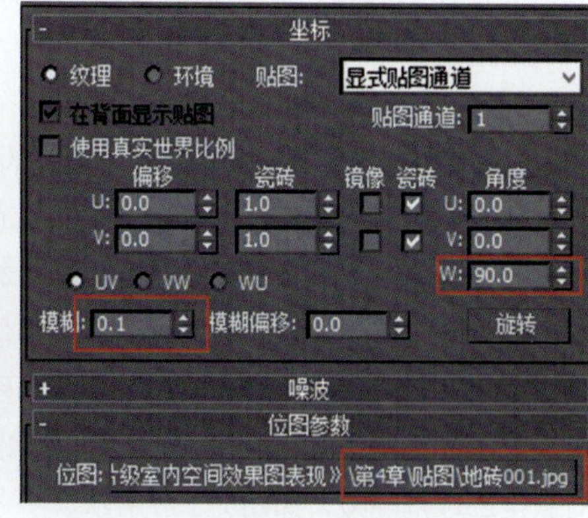

图5-110

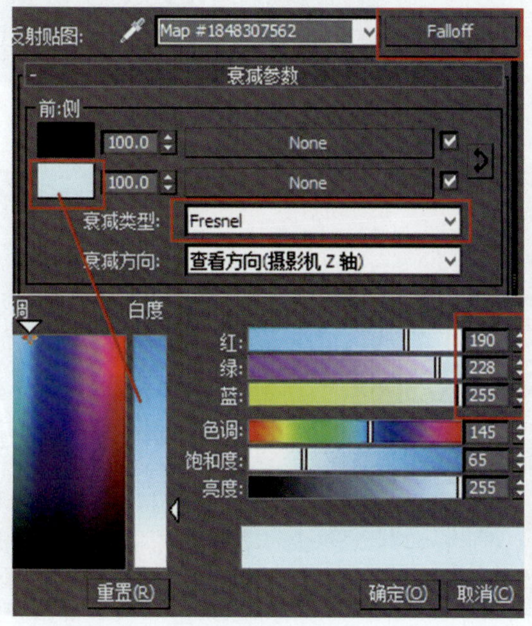

图5-111

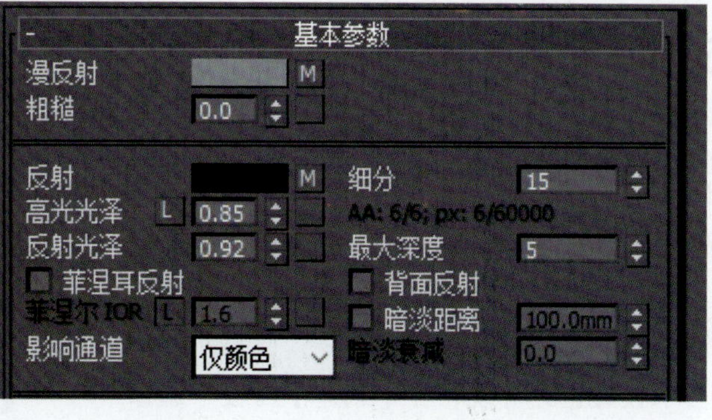

图5-112

图5-113

（4）选择“踢脚线”对象，复制一个“地砖001”材质，重命名为“踢脚线”，在【漫反射】贴图通道中将“地砖001”贴图更改为“胡桃”，将【凹凸】贴图通道的“地砖001”贴图也改为“胡桃”，其他地方设置的参数保持不变。添加【UVW贴图】修改器，选择【长方体】类型，长宽尺寸为1 000 mm×1 000 mm，如图5-115所示。

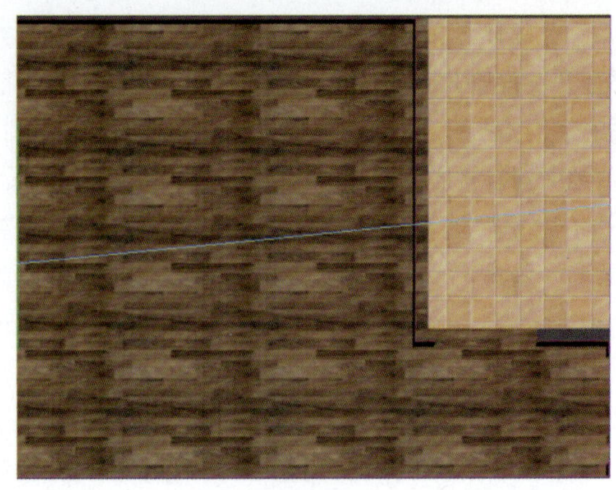
图5-114

（5）选择“门槛石”对象，复制“地砖001”材质，重命名为“门槛石”，在【漫反射】贴图通道中将“地砖001”贴图更改为“咖啡金001”，将【凹凸】贴图通道的“地砖001”贴图也改为“咖啡金001”，其他地方设置的参数保持不变。添加【UVW贴图】修改器，长、宽尺寸为400 mm×400 mm。

图5-115

7. 窗框和窗台材质

选择窗框和窗台，将前面设置的“白色油漆”材质指定给其即可。

8. 窗户玻璃材质

选择“玻璃”对象，选择一个新的材质并转换为【VRayMtl】材质，设置【漫反射】的RGB值为197、220、207，设置【反射】为白色，勾选【菲涅耳反射】复选框，设置【折射】为白色，勾选【影响阴影】复选框，选择【颜色+Alpha】，如图5-116所示。至此，场景中所有材质设置完成，可以将隐藏的对象全部取消隐藏，如图5-117所示。

指定VRay材质

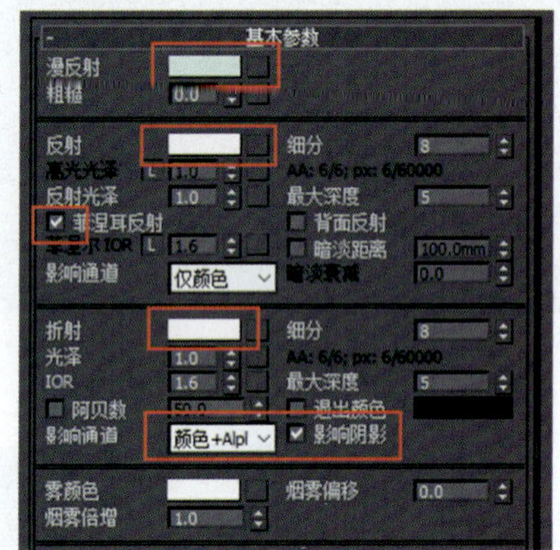

图5-116

5.6 灯光设置

本场景主要采用室外环境光加室内灯带光、射灯光的方式来表现场景空间气氛。

5.6.1 环境光的创建

（1）设置室外环境，在【创建】面板中选择【灯光】选项，在下拉列表中选择【VRay】。选择【VRLight】，在左视图中窗户所在的位置创建一个VR面光，视图间的位置关系如图5-118所示。

（2）在【修改】面板中修改【倍增器】值为5，【颜色】RGB值为139、194、255，勾选【不可见】复选框，取消勾选【影响反射】复选框，如图5-119所示。

图5-117

5.6.2 室内灯带光的表现

（1）选择“吊顶”对象并孤立选择，选择【VRLight】，【类型】选择【平面】，在顶视图中沿预留灯带的位置创建一个VRay面光，并调整高度到灯槽位置，如图5-120所示。设置灯光的【倍增器】值为8，【颜色】RGB值为243、139、62，并勾选【不可见】复选框，取消勾选【影响反射】复选框，如图5-121所示。

（2）选择吊顶“中间造型”对象并孤立选择，选择【VRLight】，在顶视图中沿预留灯带的位置创建一个VRay面光，并调整高度到灯槽位置，执行【镜像】命令沿y轴镜像，设置灯光的【倍增器】值为7，【颜色】RGB值为243、139、62，用【实例】的方式复制完成其他位置的灯带，如图5-122所示。

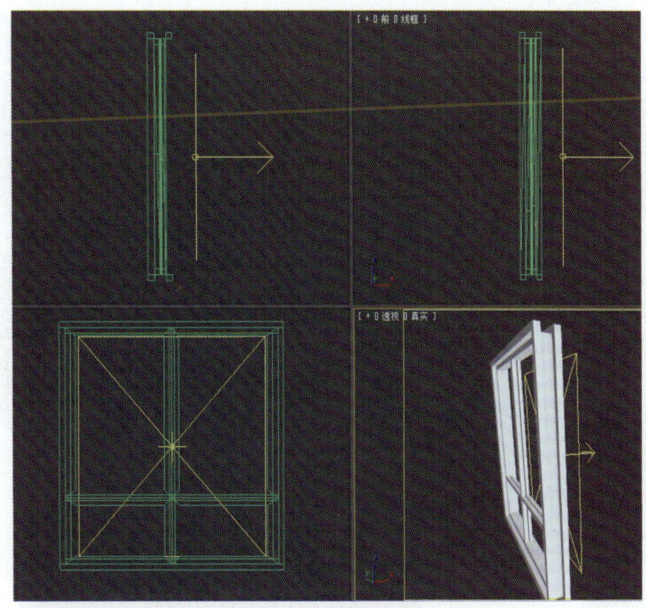
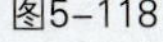

图5-118

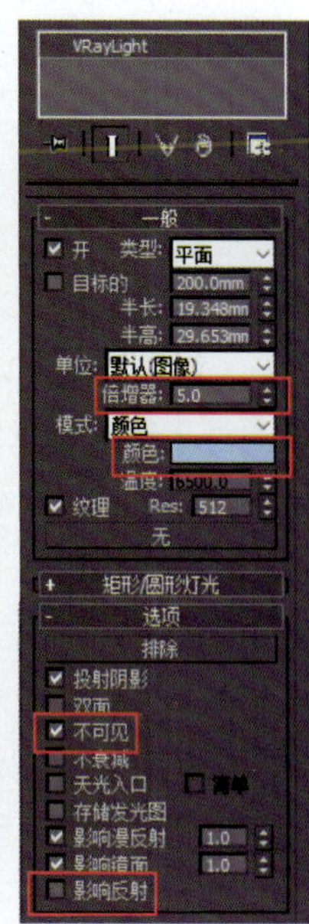

图5-119

5.6.3 射灯灯光的表现

选择【VRayIES】，在前视图中射灯模型的下方创建一个VRayIES光，并在光域网通道处加载光域网文件“TD-004.ies”，【颜色】RGB值为233、164、90，【功率】设置为2 500，其他参数保持默认，用【实例】的方式复制完成其他位置的射灯，射灯布置如图5-123所示。

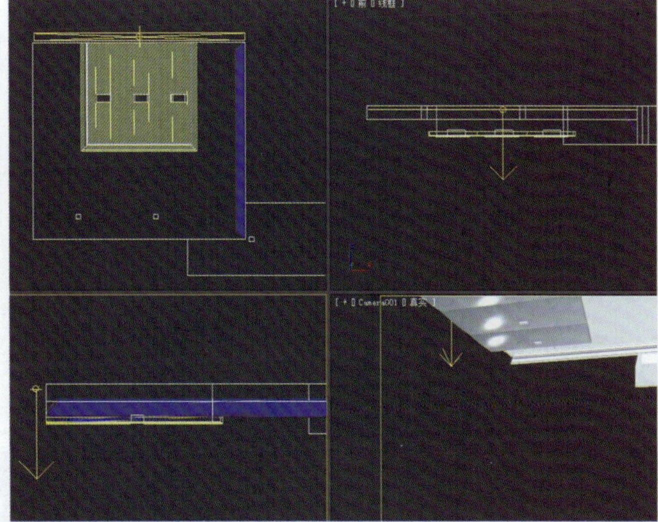

图5-120

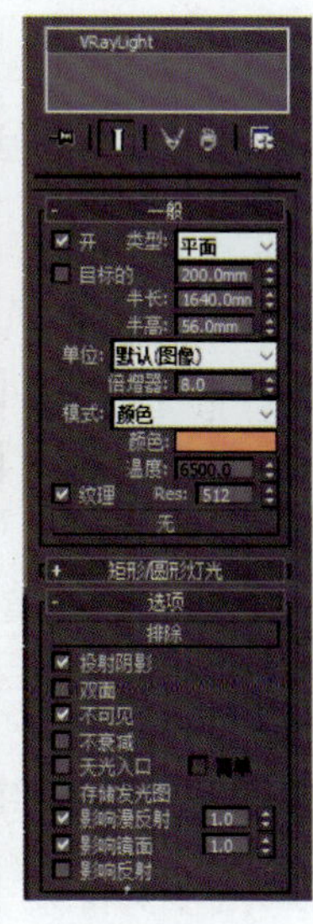

图5-121

5.6.4 室内补光

（1）选择【VRLight】，在顶视图卫生间中创建一个VR灯光，调整高度到顶的下方，【颜色】RGB值为236、151、89，【倍增器】值设置为1，其他参数保持默认，用【实例】的方式复制1个。在前视图中卫生间窗户外创建一个VR灯光，【颜色】RGB值为89、180、250，【倍增器】值设置为10，其他参数保持默认，位置关系如图5-124所示。

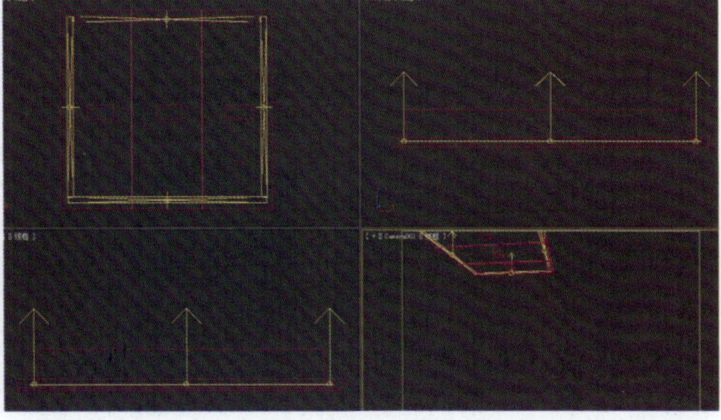

图5-122

（2）选择【VRLight】，在图5-125所示的位置创建两个VR灯光，调整高度到隔板下方，【颜色】RGB值为236、151、89，【倍增器】值设置为5，其他参数保持默认。

（3）选择【VRLight】，灯光【类型】改为【球体】，在床头灯的灯罩位置创建一个VR球形灯光，【颜色】RGB值为243、139、62，【倍增器】值设置为20，其他参数保持默认，如图5-126所示。至此，灯光设置完毕，可以根据测试渲染的结果再灵活调整灯光的颜色及强度。

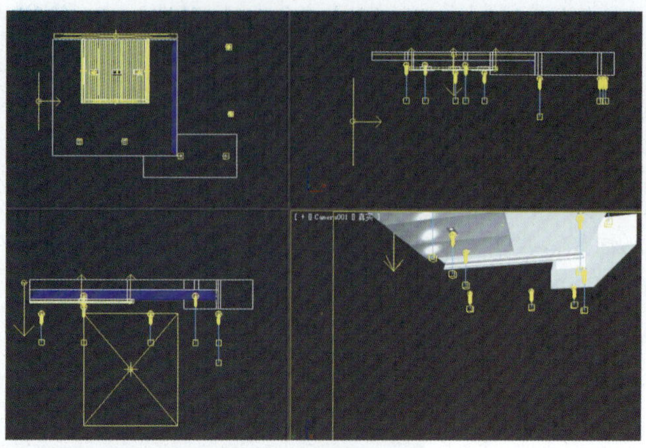

图5-123

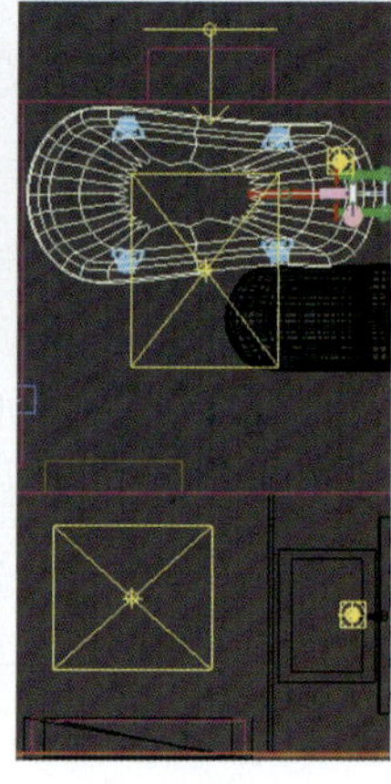

图5-124

图5-125

图5-126

5.7 渲染设置

5.7.1 测试渲染设置

（1）打开【渲染设置】对话框，进行如图5-127所示设置。

（2）设置【VRay】选项卡如图5-128所示，【GI】选项卡设置如图5-129所示。

（3）测试渲染，得到的效果如图5-130所示。

测试渲染设置

5.7.2 最终渲染设置

（1）打开【渲染设置】对话框，将【公用】选项卡下的【输出大小】设置为3 000×2 250，并保存为.tga格式，如图5-131所示。

（2）设置【VRay】选项卡如图5-132所示，【GI】选项卡设置如图5-133所示。

（3）在【VRay】选项卡下，选择“全局DMC”选项卡，把默认模式切换为【高级模式】，参数设置如图5-134所示。

（4）渲染完成后的效果如图5-135所示。

最终渲染设置

图5-127

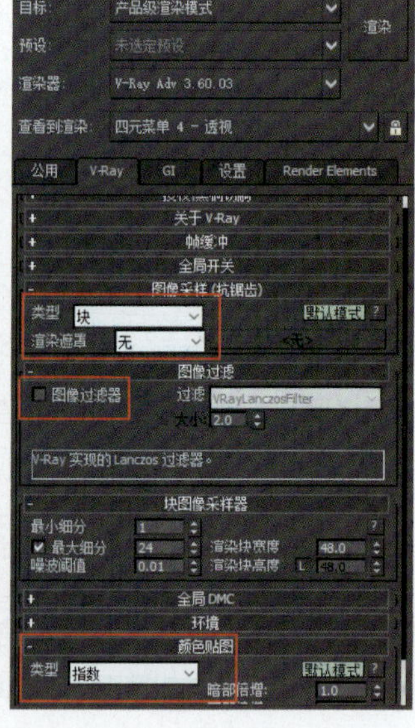

图5-128

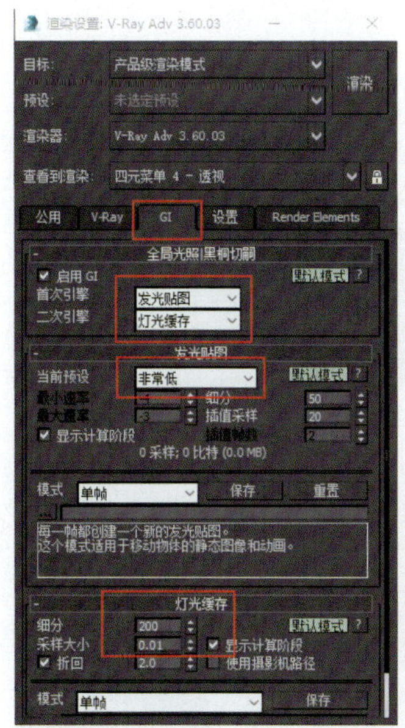

图5-129

图5-130

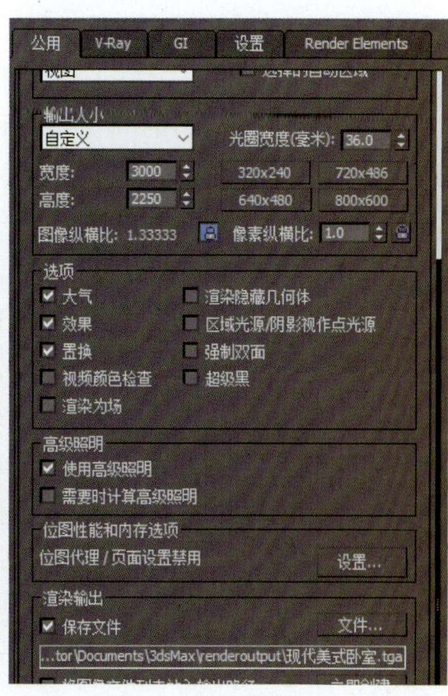

图5-131

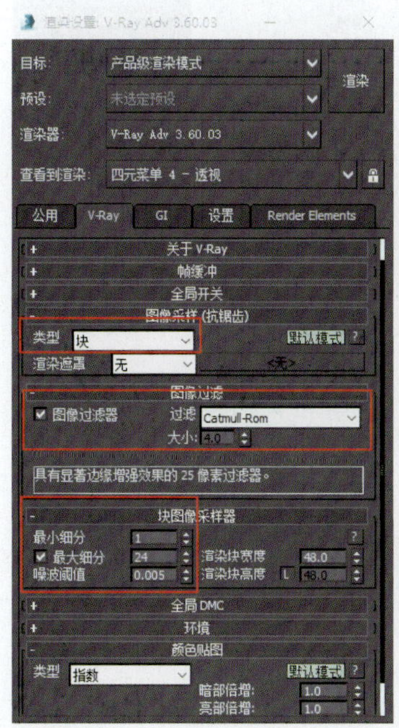

图5-132

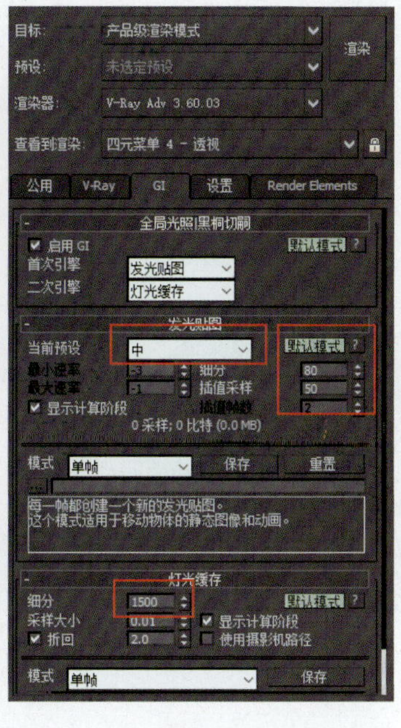

图5-133

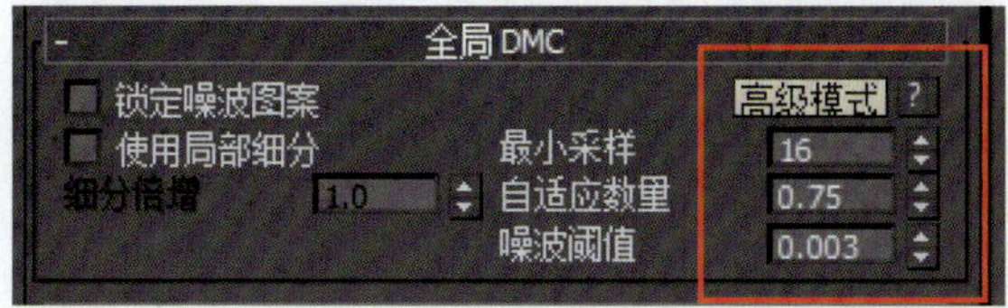

图5-134

渲染AO图

图5-135

5.7.3　渲染AO图

渲染AO图是为了便于后期处理以得到更加真实的效果，渲染设置方法如下。

（1）保存场景，删除场景中所有灯光，保存为“现代美式AO”。

（2）选择【VRay】选项卡，展开【全局开关】卷展栏，勾选【覆盖材质】复选框并单击后面的通道，对其添加“灯光”材质，将添加的灯光材质拖动到一个材质球上，在弹出的对话框中选择【实例】方式复制，在“灯光”材质的【颜色】通道处添加“污垢”材质，将【半径】参数设置为500，【细分】值设置为25，如图5-136所示的设置。

（3）对【GI】选项卡进行如图5-137所示的设置，取消勾选“启用GI”复选框。

（4）渲染完成后的AO图如图5-138所示。

5.7.4 渲染色彩通道图

渲染色彩通道图是为方便后期处理时，选择局部对象就能调色或者修改，通常采用加载色彩通道脚本的方式来替换材质球，但是需要注意，加载了脚本后不要保存场景，否则文件被替换，要修改材质就很麻烦了。

（1）将场景另存为“美式卧室CoL”，执行【实用程序】→【MaxScript】命令，单击【运行脚本】按钮，如图5-139所示。在弹出的【选择编辑器文件】对话框中选择配套网盘下的“插件\材质通道脚本”程序。弹出如图5-140所示的对话框。勾选【转换所有材质】复选框，执行【转换为通道渲染场景】命令，将场景对象材质全部转换成色彩通道，如图5-141所示。

（2）打开【渲染设置】对话框，选择【VRay】选项卡，展开【全局开关】卷展栏，取消勾选【覆盖材质】复选框，如图5-142所示。

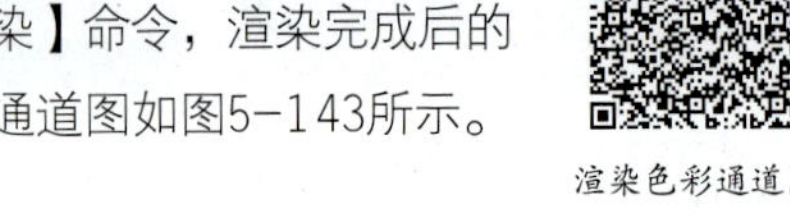

（3）设置完成后执行【渲染】命令，渲染完成后的色彩通道图如图5-143所示。

渲染色彩通道图

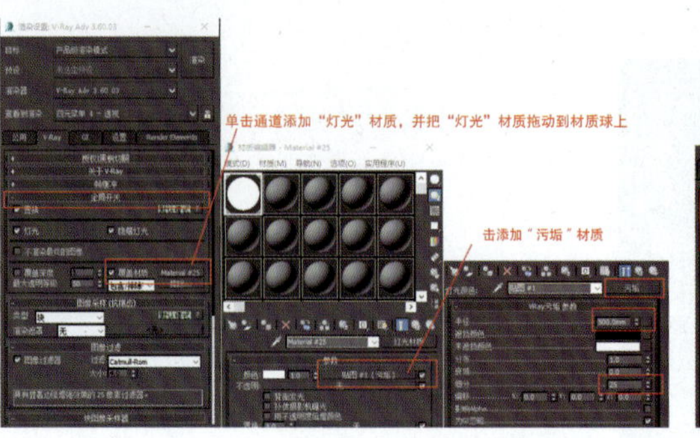

图5-136

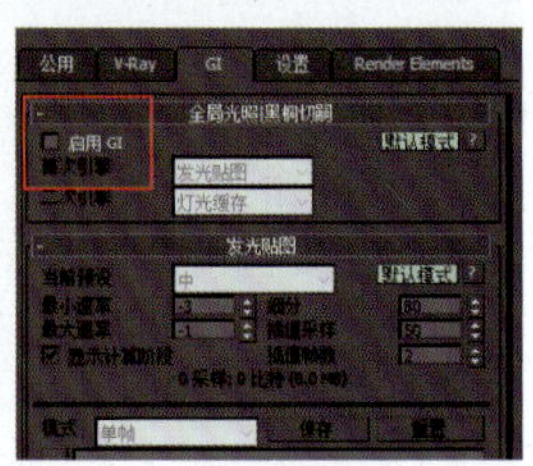

图5-137

图5-138

图5-139

图5-140

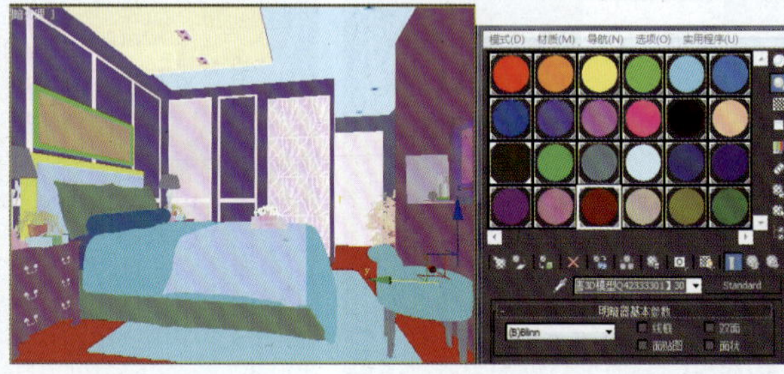

图5-141

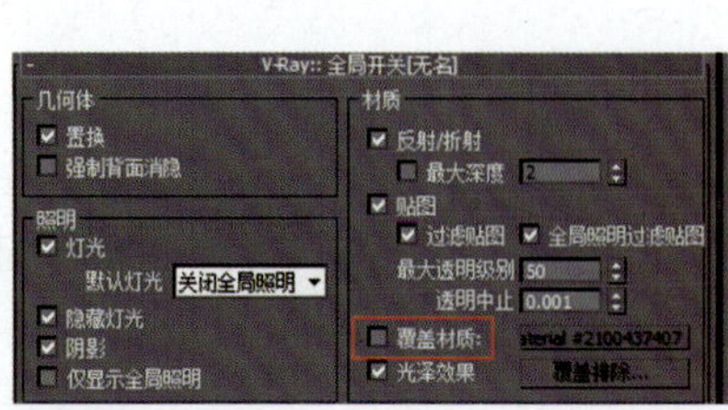

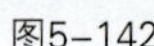

图5-142

图5-143

5.8 Photoshop后期处理

（1）在Photoshop软件中打开“现代美式AO”效果图。按Ctrl+J组合键复制图层，生成“图层1”，选择“图层1”，执行菜单栏的【图像】→【调整】→【亮度\对比度】命令，调整亮度、对比度，如图5-144所示。

（2）按Ctrl+M组合键，打开【曲线】对话框，调整图像的明暗关系，如图5-145所示。

（3）打开渲染好的色彩通道图，选择【移动工具】，按住Shift键将色彩通道图拖入效果图对象，生成“图层2”，将“图层2”的位置放置在“图层1”的下面。

（4）选择“图层2”，选择【魔棒工具】，选择吊顶色块，切换到“图层1”，按Ctrl+J组合键复制选区部分，得到“图层3”，如图5-146所示。按Ctrl+M组合键单独调整“图层3”顶面的亮度，如图5-147所示。

（5）再次选择色彩通道“图层2”，选择床罩部分的区域，再选择“图层1”，按Ctrl+J组合键复制选区部分，生成“图层4”，按Ctrl+B组合键打开【色彩平衡】对话框，适当调整使床罩偏红，如图5-148所示。

其他地方局部调整的方法与上面相同，这里就不再叙述。

（6）打开渲染好的AO图，执行【移动】命令，按住Shift键拖入图中并与之前的效果图重合，修改图层类型为【叠加】模式，【不透明度】设置为20%，加重物体的明暗对比，增强图像的厚重感，得到的效果如图5-149所示。

（7）按Ctrl+A组合键全选图形，执行【编辑】→【描边】命令，【描边宽度】设置为20像素，【颜色】为黑色，最终的效果如图5-150所示。

图5-144

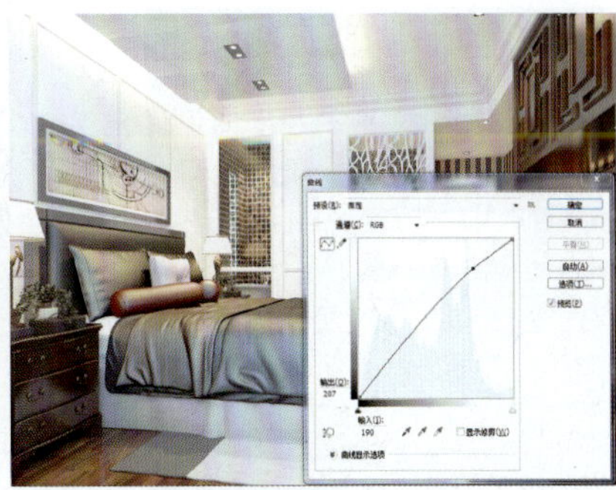

图5-145

图5-146

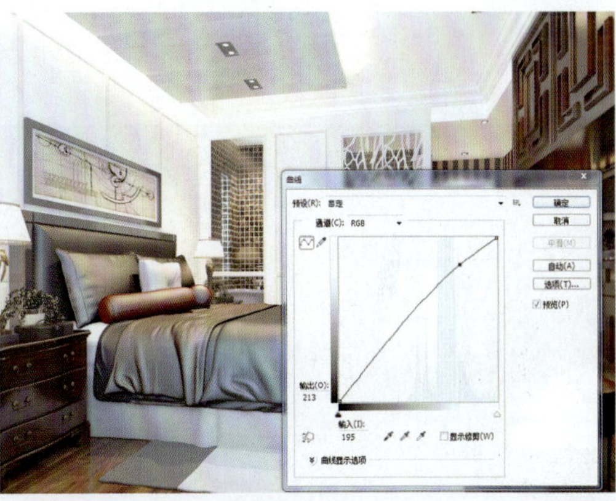

图5-147

图5-148

图5-149

5.9　VR全景图渲染

（1）在软件中打开“现代美式”Max源文件，把摄像机移动到房间的中央位置，取消勾选【手动剪切】复选框，并进行VR全景的渲染设置，方法如图5-151、图5-152所示。操作过程参考视频文件。

图5-150

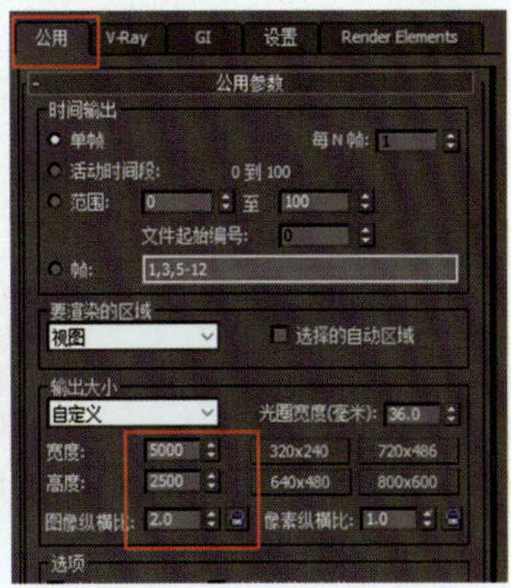

图5-151

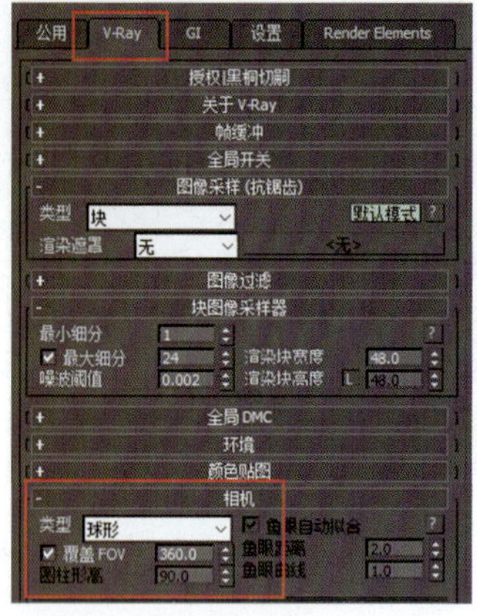

图5-152

（2）最终渲染效果如图5-153所示。

（3）根据渲染的效果灵活调整，并渲染VR全景AO图,便于后期Photoshop调整效果，渲染效果如图5-154所示。

（4）用上述同样的方法渲染VR全景色彩通道图，效果如图5-155所示。

（5）通过Photoshop对全景图进行后期处理，最终调整后的效果如图5-156所示。

（6）进行VR全景图的合成，具体操作观看视频了解。

VR全景图渲染

VR全景PS后期

VR全景图合成

图5-153

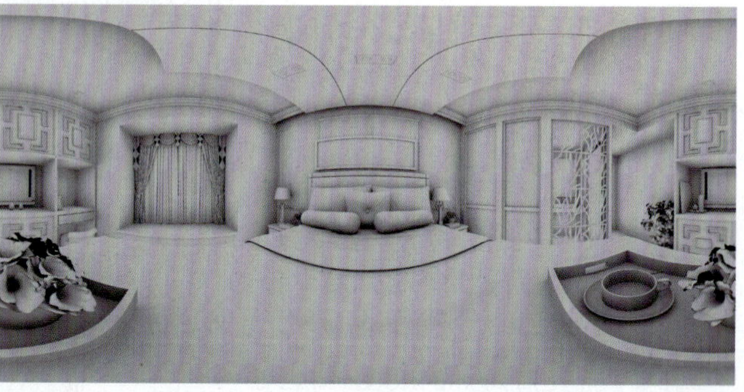

图5-154

图5-155

图5-156

本章小结

本章主要介绍了现代美式风格卧室效果图表现方法，包括卧室空间模型创建、吊顶模型制作、立面造型、卫生间配套氛围表现，加强对摄影机镜头表现、VRay常用材质设置、灯光气氛表现、VRay渲染和后期Photoshop色彩通道使用，以及VR卧室空间全景设计方法的讲解。通过本章的学习，熟练掌握参考CAD设计图纸完成较为复杂的模型制作的方法和室内风格表现、家具模型搭配、室内软装陈设等细节表现。

第6章 书房效果图设计

◆本章知识点

书房空间建模方法；墙面造型及吊顶建模方法；装饰柜及硬包建模方法；VRay材质表现、灯光设计及渲染知识。

◆学习目标

熟练掌握书房空间单面建模方法以及顶面造型、墙面造型、硬包及家具的建模方法；掌握室内常用材质的设置方法、灯光布置思路和渲染知识；熟悉不同风格的表现技巧。

6.1 案例场景分析

本章案例为现代中式风格样板房空间效果图设计，整个户型为大户型结构。本章主要讲解书房部分效果图表现。为了突出视觉空间效果，墙面采用了镜面装饰，书柜的背板和推拉门也采用镜面材质，沙发的背景墙面采用皮质软包，和玻璃框架结构形成软硬对比。在颜色上采用深色和白色的对比，突出安静与稳重的格调。吊顶结构较为简单，采用漫反灯带，产生柔和的灯光效果。

6.2 书房空间模型创建

本案例采用单面建模的方式进行空间模型的制作，加深对不同造型空间建模方法的理解，并熟练运用相关的命令。

6.2.1 建模前设置

（1）打开3ds Max软件，先进行单位设置，如图6-1所示。

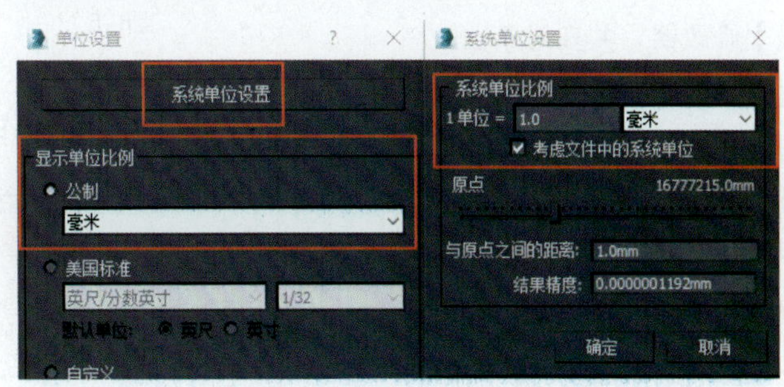

图6-1

（2）在【捕捉】选项卡上右击，在弹出的【栅格和捕捉设置】对话框中进行如图6-2所示的设置。

（3）在菜单栏执行【自定义】→【首选项】命令，勾选【按方向自动切换窗口/交叉】复选框。

6.2.2 书房空间建模

1. 导入CAD设计图纸及设置

书房空间建模

（1）导入配套网盘“第6章\CAD\平面布置”文件。

（2）在顶视图按G键隐藏网格，便于观察对象。

（3）在顶视图中框选所有CAD图纸，执行菜单栏【组】→【成组】命令，命名为“平面布置图”。

（4）选择“平面布置图”对象，执行【移动】命令，在状态栏将*X*、*Y*、*Z*坐标归零，右击，执行【冻结当前选择】命令，调整后的图纸如图6-3所示。

2. 墙体建模

（1）执行【创建】面板下的【图形】→【线】命令，在顶视图中沿主卧内侧墙画线，并在门窗的位置生成点，画线后的效果如图6-4所示。

（2）对创建的线添加【挤出】修改器，挤出的【数量】为2 800 mm，得到墙体空间模型，命名为“墙体”，如图6-5所示。

（3）选择“墙体”对象，对其添加【法线】修改器，并在对象上右击，执行【对象属性】命令，勾选【背面消隐】复选框，将“墙体”对象转换为可编辑多边形，得到的效果如图6-6所示。

（4）在透视图中将显示方式由【真实】改为【明暗处理】，这样可以使后期的操作更为流畅。

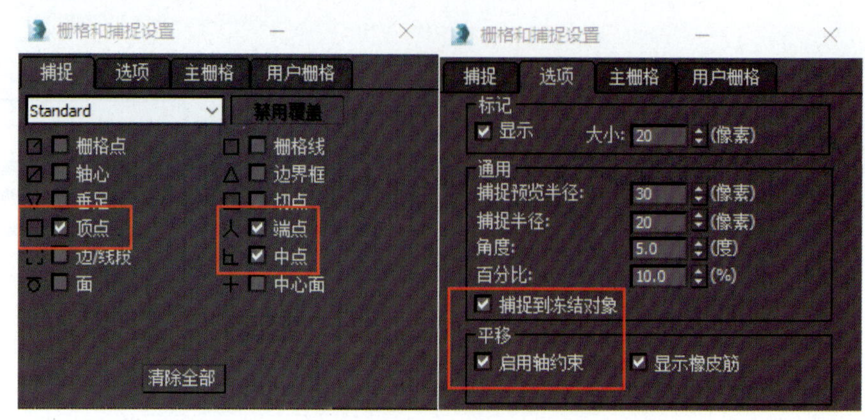

图6-2

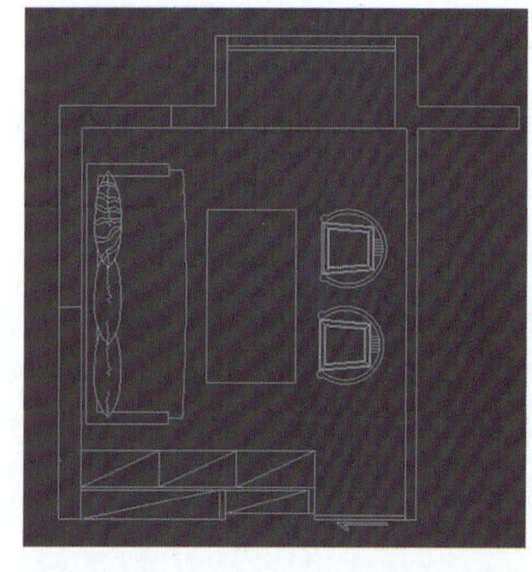

图6-3

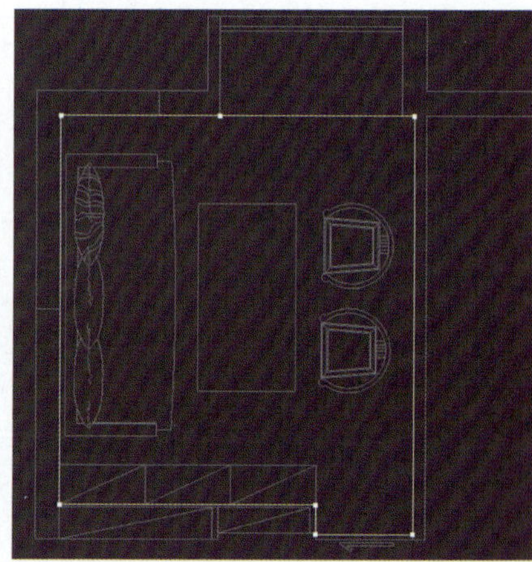

图6-4

图6-5

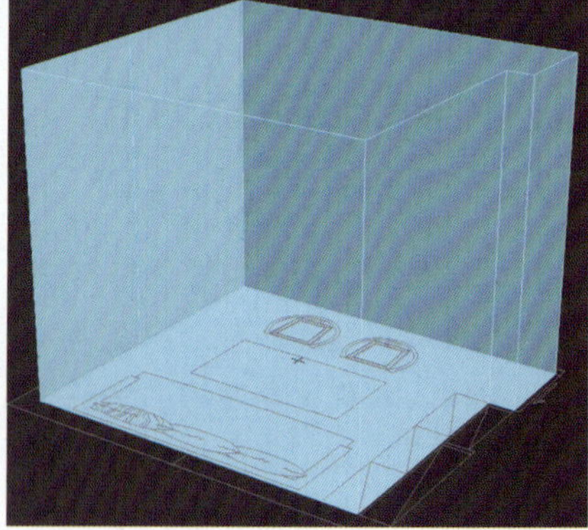

图6-6

6.2.3 吊顶模型制作

1. 导入CAD顶棚图和立面图

（1）为了便于观察，先将“平面布置图”对象解除冻结，并隐藏对象。

（2）在顶视图中选择导入配套网盘“第6章\CAD\顶棚”文件，对导入的顶棚布置图框选并成组，命名为“顶棚图”，按S键开启捕捉，在顶视图中对齐墙体结构关系，右击并执行【冻结当前选择】命令，如图6-7所示。

（3）继续在顶视图中选择导入配套网盘“第6章\CAD\A立面”文件，对导入的立面图框选并成组，命名为“A立面”，在顶视图中对齐与墙体之间的结构关系，按A键开启角度捕捉，选择【旋转工具】，沿Z、X轴方向垂直旋转90°，在左视图中对齐上下关系，右击并执行【冻结当前选择】命令，如图6-8所示。

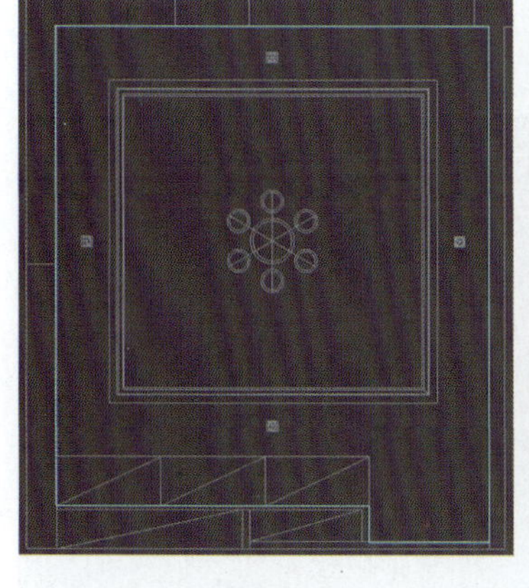
图6-7

图6-8

2．吊顶模型制作

吊顶模型制作

（1）框选场景中所创建的“墙体”对象，右击，选择【隐藏选定对象】，隐藏后只留下了“顶棚图”和“A立面”对象，如图6-9所示。

（2）按S键开启【2.5维捕捉】，执行【创建】面板下的【图形】→【线】命令，在顶视图中参照“顶棚图”对象绘制如图6-10所示的图形。

图6-9

图6-10

（3）对其添加【挤出】修改器，挤出【数量】为50 mm，参照“A立面”对象吊顶的高度，设置Z轴的高度为2 600 mm，对齐到顶棚的位置，命名为“吊顶”，如图6-11所示。

（4）执行【图形】→【线】命令，在前视图中参考“A立面”绘制阴角线的剖面，如图6-12所示，执行【图形】→【矩形】命令，在顶视图中参考“顶棚图”的位置画出如图6-13所示的图形。对其添加【扫描】修改器，拾取剖面，并调整对齐的方式，得到的效果如图6-14所示。

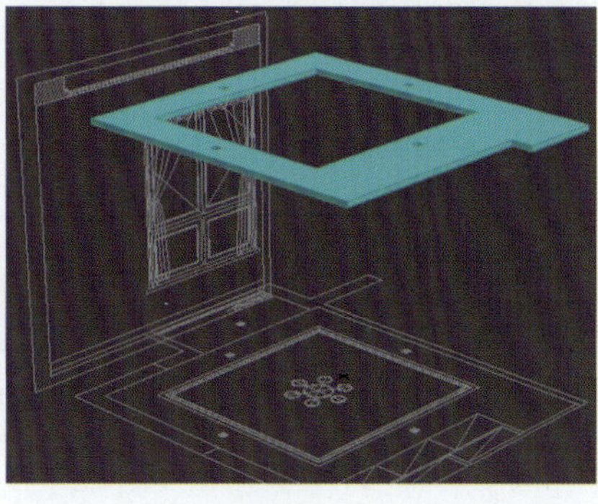
图6-11

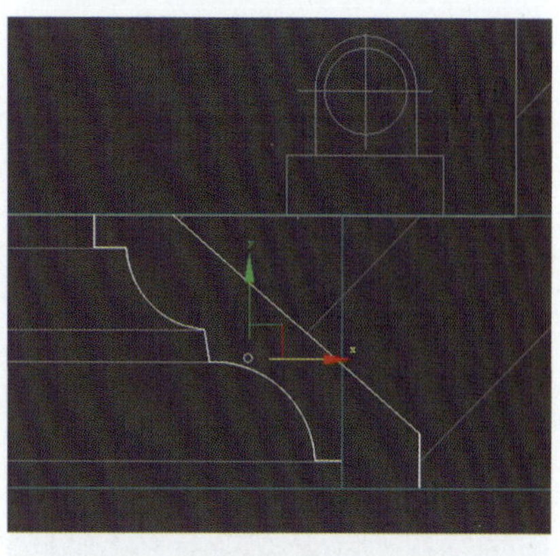
图6-12

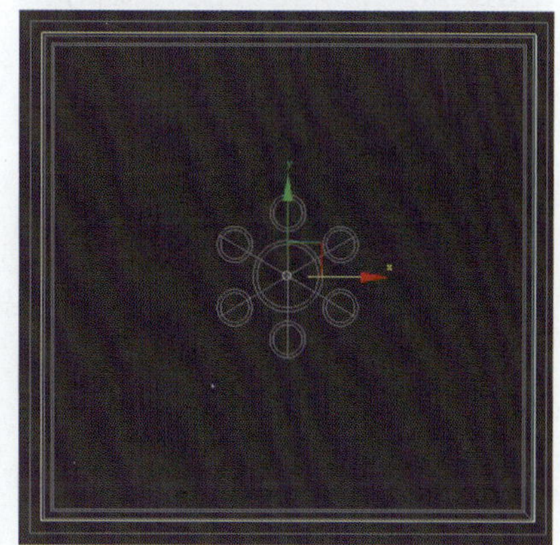
图6-13

图6-14

（5）执行【图形】→【线】命令，在顶视图中参考“顶棚图”对象绘制如图6-15所示的图形，对其添加【挤出】修改器，挤出【数量】为150 mm，设置Z轴的高度为2 650 mm，作为上端吊顶封面造型，如图6-16所示。

（6）至此，吊顶模型创建完成，

可以将“吊顶”对象组合为一个群组，便于后面的操作。将对象全部取消隐藏，并将“顶棚图”CAD图形删除，避免影响观察，调整后的效果如图6-17所示。

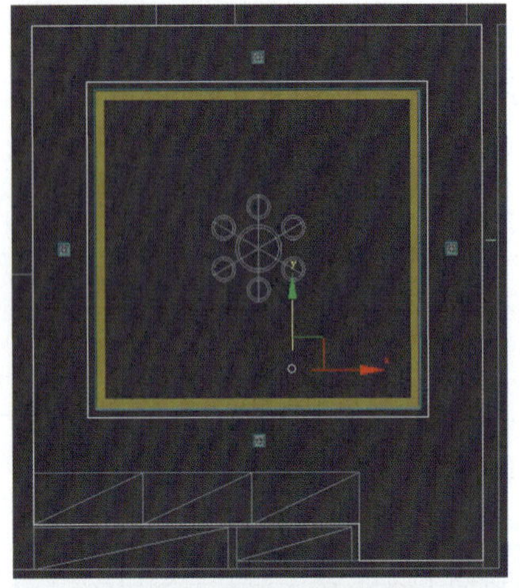
图6-15

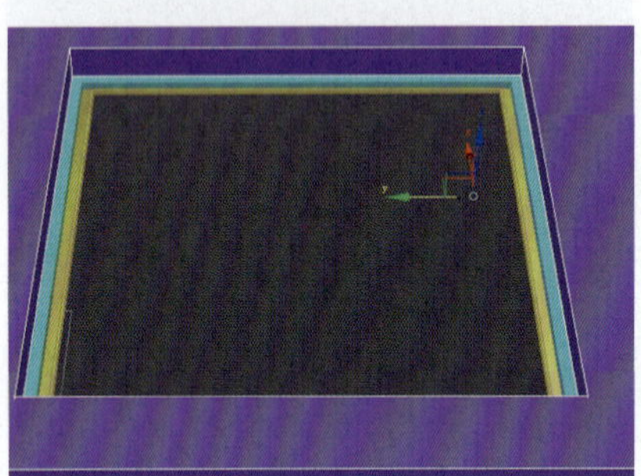
图6-16

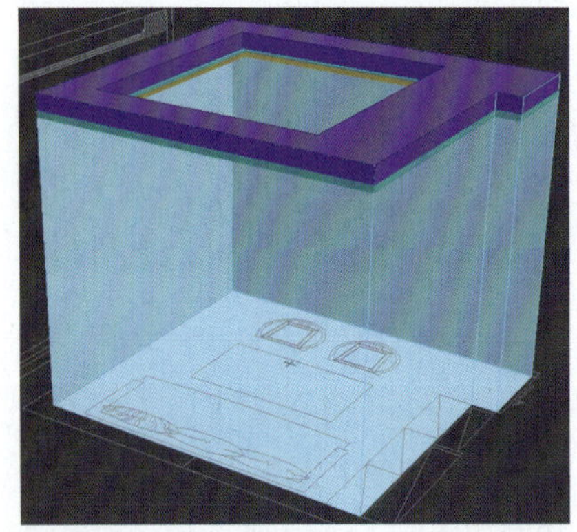
图6-17

6.2.4 门窗建模

1. A立面窗户建模

（1）为了便于观察，先隐藏“吊顶”对象组，选择“墙体”对象，选择【边】层级，选择窗户位置的左、右两条边，单击【连接】按钮右边的设置通道按钮，连接两条边，如图6-18所示。

（2）参照“A立面”对象调整上下边的高度，效果如图6-19所示。选择【多边形】层级，选择窗户位置的面，单击【编辑多边形】卷展栏下【挤出】按钮右边的设置通道按钮，设置挤出高度为-200 mm，如图6-20所示。单击中间的【+】按钮，再挤出-600 mm，如图6-21所示。

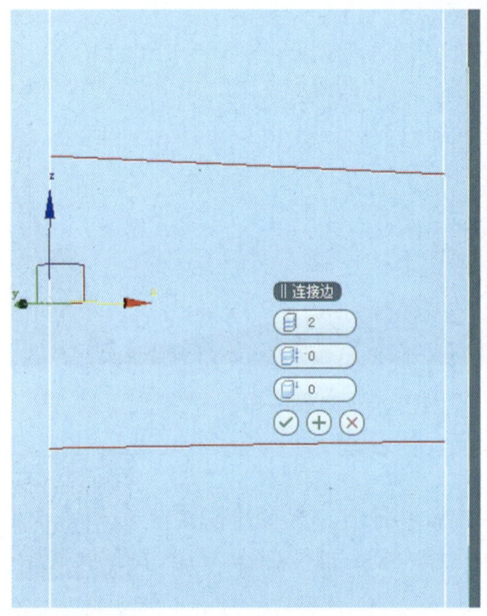

图6-18

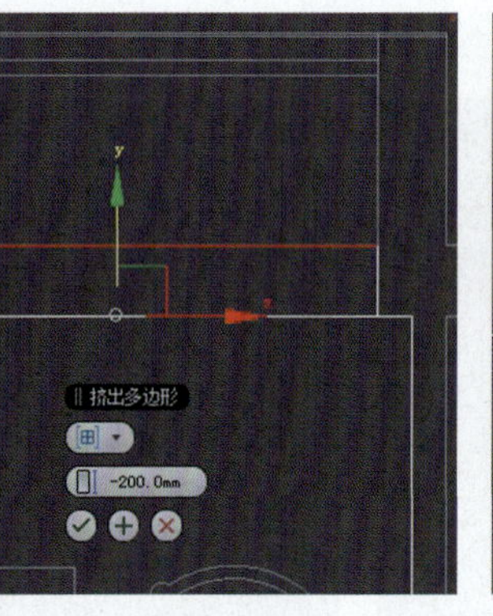

图6-20

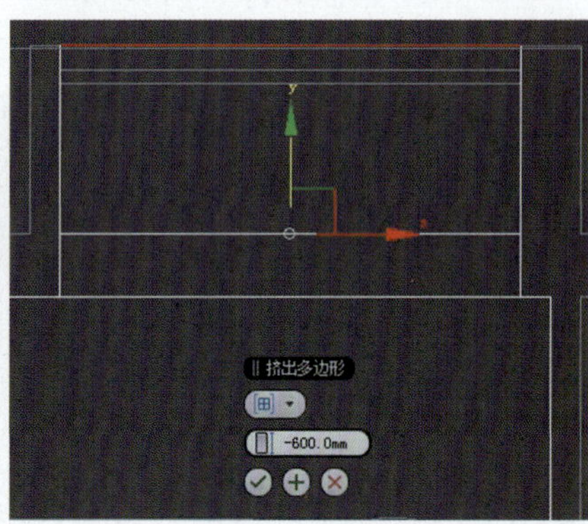

图6-21

（3）执行【分离】命令，将挤出的面分离出来，命名为“窗户”，另外指定一个颜色以区别显示，如图6-22所示。

（4）执行【图形】→【矩形】命令，在顶视图中参照窗台的位置画一个矩形，添加【挤出】修改器，挤出【数量】为40 mm，调整其A立面的窗台的高度，命名为“窗台”，效果如图6-23所示。

（5）将“窗台”对象转换为可编辑多边形，选择【多边形】层级，选择前面的面，单击【挤出】按钮右边的设置通道按钮，挤出高

图6-22

度为20 mm，如图6-24所示。确定后继续选择左右两端的面，挤出高度为40 mm，效果如图6-25所示。

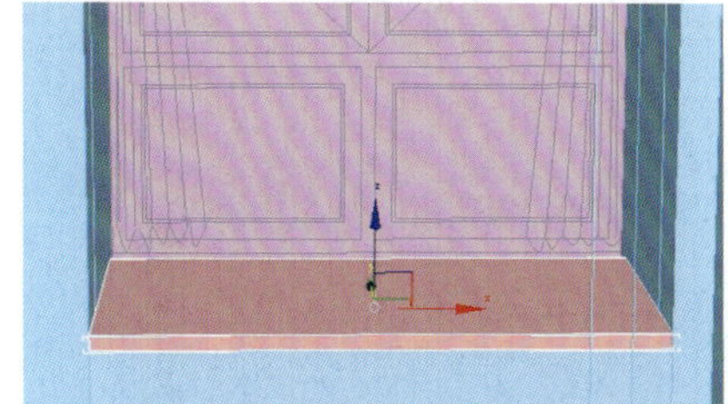

图6-23

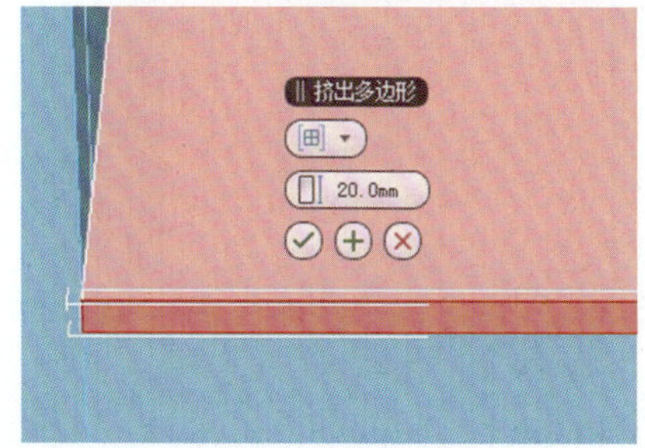

图6-24

（6）选择【边】层级，选择前面的边，单击【切角】按钮右边的设置通道按钮，设置【边切角量】为10 mm，如图6-26所示，完成窗台建模。

（7）选择“窗户”对象，选择【顶点】层级，选择下端的点，调整对齐到窗台上端的面，并在顶视图参考平面布置图中窗户的位置对齐对象，如图6-27所示。

（8）选择“窗户”对象，切换到【多边形】层级，选择面，单击【插入】按钮右边的设置通道按钮，【插入】值为40 mm，效果如图6-28所示。

（9）选择【边】层级，选择左右内侧的边，单击【连接】按钮右边的设置通道按钮，连接一条边，并在前视图中参考“A立面”对象调整位置对齐，效果如图6-29所示。按下Ctrl键，将上端内侧边加选在一起，执行【连接】命令，连接一条边，如图6-30所示。

（10）执行【编辑几何体】卷展栏下的【切割】命令，在前视图中参

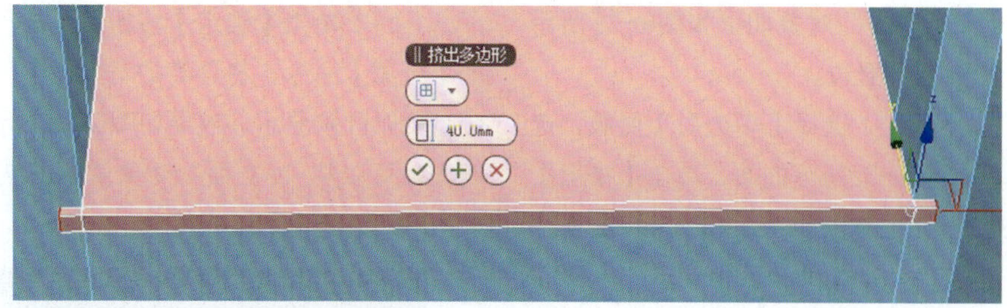

图6-25

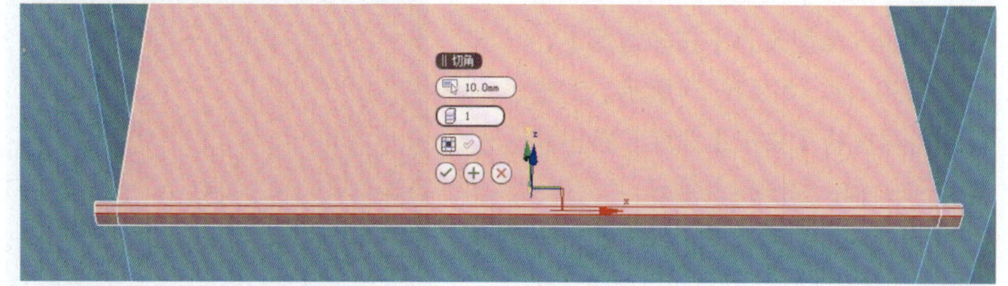

图6-26

图6-27

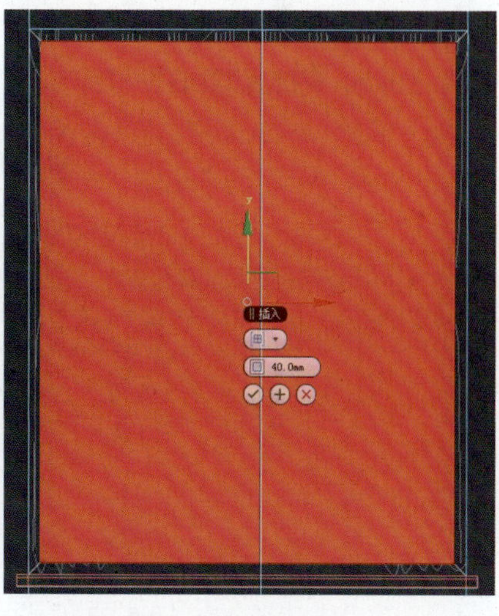

图6-28

图6-29

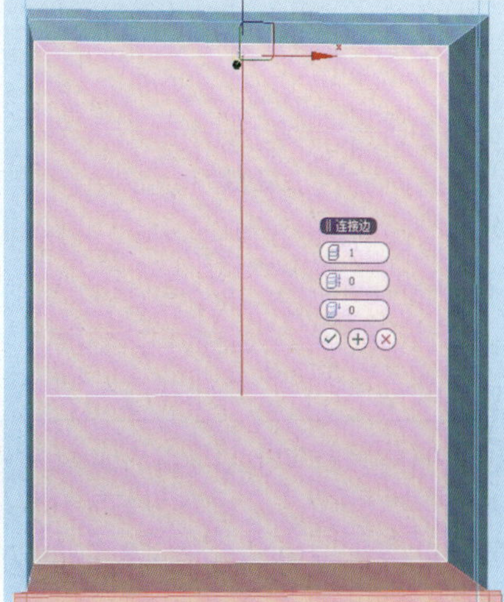

图6-30

照“A立面”对象切出如图6-31所示的红色位置边。

（11）选择【多边形】层级，选择如图6-32所示的面，单击【挤出】按钮右边的设置通道按钮，挤出高度为-20 mm，如图6-33所示。

（12）单击【确定】按钮后，继续单击【插入】按钮右边的设置通道按钮，插入类型改为【按多边形】，数量为50 mm，如图6-34所示。对插入的面再执行【挤出】命令，挤出高度为-10 mm，如图6-35所示。

（13）单击【确定】按钮后，继续单击【插入】按钮右边的设置通道按钮，数量为10 mm，如图6-36所示。对插入的面再执行【挤出】命令，挤出高度为-10mm，局部效果如图6-37所示。

（14）单击【确定】按钮后，执行【编辑几何体】卷展栏下的【分离】命令，将分离的对象命名为“玻璃”，并另外指定一个颜色以区别显示，效果如图6-38所示。至此，完成窗户模型的制作，可以将“A立面”对象解除冻结并删除，并将完成的窗户模型隐藏，避免影响视线。

A立面窗户建模

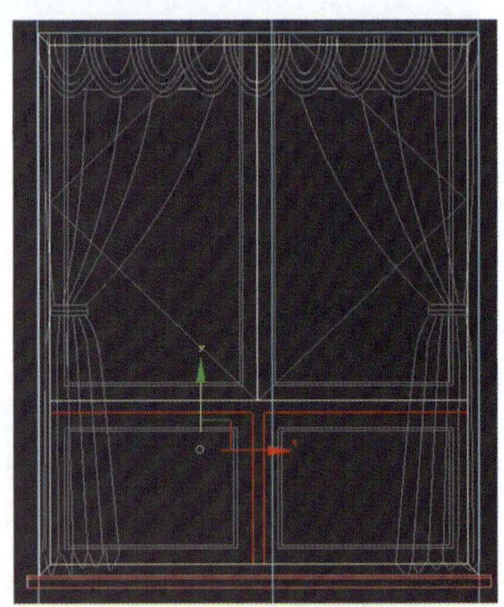
图6-31

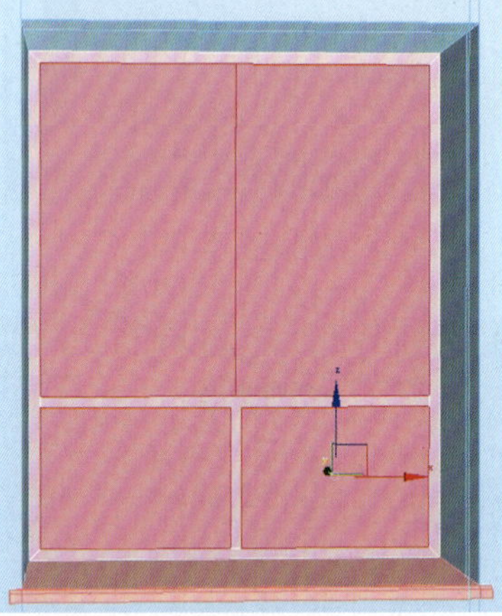
图6-32

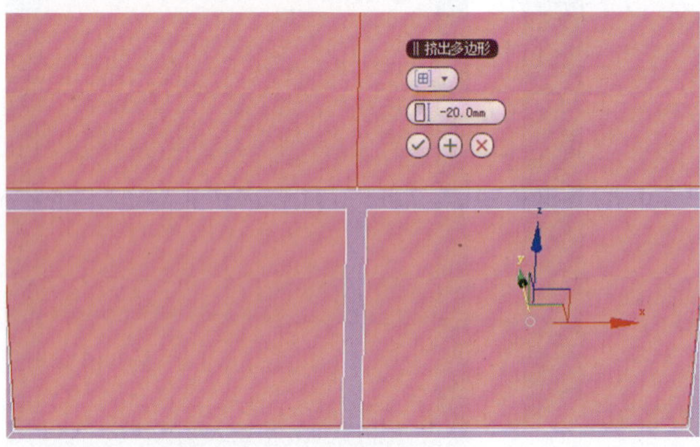

图6-33

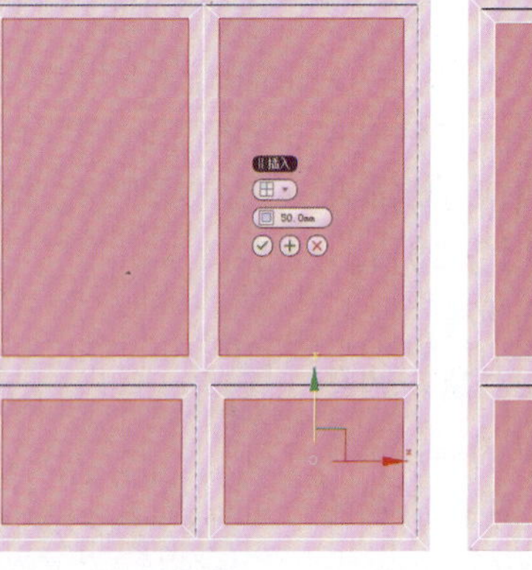

图6-34

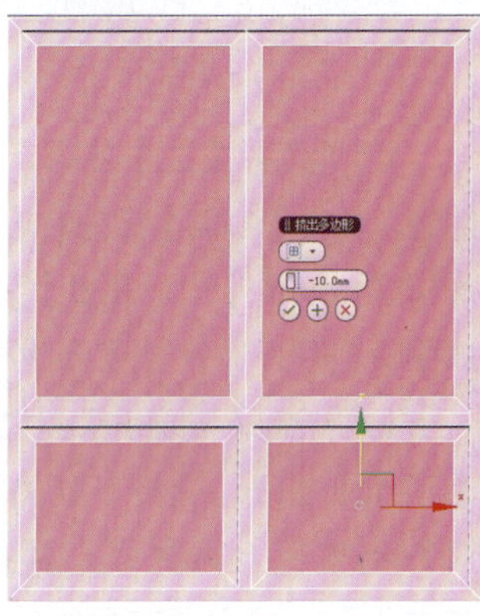

图6-35

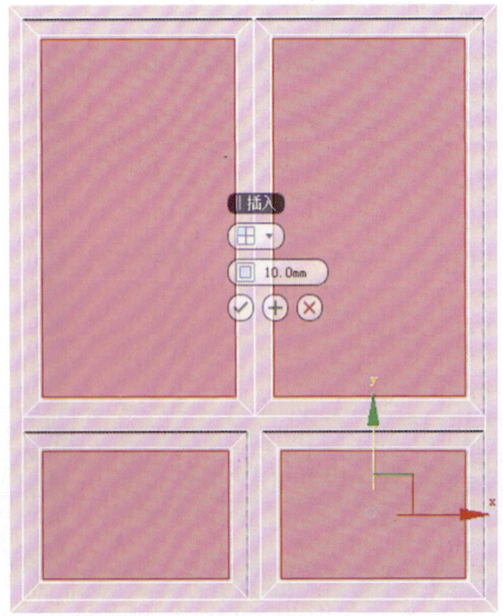

图6-36

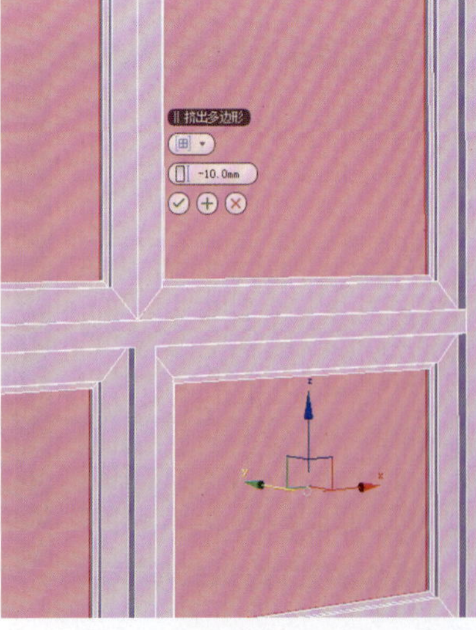

图6-37

图6-38

2．门的模型创建

（1）在顶视图中选择导入配套网盘“第6章\CAD\C立面”文件，对导入的C立面图框选并成组，命名为“C立面”，按S键开启捕捉，在顶视图中对齐墙体结构关系，并在顶视图中垂直旋转90°，在前视图中对齐上下关系，右击并执行【冻结当前选择】命令，如图6-39所示。

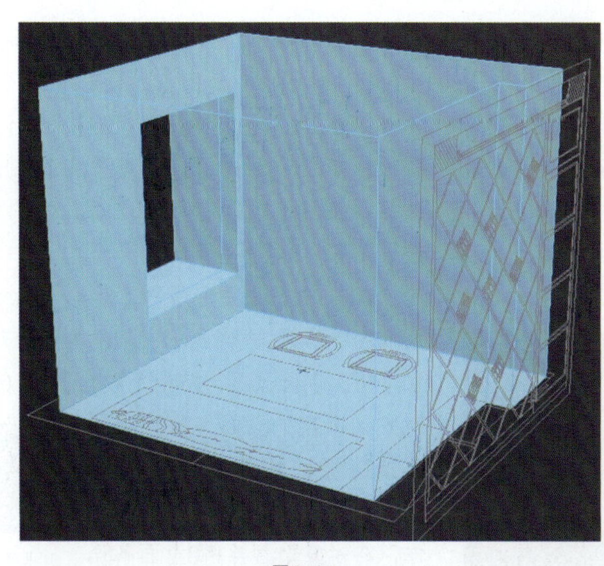
图6-39

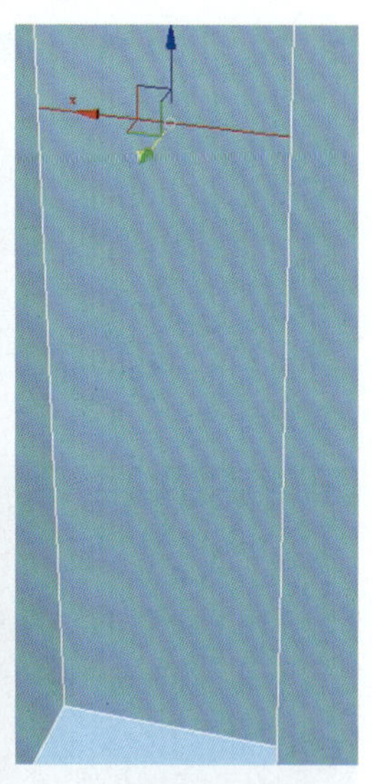
图6-40

（2）为了便于观察，将前视图切换为后视图，选择【边】层级，选择门的位置左右两边的边，执行【连接】命令，连接一条边，并参照C立面对象，调整高度到如图6-40所示的位置。

（3）选择门所在位置的面，单击【挤出】按钮右边的设置通道按钮，挤出高度为-40 mm，如图6-41所示，并将挤出的面删除，效果如图6-42所示。

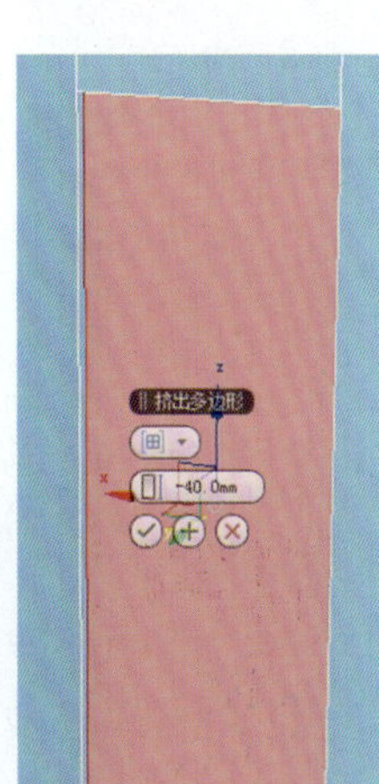

图6-41

图6-42

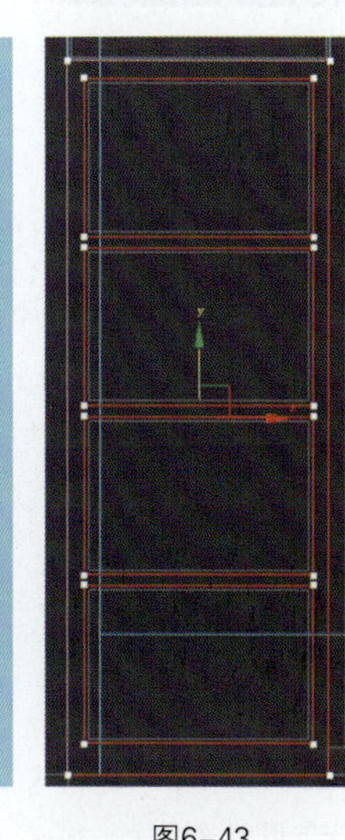
图6-43

图6-44

（4）执行【图形】→【矩形】命令，并取消勾选【开始新图形】复选框，在后视图参考C立面门的造型画出门的结构，如图6-43所示。对所画的门框添加【挤出】修改器，挤出【数量】为50 mm，并移动对齐到门洞的位置，使外侧和门洞外侧相对齐，如图6-44所示。

（5）继续执行【图形】→【矩形】命令，在后视图参考C立面门的造型画出门内侧的结构，如图6-45所示。对所画的造型添加【挤出】修改器，挤出【数量】为30 mm，并移动对齐到上一步所创建的中心，使门造型的内外侧均有10 mm的凹凸关系，效果如图6-46所示。

（6）继续执行【图形】→【矩形】命令，画出中间玻璃部分的造型，并添加【挤出】修改器，数量为10 mm，移动对齐到门造型上，如图6-47所示。

门的模型创建

图6-45

图6-46

图6-47

3. 门上方的造型建模

（1）执行【图形】→【矩形】命令，参考C立面门的上方造型线的结构，如图6-48所示。对所画的造型添加【挤出】修改器，挤出【数量】为10 mm，并移动对齐到墙体上，效果如图6-49所示。

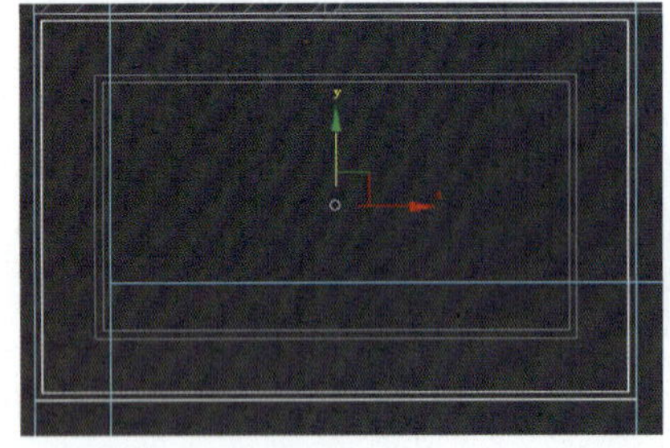

图6-48

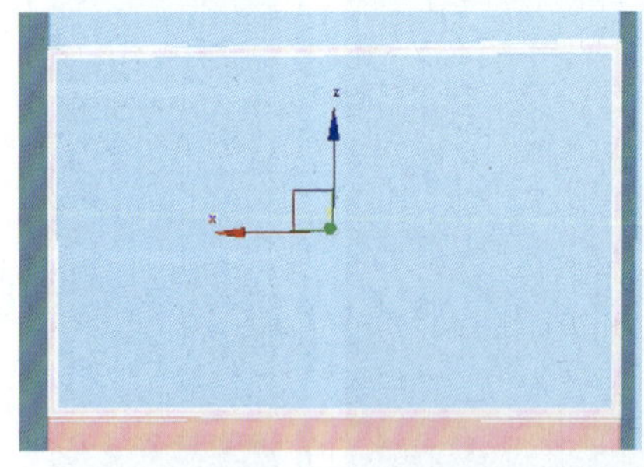

图6-49

（2）继续执行【图形】→【矩形】命令，画出内侧造型线结构，并添加【挤出】修改器，挤出【数量】为10 mm，对齐墙体后效果如图6-50所示。

图6-50

6.2.5 书架建模

（1）执行【图形】→【矩形】命令，在后视图中参照C立面画出书架的外框架，如图6-51所示，对其添加【挤出】修改器，挤出【数量】为320 mm，对齐墙体后效果如图6-52所示。

（2）执行【图形】→【线】命令，在后视图中参照C立面画出书架内部的隔板，如图6-53所示，对其添加【挤出】修改器，挤出【数量】为320 mm，对齐墙体后效果如图6-54所示。

（3）执行【图形】→【矩形】命令，在后视图中参照C立面画出书架的内侧，对其添加【挤出】修改器，挤出【数量】为10 mm，对齐到书架的立面，作为书架玻璃背板，效果如图6-55所示。至此，完成书架模型的制作，将对象隐藏并将C立面解除冻结并删除。

书架建模

图6-51

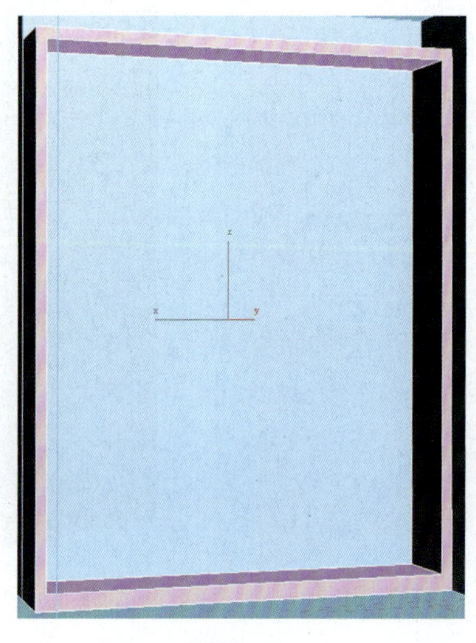

图6-52

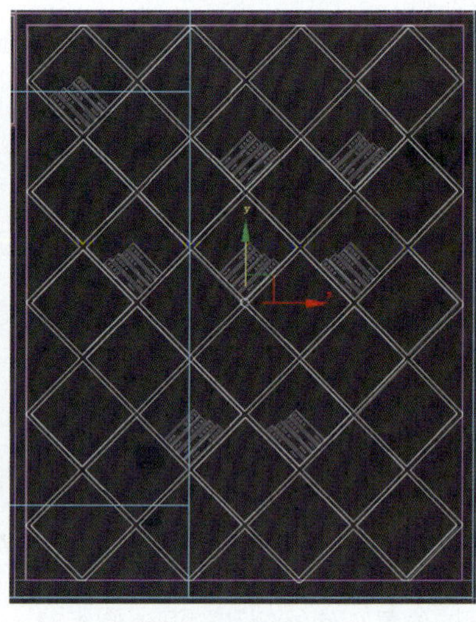

图6-53

图6-54

图6-55

6.2.6 立面造型建模

1. B立面镜框造型建模

（1）在顶视图中导入配套网盘“第6章\CAD\B立面”文件，框选对象并成组，将组命名为“B立面”，在顶视图中对齐墙体关系并垂直旋转90°，在左视图中对齐上下关系后冻结对象，效果如图6-56所示。

（2）为了便于观察，可以将墙体对象隐藏。在左视图中参考“B立面”对象，执行【图形】→【矩形】命令，画出镜框的框架，如图6-57所示。

小提示：画内部框架时，可以先画好一个矩形框后，选择【样条线】层级进行复制，效率会更高。

（3）对所画的框架添加【挤出】修改器，挤出【数量】为30 mm，并参照“平面布置图”对象对齐到墙体内侧，如图6-58所示。

（4）继续执行【图形】→【矩形】命令，用相同的方法画出内侧的造型，并添加【挤出】修改器，挤出【数量】为20 mm，里面对齐墙体，效果如图6-59所示。

小提示：这里也可以采用复制上一步所创建的框架，在【样条线】层级将外框删除后，选择所有的样条线，添加【轮廓】的方式完成，效率会更高。

（5）继续画出内侧的造型，并添加【挤出】修改器，挤出【数量】为15 mm，对齐墙体内侧，效果如图6-60所示。同样方法做出最里侧造型，挤出10 mm，对齐里侧墙体，如图6-61所示。

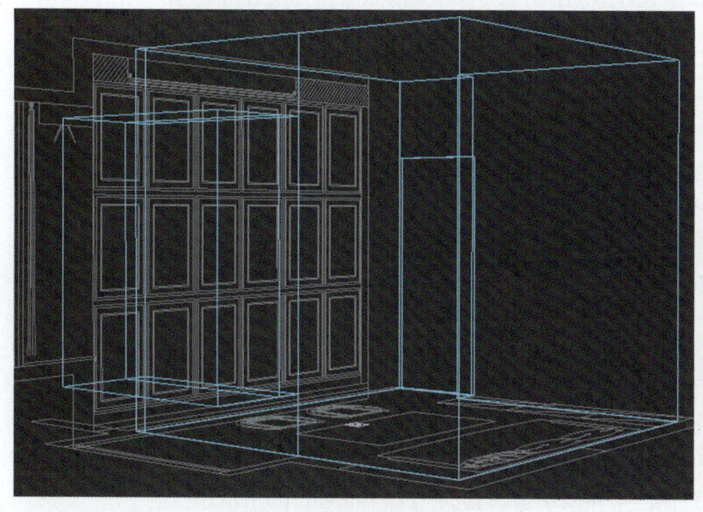

图6-56

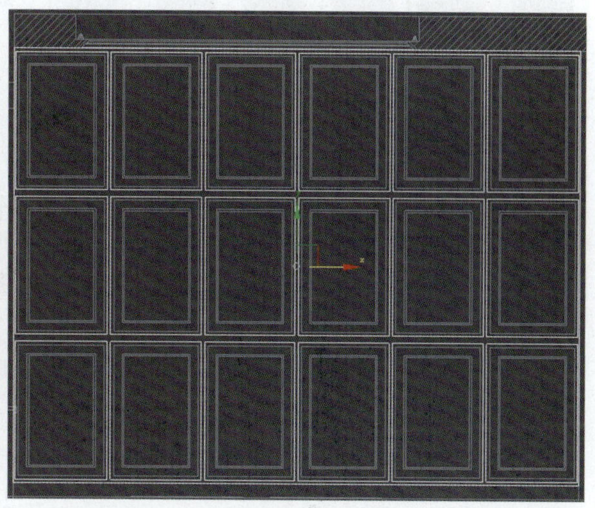

图6-57

图6-58

图6-59

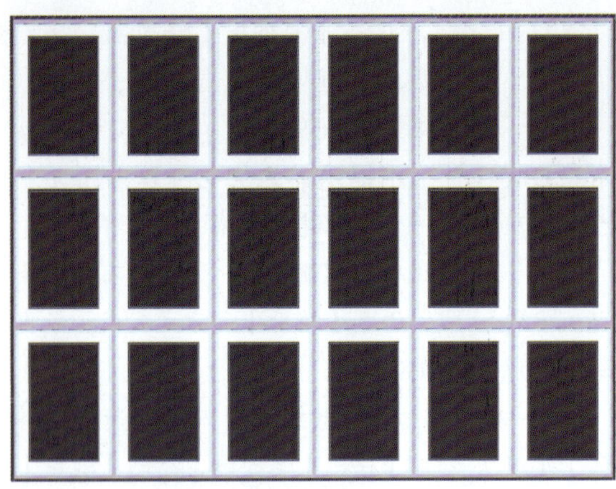

图6-60

图6-61

（6）画出内部玻璃框架，并添加【挤出】修改器，挤出【数量】为5 mm，对齐里侧墙体，最后局部效果如图6-62所示。可以将对象成组，便于后期的操作。

图6-62

（7）参考“B立面”对象和“平面布置图”对象位置，画出窗户上方的吊顶，效果如图6-63所示。将创建完的装饰镜面和窗户上方的“吊顶”对象隐藏，将“B立面”对象解除冻结并删除。

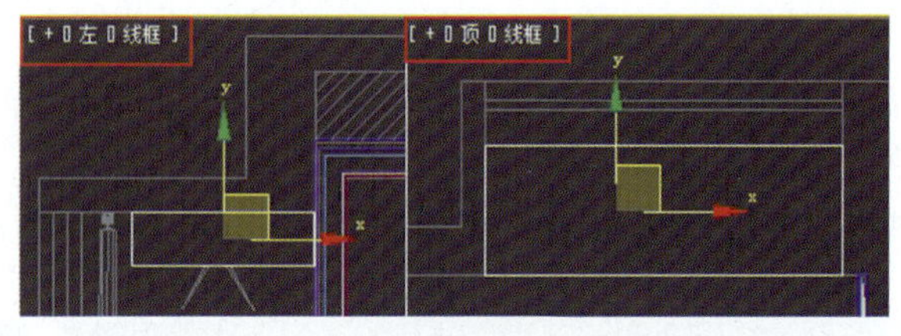

图6-63

B立面镜框造型建模

2. D立面软包模型制作

（1）在顶视图中导入配套网盘“第6章\CAD\D立面”文件，框选对象并成组，将组命名为“D立面”，在顶视图中对齐墙体关系并垂直旋转90°，在左视图中对齐上下关系后冻结对象，效果如图6-64所示。

（2）为了便于观察，可以将“墙体”对象也隐藏。在左视图中参考“D立面”对象，执行【图形】→【矩形】命令，画出硬包的边框，并添加【倒角】修改器，级别1高度设置为30 mm，级别2高度设置为10 mm，【轮廓】值设置为-10，如图6-65所示。

D立面软包模型制作

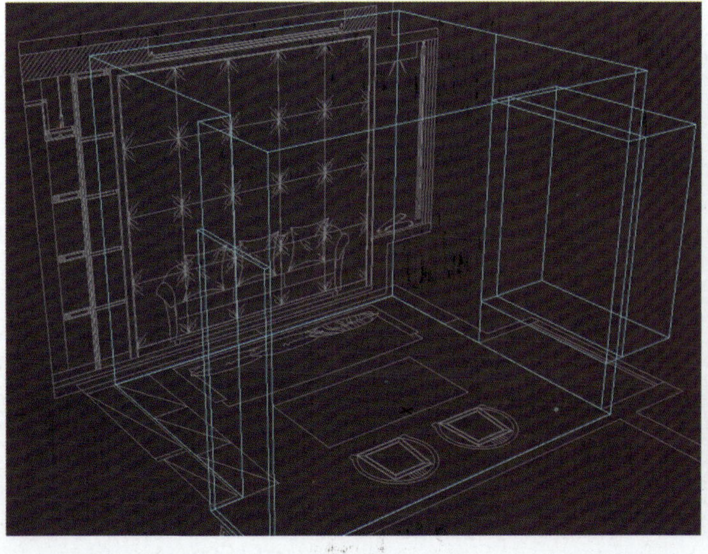

图6-64

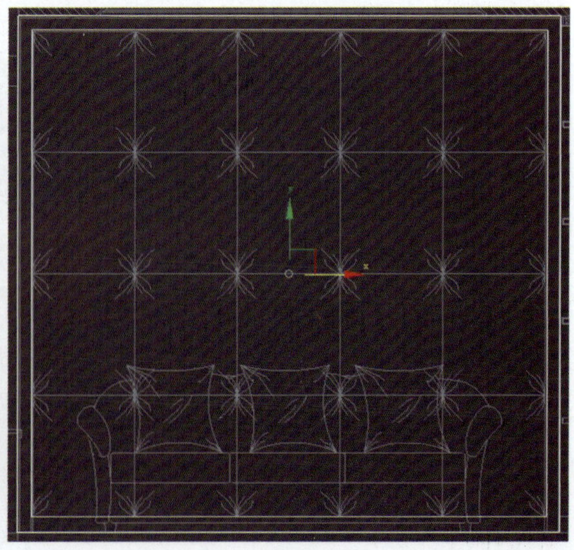

图6-65

（3）执行【几何体】→【扩展几何体】→【切角长方体】命令，参考D立面画出一个硬包的造型，参数设置如图6-66所示，得到效果如图6-67所示。

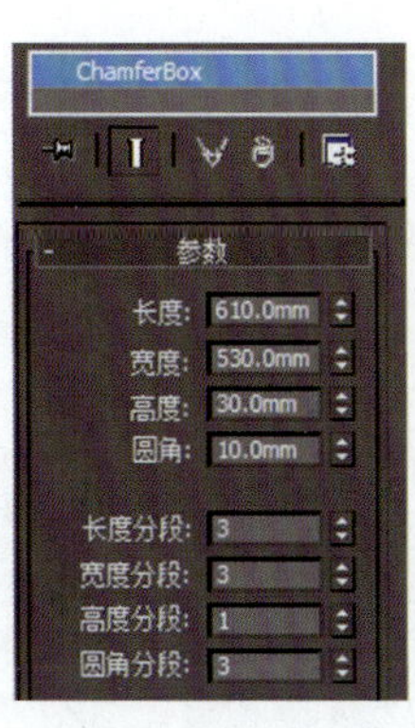

图6-66

图6-67

（4）选择所创建的硬包对象，参照D立面依次复制出其他位置的硬包，最终效果如图6-68所示。为了便于操作，将硬包对象成组。

6.2.7 创建踢脚线

创建踢脚线

（1）执行【图形】→【矩形】命令，在视图中创建一个长80 mm、宽10 mm的矩形作为踢脚线剖面。

（2）执行【图形】→【线】命令，在顶视图中参考“平面布置图”对象画线，并将门、书柜和软包部分的线段删除，对其添加【扫描】修改器，拾取上一步所创建的剖面，并调整对齐方式，命名为“踢脚线”，得到的效果如图6-69所示。

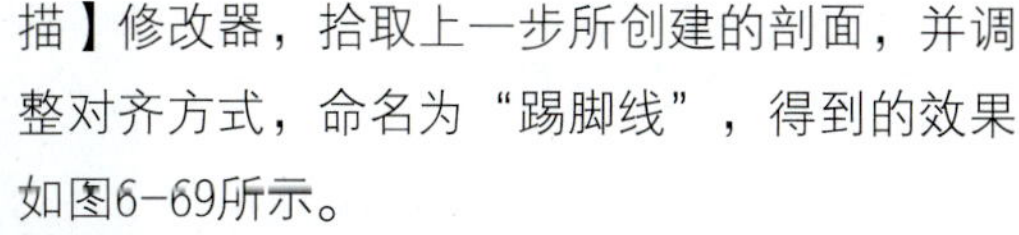

（3）将所有隐藏的物体显示出来，将CAD文件解除冻结并删除，将“踢脚线”对象转换为可编辑多边形，调整镜面造型下端踢脚线的点，使之和镜面造型下端齐平，最终效果如图6-70所示。

6.3 整理及合并家具模型

6.3.1 模型整理

分离顶面和地面，选择“墙体”对象，按Alt+Q组合键孤立对象，选择【多边形】层级，选择墙体对象的顶面，执行【分离】命令，命名为“屋顶”，继续选择将地面分离出来，命名为“地面”，分离后的效果如图6-71所示。

图6-68

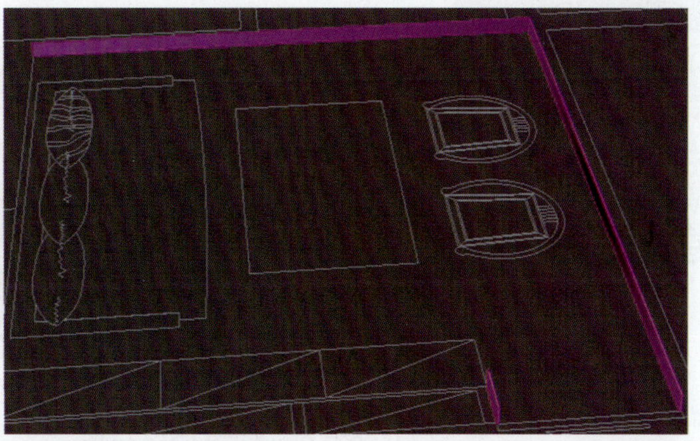

图6-69

整理及合并家具模型

图6-70

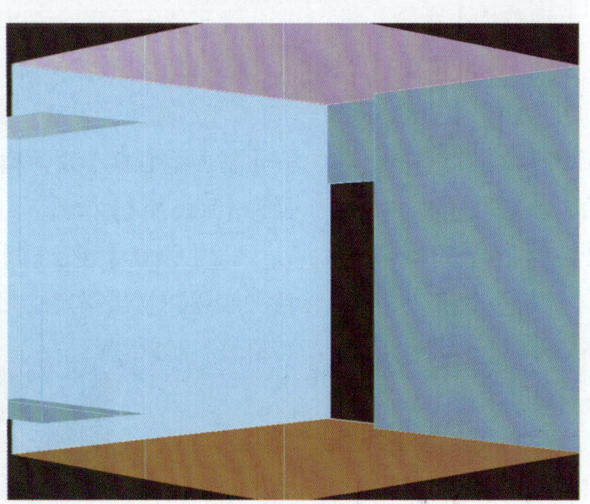

图6-71

6.3.2　合并家具模型

选择配套网盘“第6章\Max\调用模型”文件，依次将家具模型合并到场景中，效果如图6-72所示。

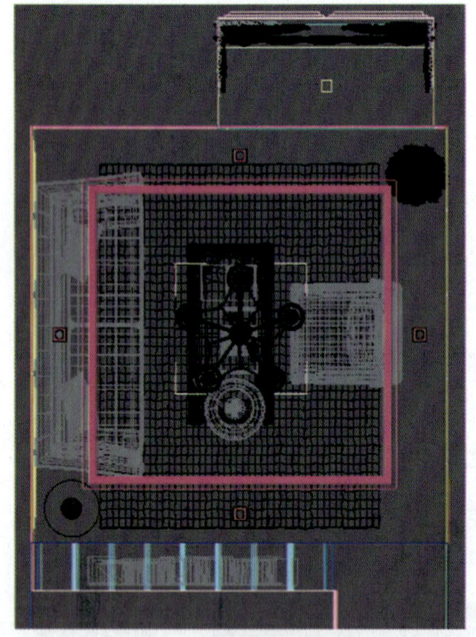

图6-72

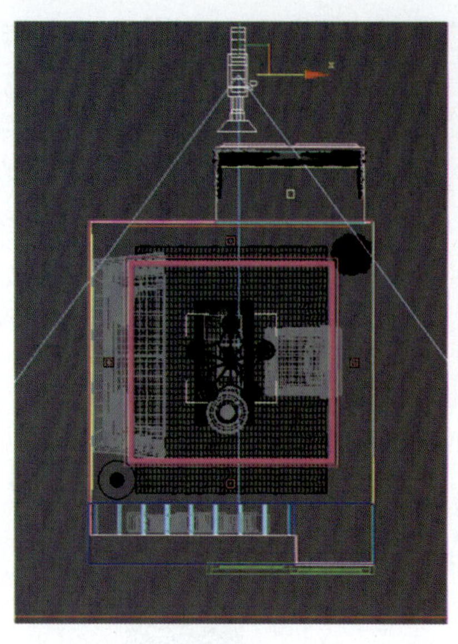

图6-73

创建摄影机

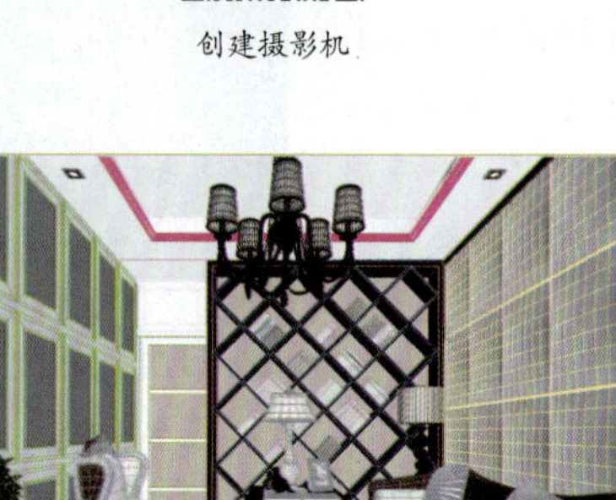

图6-74

6.4　创建摄影机

（1）选择【摄影机】，在顶视图中从窗户位置往门和书柜的方向创建一个摄影机，将【镜头】设置为24 mm，执行【手动剪切】命令，设置【近距剪切】值为1 500 mm，【远距剪切】值为6 000 mm，【摄影机】的Z轴高度为1 100 mm，选择摄影机的目标点，高度也设置为1 100 mm，调整后的摄影机显示范围如图6-73所示。

（2）在透视图中按C键，切换到摄影机视图，并在摄影机视图按Shift+F组合键显示可渲染范围，正确显示场景，最终的效果如图6-74所示。

6.5　赋予场景材质

6.5.1　设置VRay渲染器

打开【渲染设置】对话框，将渲染器设置为【VRay Adv 3.60.03】，如图6-75所示。

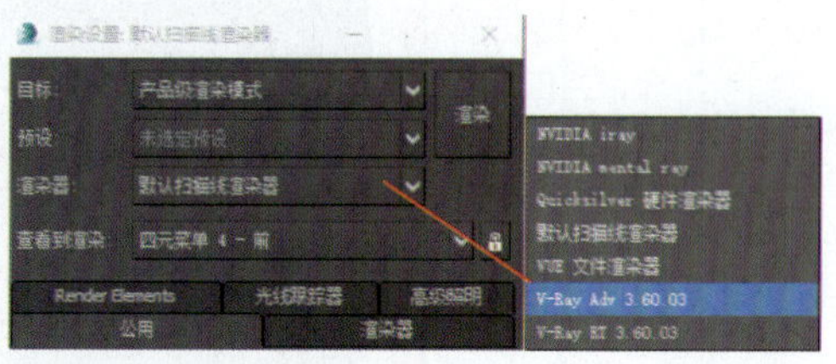

图6-75

6.5.2　指定VRay材质

指定VRay材质

为了便于观察，可以将场景中合并的家具模型隐藏。

1. 白色乳胶漆材质

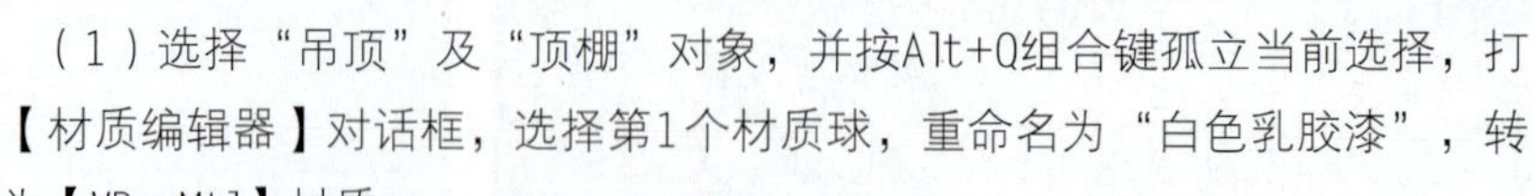

（1）选择“吊顶”及“顶棚”对象，并按Alt+Q组合键孤立当前选择，打开【材质编辑器】对话框，选择第1个材质球，重命名为“白色乳胶漆”，转换为【VRayMtl】材质。

（2）设置【漫反射】颜色RGB值为248、248、248，单击按钮，将“白色乳胶漆”材质指定给吊顶和分离的顶面，如图6-76所示，并将“吊顶”及“顶棚”对象隐藏。

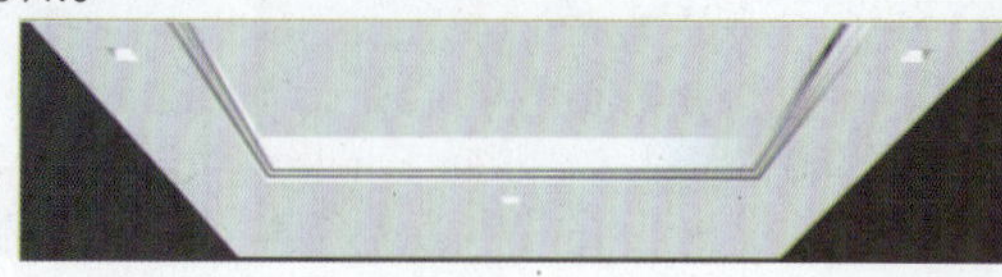

图6-76

2. 墙体材质

墙体材质也用“白色乳胶漆”材质，直接将上一步所设置的材质指定给墙体即可，效果如图6-77所示。

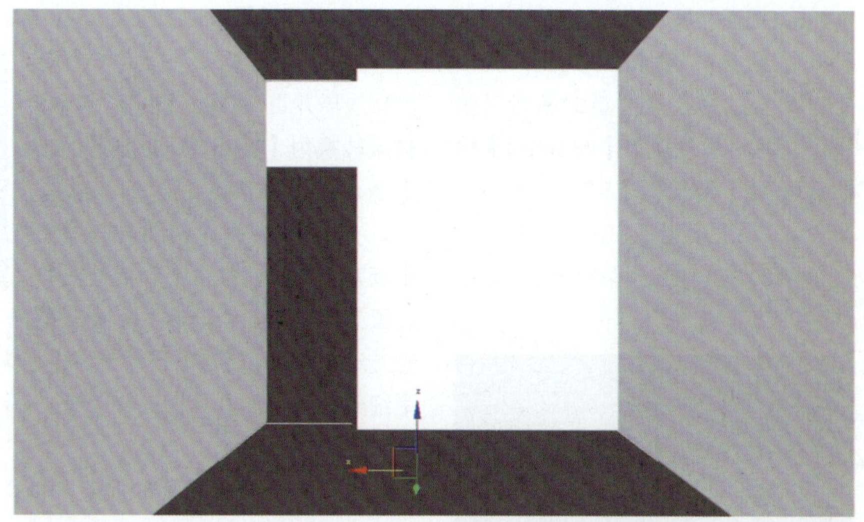

图6-77

3. 地面铺装材质

（1）选择“地面”对象并孤立选择，指定一个新的材质球，重命名为“木地板”，将材质转换为【VRayMtl】材质，在【漫反射】贴图通道中添加“木地板01”贴图，【模糊】值为0.1。在【反射】贴图通道中添加【衰减】贴图，并将【衰减类型】设置为【Fresnel】，侧面颜色设置为淡蓝色，RGB值为190、228、255，如图6-78所示。设置【高光光泽】值为0.75，【反射光泽】值为0.91，【细分】值为15，如图6-79所示。在【凹凸】贴图通道中添加同一张“木地板001”贴图，【凹凸】值为15。

图6-78

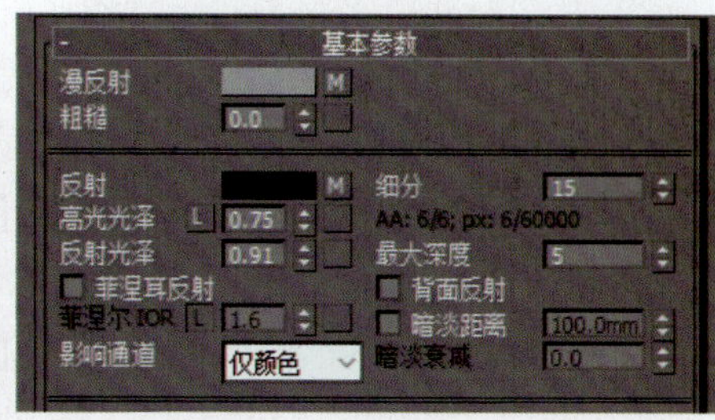

图6-79

（2）对“地面”对象添加【UVW贴图】修改器，选择【平面】类型，并设置长、宽尺寸为900 mm×480 mm，完成贴图设置后的效果如图6-80所示。

图6-80

4. 白色油漆材质

（1）选择镜框造型，指定一个新的材质球并重命名为“白色油漆”，将材质转换为【VRayMtl】材质，设置【漫反射】RGB值为255、255、255，在【反射】贴图通道中添加【衰减】贴图，并将【衰减类型】设置为【Fresnel】。设置【高光光泽】值为0.75，【反射光泽】值为0.85，【细分】值为15，效果如图6-81所示。

（2）选择“踢脚线”“门框”“窗框”“窗台”“窗户吊顶”对象，将“白色油漆”材质也指定给所选对象，效果如图6-82所示。

图6-81　　图6-82

5. 镜面材质

（1）选择镜框内部的镜面，指定一个新的材质球并重命名为“银镜”，将材质转换为【VRayMtl】材质，设置【漫反射】RGB值为45、45、45，【反射】RGB值为180、180、180，其他参数保持不变，效果如图6-83所示。

图6-83

（2）选择推拉门中间的镜面造型和书架背板，指定一个新的材质球并重命名为“茶镜”，将材质转换为【VRayMtl】材质，设置【漫反射】RGB值为61、51、45，并将【漫反射】的色块拖动到【反射】的色块处复制对象，使两者的颜色相同，其他参数保持不变，效果如图6-84所示。

图6-84

6. 书架材质

（1）选择书架，指定一个新的材质球并重命名为“书架”，将材质转换为【VRayMtl】材质，在【漫反射】贴图通道添加“木纹001”，在【反射】贴图通道添加【衰减】贴图，并将【衰减类型】设置为【Fresnel】，并设置【高光光泽】值为0.65，【反射光泽】值为0.95，【细分】值为20，如图6-85所示，得到的效果如图6-86所示。

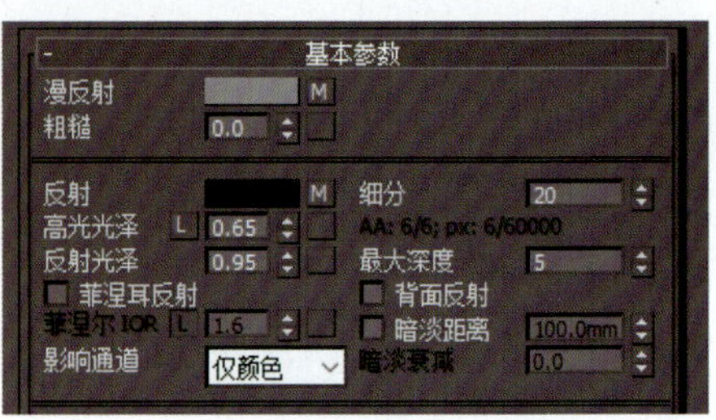

图6-85

图6-86

（2）选择硬包造型的框架，将“书架”材质也指定给对象即可。

7. 硬包材质

（1）选择硬包，指定一个新的材质球并重命名为“硬包”，将材质转换为【VRayMtl】材质，在【漫反射】贴图通道添加“皮革008”，【模糊】值设置为0.2，在【反射】贴图通道添加【衰减】贴图，并将【衰减类型】设置为【Fresnel】，设置【高光光泽】值为0.65，【反射光泽】值为0.75，【细分】值为20，效果如图6-87所示。

图6-87

8. 窗户玻璃材质

选择“玻璃”对象，选择一个新的材质球并转换为【VRayMtl】材质，设置【漫反射】的RGB值为197、220、207，设置【反射】为白色，勾选【菲涅耳反射】复选框，设置【折射】为白色，勾选【影响阴影】复选框，选择【颜色+Alpha】，如图6-88所示。

至此，场景中所有材质设置完成，可以将隐藏的对象全部取消隐藏，如图6-89所示。

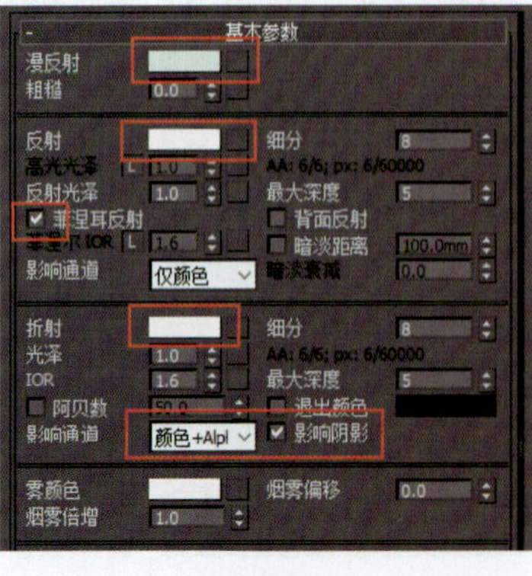

图6-88

图6-89

6.6　灯光设置

本场景主要采用室外环境光加室内灯带光、射灯光的方式来表现场景空间气氛。

6.6.1　环境光的创建

（1）设置室外环境光，在【创建】面板中选择【灯光】选项，在下拉列表中选择【VRay】。选择【VRayLight】，在前视图中窗户所在的位置创建一个VR面光，视图间的位置关系如图6-90所示。

（2）修改【倍增器】值为8，【颜色】RGB值为89、174、254，勾选【不可见】复选框，取消勾选【影响反射】复选框。

6.6.2　室内灯带光的表现

（1）选择“吊顶”对象并孤立选择，选择【VRayLight】，在顶视图中沿预留灯带的位置创建一个VRay面光，设置灯光的【倍增器】值为8，【颜色】RGB值为235、144、47，并勾选【不可见】复选框，取消勾选【影响反射】复选框。

（2）调整高度到灯槽位置，执行【镜像】命令，沿*Y*轴镜像，用【实例】的方式复制完成其他位置的灯带，如图6-91所示。

6.6.3　射灯灯光的表现

（1）选择【VRayIES】，在前视图中射灯模型的下方创建一个VRayIES光，并在光域网通道处加载光域网文件“TD-004.ies”，其他参数保持默认，用【实例】的方式复制完成其他位置的射灯，射灯布置如图6-92所示。

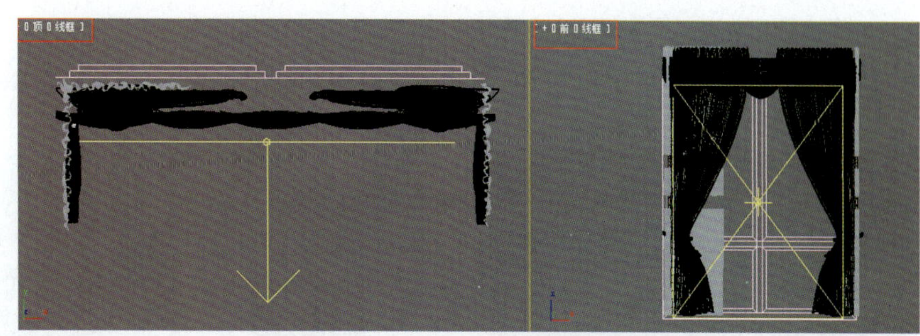

图6-90

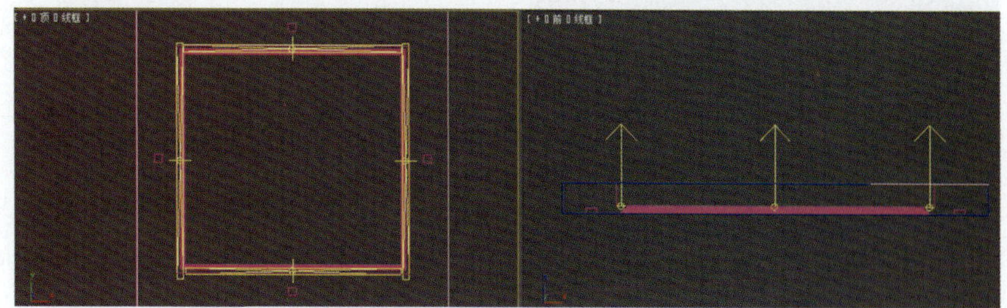

图6-91

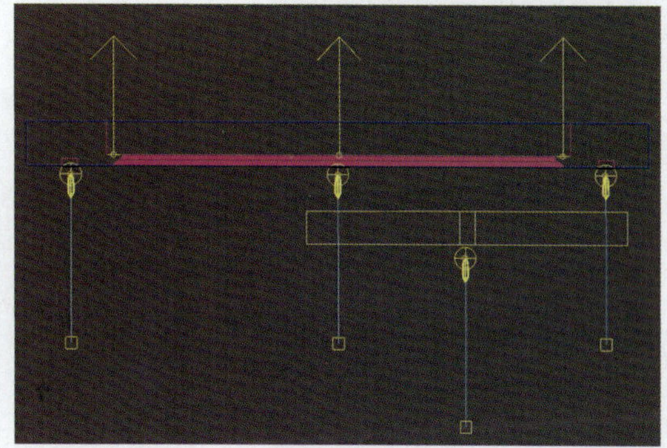

图6-92

灯光设置

（2）可以根据测试渲染的情况灵活补光，补光的方法前面已经介绍，这里就不再叙述。

6.7　渲染设置

6.7.1　测试渲染设置

（1）打开【渲染设置】对话框，将【公用】选项卡下的【输出大小】设置为500×375，如图6-93所示。

（2）设置【VRay】选项卡如图6-94所示，【GI】选项卡设置如图6-95所示。

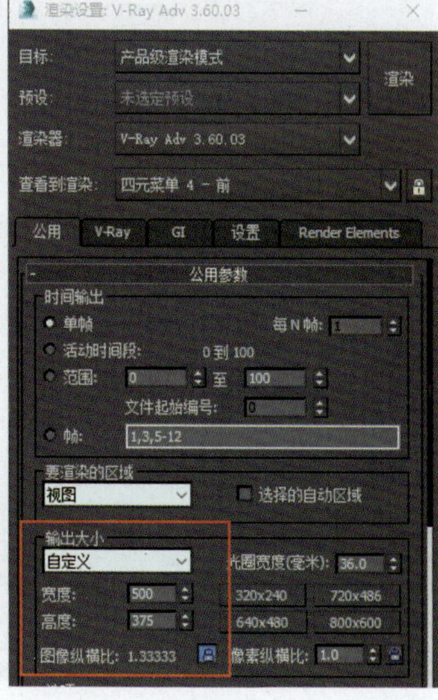

图6-93

（3）测试渲染，得到如图6-96所示效果。

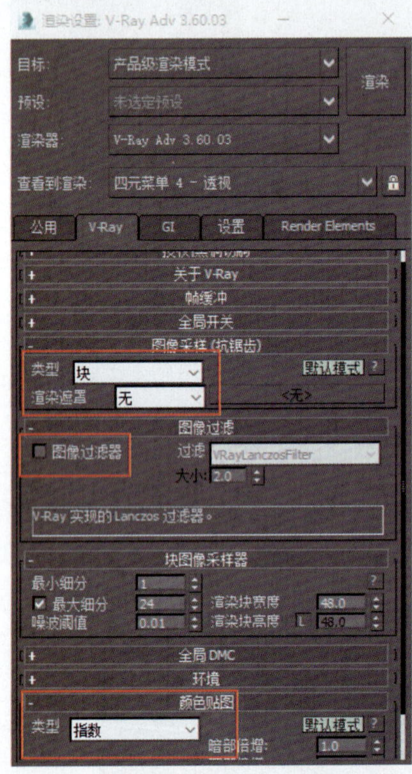

图6-94

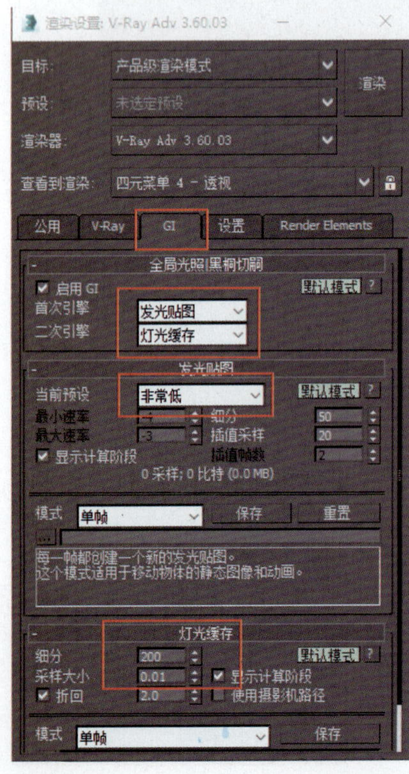

图6-95

测试渲染设置

图6-96

6.7.2 最终渲染设置

（1）打开【渲染设置】对话框，将【公用】选项卡下的【输出大小】设置为3 500×2 625，并保存为“书房.tga”。

（2）设置【VRay】选项卡如图6-97所示，【GI】选项卡设置如图6-98所示。

（3）在【VRay】选项卡下，选择“全局DMC”卷展栏，把默认模式切换为【高级模式】，参数设置如图6-99所示。

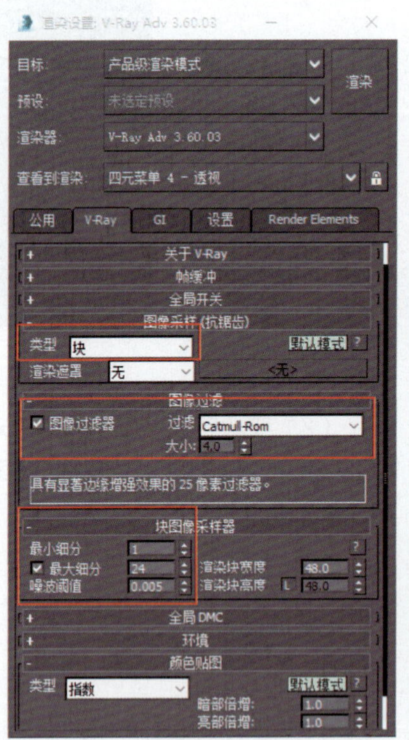

图6-97

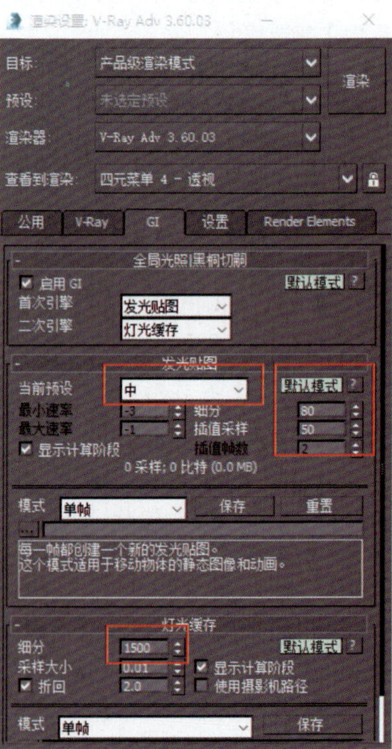

图6-98

图6-99

（4）设置完成后单击【渲染】按钮进行渲染，渲染完成后的效果如图6-100所示。

图6-100

6.7.3 渲染AO图

（1）保存场景，删除场景中所有灯光，保存图像名为“书房AO”。

（2）选择【VRay】选项卡，展开【全局开关】卷展栏，勾选【覆盖材质】复选框并单击后面的设置通道按钮，对其添加“灯光”材质，将添加的灯光材质拖动到一个材质球上，在弹出的对话框中选择【实例】方式复制，在【VR灯光材质】的【颜色】通道处添加【污垢】材质，将【半径】参数设置为500，【细分】值设置为25，如图6-101所示。

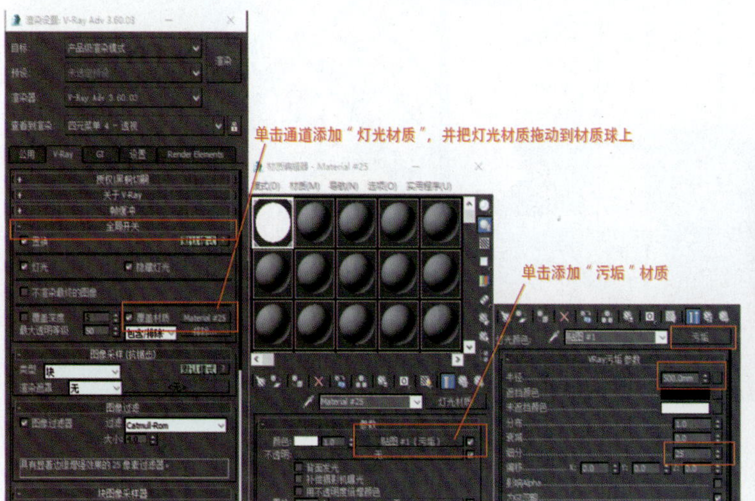

图6-101

（3）对【GI】选项卡进行如图6-102所示的设置，取消勾选“启用GI”复选框。

（4）设置完成后单击【渲染】按钮进行渲染，渲染完成后的AO图的效果如图6-103所示。

6.7.4 渲染色彩通道图

（1）执行【实用程序】→【MAXScript】命令，单击【运行脚本】按钮，如图6-104所示。在弹出的【选择编辑器文件】对话框中选择配套网盘下的【插件\材质通道脚本】程序。弹出如图6-105所示的对话框。勾选【转换所有材质】复选框，单击【转换为通道渲染场景】按钮，将场景对象材质全部转换成色彩通道。

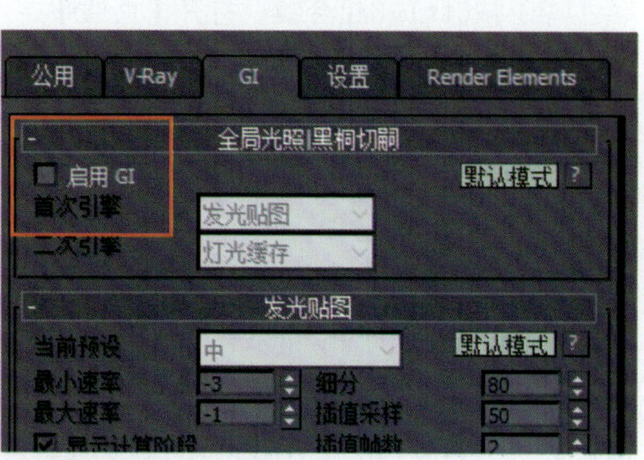

图6-102

图6-103

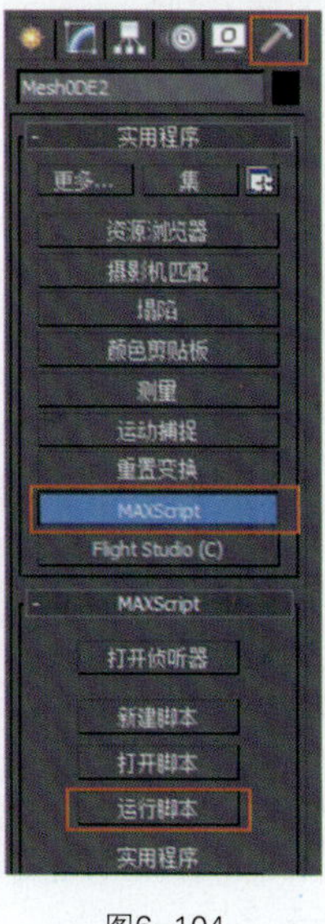

图6-104

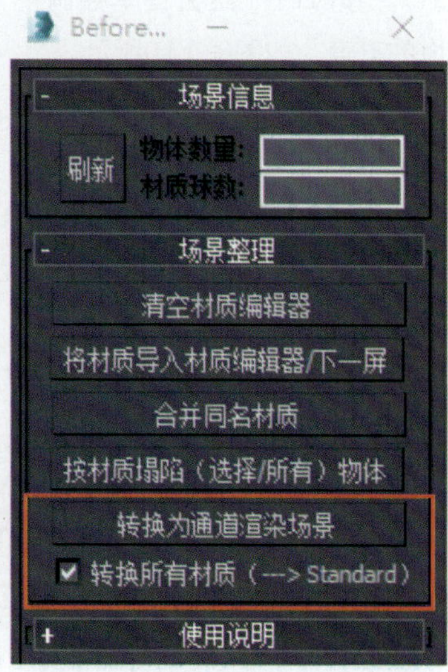

图6-105

（2）打开【渲染设置】对话框，选择【VRay】选项卡，展开【全局开关】卷展栏，取消勾选【覆盖材质】复选框，如图6-106所示。

（3）设置完成后单击【渲染】按钮进行渲染，渲染完成后的效果如图6-107所示。

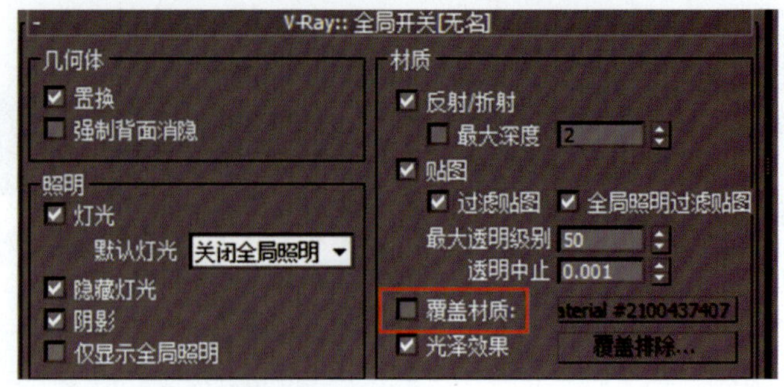

图6-106

6.8 Photoshop后期处理

（1）在Photoshop软件中打开书房效果图。按Ctrl+J组合键复制图层，生成“图层1”，选择“图层1”，执行菜单栏【图像】→【调整】→【亮度/对比度】命令，调整亮度、对比度，加强对比，使图像更清晰，如图6-108所示。

（2）按Ctrl+M组合键，打开【曲线】对话框，调整图像的明暗关系，如图6-109所示。

（3）打开渲染好的色彩通道图，执行【移动】命令，按住Shift键拖入书房图像中并与之前的效果图重合，生成“图层2”，将“图层2”的位置放置在“图层1”的下面。

（4）选择“图层2”，执行【魔棒】命令，选择吊顶色块，再选择“图层1”，按Ctrl+J组合键复制选区部分，得到“图层3”。按Ctrl+M组合键单独调整“图层3”顶面的亮度，如图6-110所示。

其他地方局部调整的方法与上面相同，这里就不再叙述。

（5）打开渲染好的AO图，执行【移动】命令按住Shift键拖入图中并与之前的效果图重合，修改图层类型为【叠加】模式，【不透明度】设置为20%，加重物体的明暗对比，增强图像的厚重感，得到的效果如图6-111所示。

（6）按Ctrl+A组合键全选图形，执行【编辑】→【描边】命令，【描边宽度】设置为20像素，【颜色】为黑色，将图像另存为.jpg格式，最终效果如图6-112所示。

图6-107

图6-108

图6–109

图6–110

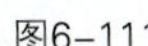

图6–111

图6–112

本章小结

本章介绍了现代中式风格书房效果图表现方法，包括书房空间模型创建，吊顶模型制作，书架模型、装饰镜面及硬包的建模方法，加强对摄影机镜头表现、VRay常用材质设置、灯光气氛表现、VRay渲染和Photoshop后期色彩通道的使用等进行了讲解。

第 7 章 餐饮空间效果图设计

◆本章知识点

餐饮空间建模方法；墙面造型及吊顶建模的方法；墙面造型及空间造型建模方法；VRay材质表现、灯光设计及渲染知识。

◆学习目标

熟练掌握公共空间建模、吊顶建模、装饰墙面造型及空间造型的建模方法；掌握公共室内空间材质设置方法、灯光布置思路和渲染知识；掌握大空间表现的技巧。

7.1 案例场景分析

本章案例为餐饮空间效果图设计，整个餐饮空间面积近300 m^2，在设计过程中注重功能区的划分。为了突出视觉空间效果，墙面和立柱采用了灯箱装饰，凸显快乐的氛围。在点餐台和用餐区之间采用隔断相隔，并采用茶镜造型增加空间通透性。在墙面颜色上采用橘黄色调，餐椅用米黄色调和深红色调相结合，增强食欲。吊顶采用圆形造型和木条组合，圆形造型中采用中国画装饰，在活跃的空间中不失稳重。由于本项目做的是投标意向效果图，只有平面布置图，并没有画顶棚图和立面图，只是参考相关的意向图完成最终的效果图设计，所以在制作过程中对尺寸不严格要求，主要看大的空间效果关系。

7.2 餐厅空间模型创建

本案例采用单面建模的方式进行空间模型的制作，以加深对不同造型空间建模方法的理解，并熟练运用相关的命令。

7.2.1 3ds Max建模前设置

（1）确认系统单位和显示单位均为毫米，如图7-1所示。

（2）捕捉设置，如图7-2所示。

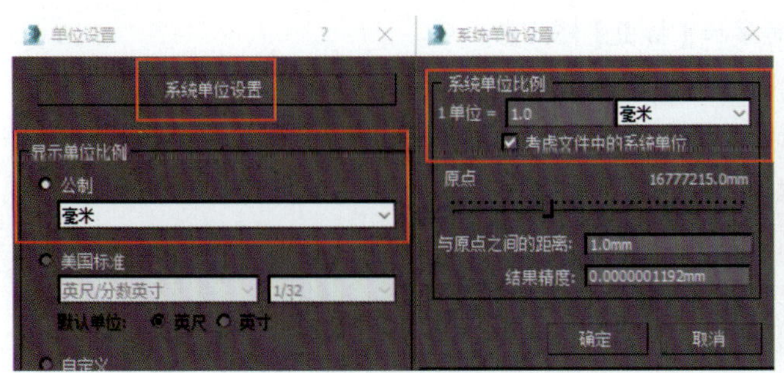

图7-1

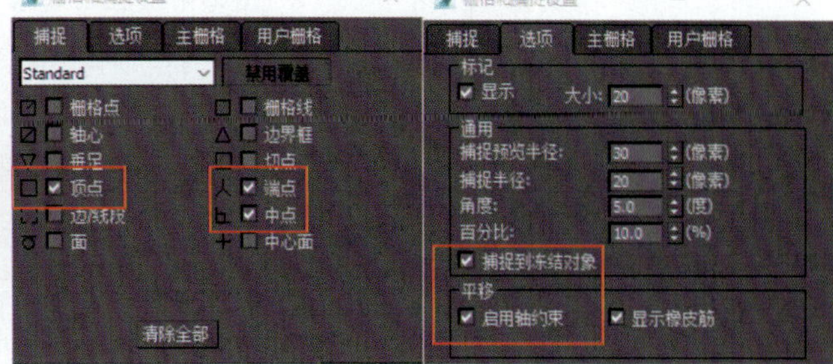

图7-2

7.2.2　餐厅空间建模

餐厅空间建模

1. 导入CAD设计图纸及设置

（1）选择导入配套网盘“第7章\CAD\快餐厅”文件。

（2）在【导入选项】对话框中保持默认参数不变，单击【确认】按钮，在顶视图按G键隐藏网格。框选所有CAD图纸，执行菜单栏【组】→【成组】命令，命名为“平面布置图”。

（3）选择“平面布置图”对象，执行【移动】命令，在状态栏将X、Y、Z坐标归零，右击，执行【冻结当前选择】命令，调整后的图纸如图7-3所示。

2. 墙体建模

（1）执行【创建】面板下的【图形】→【线】命令，在顶视图中沿用餐区墙体内侧墙画线（注意：画线过程中不要断开），并在门窗的位置生成点，画线后的效果如图7-4所示（由于空间较大，操作间等位置不用考虑建模，在模型量大的情况下需计算机的配置比较高，因此要根据自身计算机配置情况控制模型面数）。

（2）对创建的线添加【挤出】修改器，挤出的【数量】为3 000 mm，得到墙体空间模型，命名为“墙体”，如图7-5所示。

（3）选择“墙体”对象，对其添加【法线】修改器，并在对象上右击，选择【对象属性】，勾选【背面消隐】复选框，将“墙体”对象转换为可编辑多边形，得到的效果如图7-6所示。

（4）在透视图中将显示方式由【真实】改为【明暗处理】，使后期的操作更为流畅。

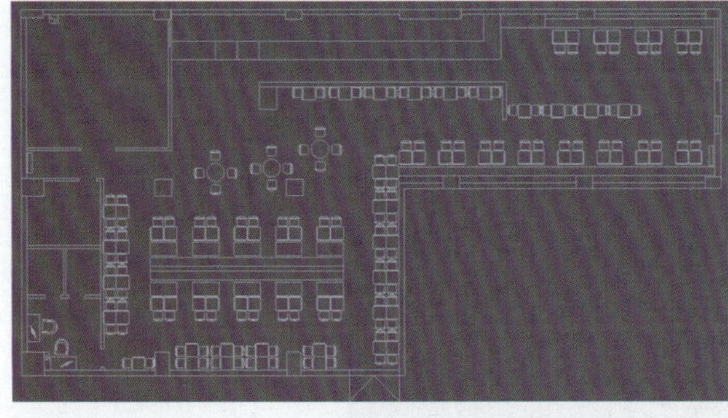

图7-3

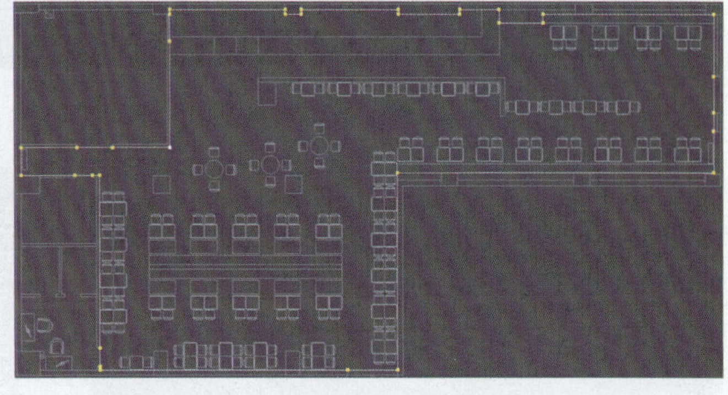

图7-4

图7-5

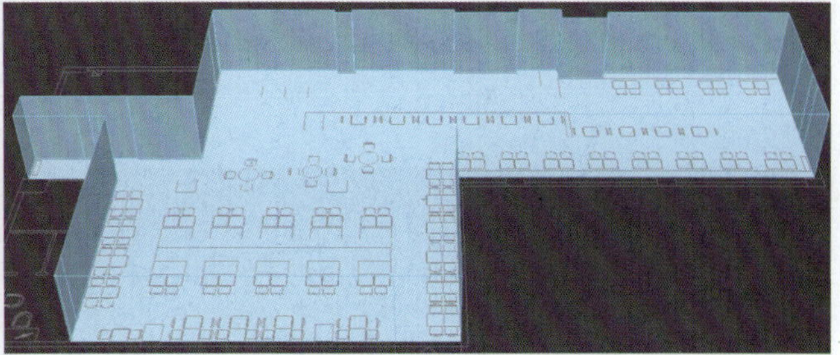

图7-6

7.2.3　吊顶模型制作

1. 边吊模型制作

（1）执行【图形】→【线】和【矩形】命令，在顶视图中画出如图7-7所示的造型（由于没有顶棚布置图，在内部吊顶空间的处理上，可以适当参考地面布置关系灵活进行，不严格要求尺寸关系）。

小提示：注意在画内部矩形造型的时候，先取消勾选 开始新图形 复选框，这样所创建的图形就自动附加在上一个对象上；如果不取消勾选，可以画完之后再执行【几何体】卷展栏下的【附加】命令，将所画的图形附加在一起后再添加【挤出】修改器。

（2）对所画的图形添加【挤出】修改器，挤出【数量】为100 mm，设置z轴的高度为2 650 mm，命名为“吊顶1”，如图7-8所示。

2. 吊顶栅格建模

（1）执行【创建】面板【标准基本体】→【长方体】命令，在顶视图中参照边吊画一个长方体，对齐两端，宽度和高度均为40 mm，长度以边吊的中空实际长度为准，并调整高度到边吊的上方对齐，如图7-9所示，

（2）将对象转换为可编辑多边形，执行菜单栏【工具】→【阵列】命令，设置x轴增量为-250 mm，1D的数量为89（可根据所建吊顶空间的长度灵活设置），先单击【预览】按钮，根据预览的结果调整复制的数量，如图7-10所示。

（3）预览的结果满意后单击【确定】按钮，得到的效果如图7-11所示。

（4）选择第一个长方体对象，并按住Shift键移动复制一个副本，如图7-12所示。将复制的对象旋转90°并对齐下端，如图7-13所示。

（5）选择【顶点】层级，选择对象左侧的所有点，移动对齐到边吊的左侧位置，如图7-14所示。

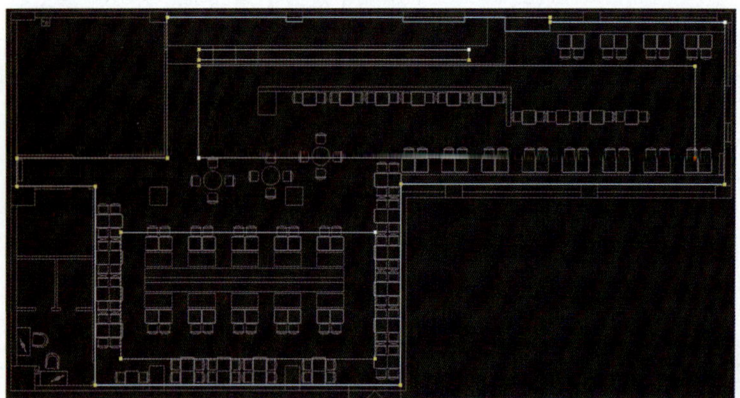

图7-7

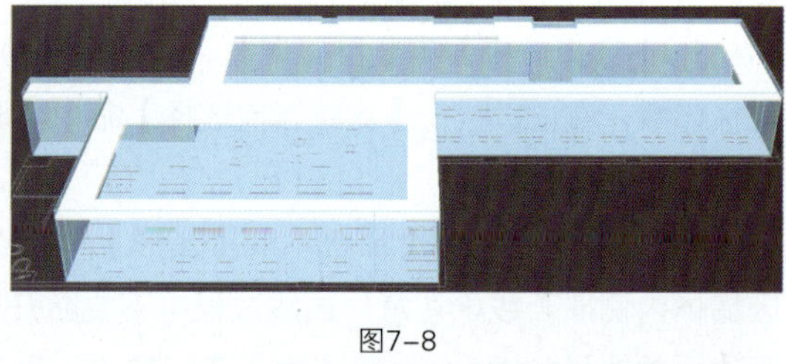

图7-8

图7-9

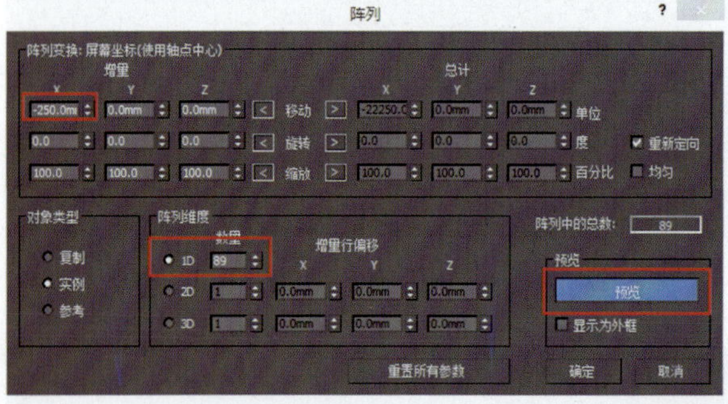

图7-10

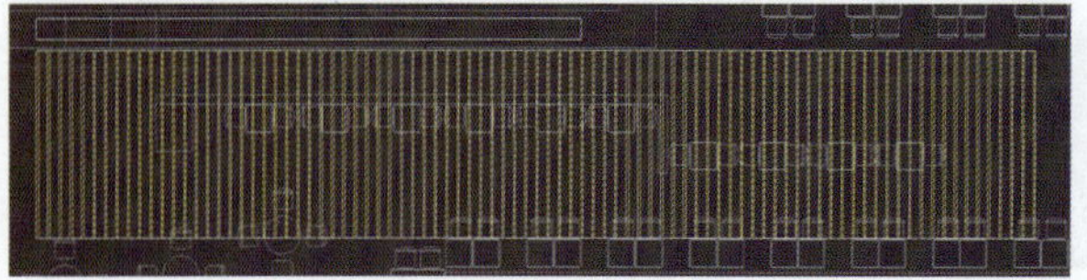

图7-11

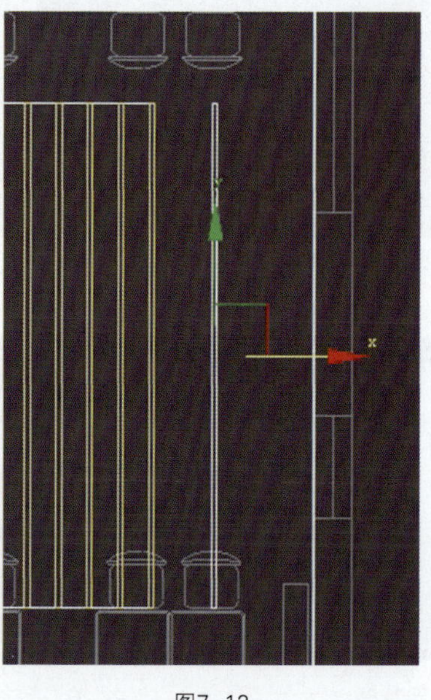

图7-12

边吊模型制作

吊顶栅格建模

（6）选择对象，执行菜单栏【工具】→【阵列】命令，设置y轴增量为250 mm，1D的数量为17（可根据所建吊顶空间的宽度灵活设置），先单击【预览】按钮，根据预览的结果调整复制的数量，如图7-15所示。

（7）预览的结果满意后单击【确定】按钮，得到的效果如图7-16所示。

（8）再次选择一个吊顶的栅格长方体对象，并按住Shift键移动复制一个副本，对齐到吊顶的另一处，并调整点的位置对齐上下端，如图7-17所示。

（9）选择对象，执行菜单栏【工具】→【阵列】命令，设置x轴增量为-250 mm，1D的数量为46，根据预览的结果调整复制的数量，如图7-18所示。

（10）预览的结果满意后单击【确定】按钮，得到的效果如图7-19所示。

（11）选择上面一个栅格造型，移动、复制一个并旋转90°，调整点的位置对齐两端，如图7-20所示。

（12）选择对象，执行菜单栏【工具】→【阵列】命令，设置y轴增量为250 mm，1D的数量为23，根据预览的结果调整复制的数量，如图7-21所示。

（13）预览的结果满意后单击【确定】按钮，得到的效果如图7-22所示。

（14）选中所有的栅格造型，执行【实用工具】→【塌陷】→【塌陷选定对象】命令，将所有的栅格塌陷为一个对象，便于后面材质指定，调整后的吊顶效果如图7-23所示。

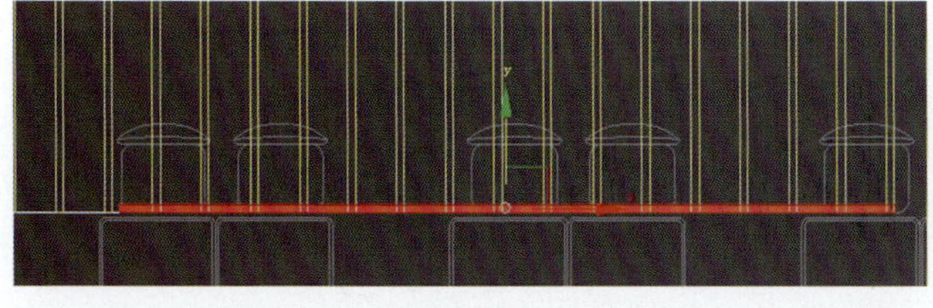

图7-13

图7-14

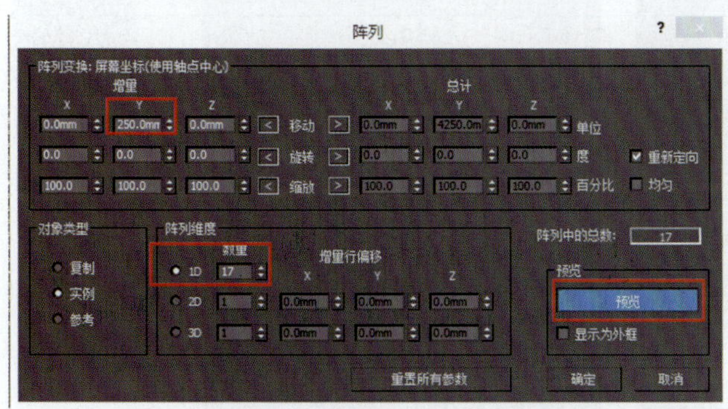

图7-15

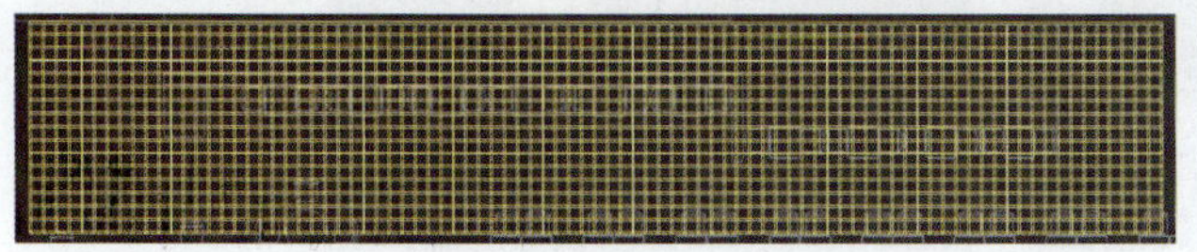

图7-16

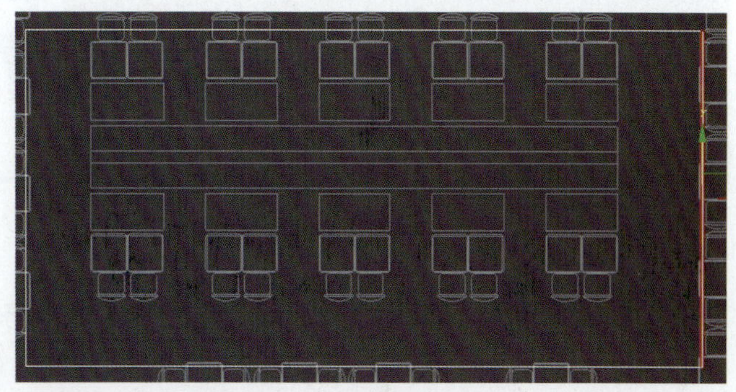

图7-17

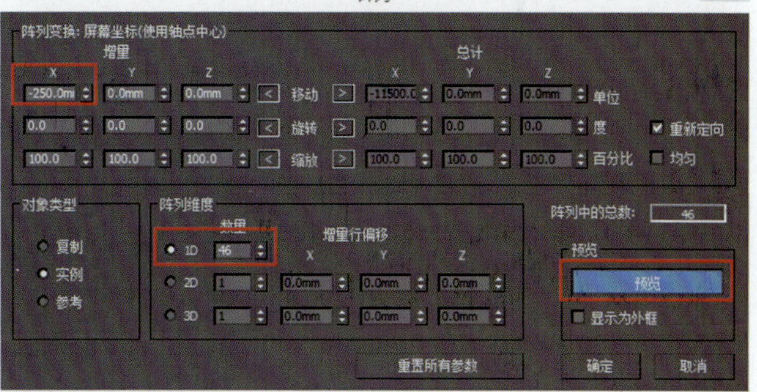

图7-18

图7-19

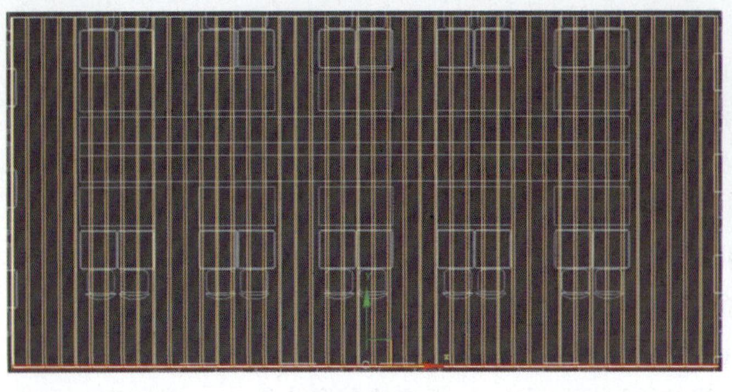
图7-20

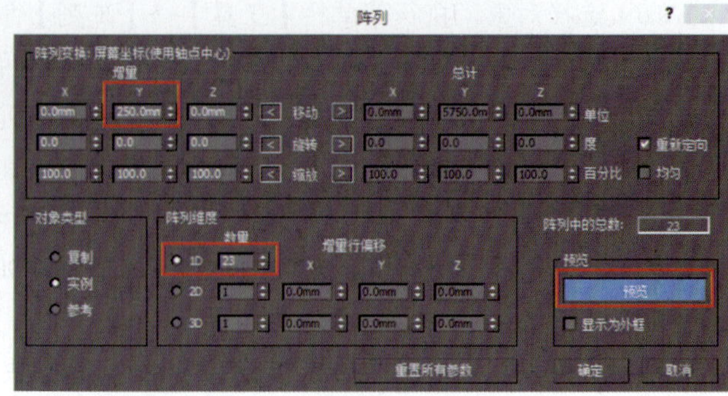
图7-21

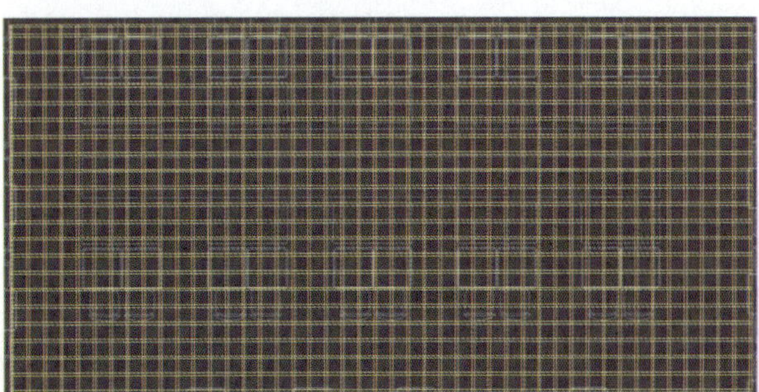
图7-22

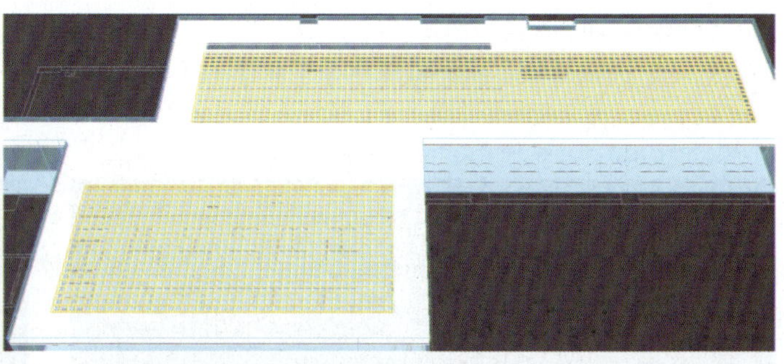
图7-23

3. 圆形装饰吊顶建模

（1）为了便于观察，先隐藏栅格造型对象。在顶视图中，执行【图形】→【圆】命令，创建一个半径为1 080 mm的圆，并将【插值】的步数设置为12，如图7-24所示。将对象转换为可编辑样条线，选择【样条线】层级，设置【轮廓】值为200 mm，执行【轮廓】命令，得到的效果如图7-25所示。对其添加【挤出】修改器，挤出【数量】为350 mm，得到的效果如图7-26所示。

（2）选中对象，按Ctrl+V组合键原地复制一个副本，选择所复制副本的【样条线】层级，如图7-27所示。选择外侧的圆形并删除，只剩下内侧圆，如图7-28所示。设置【轮廓】值为80 mm，执行【轮廓】命令，得到如图7-29所示的图形。返回【挤出】层级，修改挤出【数量】为250 mm，并调整和上一步所创建的圆环的顶端对齐，效果如图7-30所示。

图7-24

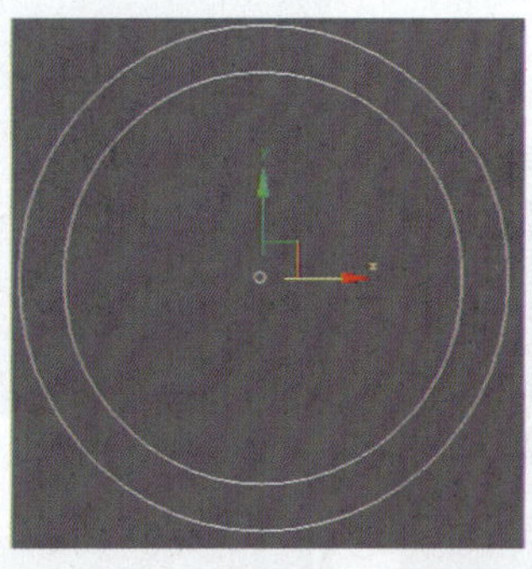
图7-25

图7-26

图7-27

圆形装饰吊顶建模

（3）选中上一步所创建的内侧对象，按Ctrl+V组合键原地复制一个副本，选择所复制的副本的【样条线】层级，选择外侧的圆形并删除，只剩下内侧圆，方法和上一步操作相同。设置【轮廓】值为130 mm，执行【轮廓】命令，得到如图7-31所示的图形。返回【挤出】层级，修改挤出【数量】为200 mm，并调整和上一步所创建的圆环的顶端对齐，效果如图7-32所示。

（4）选中上一步所创建的对象，按Ctrl+V组合键原地复制一个副本，选择【样条线】层级，选择外侧的圆形并删除，只剩下内侧圆。返回【挤出】层级，修改挤出【数量】为190 mm，并调整和上一步所创建的圆环的顶端对齐，作为贴装饰画材质的对象，效果如图7-33所示。将对象成组，便于后面的操作。

4．方形装饰吊顶建模

（1）执行【图形】→【矩形】命令，在顶视图中创建一个长1 760 mm、宽8 380 mm的矩形，并将对象转换为可编辑样条线，选择【样条线】层级，设置【轮廓】值为200 mm，并执行【轮廓】命令，得到如图7-34所示的图形。对其添加【挤出】修改器，挤出【数量】为350 mm，得到的效果如图7-35所示。

（2）选中上一步所创建的对象，按Ctrl+V组合键原地复制一个副本，选择所复制的副本的【样条线】层级，选择外侧的矩形并删除，只剩下内侧矩形。设置【轮廓】值为90 mm，执行【轮廓】命令，得到如图7-36所示的图形。返回【挤出】层级，修改挤出【数量】为250 mm，并调整和上一步所创建的矩形顶端对齐，效果如图7-37所示。

（3）继续选择内侧对象，按Ctrl+V组合键原地复制一个副本，选择【样条线】层级，选择外侧的矩形并删除。设置【轮廓】值为100 mm，执行【轮廓】命令生成图形。返回【挤出】层级，修改挤出【数量】为200 mm，并调整顶端对齐，效果如图7-38所示。

方形装饰吊顶建模

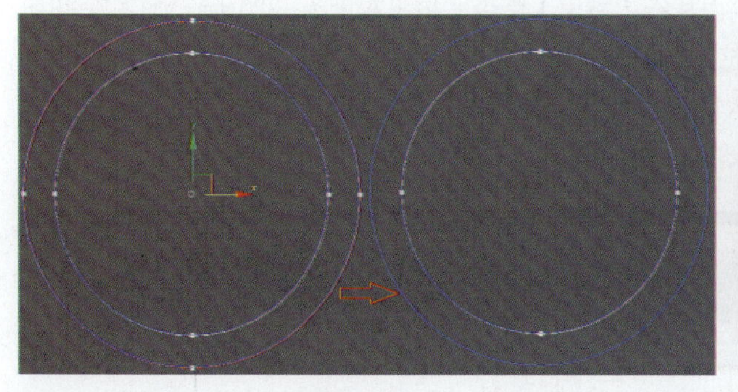
图7-28

图7-29

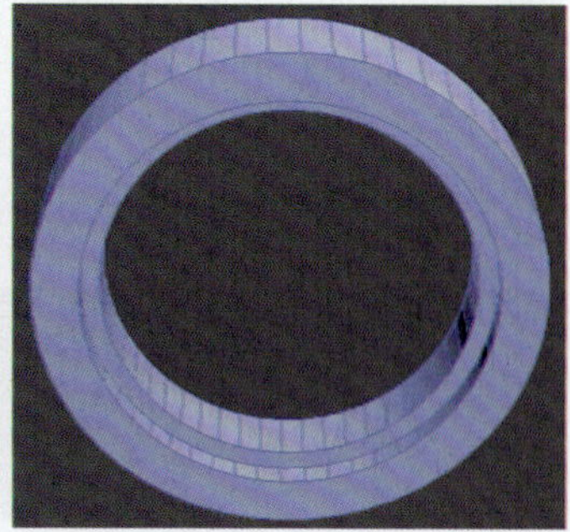
图7-30

图7-31

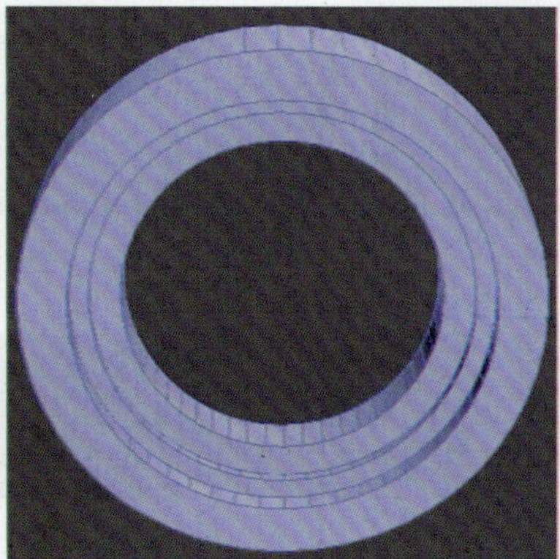
图7-32

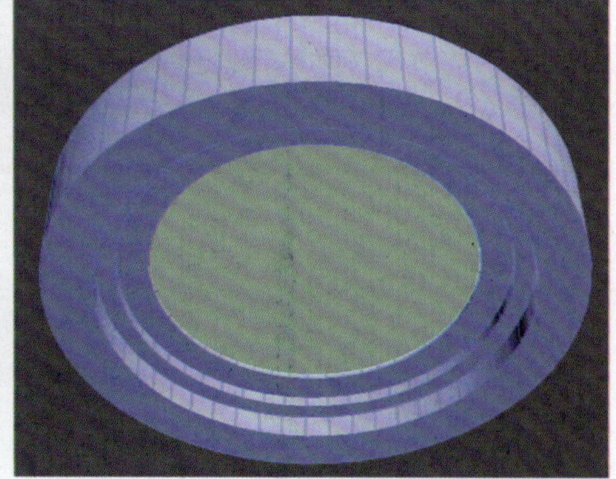
图7-33

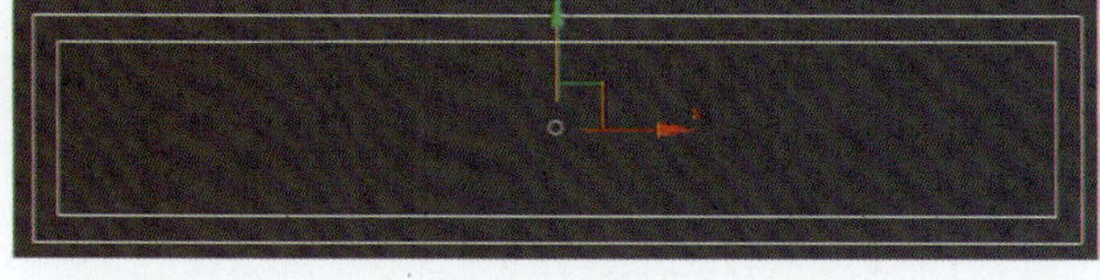
图7-34

图7-35

（4）再复制一个副本，用相同的方法删除外侧矩形，返回【挤出】层级，修改挤出【数量】为180 mm，并调整顶端对齐，效果如图7-39所示。作为贴装饰画材质的对象，并将对象成组。

5. 对齐造型

将所创建的圆形造型和方形造型调整对齐边吊模型的顶端，并参考中空的位置【实例】复制对象，效果如图7-40所示。

6. 点餐台上方的灯箱造型建模

（1）执行【图形】→【矩形】命令，在顶视图中参照吊顶位置创建一个长350 mm、宽11 900 mm的矩形，位置关系如图7-41所示。对其添加【挤出】修改器，挤出【数量】为500 mm，调整对齐到吊顶的顶端，得到的效果如图7-42所示。

（2）将对象转换为可编辑多边形，选择【多边形】层级，选择下端的面，单击【插入】按钮右边的设置通道按钮，【插入】数量为20 mm，继续执行【挤出】命令，挤出高度为-20 mm，并执行【分离】命令将挤出的面分离出来，另外指定一个颜色以区别显示，便于后期贴材质时选择。得到的效果如图7-43所示。

点餐台上方的灯箱造型建模

至此，完成吊顶模型的制作，可以将所有吊顶对象组合为一个组，便于选择操作，并将对象隐藏。

餐厅大门

7.2.4 门窗建模

1. 餐厅大门

（1）选择【边】层级，选择门左右两边的边，执行【连接】命令，连接一条边，设置z轴高度为2 200 mm，得到门的高度，如图7-44所示。选择【多边形】层级，选择门所在的面并分离，命名为“门”，并另外指定一个颜色以区别显示，如图7-45所示。

（2）选择“门”对象，选择【多边形】层级，执行【挤出】命令，挤出高度为20 mm，如图7-46所示。确定后执行【插入】命令，【插入】数量为80 mm，如图7-47所示。

（3）对所插入的面执行【挤出】命令，挤出高度为-320 mm，如图7-48所示。选择下端的面，设置z轴的高度为0，效果如图7-49所示，并将面删除。

（4）选择所插入的面，执行【分离】命令，命名为“玻璃”，另外指定一个颜色以区别显示，如图7-50所示。

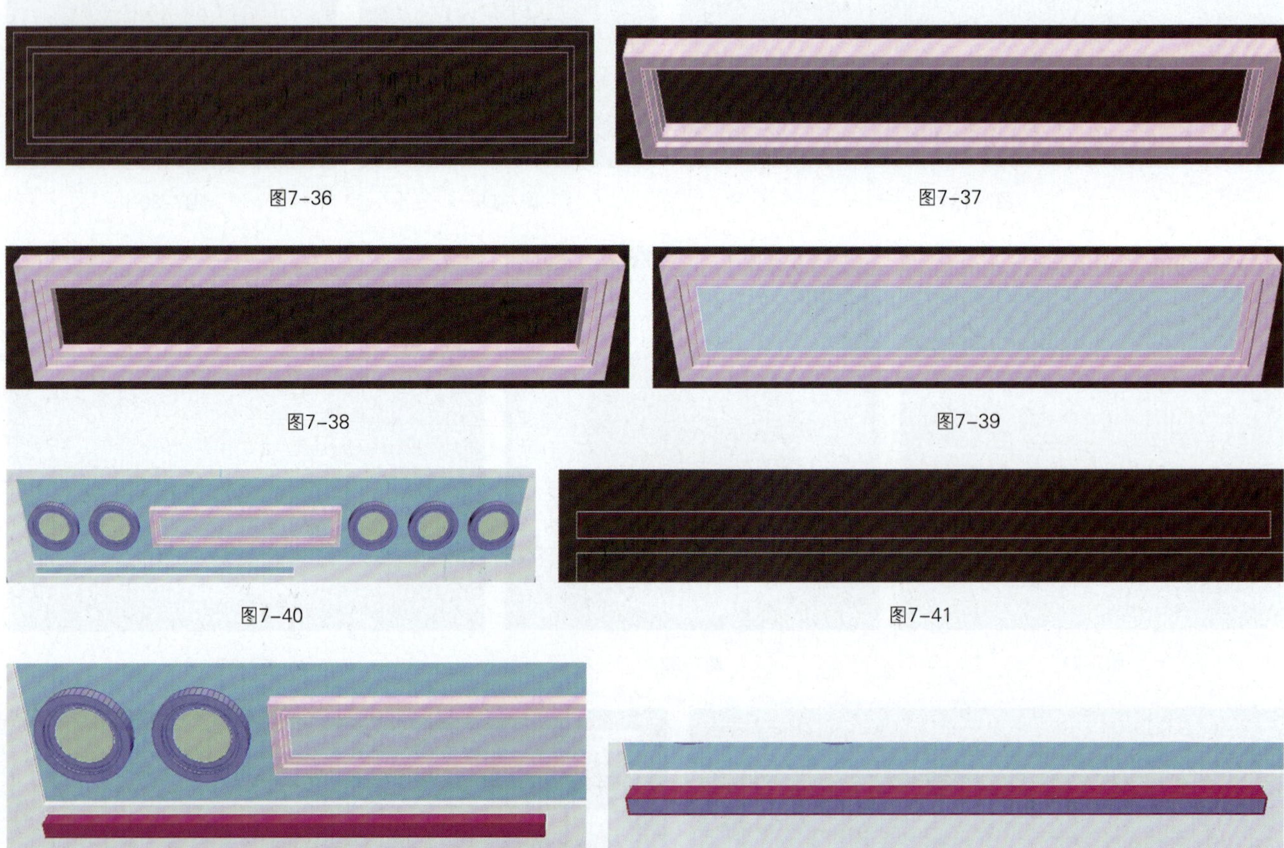

图7-36 图7-37 图7-38 图7-39 图7-40 图7-41 图7-42 图7-43

（5）选择“玻璃”对象，选择【边】层级，选择上下的边，执行【连接】命令，在中间生成一条边，对生成的边执行【切角】命令，【边切角量】设置为10 mm，如图7-51所示。选择【多边形】层级，选择左右两个面，执行【挤出】命令，挤出高度为10 mm，如图7-52所示，完成玻璃门的制作。

2. 其他位置的门

其他位置门的做法和入口大门做法相同，只是门是单开门，操作过程就不再介绍，效果如图7-53所示。

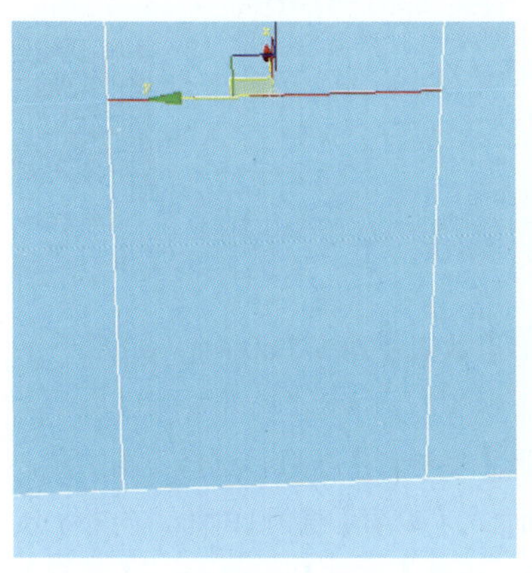

图7-44

图7-45

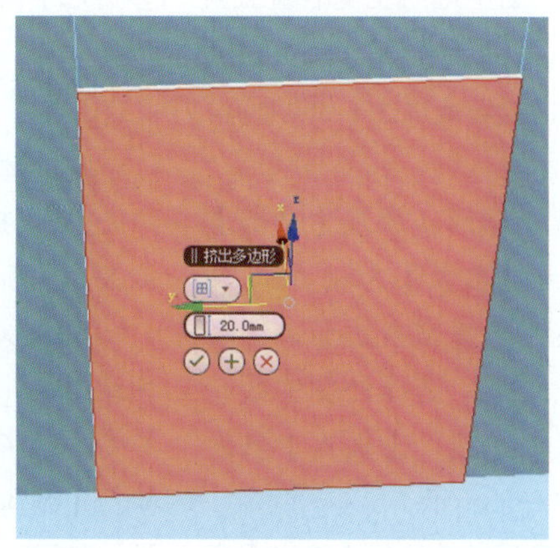

图7-46

其他位置的门

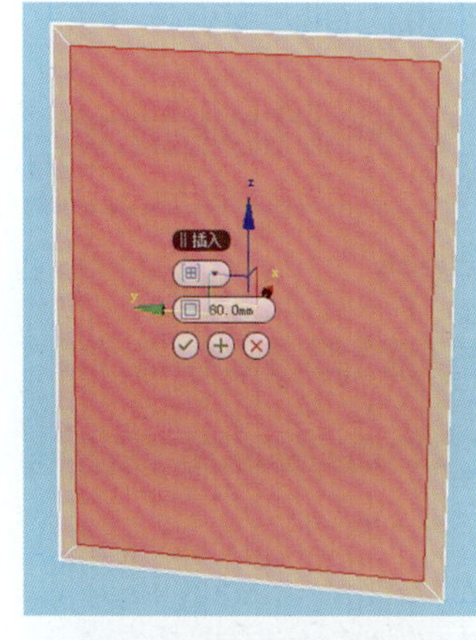

图7-47

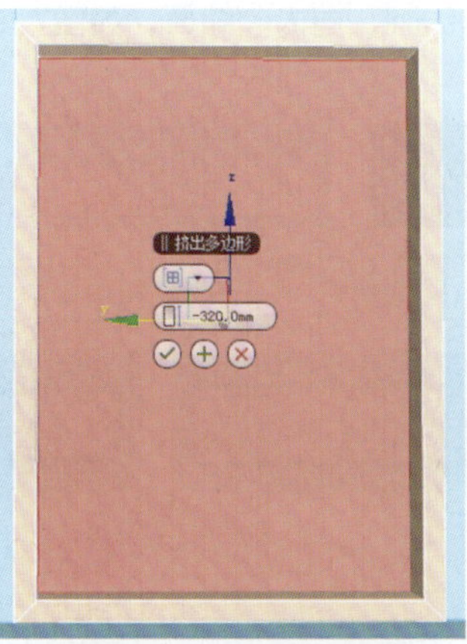

图7-48

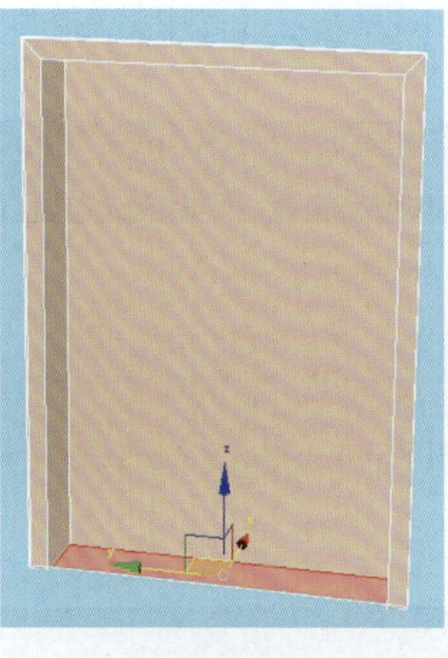

图7-49

图7-50

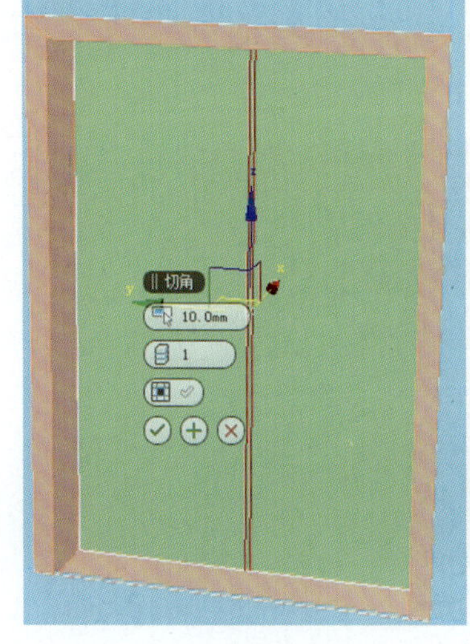

图7-51

图7-52

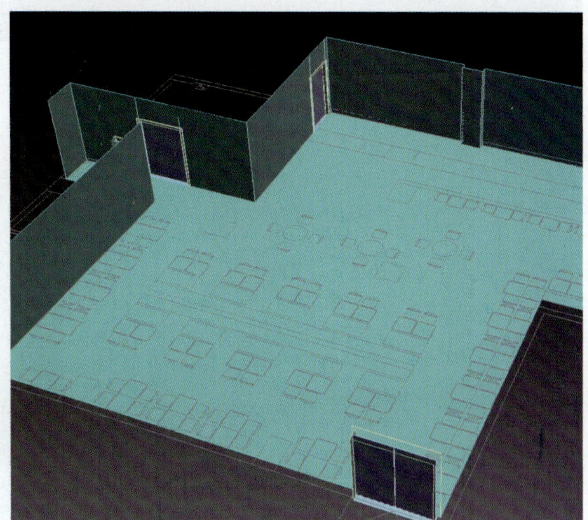

图7-53

7.2.5 墙面灯箱模型制作

1. 左侧灯箱建模

（1）执行【图形】→【矩形】命令，在前视图中进门左侧的墙上创建一个矩形，长度为1 000 mm，宽度为14 350 mm，z轴高度为1 350 mm，如图7-54所示。

（2）选择矩形，添加【挤出】修改器，挤出【数量】为60 mm，并将对象转换为可编辑多边形，选择【多边形】层级，选择外侧的面，单击【插入】按钮，【插入】值为60 mm，如图7-55所示。

（3）确定后继续执行【挤出】命令，挤出高度为－10 mm，执行【分离】命令，将挤出的面分离，并另外指定一个颜色以区别显示，如图7-56所示。

2. 右侧灯箱建模

选择左侧所创建的灯箱模型，在顶视图中移动复制一个副本，执行【镜像】命令沿y轴镜像，对齐右侧的墙体，对其添加【编辑多边形】修改器，修改点的位置对齐立柱，效果如图7-57所示。

墙面灯箱模型制作

7.2.6 隔断和餐台模型制作

隔断建模

1. 隔断建模

（1）执行【图形】→【线】命令，在顶视图中参照CAD图形绘制出隔断的平面造型，如图7-58所示。

（2）对其添加【挤出】修改器，挤出【数量】为1 150 mm，如图7-59所示。

（3）将对象转换为可编辑多边形，选择【多边形】层级，选择上端的面，执行【倒角】命令，设置【高度】值为10 mm，【轮廓】值为10 mm，向外扩展面，如图7-60所示。单击中间的【+】按钮，设置【高度】为30 mm，【轮廓】值为0 mm，如图7-61所示；继续单击【+】按钮，将【高度】值改为10 mm，【轮廓】值改为-10 mm，向内收缩面，如图7-62所示。

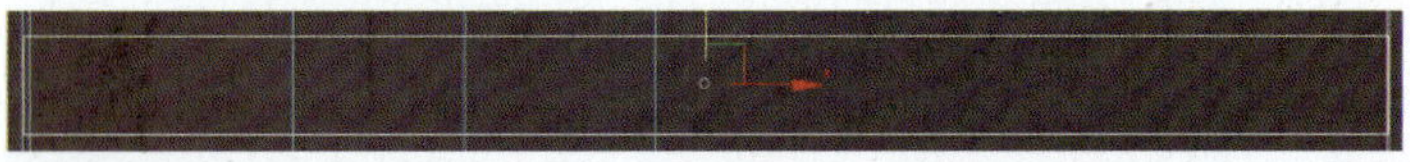

图7-54

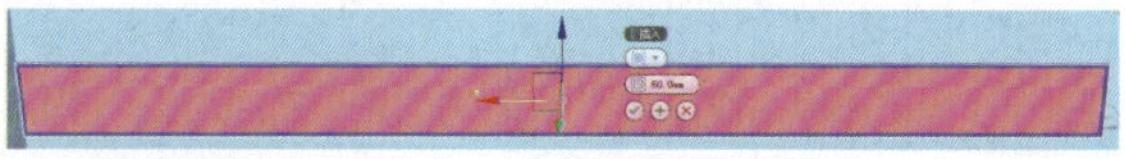

图7-55

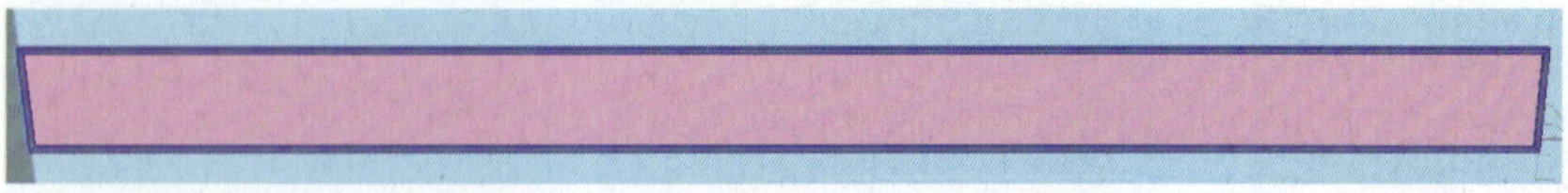

图7-56

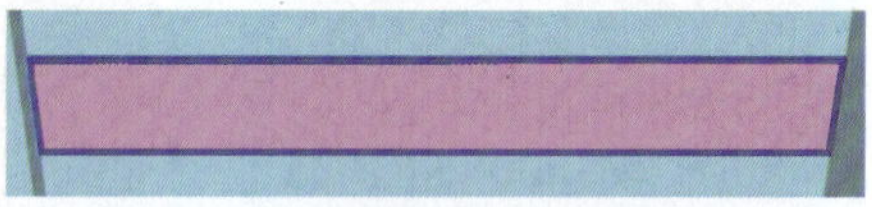

图7-57

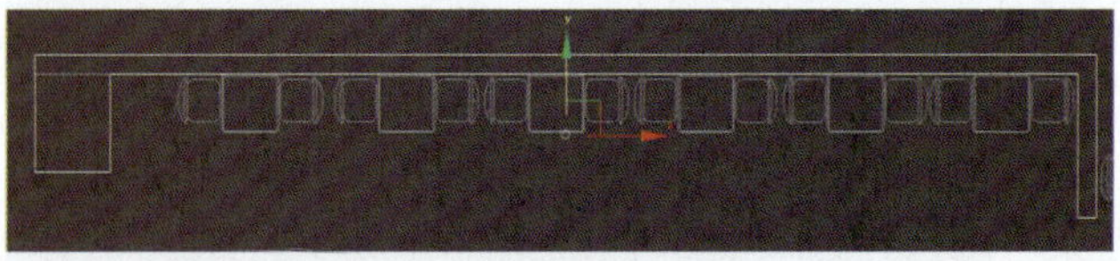

图7-58

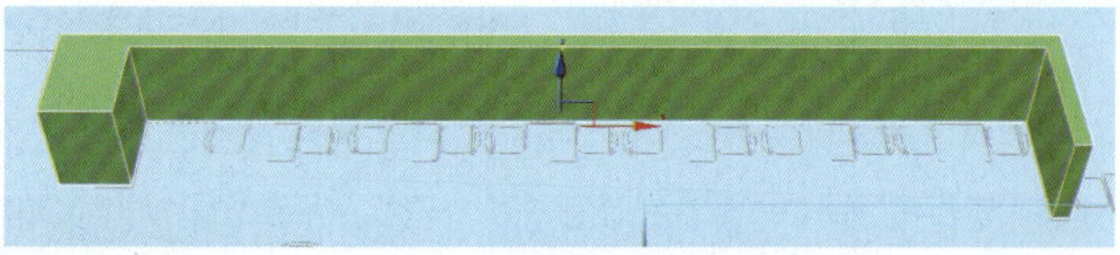

图7-59

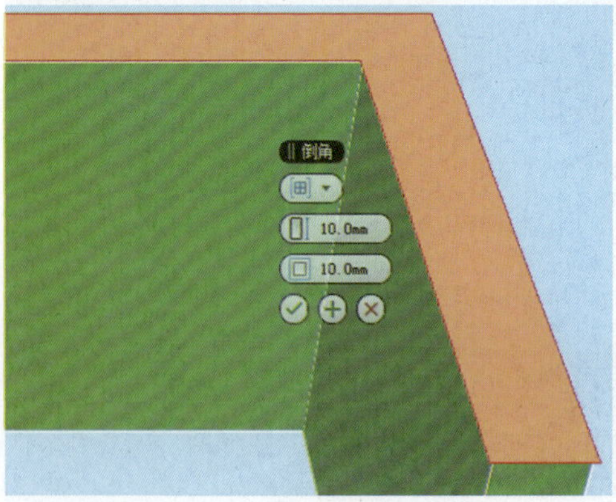

图7-60

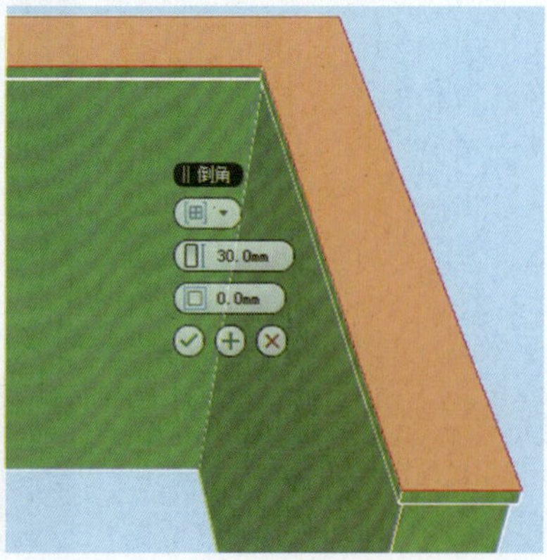

图7-61

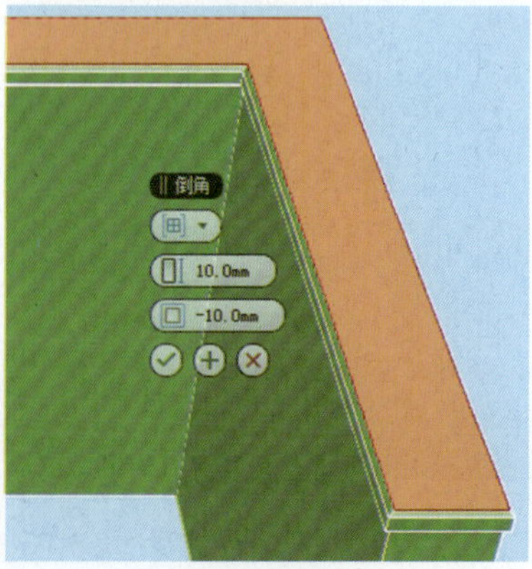

图7-62

（4）选择【多边形】层级，选择上端倒角所产生的面，执行【分离】命令将台面分离出来，并指定另一个颜色以区别显示，如图7-63所示。

（5）选择隔断对象，选择【边】层级，选择横向所有边，执行【连接】命令连接一条边，并设置边的z轴高度为100 mm，如图7-64所示。

（6）将对象孤立选择，选择【边】层级，选择上下的两条边，执行【连接】命令，【连接】数量设置为25，如图7-65所示。

（7）选择【多边形】层级，选择分出来的面，执行【倒角】命令，【高度】设置为10 mm，【轮廓】值设置为-10 mm，并将类型改为【按多边形】，如图7-66所示。

（8）用同样的方法完成侧面茶镜的制作，完成的效果如图7-67所示。

（9）选择【多边形】层级，选择下端的面，并执行【分离】命令将对象分离出来，作为隔断的底座，并另外指定一个颜色以区别显示，如图7-68所示。

2．点餐台建模

（1）执行【图形】→【线】命令，在顶视图中参照CAD图形绘制出餐台的平面造型，并添加【挤出】修改器，挤出【数量】为1 100 mm，如图7-69所示。

（2）将对象转换为可编辑多边形，选择【多边形】层级，选择上端的面，执行【倒角】命令，设置【高度】值为0 mm，【轮廓】值为60 mm，向外扩展面，如图7-70所示。单击【+】按钮，设置【高度】为10 mm，【轮廓】值为10 mm；继续单击【+】按钮，设置【高度】值为80 mm，【轮廓】值为0 mm；再单击【+】按钮，设【高度】值为10 mm，【轮廓】值为-10 mm，向内收缩面，最终局部效果如图7-71所示。

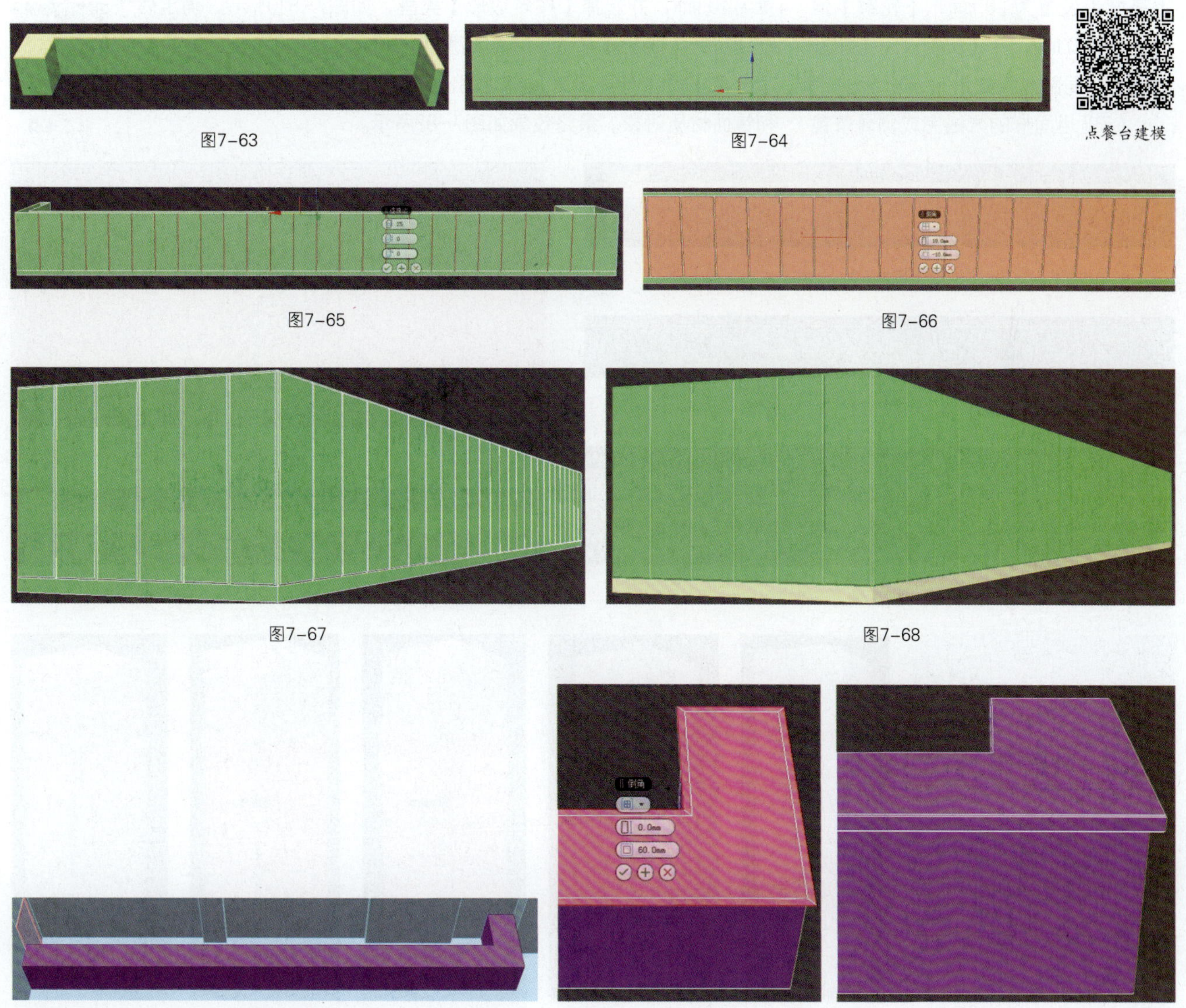

图7-63

图7-64

图7-65

图7-66

图7-67

图7-68

图7-69

图7-70

图7-71

（3）选择【多边形】层级，选择上端倒角所产生的面，执行【分离】命令将台面分离出来，并指定另一个颜色以区别显示，如图7-72所示。

（4）选择下面对象，选择【边】层级，选择横向所有边，执行【连接】命令连接一条边，并设置边的z轴高度为100 mm，如图7-73所示。

（5）将对象孤立，选择【边】层级，选择上下的两条边，执行【连接】命令，【连接】数量设置为30，如图7-74所示。

（6）选择【多边形】层级，选择分出来的面，执行【倒角】命令，【高度】设置为10 mm，【轮廓】值设置为-10 mm，并将类型改为【按多边形】，局部效果如图7-75所示。

（7）用同样的方法完成侧面茶镜模型的制作，并将下端分离出来作为餐台的底座，最终效果如图7-76所示。

7.2.7 柱子镜面装饰

1. 柱子造型

（1）选择【长方体工具】，在顶视图中参照CAD图纸中柱子的位置画一个长方体，长为770 mm，宽为770 mm，高为3 000 mm，如图7-77所示。

（2）将对象转换为可编辑多边形，选择【边】层级，选择横向所有的边，执行【连接】命令，连接两条边，并设置底端高度为400 mm，上端高度为2 400 mm，如图7-78所示。选择【多边形】层级，选择中间所有的面，执行【分离】命令将对象分离，命名为“灯箱”，并另外指定一个颜色以区别显示，效果如图7-79所示。

（3）选择分离出来的“灯箱”对象，选择【多边形】选中所有面，执行【挤出】命令，设置挤出的高度为30 mm，将挤出的类型改为【按局部法线】，效果如图7-80所示。确定后继续执行【插入】命令，【插入】数量设置为40 mm，并选择【按多边形】类型，如图7-81所示。确定后继续执行【挤出】命令，挤出高度为-10 mm，并将挤出的面执行【分离】命令分离出来，指定另一个颜色以区别显示，作为灯箱和镜面材质对象。最终效果如图7-82所示。

柱子造型

图7-72

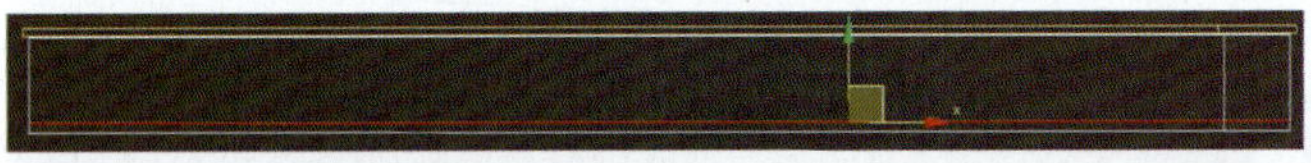

图7-73

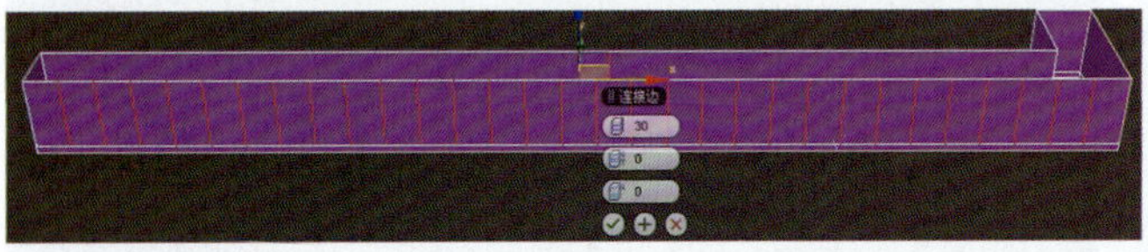

图7-74

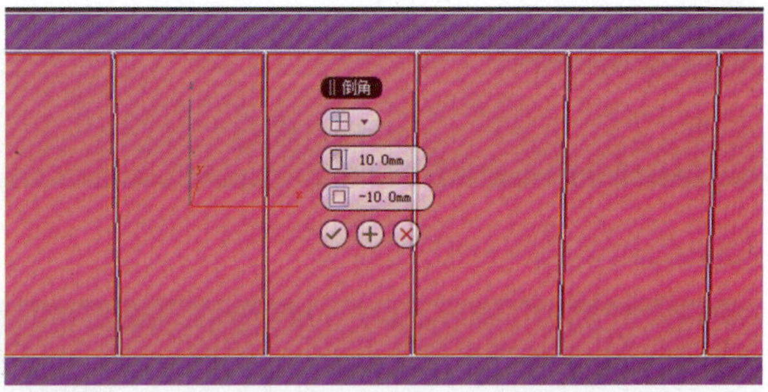

图7-75

图7-76

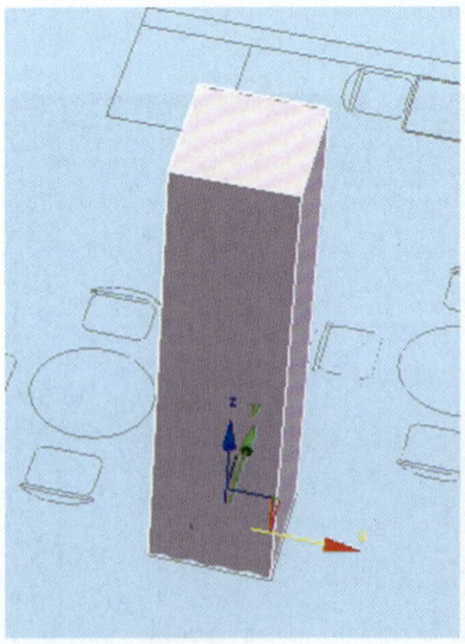

图7-77

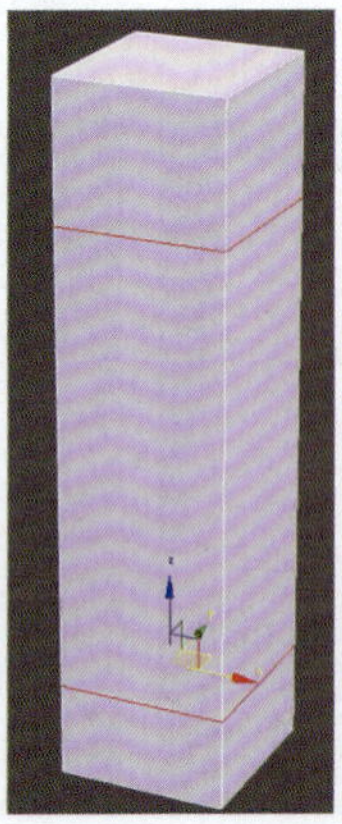

图7-78

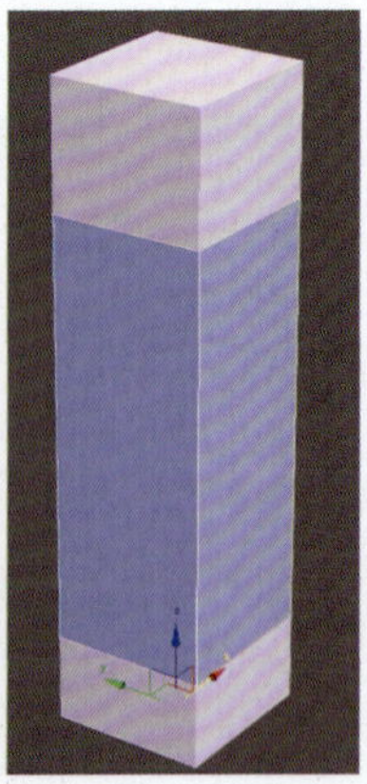

图7-79

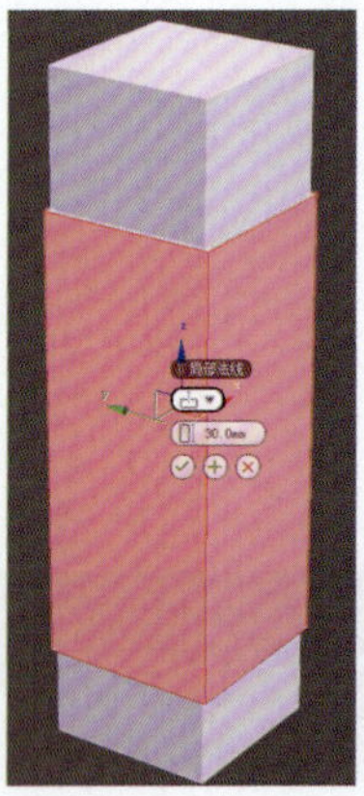

图7-80

图7-81

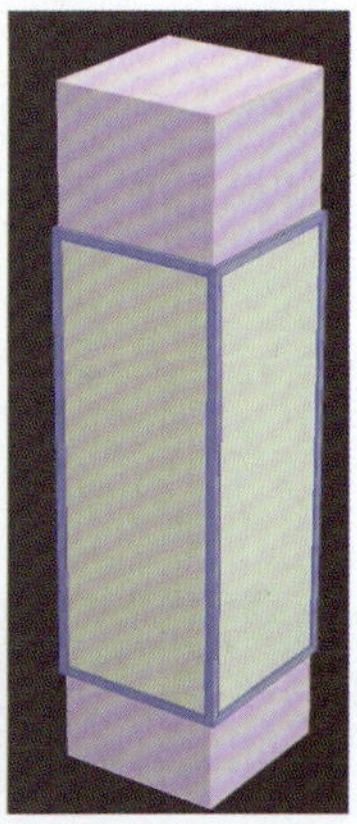

图7-82

（4）框选柱体及灯箱，采用【实例】复制的方式复制一个到旁边柱子的位置，如图7-83所示。

餐台边灯箱及镜面

2．餐台边灯箱及镜面

（1）选择【长方体工具】，在左视图中创建一个长2 650 mm、宽1 200 mm、高40 mm的长方体，如图7-84所示。将对象转换为可编辑多边形，选择【多边形】层级，选择正前方的面，执行【插入】命令，【插入】数量为40 mm；继续执行【挤出】命令，挤出高度为-10 mm，并将挤出的面分离出来，作为灯箱贴图的面，最终得到的效果如图7-85所示。然后复制一个放置到旁边的位置。

（2）选择餐台旁边如图7-86所示的左右两条边，执行【连接】命令，将连接所生成的边的高度设置为2 650 mm。选择【多边形】层级，选择下端的面并分离，作为镜面造型，如图7-87所示。

（3）选择分离的对象，选择【多边形】层级，执行【挤出】命令，挤出高度为20 mm；继续执行【插入】命令，【插入】数量为20 mm；再执行【挤出】命令，挤出-10 mm，并分离对象作为镜面，如图7-88所示。

至此，完成场景的模型的制作，由于场景空间较大，可以先创建摄影机确定观察的范围和角度后再进行合并家具模型，镜头看不到的地方就不用摆放家具，以减少场景中模型面数，使操作更为流畅。

7.3 创建摄影机

（1）将所有隐藏的对象显示出来，选择【摄影机】，在顶视图中如图7-89所示的位置创建一个摄影机。

（2）选择【摄影机】，将【镜头】设置为24 mm，设置【摄影机】的z轴高度为1 200 mm，摄影机目标点高度也设置为1 200 mm。在【渲染设置】对话框中将【输出大小】改为500×350，并锁定，如图7-90所示。

（3）在透视图中按C键，切换到摄影机视图，并在摄影机视图按Shift+F组合键显示可渲染范围，最终显示的效果如图7-91所示。

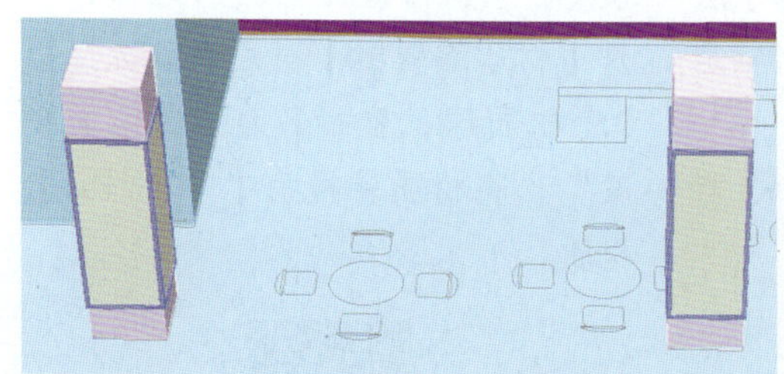
图7-83

图7-86

图7-87

图7-88

图7-84　图7-85

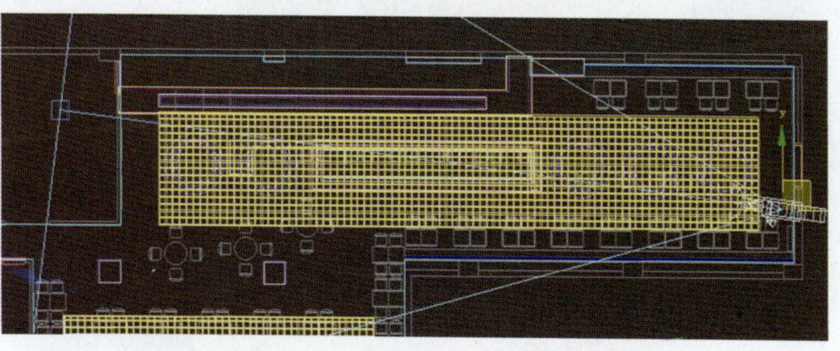
图7-89

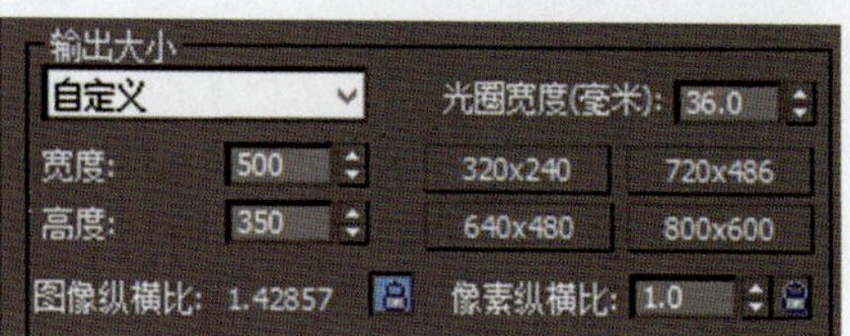

图7-90

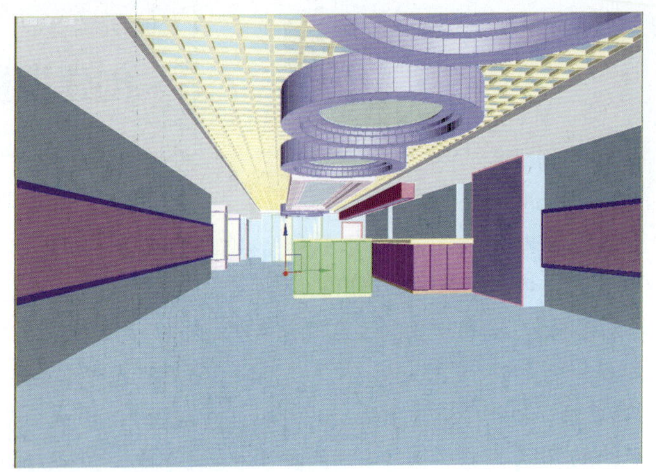

创建摄影机

图7-91

7.4.2 合并家具模型

选择配套网盘“第7章\Max\调用模型”文件，依次将家具模型合并到场景中，参照平面布置图的位置摆放家具，效果如图7-94所示。合并完成家具模型之后，右击，选择【全部解冻】命令，然后将“平面布置图”对象删除。

7.5 赋予场景材质

在设置材质之前，需要将渲染器设置为VRay渲染器。

7.5.1 白色乳胶漆材质

（1）选择边吊和中间造型，并按Alt+Q组合键孤立当前选择，打开【材质编辑器】对话框，选择第1个材质球，重命名为“白色乳胶漆”，将材质转换为【VRayMtl】材质。

赋予场景材质

7.4 整理及合并家具模型

整理及合并家具模型

7.4.1 模型整理

（1）选择“墙体”对象，按Alt+Q组合键孤立对象，选择【多边形】层级，执行【分离】命令，依次分离出屋顶、地面、点餐台后面的墙体，并指定不同颜色以区别显示，分离后效果如图7-92所示。

（2）选择【长方体工具】，在进门至隔断之间创建一个长1 800 mm、宽20 710 mm、高2 mm的长方体，对地面进行插色，如图7-93所示。

图7-92

图7-93

图7-94

（2）设置【漫反射】颜色RGB值为248、248、248，单击按钮，材质指定给边吊和中间造型，如图7-95所示，并将对象隐藏。

7.5.2 栅格吊顶材质

（1）选择一个新材质球并转换为【VRayMtl】材质，设置【漫反射】颜色RGB值为10、10、10，【反射】颜色RGB值为10、10、10，【反射光泽】值为0.96，【细分】值为15，如图7-96所示。

（2）将材质指定给栅格造型和原始顶面，效果如图7-97所示，将对象隐藏。

7.5.3 墙面乳胶漆材质

（1）选择一个材质球并转换为【VRayMtl】材质，设置【漫反射】颜色RGB值为164、125、35，【反射】颜色RGB值为5、5、5，【反射光泽】值为0.9，【细分】值为15，如图7-98所示。

（2）将材质指定给墙体，效果如图7-99所示，将对象隐藏。

7.5.4 点餐台后面墙砖材质

（1）选择一个新材质球并转换为【VRayMtl】材质，在【漫反射】贴图通道中添加“墙砖001”贴图，设置【反射】RGB值为30、30、30，【反射光泽】值为0.9，【细分】值为15。

（2）将材质指定给对象，对其添加【UVW贴图】修改器，设置贴图类型为【长方体】，长、宽、高分别为600 mm、600 mm、400 mm，效果如图7-100所示。

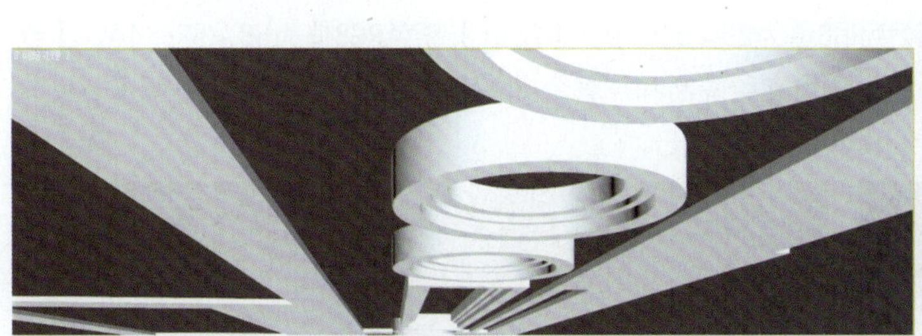

图7-95

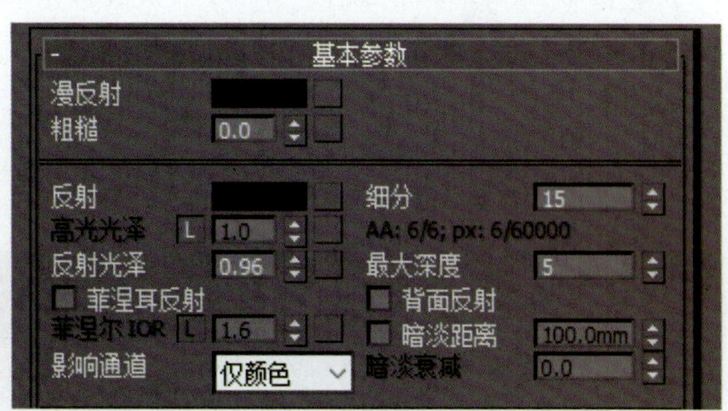

图7-96

图7-97

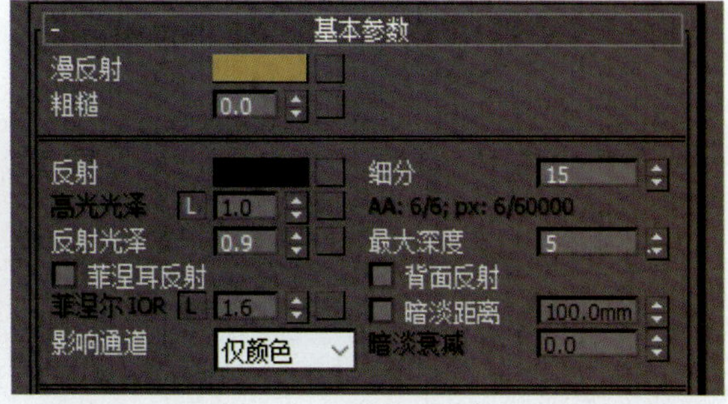

图7-98

图7-99

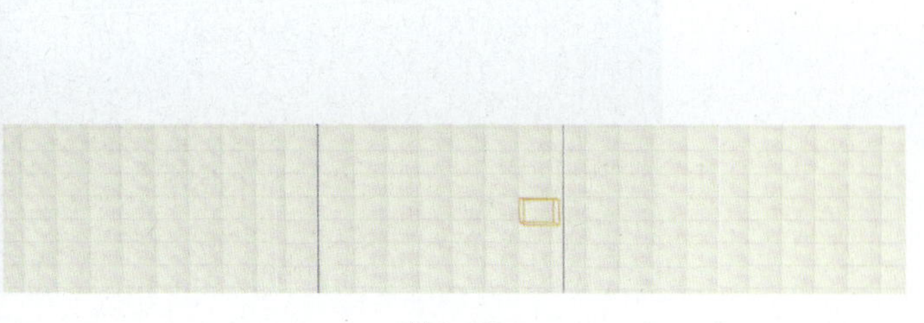

图7-100

7.5.5 地面地砖材质

（1）选择一个新材质球并转换为【VRayMtl】材质，在【漫反射】贴图通道中添加“仿古地砖001”贴图，在【反射】贴图通道处添加【衰减】贴图，并设置【衰减类型】为【Fresnel】，【反射光泽】值为0.9，【细分】值为15。

（2）将材质指定给地面，对其添加【UVW贴图】修改器，设置贴图类型为【平面】，长、宽值均为800 mm，效果如图7-101所示。

（3）选择地砖材质球，拖动到一个新材质球上释放，复制一个材质，重命名为“地砖2”，将材质指定给插色的对象，在【漫反射】贴图通道处将“仿古地砖001”贴图替换为“深色地砖”，对其添加【UVW贴图】修改器，设置贴图类型为【平面】，长、宽值均为600 mm，适当调整UVW的位置，效果如图7-102所示。

7.5.6 不锈钢材质

（1）选择一个新材质球并转换为【VRayMtl】材质，设置【漫反射】颜色RGB值为18、18、18，【反射】颜色RGB值为160、160、160，【反射光泽】值为0.95，【细分】值为15。

（2）将材质指定给场景中所有的灯箱边框、门套以及踢脚线，效果如图7-103所示。

7.5.7 镜面材质

（1）黑镜材质表现：选择一个新材质球并转换为【VRayMtl】材质，设置【漫反射】颜色RGB值为5、5、5，【反射】颜色RGB值为70、70、70，【细分】值为8。将材质指定给右侧两面黑镜和点餐台上方造型的底端以及立柱两个侧面，如图7-104所示。

（2）茶镜材质表现：选择一个新材质球并转换为【VRayMtl】材质，设置【漫反射】颜色RGB值为29、10、0，【反射】颜色RGB值为68、52、44，【细分】值为8。将材质指定给隔断和点餐台下方茶镜造型，如图7-105所示。

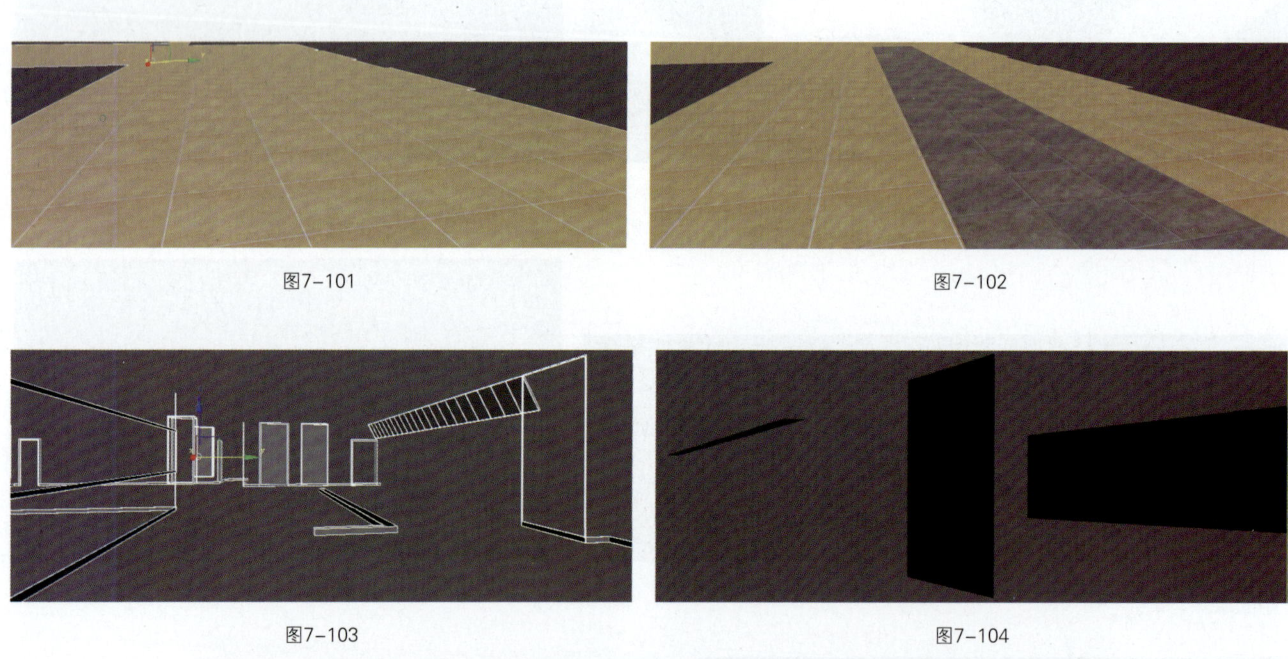

图7-101

图7-102

图7-103

图7-104

图7-105

7.5.8 大理石材质

（1）选择一个新材质球并转换为【VRayMtl】材质，在【漫反射】贴图通道中添加“大理石0043”贴图，设置【反射】颜色RGB值为72、72、72，【反射光泽】值为1，【细分】值为15。

（2）将材质指定给餐台和隔断上方的造型，对其添加【UVW贴图】修改器，设置贴图类型为【长方体】，长、宽、高值均为600 mm，效果如图7-106所示。

7.5.9 灯箱广告材质

（1）选择一个新材质球并转换为“灯光”材质，在【颜色】贴图通道中添加“梅花01”贴图，将材质指定给圆形吊顶中间部分，如图7-107所示。

（2）其余地方的灯箱材质做法一样，这里就不多做叙述。调整完材质的效果如图7-108所示。

图7-106

图7-107

图7-108

7.6 灯光设置

7.6.1 环境光的创建

（1）设置环境光，选择【VRayLight】，在左视图中入口处创建一个面光，大小大体参照空间比例即可，放置在室内。

（2）在【修改】面板中修改【倍增器】值为3，【颜色】RGB值为50、95、205，勾选【不可见】复选框，取消勾选【影响反射】复选框，面光在左视图中的参考位置关系如图7-109所示。

7.6.2 室内灯带光的表现

（1）选择【VRayLight】，在顶视图中沿预留灯带的位置创建一个VRay面光，并调整高度到灯槽位置，如图7-110所示。设置灯光的【倍增器】值为8，【颜色】RGB值为226、133、72，并勾选【不可见】复选框，取消勾选【影响反射】复选框。

（2）用同样的方法完成点餐台下方的灯带光和上方吊顶灯槽光的设置，完成效果如图7-111所示。

7.6.3 射灯灯光的表现

选择【VRayIES】，在前视图中射灯模型的下方创建一个VRayIES光，并在光域网通道处加载光域网文件“29.ies”，【颜色】RGB值为255、179、81，其他参数保持默认，用【实例】的方式复制完成其他位置的射灯，射灯布置如图7-112所示。

7.6.4 室内补光

选择【VRayLight】，在顶视图中用餐区域进行适当补光，调整高度到吊顶的下方，设置【颜色】RGB值为255、179、81，【倍增器】值为3，用【实例】的方式复制，位置关系如图7-113所示。补光可以根据测试渲染的情况灵活设置。

灯光设置

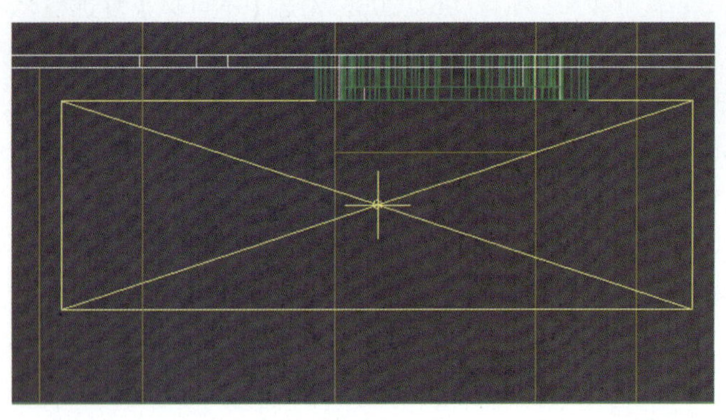
图7-109

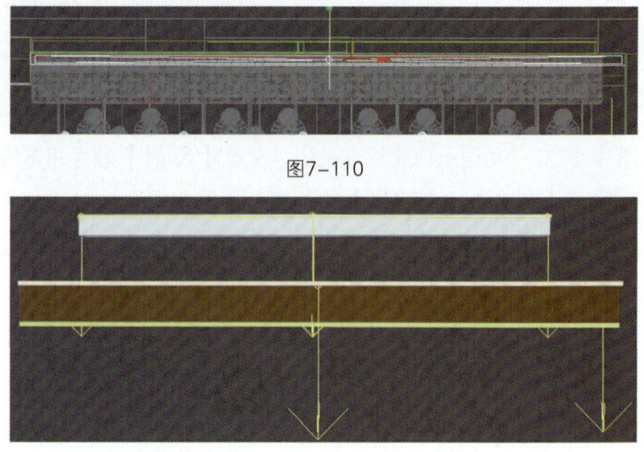
图7-110

图7-111

图7-112

图7-113

7.7 渲染设置

由于场景中模型面数较多，场景空间比较大，在测试渲染中需要不断调整空间的氛围，测试的次数会比较多。

7.7.1 测试渲染设置

（1）打开【渲染设置】对话框，将【公用】选项卡下的【输出大小】设置为500×350。

（2）设置【VRay】选项卡如图7-114所示，【GI】选项卡设置如图7-115所示。

（3）测试渲染得到如图7-116所示的效果。

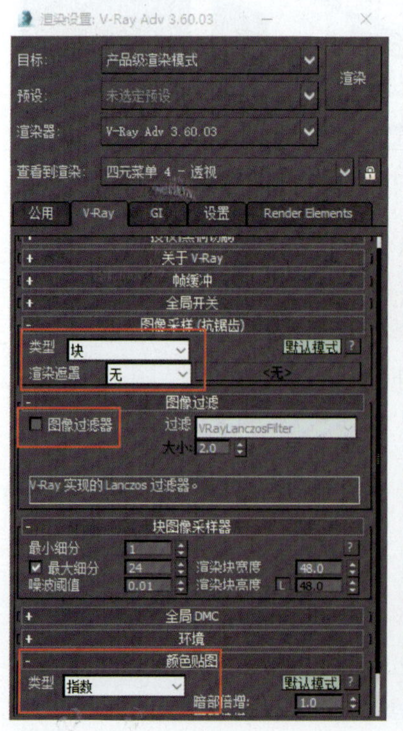

图7-114

图7-115

渲染设置

图7-116

7.7.2　最终渲染设置

（1）打开【渲染设置】对话框，将【公用】选项卡下的【输出大小】设置为3 500×2 450，并保存为.tga格式。

（2）设置【VRay】选项卡如图7-117所示，【GI】面板设置如图7-118所示。

（3）在【VRay】选项卡下，选择“全局DMC”卷展栏，把默认模式切换为【高级模式】，参数设置如图7-119所示。

（4）设置完成后执行【渲染】命令进行渲染，渲染完成后的效果如图7-120所示。

渲染AO图和色彩通道图的方法在前面的章节中已经做了详细介绍，这里就不再叙述。

7.8　Photoshop后期处理

（1）在Photoshop中打开快餐店效果图。按Ctrl+J组合键复制图层，生成“图层1”，选择“图层1”，调整亮度、对比度，加强对比，如图7-121所示。

（2）按Ctrl+M组合键，调整图像的明暗关系，如图7-122所示。

（3）打开渲染好的色彩通道图，执行【移动】命令，按住Shift键拖入快餐店图像中使之重合，生成“图层2”，将“图层2”的位置放置在“图层1”的下面。

（4）选择“图层2”，执行【魔棒】命令，选择吊顶色块，再选择“图层1”，按Ctrl+J组合键复制选区部分，得到“图层3”。按Ctrl+M组合键单独调整“图层3”顶面的亮度，使之更为白净，如图7-123所示。

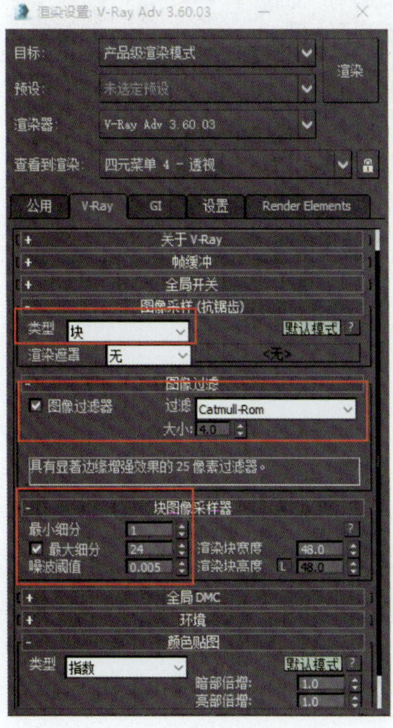

图7-117

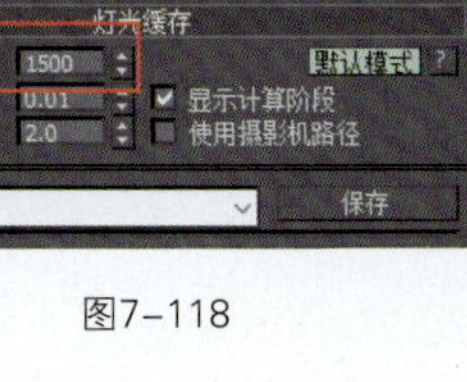

图7-118

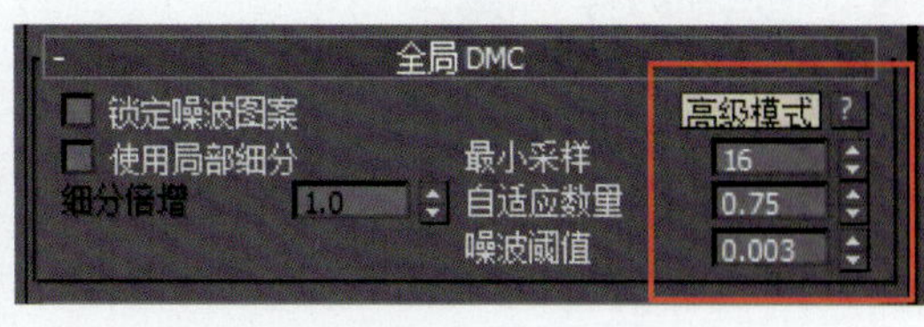

图7-119

图7-120

其他地方局部调整的方法与上述方法相同，可以根据具体情况灵活调整。

（5）打开渲染好的AO图，执行【移动】命令，按住Shift键拖入图中，修改图层类型为【叠加】模式，【不透明度】设置为20%，增强图像的厚重感。

（6）按Ctrl+A组合键全选图形，执行【编辑】→【描边】命令，【描边宽度】设置为20像素，【颜色】为黑色，最终效果如图7-124所示。

图7-121

图7-122

图7-123

图7-124

本章小结

本章主要介绍了快餐厅餐饮空间效果图表现方法，包括墙体模型创建，吊顶模型制作，墙面装饰模型、隔断和餐台建模方法，以及大空间材质和灯光的表现方法。

第8章 瑜伽房效果图设计

◆本章知识点

瑜伽房空间建模方法；墙面造型建模的方法；VRay材质表现、灯光设计及渲染知识。

◆学习目标

熟练掌握公共空间瑜伽房效果制作的方法；掌握材质设置方法、灯光布置思路和空间氛围营造的技巧。

8.1 案例场景分析

本章案例为公共空间瑜伽房效果图设计，整个空间面积约为90 m^2，在设计过程中主要突出瑜伽的生态性。为了突出视觉空间效果，墙面采用自由曲线造型的装饰墙，突出自然、柔美之感。领操台上方采用橘黄色的镜面和顶面的绿色相对比，而墙面采用镜面玻璃，突出空间的纵深效果。整个空间色调清新自然，墙面装饰较少，装饰画在场景中主要起到点题的作用，表现自然而静谧的意境。

8.2 瑜伽房空间模型创建

8.2.1 瑜伽房空间建模

瑜伽房空间建模

1. 导入CAD设计图纸及设置

（1）导入配套网盘“第8章\CAD\瑜伽房”文件。

（2）将导入的CAD文件成组，在状态栏将x、y、z坐标归零，冻结CAD图纸，效果如图8-1所示。

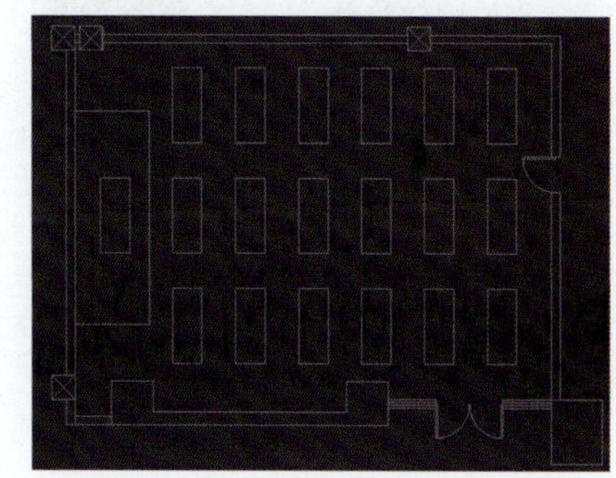

图8-1

2. 墙体建模

（1）执行【图形】→【线】命令，在顶视图中沿墙体内侧墙画线，并在门窗的位置生成点，画线后的效果如图8-2所示。

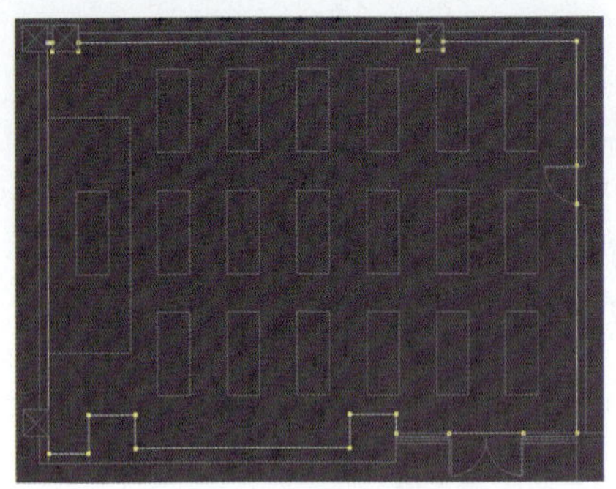

图8-2

（2）对创建的线添加【挤出】修改器，挤出的【数量】为3 200 mm，得到墙体空间模型，命名为“墙体”（本项目原始层高为3 500 mm，由于是调平顶，仅领操台靠墙位置留有灯槽，故将墙体高度直接拉升至3 200 mm）。

（3）选择“墙体”对象，对其添加【法线】修改器，在对象上右击并执行【对象属性】命令，勾选【背面消隐】复选框，将“墙体”对象转换为可编辑多边形，得到效果如图8-3所示。

8.2.2 吊顶模型制作

吊顶模型制作

本案例吊顶为平顶，制作比较简单。

（1）选择【多边形】层级，选择地面，执行【分离】命令，分离出地面。

（2）将顶视图切换为底视图，执行【切割】命令，在领操台位置切割一条边，切换为【多边形】层级，执行【挤出】命令，挤出-300 mm，作为灯槽的位置，如图8-4所示。

8.2.3 门窗制作

（1）选择墙体对象的【边】层级，选择图8-5所示的边，执行【连接】命令，生成一条边，设置所生成边的高度为2 000 mm。选择【多边形】层级，选择门所在的面，执行【挤出】命令，挤出-200 mm，如图8-6所示，并将挤出的面删除，最后效果如图8-7所示。

门窗制作

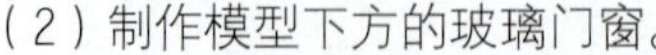

（2）制作模型下方的玻璃门窗。

1）选择如图8-8所示的边，单击连接，生成两条边，将上端的边高度调整到2 200 mm，下端边的高度为300 mm，如图8-9所示。

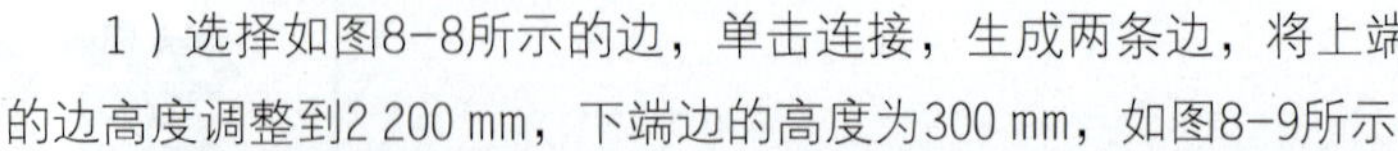

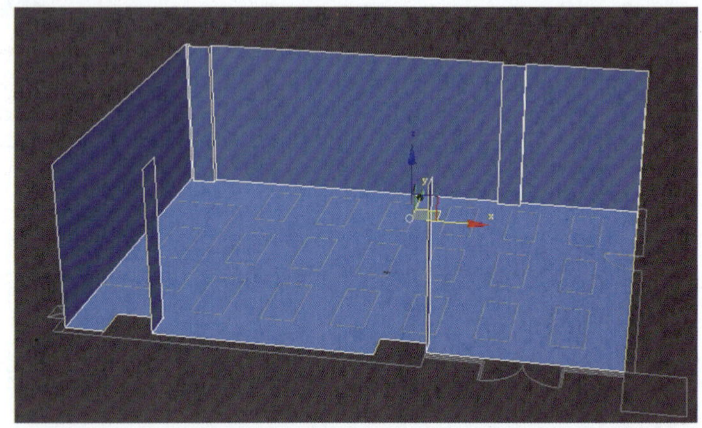

图8-3

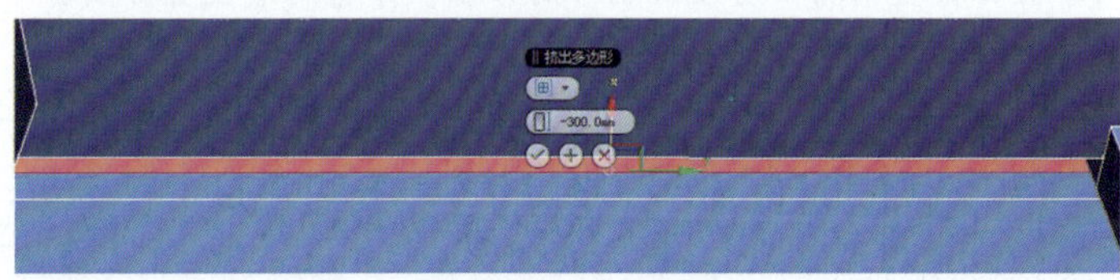

图8-4

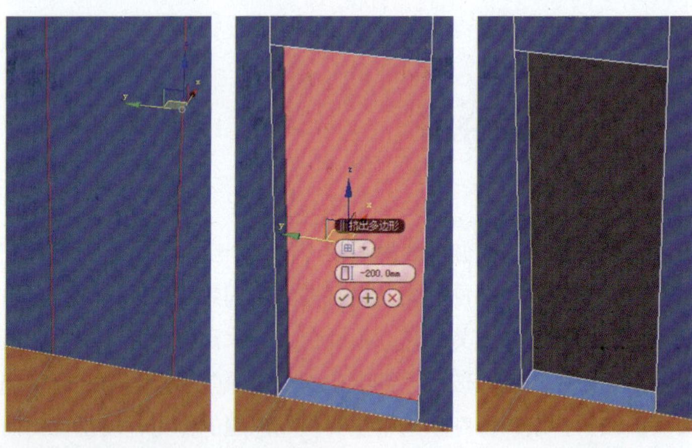

图8-5　图8-6　图8-7

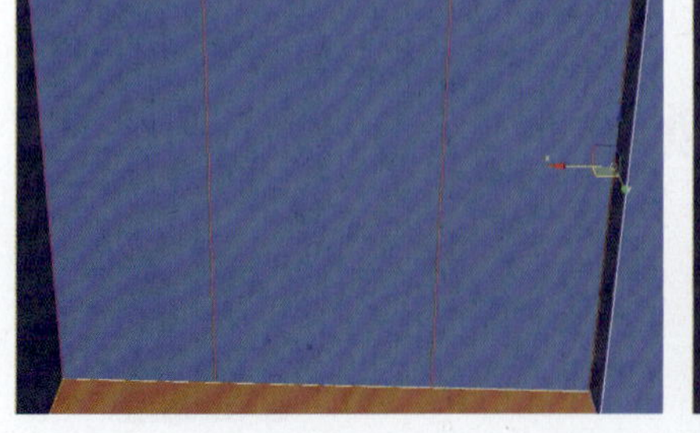

图8-8

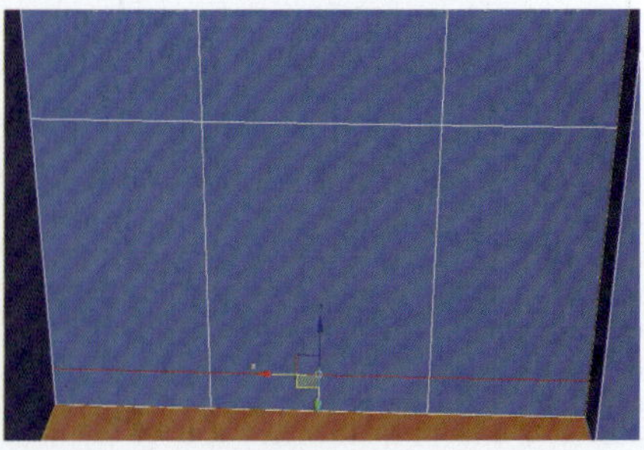

图8-9

2）选择门所在位置下端的边，执行【编辑边】卷展栏下的【移除】命令将边移除，效果如图8-10所示。

3）选择【多边形】层级，选择门和左右两侧无框窗的面，执行【挤出】命令，挤出-200 mm，效果如图8-11所示。

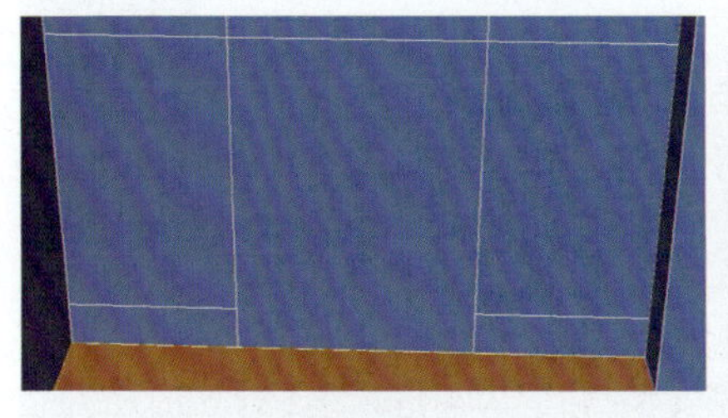

图8-10

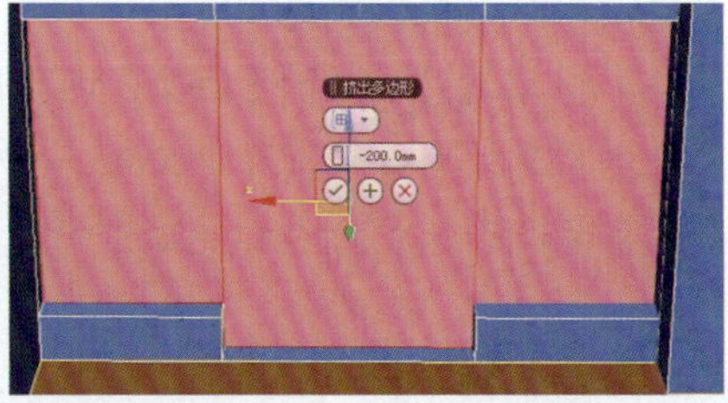

图8-11

4）执行【分离】命令，将挤出的面分离成门和无框窗，效果如图8-12所示。对窗添加【壳】修改器，设置壳的【外部量】为10 mm。在顶视图中调整位置对齐墙体中心，如图8-13所示。

图8-12

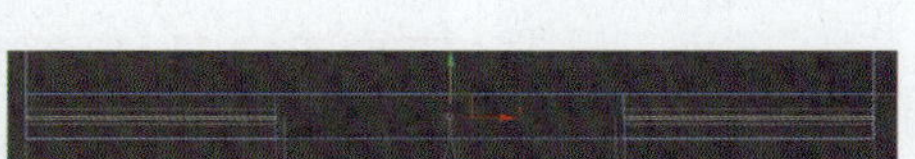

图8-13

5）选择门位置的对象，选择【多边形】层级，执行【挤出】命令，挤出【数量】为210 mm，得到门框的厚度，如图8-14所示。继续执行【插入】命令，【插入】数量为60 mm，如图8-15所示。对插入的面继续添加【挤出】修改器，挤出高度为-110 mm，并选择挤出生成的下端的面，设置Z轴高度为0，并将面删除，效果如图8-16所示。

6）选择【多边形】层级，执行【分离】命令，将门的框和玻璃分离开，选择分离后的玻璃门对象，选择【边】层级，选择上下的边，执行【连接】命令连接一条边，如图8-17所示。对生成的边执行【切角】命令，【边切角量】为5 mm，然后切换为【多边形】层级，选择左右两边的面执行【挤出】命令，挤出10 mm，效果如图8-18所示。由于镜头不是看玻璃门这边，就不用考虑做门把手等细节了。

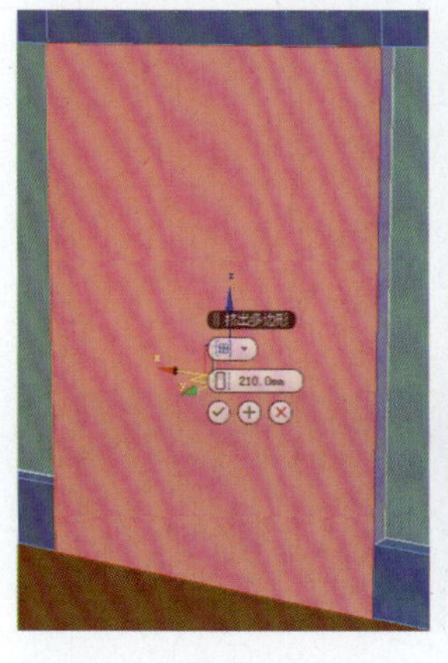

图8-14

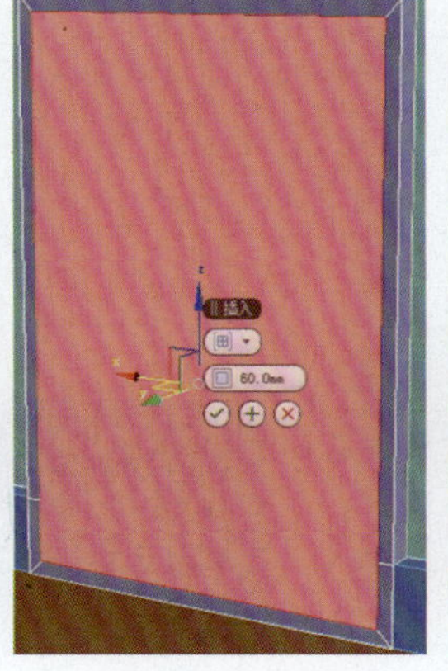

图8-15

图8-16

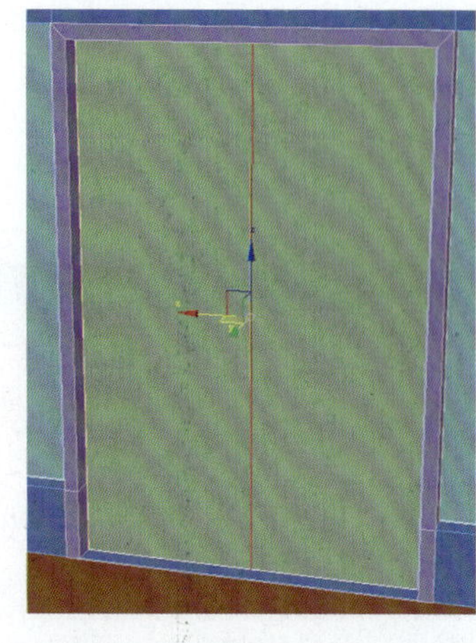

图8-17

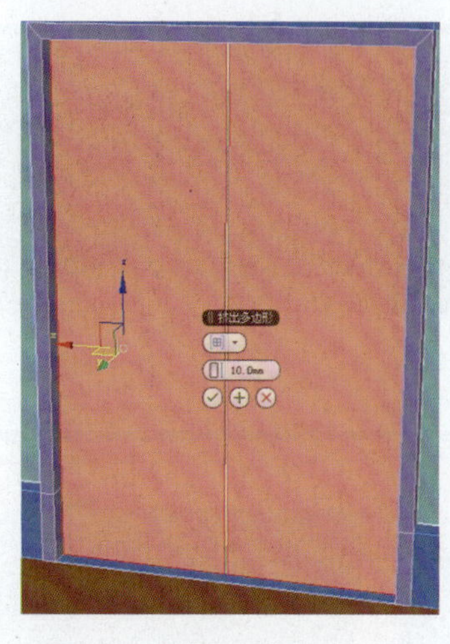

图8-18

8.2.4 领操台背景墙建模

（1）选择“墙体”对象，选择【多边形】层级，选中领操台背面的墙体，如图8-19所示。执行【分离】命令，将对象分离出来，命名为“领操台背景墙”，另外指定一个颜色以区别显示，如图8-20所示。

（2）选择“领操台背景墙”对象，选择【边】层级，选中上下的边，执行【连接】命令，连接两条边，并调整边的位置，如图8-21所示。

（3）选择连接的边，再执行【连接】命令，连接一条边，调整边的高度为2 500 mm，如图8-22所示。

（4）切换到【多边形】层级，选择左右和上方的面，执行【挤出】命令，挤出高度为250 mm，如图8-23所示。

（5）切换到【边】层级，选择中间部分上下边，执行【连接】命令，连接10条边，如图8-24所示。左侧上下边也连接一条边，如图8-25所示。

（6）切换到【多边形】层级，选择分出来的面，执行【倒角】命令，倒角类型选择【按多边形】，【高度】为10 mm，【轮廓】为-10 mm，如图8-26所示。

（7）选择【多边形】层级，选择后边的面，执行【分离】命令，将对象分离，命名为“银镜”，另外指定一个颜色以区别显示，如图8-27所示。

领操台背景墙建模

图8-19

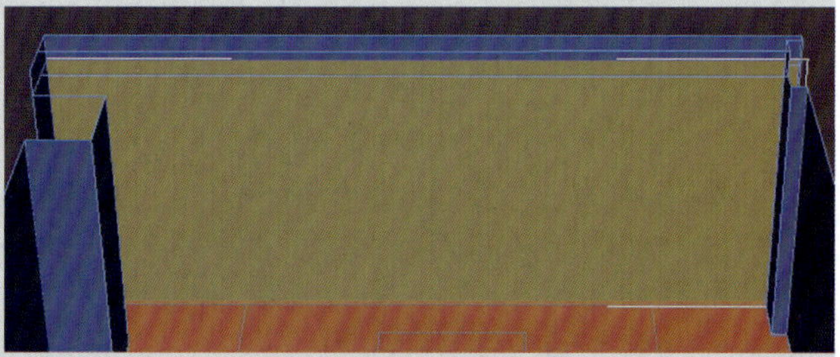

图8-20

图8-21

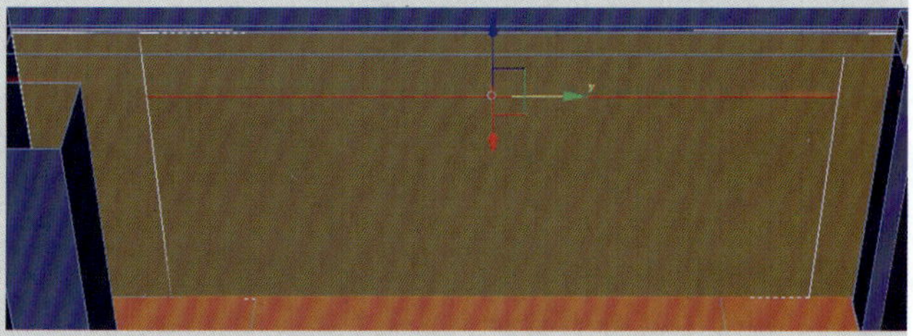

图8-22

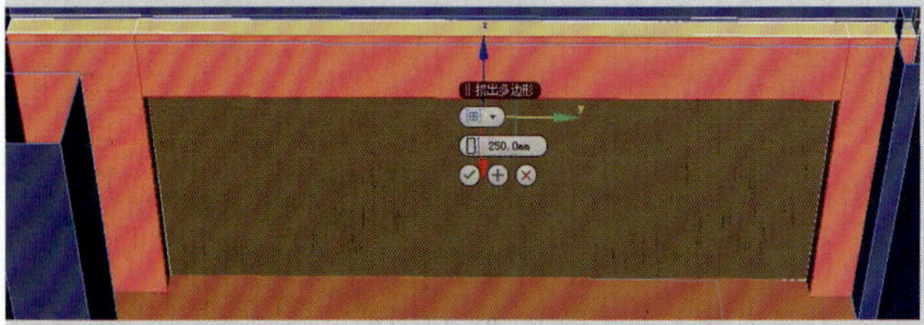

图8-23

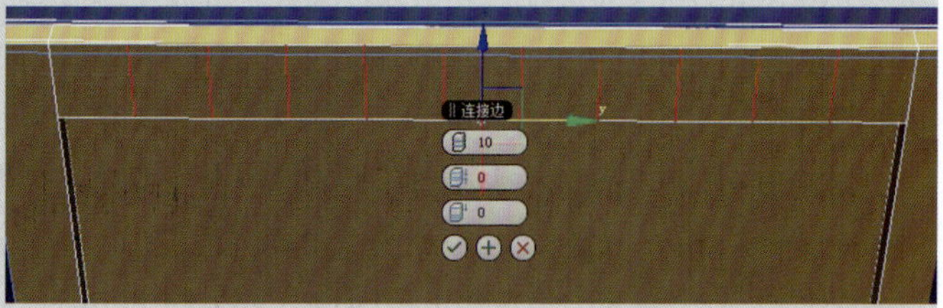

图8-24

图8-25

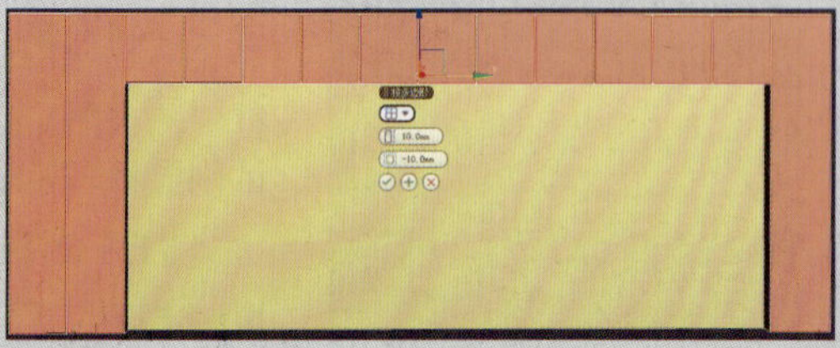

图8-26

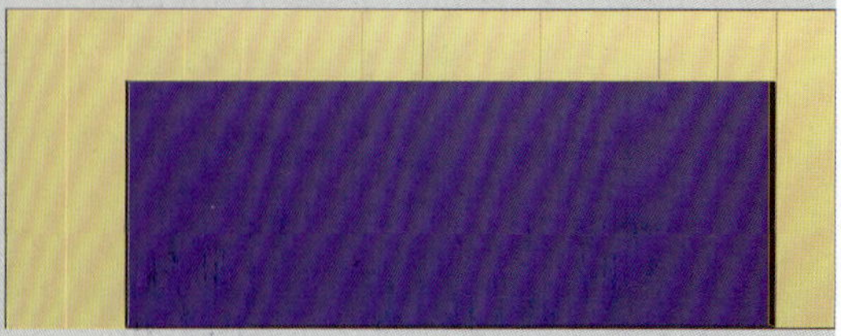

图8-27

8.2.5 墙面造型

1. 曲线装饰墙建模

曲线装饰墙建模

（1）执行【图形】→【矩形】命令，在顶视图中如图8-28所示的位置画两个矩形，对其添加【挤出】修改器，挤出【数量】为300 mm，如图8-29所示。

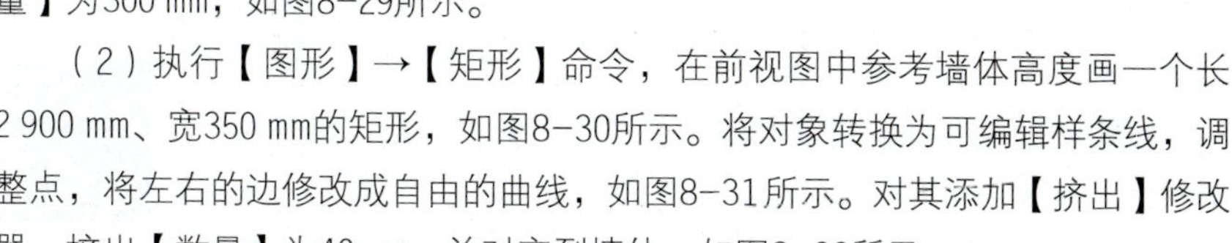

（2）执行【图形】→【矩形】命令，在前视图中参考墙体高度画一个长2 900 mm、宽350 mm的矩形，如图8-30所示。将对象转换为可编辑样条线，调整点，将左右的边修改成自由的曲线，如图8-31所示。对其添加【挤出】修改器，挤出【数量】为40 mm，并对齐到墙体，如图8-32所示。

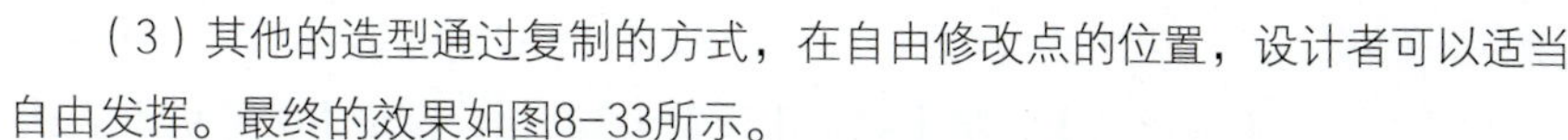

（3）其他的造型通过复制的方式，在自由修改点的位置，设计者可以适当自由发挥。最终的效果如图8-33所示。

2. 墙面软包建模

墙面软包建模

（1）选择【扩展基本体】下的【切角长方体】，在前视图中创建一个长方体，参数和效果如图8-34所示。

（2）在前视图中参考墙体位置移动复制，得到的效果如图8-35所示。

（3）执行【矩形】命令，在底端创建一个矩形，添加【挤出】修改器，挤出【数量】为200 mm，效果如图8-36所示。

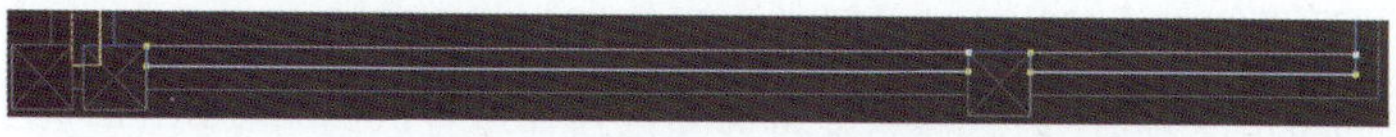

图8-28

图8-29

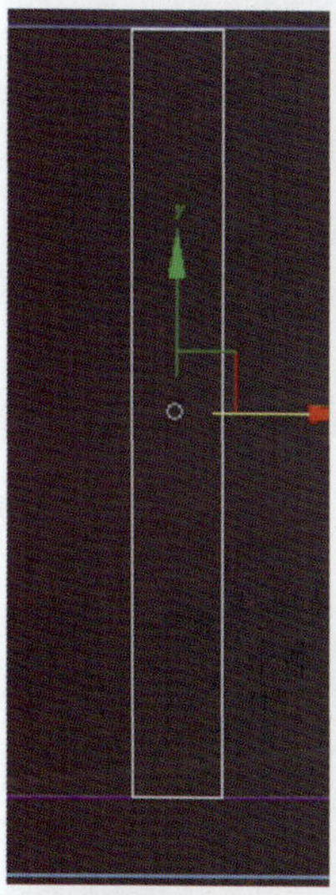

图8-30

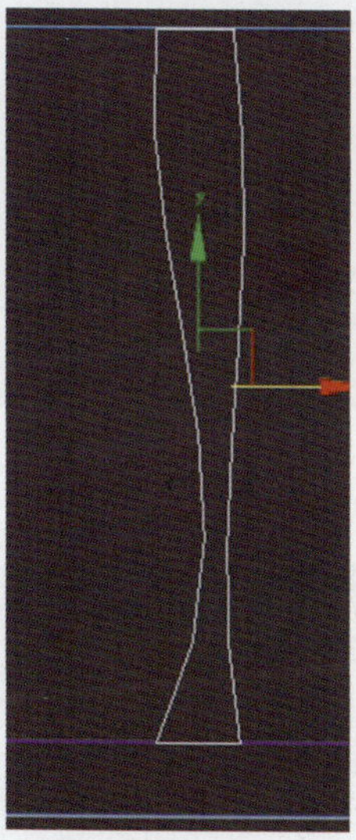

图8-31

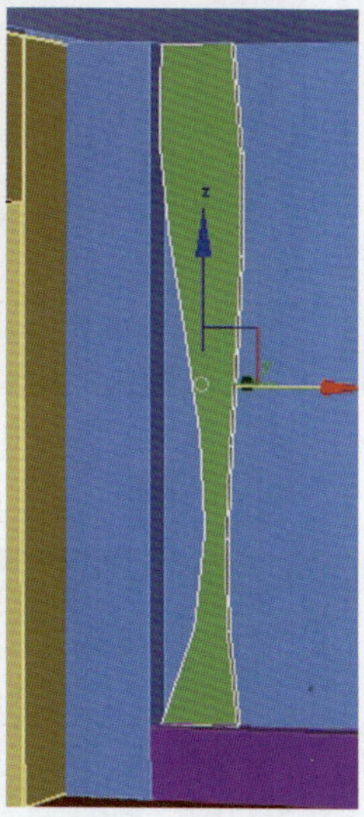

图8-32

图8-33

图8-34

图8-35

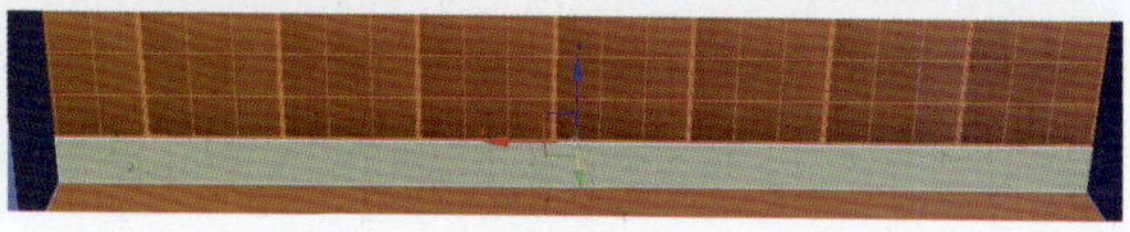

图8-36

8.2.6 柱子镜面装饰

（1）选择墙体对象，切换至【多边形】层级，选择立柱所在的面，如图8-37所示。执行【分离】命令，将柱子分离出来，另外指定一个颜色以区别显示。

（2）选择分离的立柱，切换至【多边形】层级，执行【插入】命令，【插入】数量为40 mm，类型改为【按多边形】，如图8-38所示。

（3）对插入的面执行【挤出】命令，挤出高度为-10 mm，并执行【分离】命令，将插入的面分离，命名为“镜面”，如图8-39所示。

（4）选择墙体，选择【多边形】层级，执行【分离】命令，将曲面造型后边的墙面也分离出来，作为镜面处理，至此，完成空间模型的制作，如图8-40所示。

柱子镜面装饰

8.3 创建摄影机

对场景创建摄影机

摄影机的相关知识在前面章节中已经进行了介绍，此处将不再叙述。

（1）选择【摄影机】，在顶视图中如图8-41所示的位置创建一个摄影机。

（2）选择【摄影机】，将【镜头】设置为24 mm，设置【摄影机】的z轴高度为1 100 mm，摄影机目标点高度也设置为1 100 mm。执行【手动剪切】命令，将【近距剪切】值设置为1 900 mm，【远距剪切】值设置为15 000 mm，在【渲染设置】对话框中将【输出大小】改为500×350，并锁定。

（3）在透视图中按C键，切换到摄影机视图，并在摄影机视图按Shift+F组合键显示可渲染范围，最终效果如图8-42所示。

图8-37

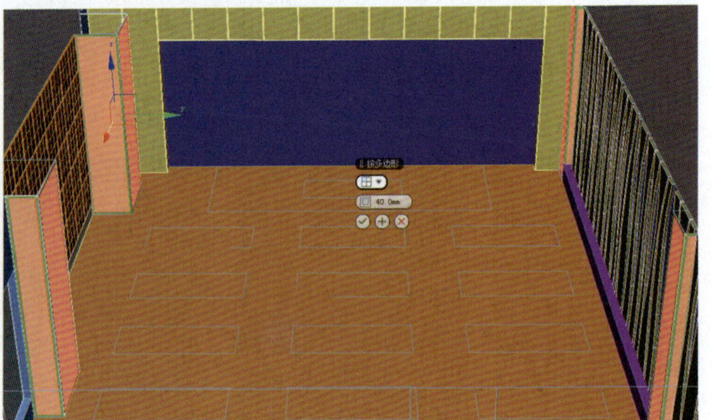

图8-38

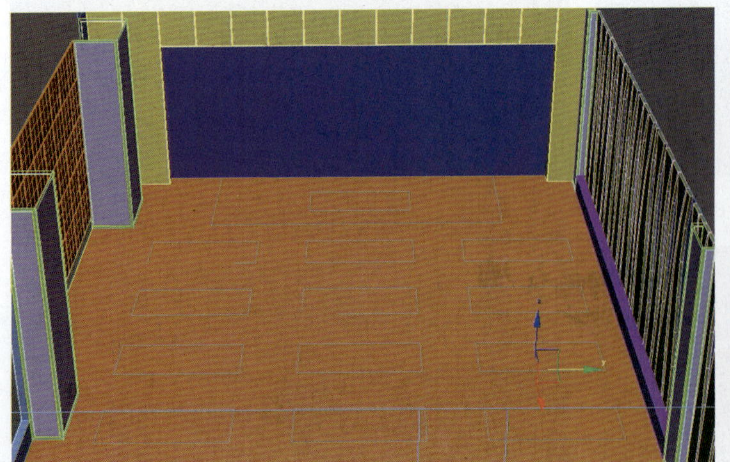

图8-39

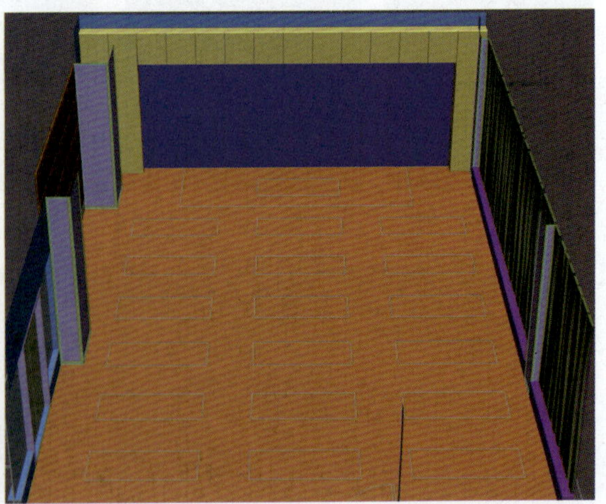

图8-40

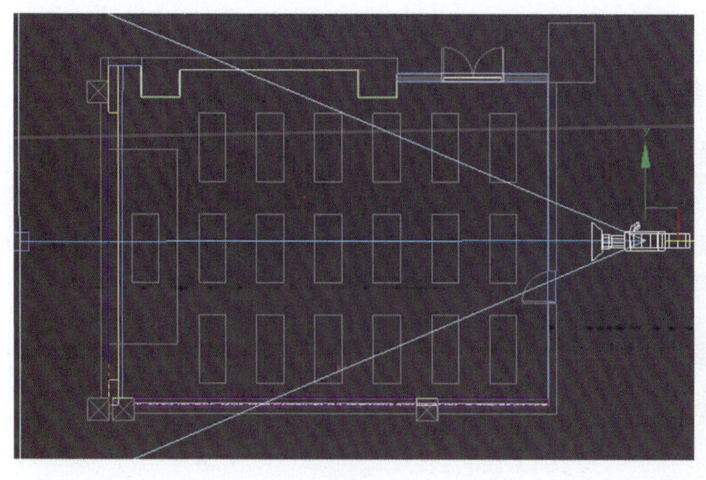

图8-41

图8-42

8.4 合并家具模型

8.4.1 合并模型

选择配套网盘“第8章\Max\调用模型”文件，依次将家具模型合并到场景中，参照平面布置图的位置摆放，效果如图8-43所示。合并完成家具模型之后，右击，执行【全部解冻】命令，将“平面布置图”对象删除。

合并模型

8.4.2 绳子模型制作

提供的模型没有垂挂的绳子，可以观看视频文件了解绳子的建模方法，效果如图8-44所示。

绳子模型制作

图8-43

图8-44

8.5 赋予场景材质

指定VRay材质

在设置材质之前，需要将渲染器设置为VRay渲染器。

8.5.1 绿色乳胶漆材质

（1）选择顶面，按Alt+Q组合键孤立当前选择，打开【材质编辑器】对话框，选择第1个材质球，重命名为“绿色乳胶漆”，将材质转换为【VRayMtl】材质。

（2）设置【漫反射】颜色RGB值为205、231、29，【反射】颜色RGB值为25、25、25，【反射光泽】值为0.9，【细分】值为15，将材质指定给顶面，如图8-45所示，并将对象隐藏。

8.5.2 白色乳胶漆

选择一个新材质球并转换为【VRayMtl】材质，设置【漫反射】颜色RGB值为248、248、248，将材质指定给墙面，如图8-46所示。

8.5.3 地板材质

（1）选择一个新材质球并转换为【VRayMtl】材质，在【漫反射】贴图通道中添加“地板001”贴图，在【反射】贴图通道处添加“地板_reflect”贴图，并勾选【菲涅耳反射】复选框，设置【高光光泽】值为

0.63，【反射光泽】值为0.9，【细分】值为20，如图8-47所示。

（2）将材质指定给地面，对其添加【UVW贴图】修改器，设置贴图类型为【平面】，长、宽值均为2 000 mm，效果如图8-48所示。

8.5.4 不锈钢材质

（1）选择一个新材质球并转换为【VRayMtl】材质，设置【漫反射】颜色RGB值为57、57、57，【反射】颜色RGB值为45、45、45，【反射光泽】值为0.88，【细分】值为20。

（2）将材质指定给场景中所有的立柱边框和台面造型，效果如图8-49所示。

8.5.5 墙面造型材质

（1）选择一个新材质球并转换为【VRayMtl】材质，设置【漫反射】颜色RGB值为83、121、0，【反射】颜色RGB值为18、18、18，【高光光泽】值为0.8，【反射光泽】值为0.92，【细分】值为15。

（2）将材质指定给场景中曲线造型，效果如图8-50所示。

8.5.6 墙面软包材质

（1）选择一个新材质球并转换为【VRayMtl】材质，设置【漫反射】颜色RGB值为154、87、0，【反射】颜色RGB值为30、30、30，【反射光泽】值为0.7，【细分】值为15。

（2）将材质指定给场景中软包造型，效果如图8-51所示。

图8-45

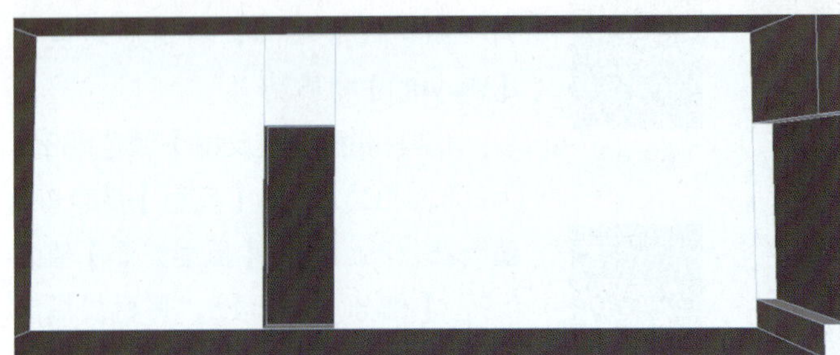

图8-46

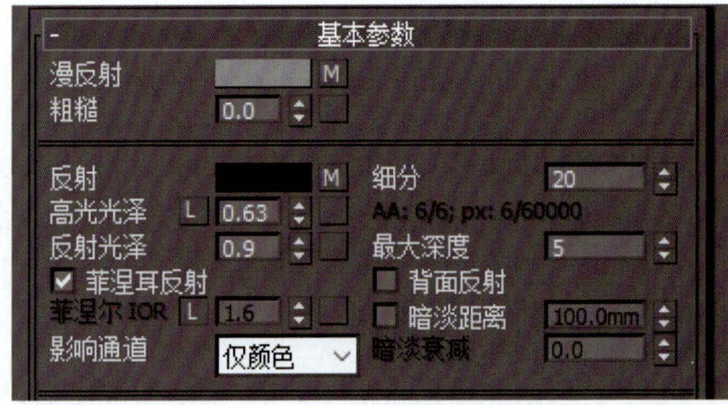

图8-47

图8-48

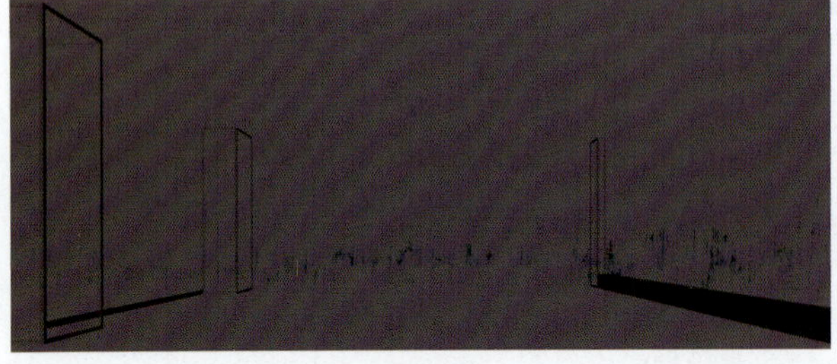

图8-49

图8-50

图8-51

8.5.7 镜面材质

（1）橘黄色镜面表现：选择一个新材质球并转换为【VRayMtl】材质，设置【漫反射】颜色RGB值为154、87、0，在【反射】的贴图通道处添加【衰减】贴图，衰减类型设置为【垂直/平行】，【高光光泽】值为0.95，【反射光泽】值为1，【细分】值为15。将材质指定给领操台背景的造型，效果如图8-52所示。

图8-52

（2）银镜材质表现：选择一个新材质球并转换为【VRayMtl】材质，设置【漫反射】颜色RGB值为128、128、128，【反射】颜色RGB值为255、255、255，【细分】值为8。将材质指定给领操台后边的背景，如图8-53所示。

图8-53

（3）黑镜材质表现：选择一个新材质球并转换为【VRayMtl】材质，设置【漫反射】颜色RGB值为57、57、57，【反射】颜色RGB值为190、190、190，【细分】值为8。将材质指定给立柱镜面，如图8-54所示。

图8-54

8.6 灯光设置

本场景主要采用环境光和室内灯带光、面光及筒灯结合的方式来表现场景空间气氛。

灯光设置

8.6.1 环境光的创建

首先设置环境光，选择【VRayLight】，在前视图中创建一个面光，【倍增器】值设置为10，【颜色】RGB值为106、130、148，勾选【不可见】复选框，取消勾选【影响反射】复选框，灯光的位置关系如图8-55所示。

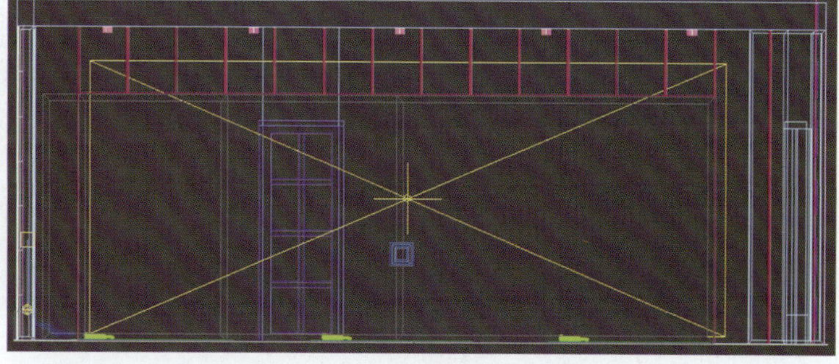

图8-55

8.6.2 灯带光的表现

选择【VRayLight】，在顶视图中沿预留灯带的位置创建一个VRay面光，并调整高度到灯槽位置。设置灯光的【倍增器】值为12，【颜色】RGB值为255、255、255。位置关系如图

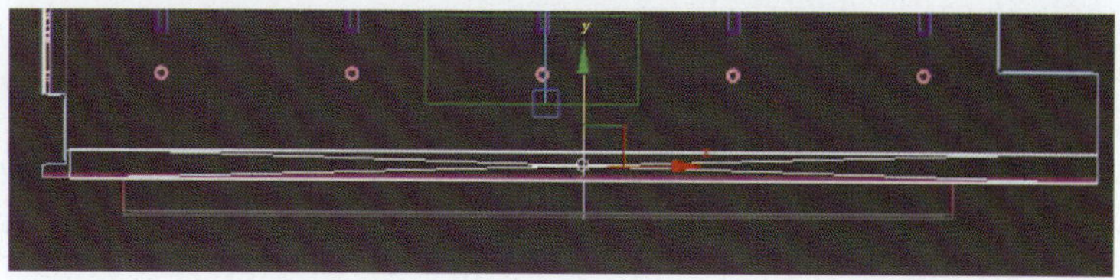

图8-56

8-56所示。

8.6.3 面灯灯光表现

选择【VRayLight】，在顶视图中荧光灯的位置创建一个VRay面光，并调整高度到荧光灯的下方。设置灯光的【倍增器】值为15，【颜色】RGB值为255、255、255。位置关系如图8-57所示。

8.6.4 射灯灯光的表现

选择【VRayIES】，在前视图中筒灯模型的下方创建一个VRayIES光，并在光域网通道处加载光域网文件"1特效筒灯.ies"，其他参数保持默认。用【实例】的方式复制完成其他位置的筒灯，筒灯布置如图8-58所示（注意在曲线造型的位置也要放置筒灯，方向朝上照射）。

8.7 渲染设置

渲染设置

先对场景进行测试渲染，测试渲染的相关设置在前面章节中已有相关的介绍，这里就不再叙述。测试渲染效果如图8-59所示。

测试满意后进行最终渲染，最终渲染相关设置方法前面章节已有介绍，这里就不再叙述。

渲染AO图和色彩通道图的方法可以参考前面章节中的叙述，PS后期处理方法也大同小异，本章节就不再演示相关的步骤，有不清楚的地方可以参考前面章节内容进行处理。

最终处理完成效果如图8-60所示。

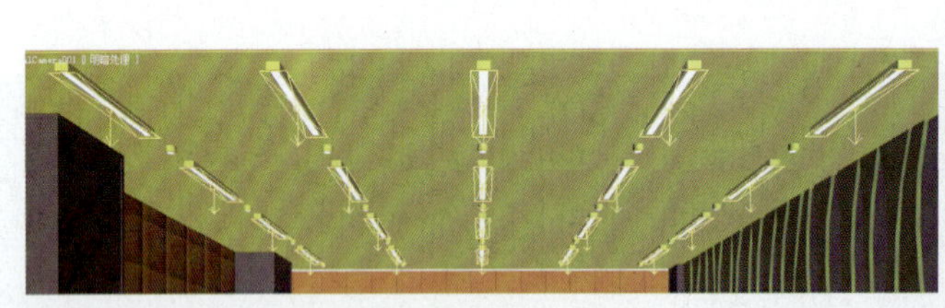

图8-57

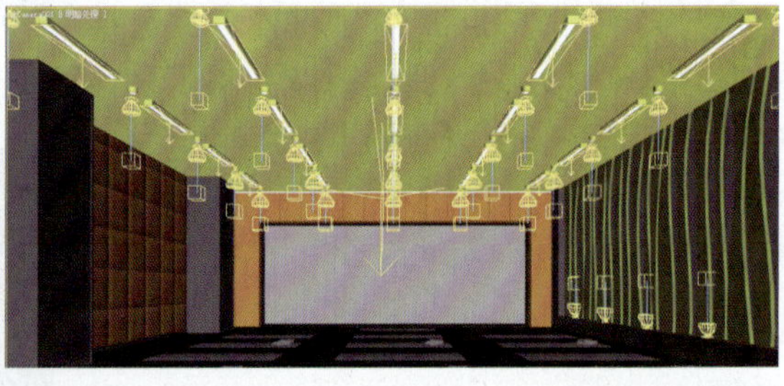

图8-58

图8-59

图8-60

本章小结

本章主要介绍了健身会所瑜伽房空间效果图表现方法，包括墙体模型创建、墙面装饰造型等建模方法，以及灯光材质设置方法。通过本章的学习，能掌握较为空灵的空间效果图表现的方法，注意空间镜面效果的运用，营造静谧的氛围，熟练运用所掌握的知识完成效果图的制作。

第9章 商城店面空间效果图设计

◆本章知识点

店面空间展柜建模方法；店面空间模型创建及修改；店面空间VRay材质表现方法；店面空间灯光设计及渲染。

◆学习目标

掌握店面空间中企业标志、不同展柜建模知识；掌握店面中室内常用材质设置方法、灯光布置思路和渲染知识。

本章案例为×××店面空间效果图设计，是为××广告公司制作的三维店面，面积约50 m²，目标是女性化妆品，这是典型的一字型店面。案例以白色为主色调，配以浅粉色，突出女性浪漫清新的氛围。

9.1 墙体空间建模方法

本章案例的墙体空间建模方法主要有两种：一是三维实体建模；二是单面建模。如果仅对店面内做效果图设计，可以运用单面建模；如果要对店面的外观进行效果图设计，就需要运用三维实体建模。而本次效果图设计是对店面内空间做渲染，所以采用单面建模方法，更简单、直观。

9.1.1 CAD图纸整理

前面的章节已经详细地讲述了CAD图纸中对要建模的平面布置图、顶棚布置图【写块】的方法，这里就不再重复介绍。

9.1.2 店面墙体建模

（1）做任何一张效果图之前，先在3ds Max里将单位设置好，将【系统单位】与【显示单位】均设置成毫米，并对【栅格和捕捉】进行常用设置。

（2）导入“×××店面平面布置图.dwg”文件，在顶视图观察得到如图9-1所示的效果。

（3）在顶视图中框选导入的CAD图纸，执行菜单栏【组】→【成组】命令，命名为“平面布置CAD”。然后选择【移动工具】，在状态栏中将图形的*X*、*Y*、*Z*坐标归零，如图9-2所示。

店面墙体建模

（4）建模之前，将群组的CAD平面布置进行冻结，再开始创建模型。执行【创建】面板下的【图形】→【线】命令，在顶视图中沿墙体内侧画线，并在门的位置生成点。画线后的效果如图9-3所示。

（5）对创建的图形添加【挤出】修改器，【挤出】的数量为2 800 mm，得到墙体空间模型，命名为“墙体”，如图9-4所示。

（6）选择【移动工具】，在“墙体”对象上进行翻转法线操作，效果如图9-5所示。

（7）创建玻璃门。选择【边】层级，选择玻璃门垂直的两条边，呈红色显示。效果如图9-6所示。

（8）执行【连接】命令，在垂直的两条边之间增加一条边，呈红色显示，然后在状态栏中的z轴上输入2 400。效果如图9-7所示。

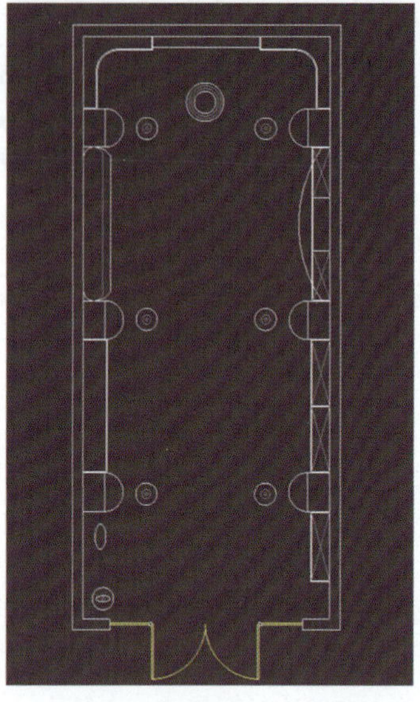
图9-1

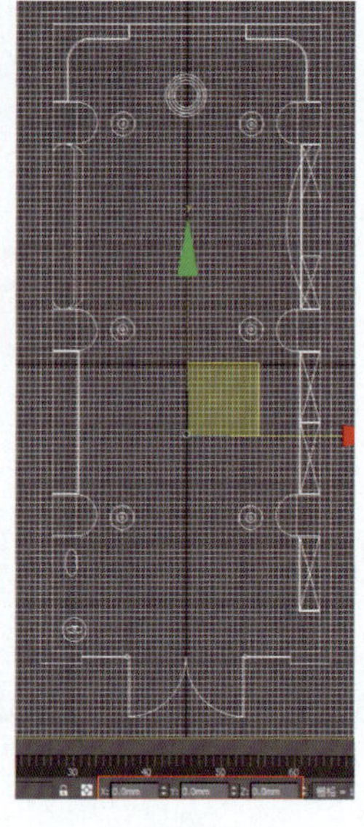
图9-2

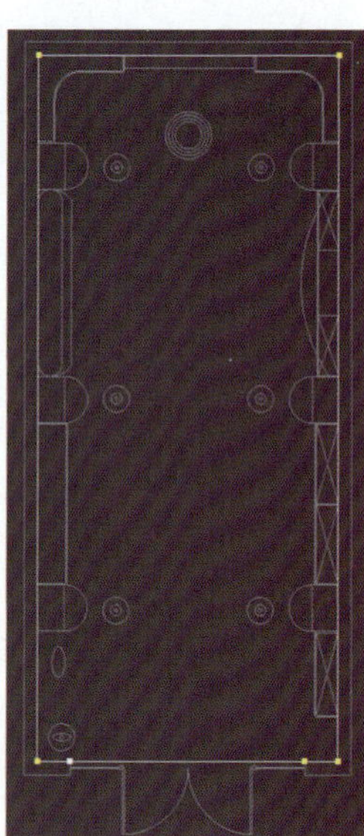
图9-3

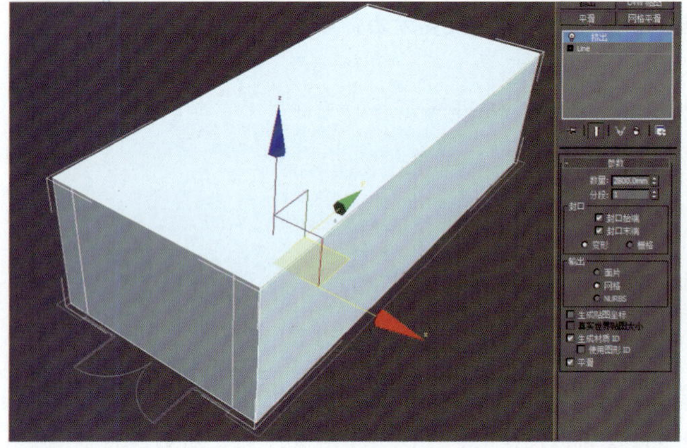
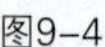
图9-4

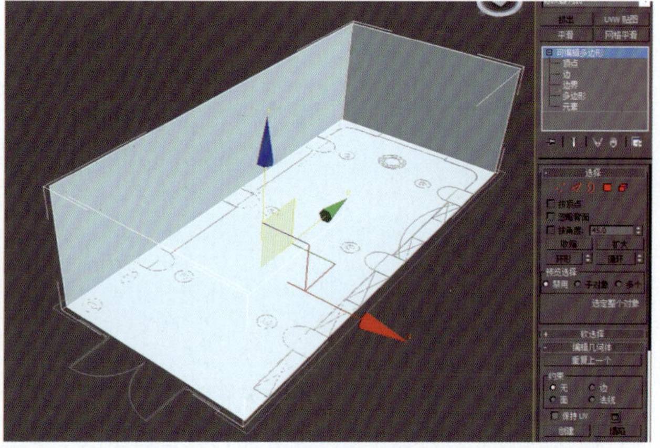
图9-5

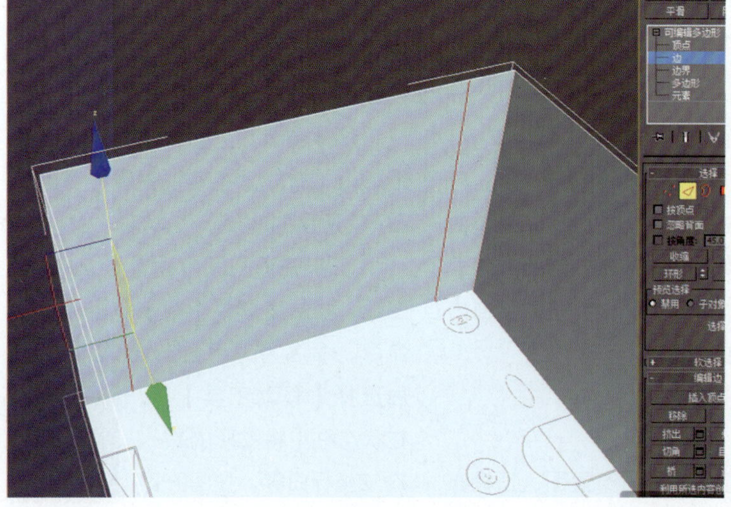
图9-6

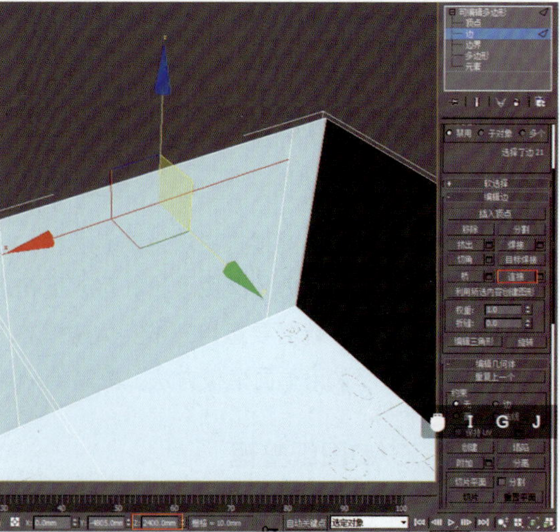
图9-7

（9）选择【多边形】层级，选择玻璃门位置的面，并单击【编辑多边形】卷展栏下的【挤出】按钮右边的设置通道按钮，在弹出的对话框中设置挤出的高度为-200 mm，如图9-8所示。确定后退出，按Delete键删除挤出的面。

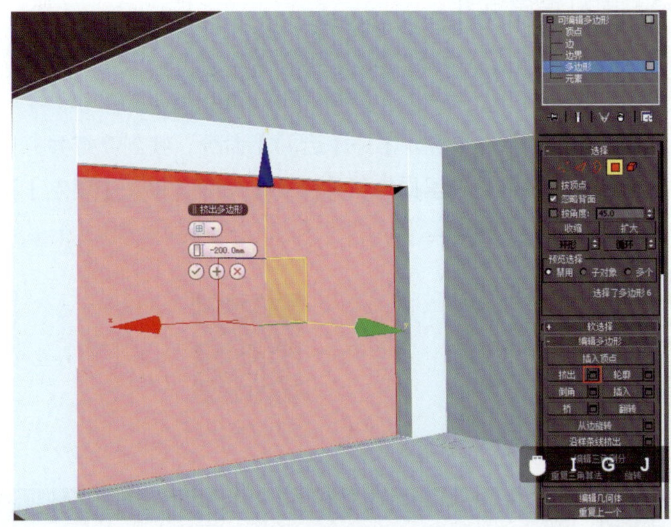

图9-8

（10）在视图中右击，选择【全部解冻】，将冻结的“平面布置”对象解冻，如图9-9所示。解冻后删除平面布置，至此，墙体单面建模完成，由于此图的摄影机角度看不见玻璃门，所以玻璃门的建模就不再制作。

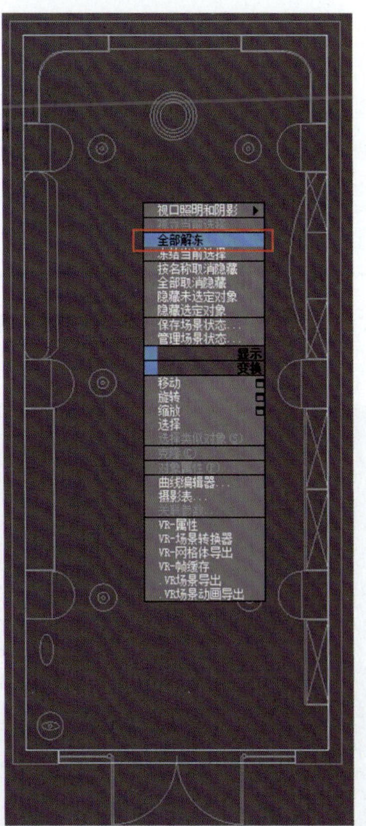

图9-9

9.2　吊顶造型建模方法

吊顶造型建模方法

此方案的吊顶造型比较简单，主要是由椭圆构成，建模主要运用【创建】面板中的【图形】下的【二维线】就可以完成制作。

9.2.1　CAD图纸整理

顶棚布置图的导入方法和之前学习的一样，这里就不再叙述。

9.2.2　吊顶造型建模

（1）执行【图形】→【矩形】命令，按S键开启【2.5维捕捉】，在顶视图中红色区域画出如图9-10所示的形状，将其命名为“顶01”。

（2）在【创建】面板的【图形】面板中，取消勾选【开始新图形】复选框，选择【线】，在视图中绘制圆角矩形并闭合，效果图如图9-11所示。

（3）切换到【修改】面板中，选择【点】层级，选中其中一个点，右击，选择【Bezier角点】，调节至如图9-12所示的形状。

（4）继续调节其他的点，最终的效果如图9-13所示。

（5）采用同样的方法制作中间吊顶的造型，完成后将其命名为“顶02”，效果如图9-14所示。

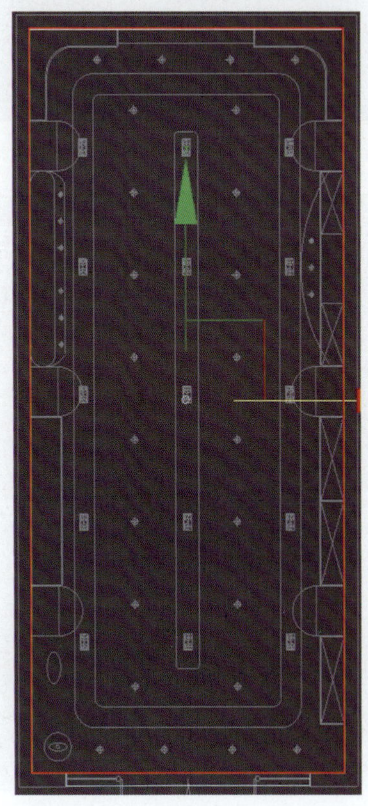

图9-10

（6）选择修改器列表中的【挤出】，将“顶01”“顶02”造型挤出高度，数值为150 mm，效果如图9-15所示。

（7）运用同样的方法制作镜面吊顶造型部分，完成后将其命名为“顶03”“顶04”，添加【挤出】修改器，数值为20 mm，效果如图9-16所示。

（8）将“顶01”“顶02”的z轴高度设置为2 600 mm，“顶03”“顶04”的z轴高度设置为2 750 mm，效果如图9-17所示。

9.2.3 筒灯模型合并

在本案中所涉及的筒灯与方形筒灯非常简单，直接合并进入场景，放入指定的位置即可。

（1）执行【文件】→【导入】→【合并】命令，找到筒灯并打开，会出现【合并-筒灯】对话框，在里面执行【全部】命令，单击【确定】按钮，完成筒灯的合并，如图9-18所示。

筒灯模型合并

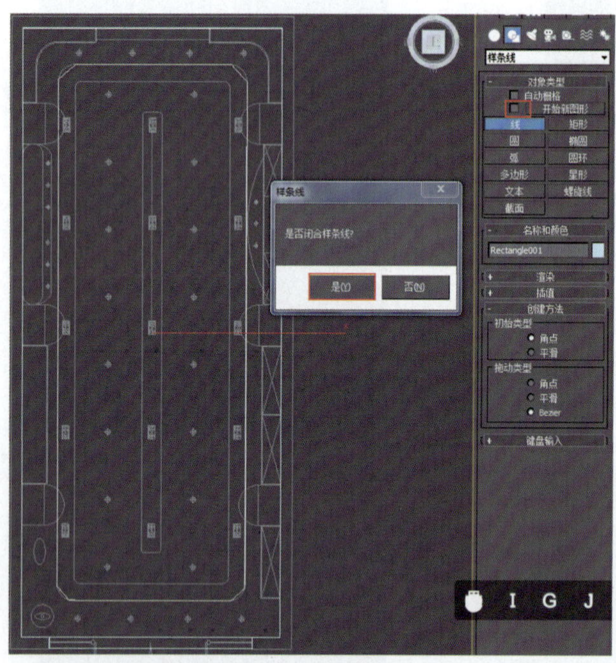

图9-11

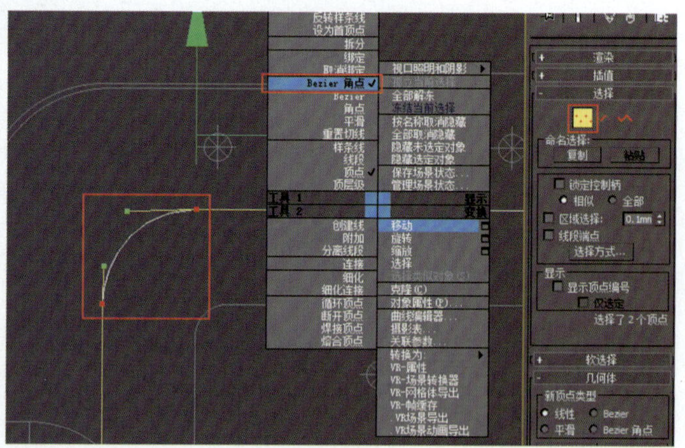

图9-12

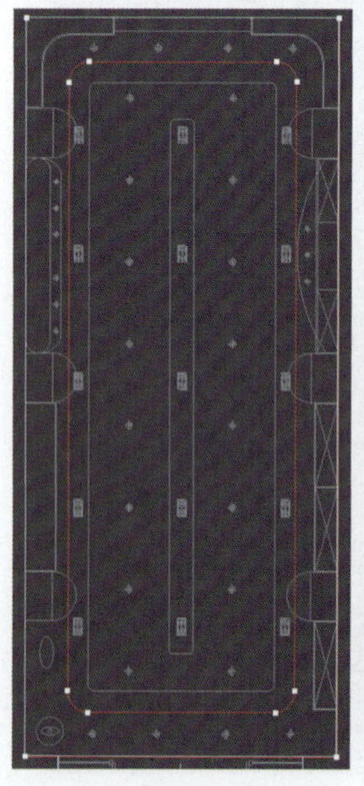

图9-13

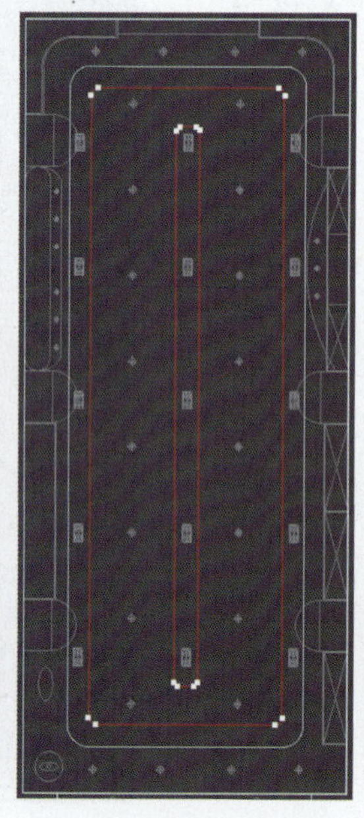

图9-14

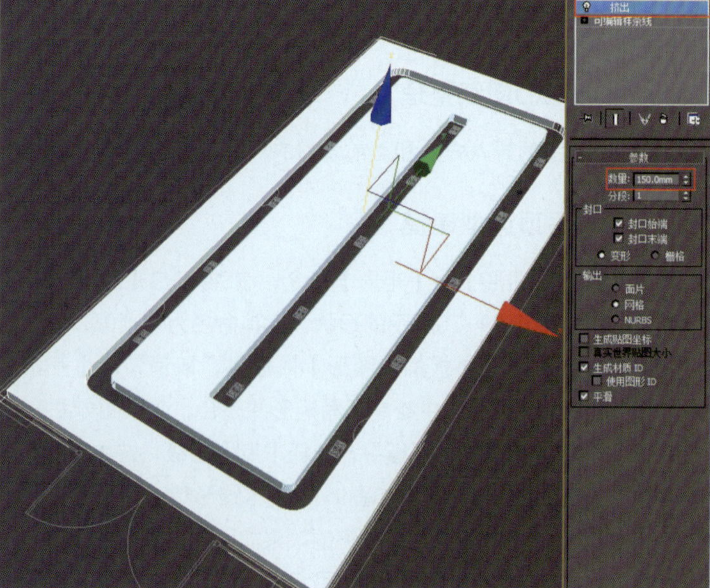

图9-15

（2）将合并的筒灯命名为“筒灯01”，开启捕捉在前视图对齐到顶部造型，效果如图9-19所示。

（3）将筒灯按照顶棚布置图进行移动和复制，结果如图9-20所示。

（4）方形筒灯的制作方法与上述筒灯相同，顶部筒灯造型完成效果如图9-21所示。

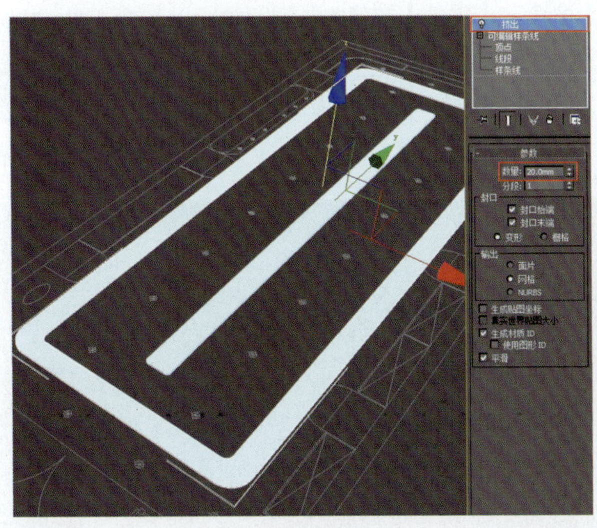

图9-16

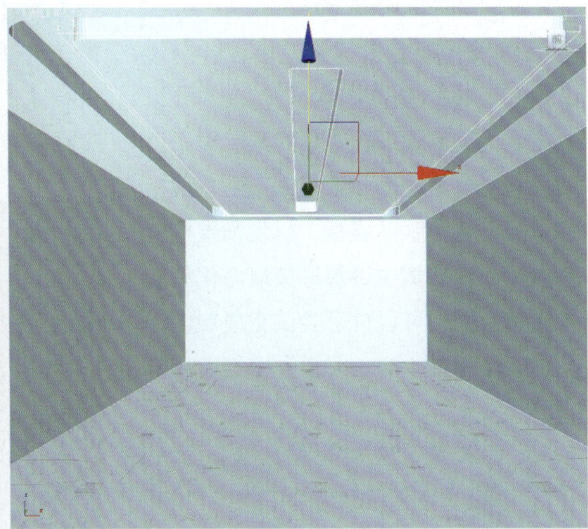

图9-17

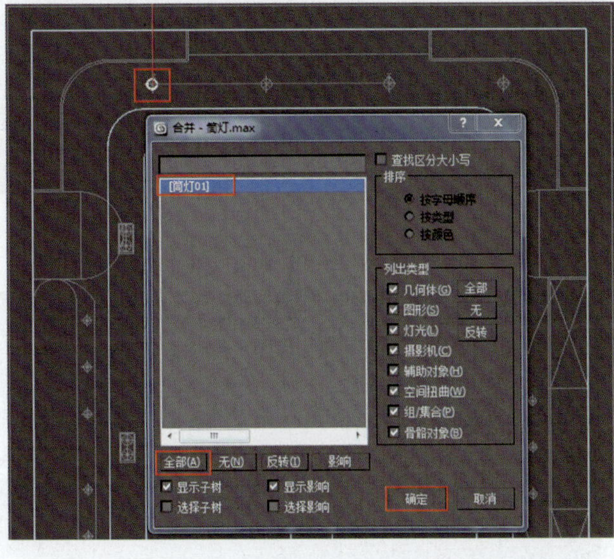

图9-18

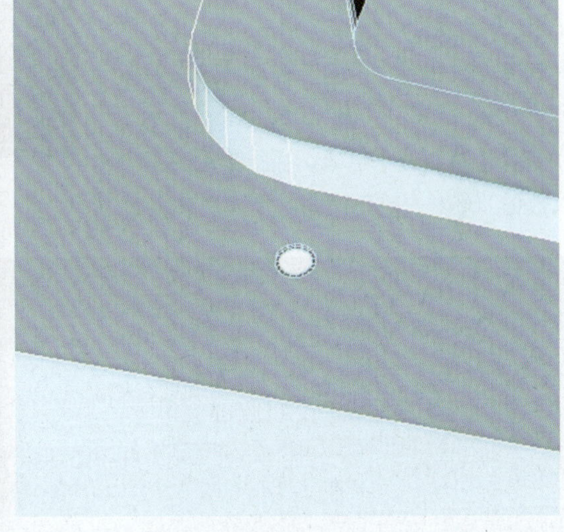

图9-19

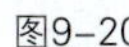
图9-20

图9-21

9.3 展柜造型建模方法

作为店面空间，很多造型都是由设计师设计完成的，没有现成的模型来合并，这就需要自己建模。本案室内空间模型比较多，从平面布置图中可以知道有形象墙、彩妆展柜一、彩妆展柜二、护肤品展柜一、护肤品展柜二、发饰展柜、化妆镜、资料架，本节集中讲解形象墙与化妆镜的模型制作，其余模型可以自己尝试完成制作，以检验自己的建模能力。

9.3.1 形象墙建模

（1）打开×××图片文件中的“图64”形象墙图片，参考此张图片造型进行制作。在前视图中创建一个二维矩形，长度为2 200 mm，宽度为1 400 mm，角半径为85 mm，命名为“形象墙01”。右击，转换为可编辑样条线，选择【顶点】，将右下角顶点选中，向左移动，效果如图9-22所示。

（2）选择【样条线】层级，执行【轮廓】命令，输入数值100（一般正值向内倒，负值向外倒，特殊情况下相反），效果如图9-23所示。

（3）继续调节样条线四个角上的点，先将每2个点焊接成一个点，选中【顶点】，框选图形中的相邻2个点，执行【几何体】→【焊接】命令，【焊接】数值为1 000 mm。以此类推，将其余3个点焊接成角点，然后将4个角点选中，执行【几何体】→【圆角】命令，【圆角】数值为50 mm，效果如图9-24所示。

形象墙建模

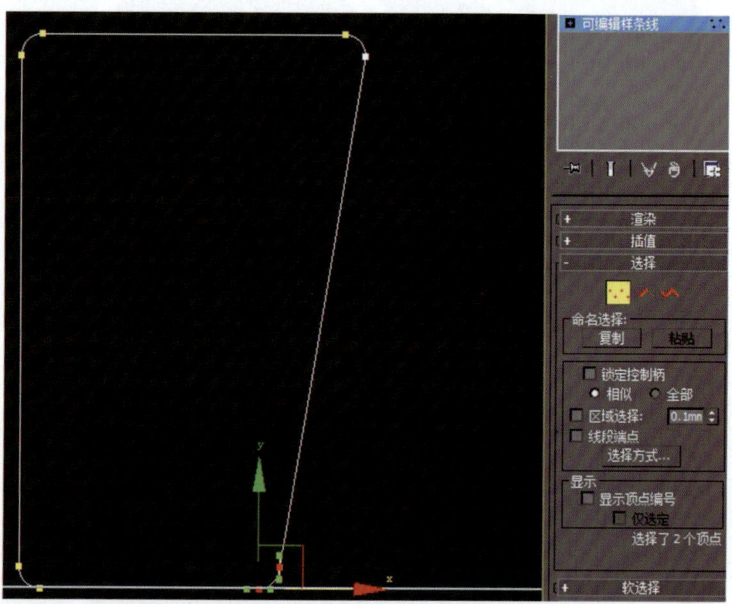

图9-22

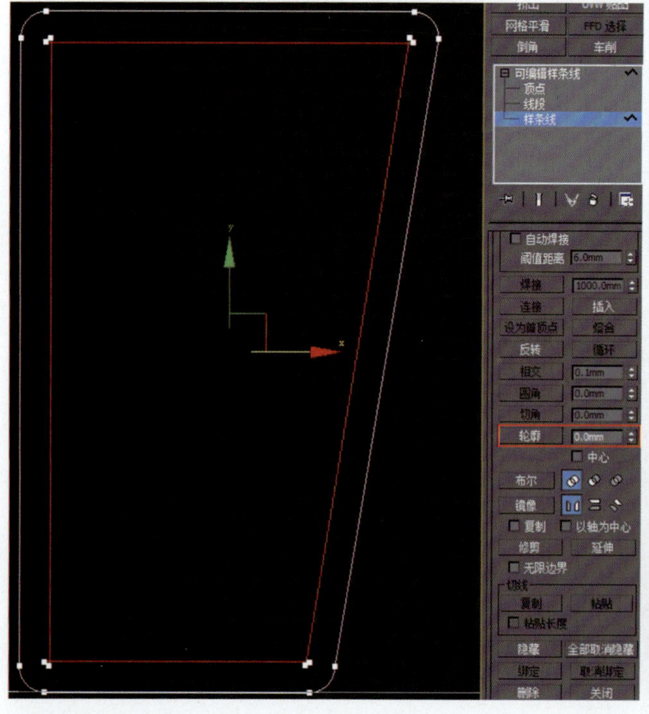

图9-23

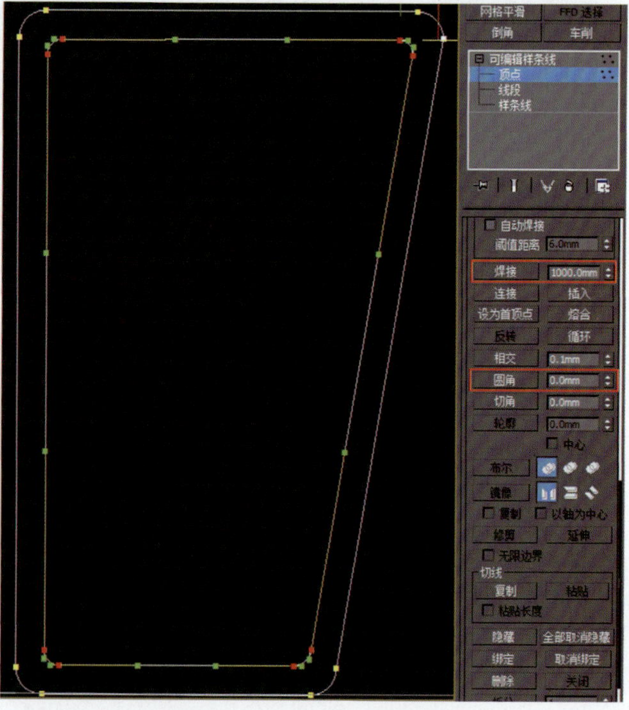

图9-24

（4）取消顶点的选择，添加【挤出】修改器，挤出【数量】为200 mm，如图9-25所示。

（5）制作内立面，选中“形象墙01”，按Ctrl+V组合键复制一个，点选修改器堆栈中的样条线，选中外轮廓删除，只剩内轮廓线，回到挤出，将【数量】改为10 mm，效果如图9-26所示。

（6）绘制另外一半造型。选择二维图形中的矩形，长度为2 200 mm，宽度为600 mm，角半径为85 mm，命名为“形象墙02”。右击，转换为可编辑样条线，选择【顶点】，将左下角的顶点选中，向左移动，效果如图9-27所示。

（7）调节形象墙02，效果如图9-28所示。

（8）上方的隔断造型运用长方体来创建；下方的弧形柜门在顶视图用线绘制，并挤出300 mm的高度。效果如图9-29所示。

（9）拉手制作。采用【线工具】进行绘制，并运用【车削】修改器进行旋转，如图9-30所示。

9.3.2 化妆镜建模

（1）执行【标准基本体】下的【长方体】命令，在顶视图中运用【2.5维捕捉】，创建一个长度700 mm、宽度400 mm、高度2 200 mm的长方体，命名为“化妆镜”，如图9-31所示。

（2）将对象转换为可编辑多边形，选择【边】层级，点选横向的两条边，单击【连接】按钮右边的设置通道按钮，增加两条垂直边，如图9-32所示。

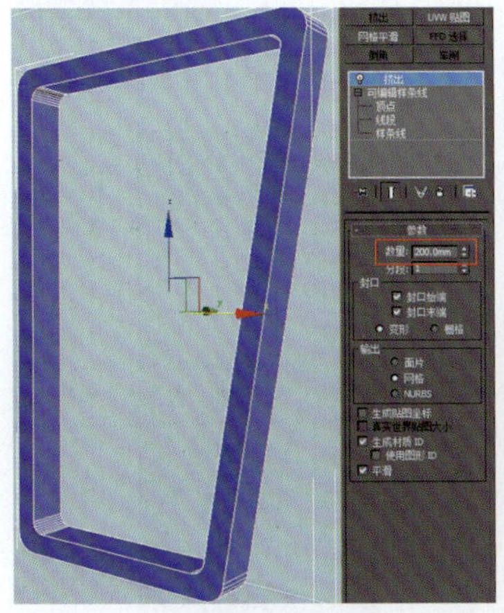

图9-25

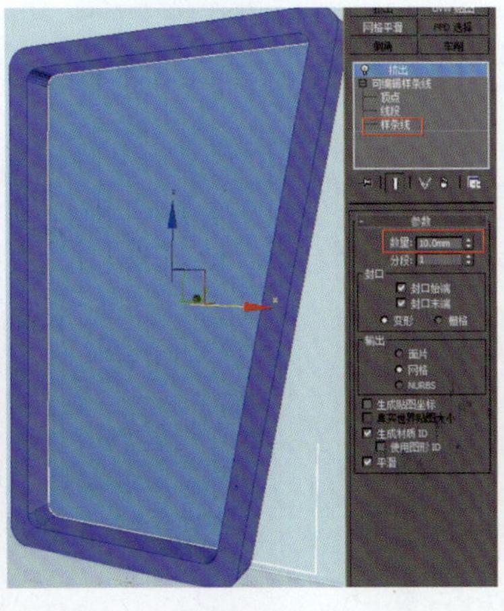

图9-26

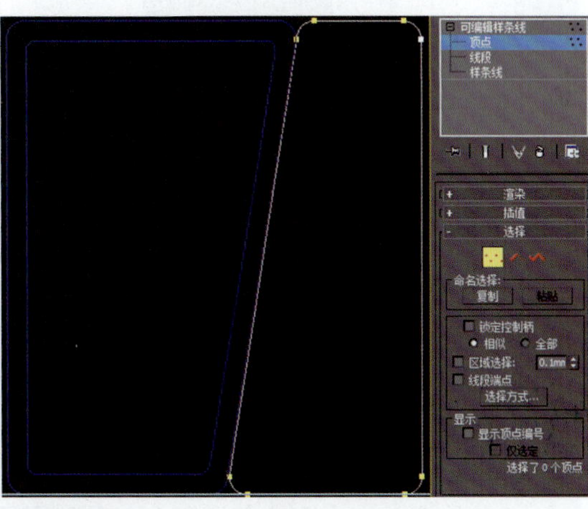

图9-27

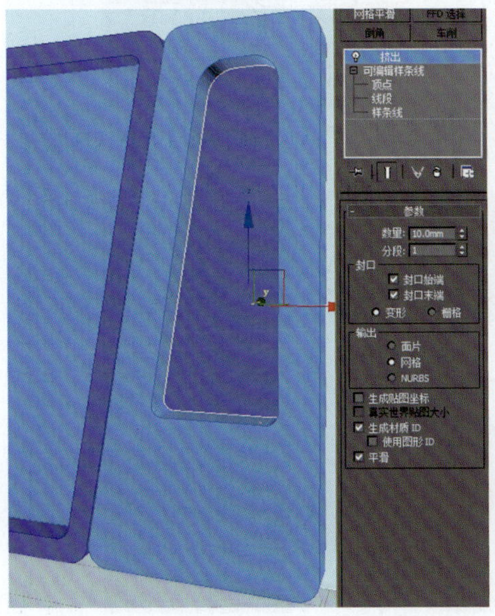

图9-28

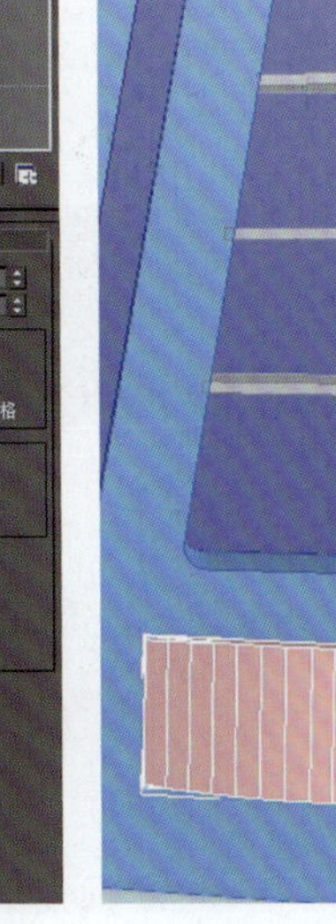

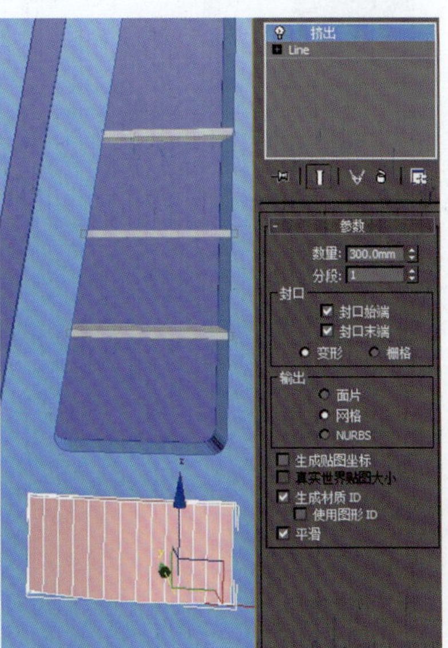

图9-29

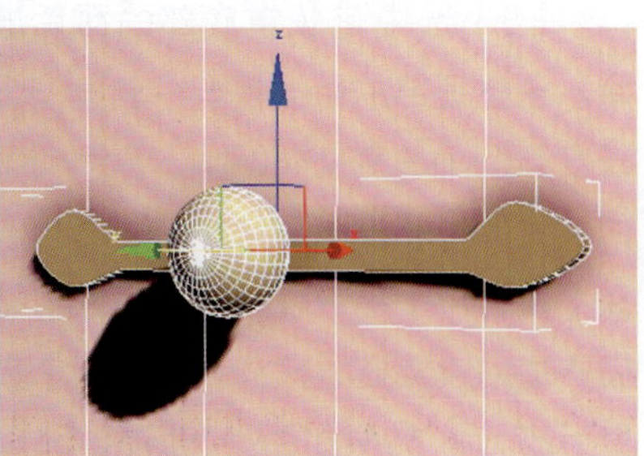

图9-30

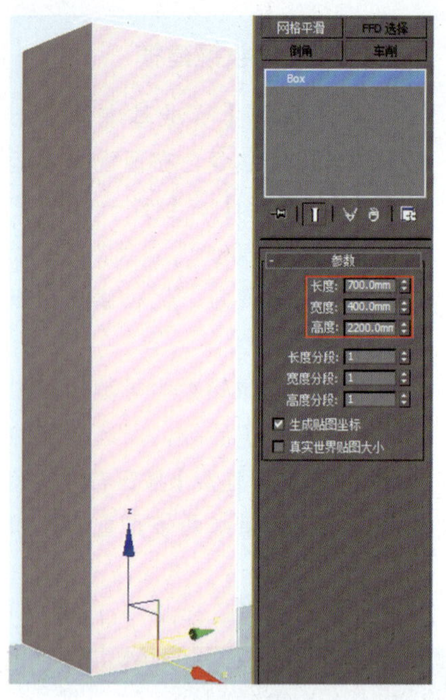

图9-31

图9-32

（3）继续单击【连接】按钮右边的设置通道按钮增加三条边，从下往上，分别选中在状态栏设置z轴高度为750 mm、830 mm、1 500 mm，如图9-33所示。

化妆镜建模

（4）选择【多边形】层级，选中要操作的面，单击【挤出】按钮右边的设置通道按钮，向里挤-380 mm，如图9-34所示。

（5）选中化妆镜底部的面后删除。创建顶部的画框模型：创建一个长度450 mm、宽度450 mm、高度5 mm的长方体，转换为可编辑多边形，选择【多边形】层级，单击【插入】按钮右边的设置通道按钮，【插入】数值为20 mm，效果如图9-35所示。

（6）制作弧形的台面。选择【线工具】，按照半圆的图形进行绘制并调整，添加【挤出】修改器，挤出【数量】为80 mm，效果如图9-36所示。

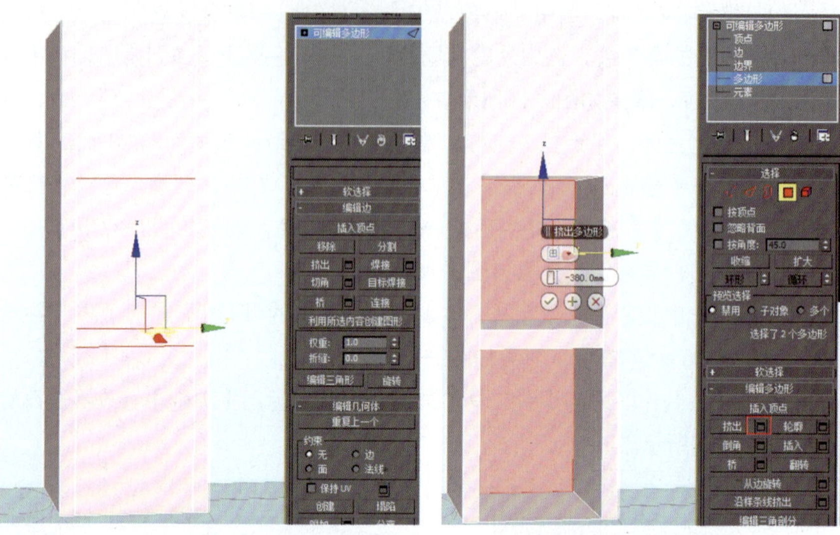

图9-33　　图9-34

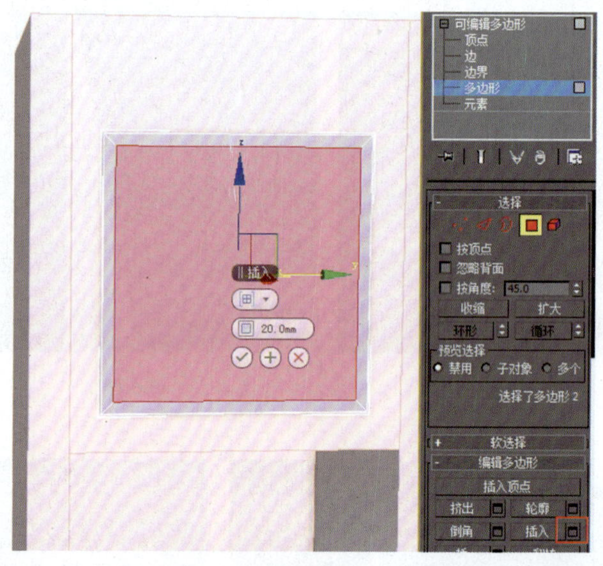

图9-35

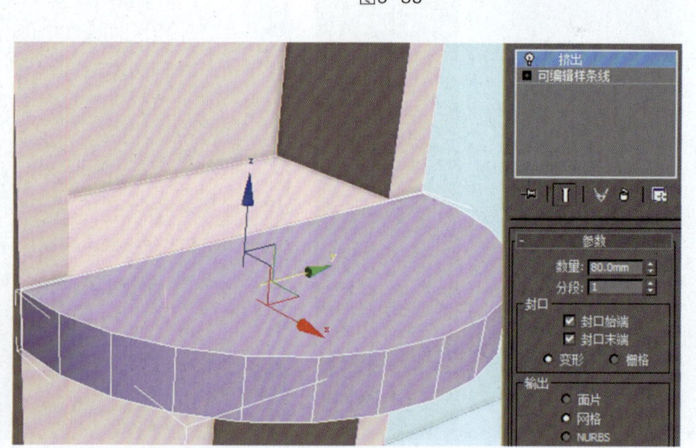

图9-36

9.4 整理及合并展柜模型

为了方便模型材质表现，在本案例中需要将地面从“墙体”对象中分离出来，并调用相关展柜模型完成空间的布置。

9.4.1 模型整理

（1）分离地面。选择“墙体”对象，按Alt+Q组合键孤立对象，选择【多边形】层级，如图9-37所示。

（2）执行【编辑几何体】卷展栏下的【分离】命令，在弹出的【分离】对话框中命名为“地面”，如图9-38所示。

合并展柜模型

9.4.2 合并展柜模型

选择配套网盘“第9章\Max\调用模型”文件，依次将家具模型合并到场景中，合并后的场景如图9-39所示。

9.4.3 对场景创建摄影机

（1）选择【摄影机】，在顶视图中创建一个摄影机，设置【镜头】为28 mm，如图9-40所示。

（2）设置【摄影机】的z轴高度为1 100 mm，选择摄影机的目标点，高度也设置为1 100 mm，调整后的摄影机显示范围如图9-41所示。

（3）在透视图中按C键，切换到摄影机视图，并在摄影机视图按Shift+F组合键显示可渲染范围，正确显示场景，最终场景显示效果如图9-42所示。

对场景创建摄影机

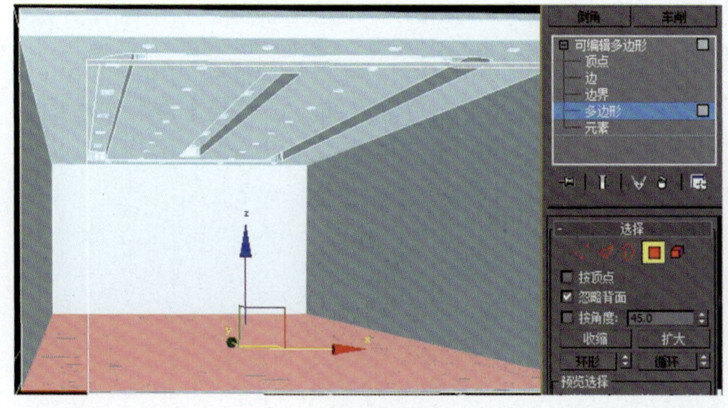

图9-37

图9-38

图9-39

图9-40

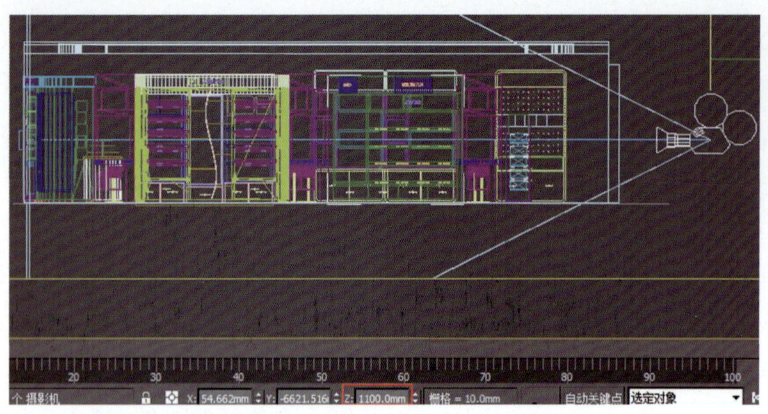

图9-41

图9-42

9.5 VRay材质设置

由于场景中合并的展柜模型都指定了相应的材质，这里仅讲解场景中顶棚、地面、墙体的VRay材质的设置。在设置材质之前，需要将渲染器设置为VRay渲染器。

9.5.1 顶棚、墙体材质设置

VRay材质设置

在本案中，顶棚与墙面的白色乳胶漆材质是相同的，所以将其放在一起进行讲解。

1. 白色乳胶漆材质

（1）选择“顶棚”“墙体”对象，并按Alt+Q组合键孤立当前选择，按M键打开【材质编辑器】对话框，如图9-43所示。

（2）选择第1个材质球，重命名为“白色乳胶漆”，设置【漫反射】颜色RGB值为255、255、255，如图9-44所示。

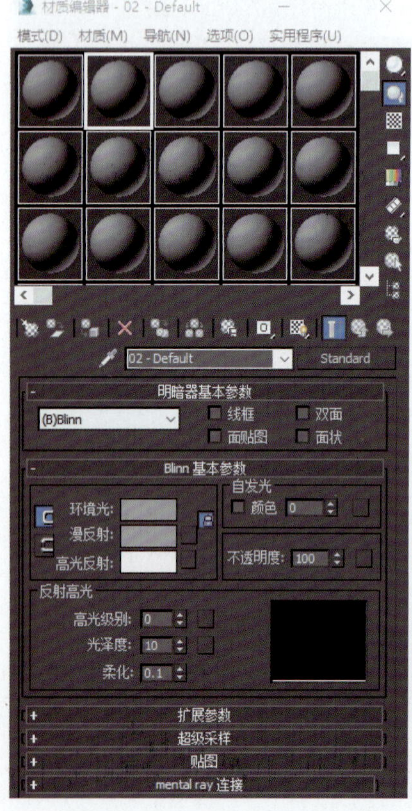

图9-43

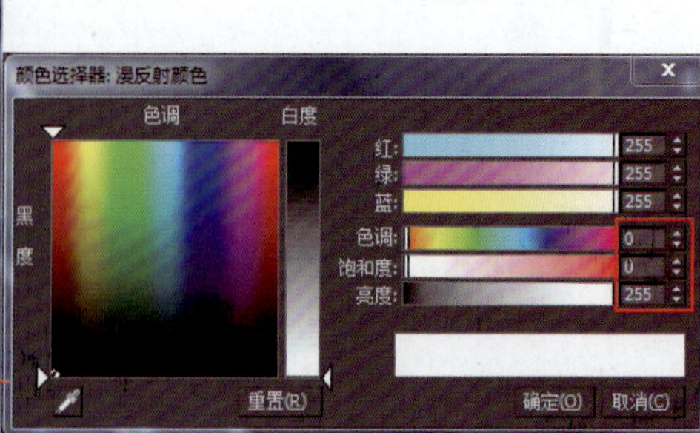

图9-44

（3）单击按钮，将“白色乳胶漆”材质指定给“顶01”“顶02”，如图9-45所示，右击并选择【隐藏选定对象】将物体隐藏。

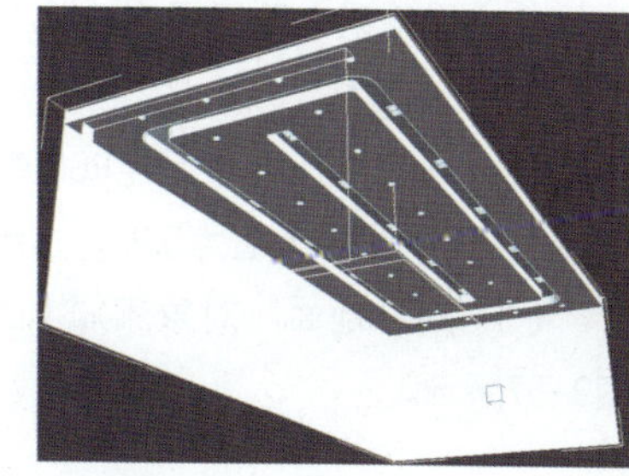

图9-45

2. 镜面材质

（1）选择一个空白材质球，重命名为“镜面”，并执行【Standard】命令，如图9-46所示。

（2）在弹出的【材质/贴图浏览器】对话框中选择如图9-47所示的【VRayMtl】材质，并双击对象，转换为【VRayMtl】材质，如图9-48所示。

（3）设置【漫反射】颜色RGB值为10、10、10，如图9-49所示。

（4）设置【反射】颜色RGB值为139、139、139，【高光光泽】值为0.95，【反射光泽】值为1.0，【细分】值为15，如图9-50所示，将材质指定给“顶03”“顶04”，如图9-51所示，并将其隐藏。

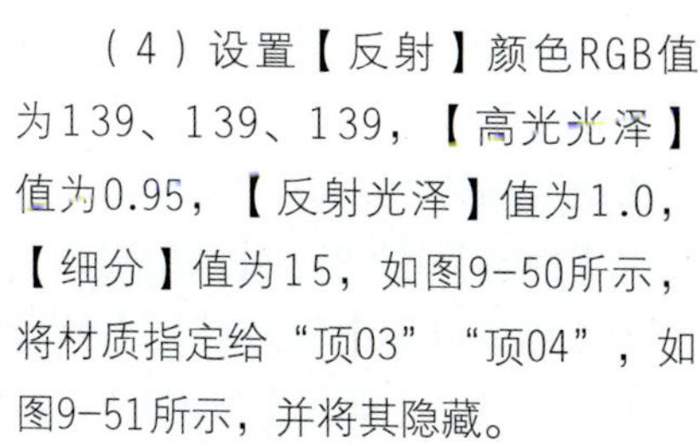

3. 筒灯材质

（1）选择一个空白材质球，重命名为“筒灯黑”，设置【漫反射】颜色RGB值为120、120、120，如图9-52所示。

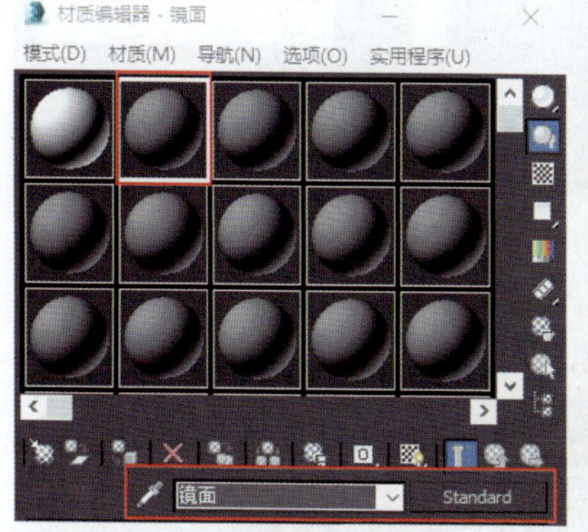

图9-46

图9-47

图9-48

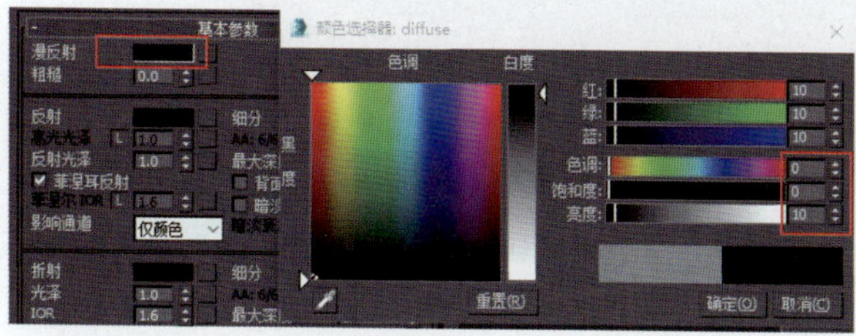

图9-49

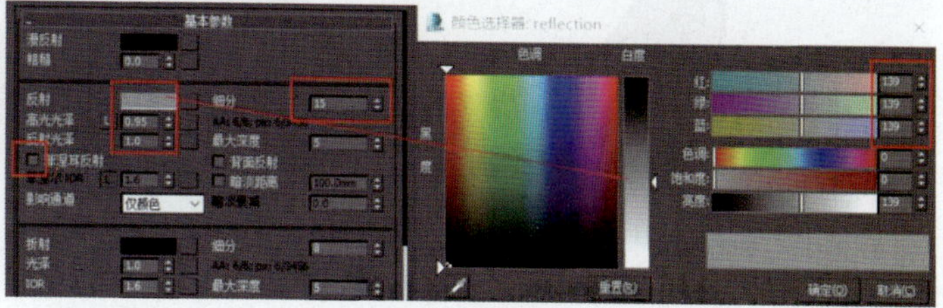

图9-50

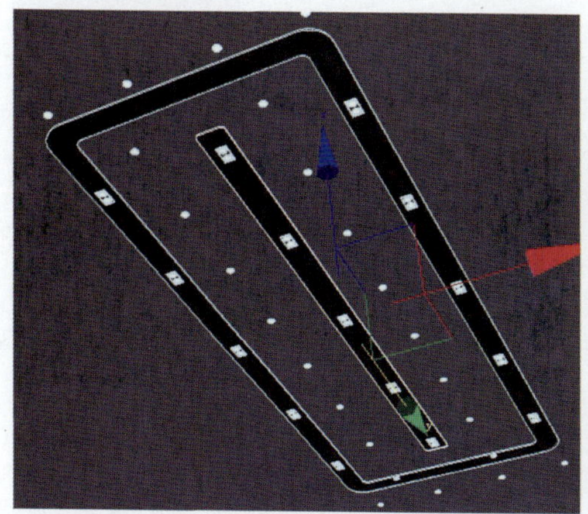

图9-51

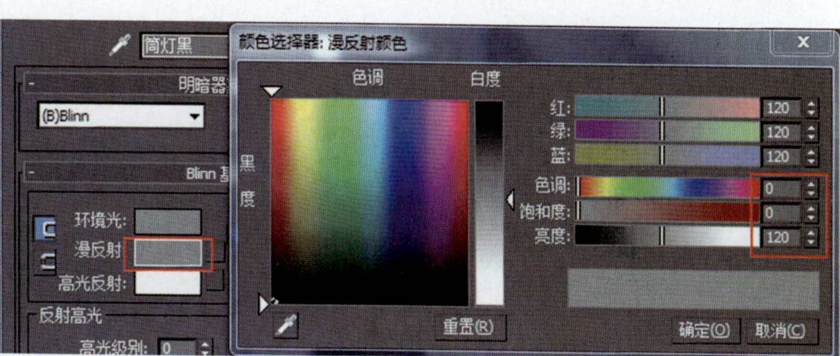

图9-52

（2）选择一个空白材质球，重命名为“筒灯白”材质，设置【漫反射】颜色RGB值为250、250、250；自发光【颜色】值为95；【反射高光】下的【高光级别】值为37，【光泽度】值为10，【柔化】值为0.1，如图9-53所示。

（3）筒灯材质已制作完成，退出孤立选择，最终效果如图9-54所示。

9.5.2　地面材质设置

本案的地面材质只有玻化砖一种。

（1）选择“地面”对象并孤立选择，指定一个新的材质球重命名为“地砖”，转换为【VRayMtl】材质，在【漫反射】贴图通道中添加“地砖”贴图，设置【模糊】值为0.6，如图9-55所示。

（2）设置【反射】颜色RGB值为120、120、120，设置【高光光泽】值为0.95，【反射光泽】值为0.95，【细分】值为20，如图9-56所示。

（3）对“地面”对象添加【UVW贴图】修改器，长、宽值均为800 mm，如图9-57所示。

图9-53

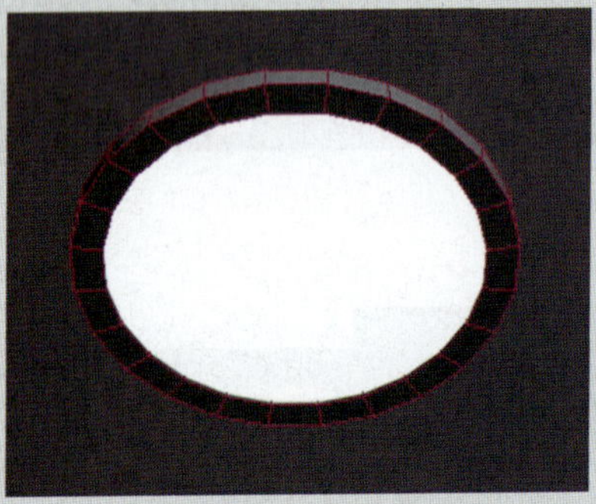

图9-54

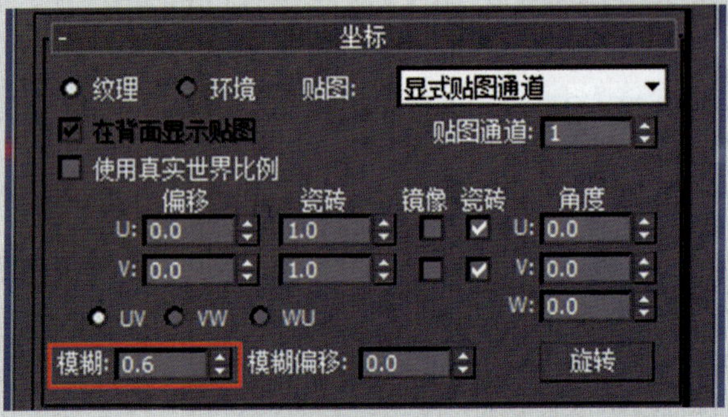

图9-55

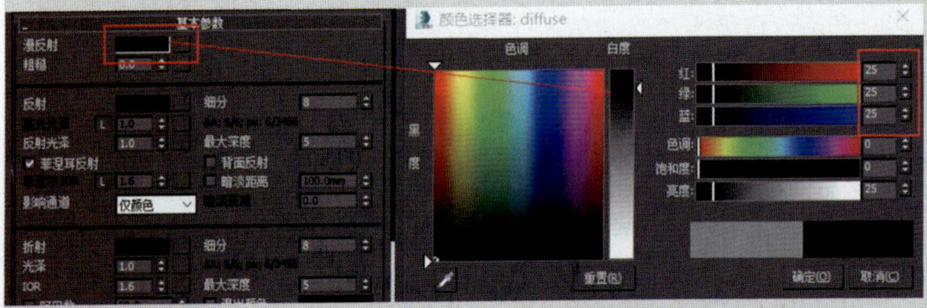

图9-56

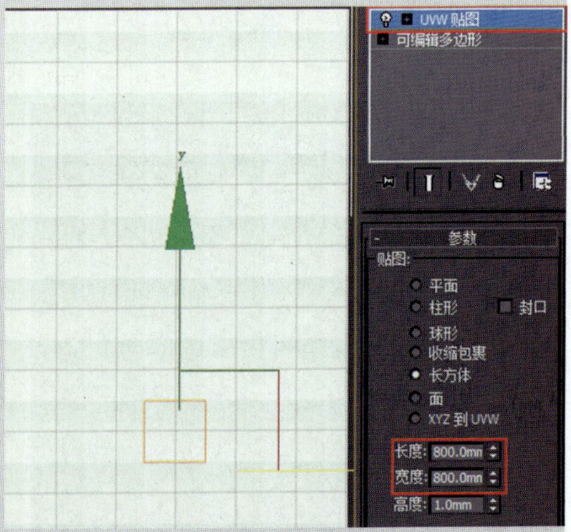

图9-57

9.6 VRay灯光设置方法

（1）在场景顶部，接近吊顶的区域设置一个主光源，主要是照亮整个场景。在【创建】面板中选择【灯光】选项，在下拉列表中选择【VRay】，在【对象类型】中选择【VRayLight】，在顶视图中创建一个VR平面灯光，灯光数值设置为2.8，颜色RGB数值设置为255、250、233，灯光位置如图9-58所示。

（2）为了使做出的效果图更真实，需要在玻璃门边创建补光。选择【VRayLight】，类型选择【平面】，在顶视图中创建一个VRay面光，补充照明，位置如图9-59所示。补光颜色一般采用冷色调，此处选择淡蓝色，参数设置如图9-60所示。

（3）装饰照明灯光制作。选择【光度学】灯光下的【目标灯光】，在前视图中创建光度学灯光进行场景补光，并在顶视图中复制灯光，复制过程中注意选择【实例】方式，如图9-61所示。【目标灯光】的参数设置如图9-62所示。

（4）形象墙灯光制作。选中刚创建的射灯，进行移动和复制，放置到形象墙的位置，【光度学Web】改为【03】，灯光强度数值为1 200，颜色不变，如图9-63所示。

（5）局部灯光制作。这是向下式的漫反射灯光，运用【VRayLight】来模拟现实中的T5灯管照明效果。选中VR面光，根据放置位置与大小进行调节，亮度数值为1.0，颜色的RGB值为255、250、238，效果如图9-64所示。

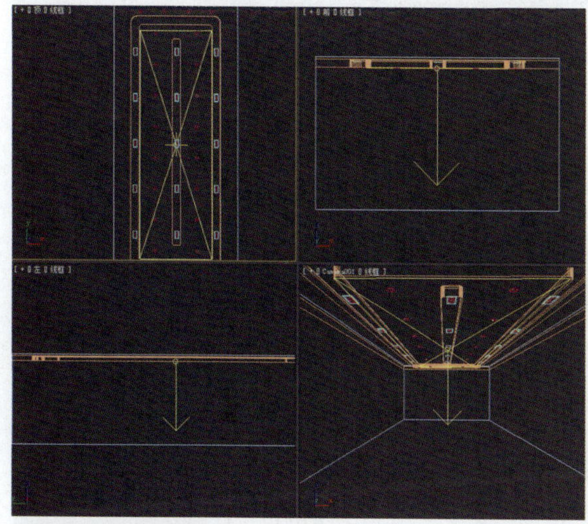

图9-58

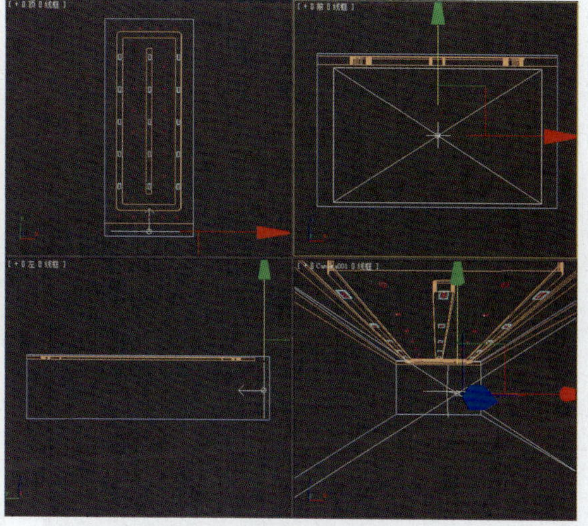

图9-59

VRay灯光设置方法

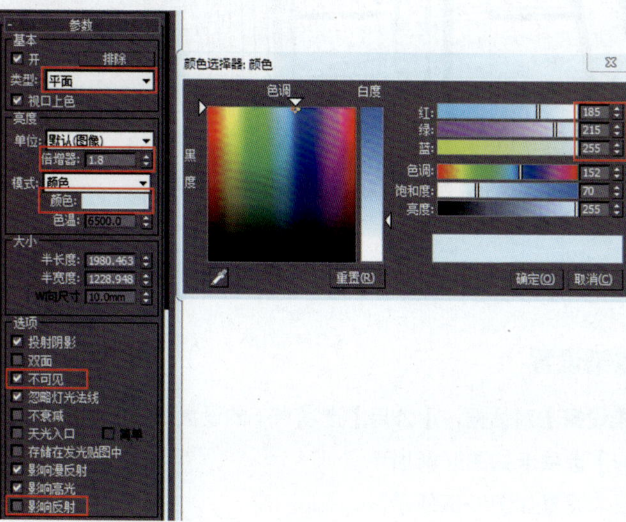

图9-60

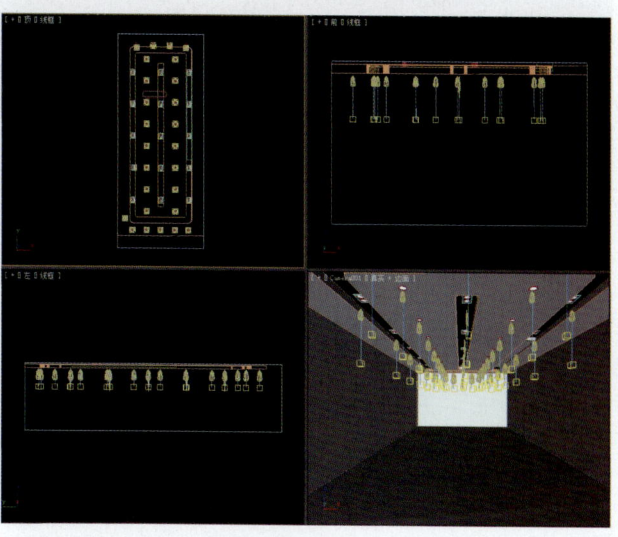

图9-61

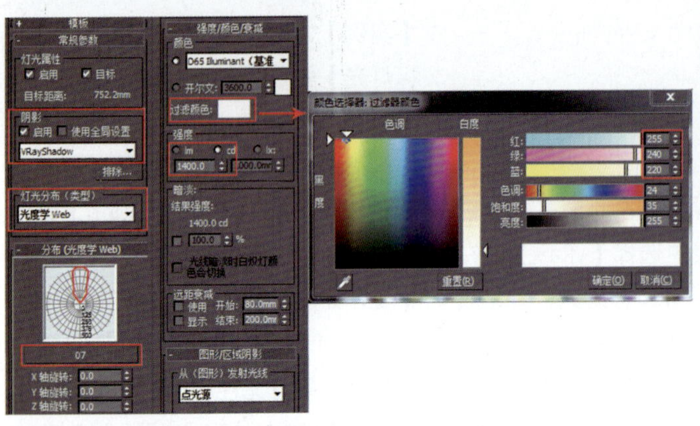

图9-62

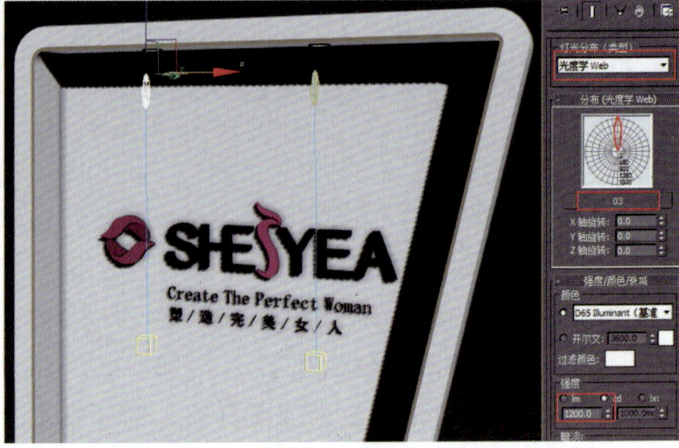

图9-63

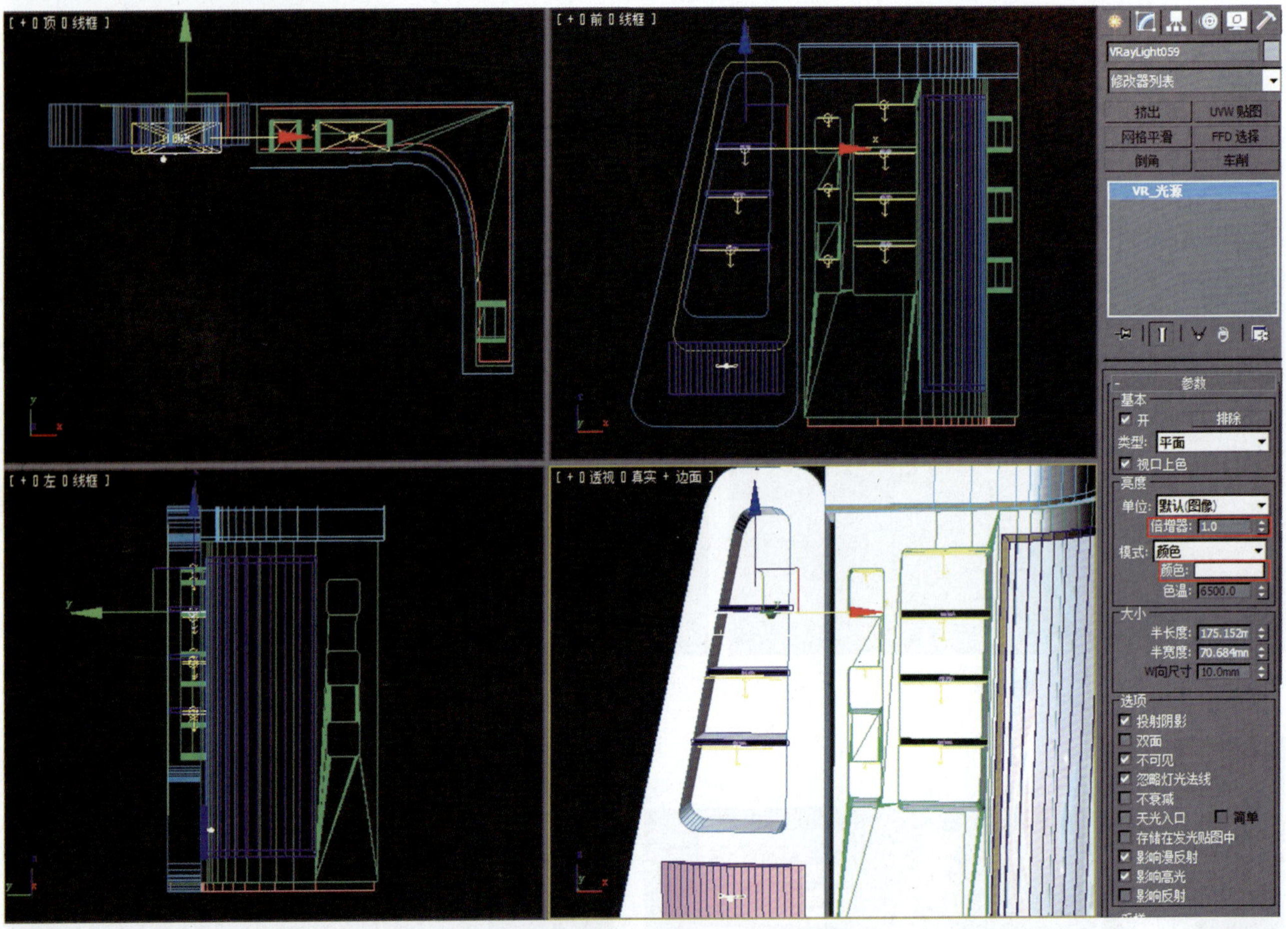

图9-64

9.7 VRay渲染方法

店面效果制作过程中，布置灯光时需要不断地对场景进行测试渲染，再配合辅助灯光调节材质，直到调整到所要表现的空间效果，再进行最终渲染。

测试渲染设置

9.7.1 测试渲染设置

（1）打开【渲染设置】对话框，【公用】选项卡下的设置如图9-65所示。

（2）设置【VRay】选项卡如图9-66所示。

（3）【GI】选项卡设置如图9-67所示。

（4）测试渲染得到如图9-68所示效果。

图9-65

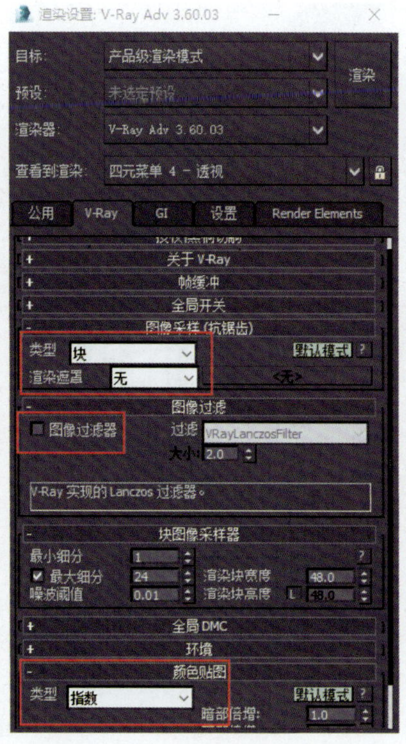

图9-66

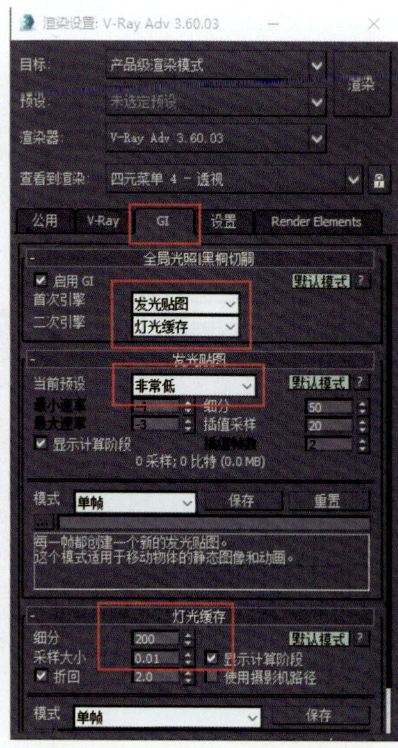

图9-67

图9-68

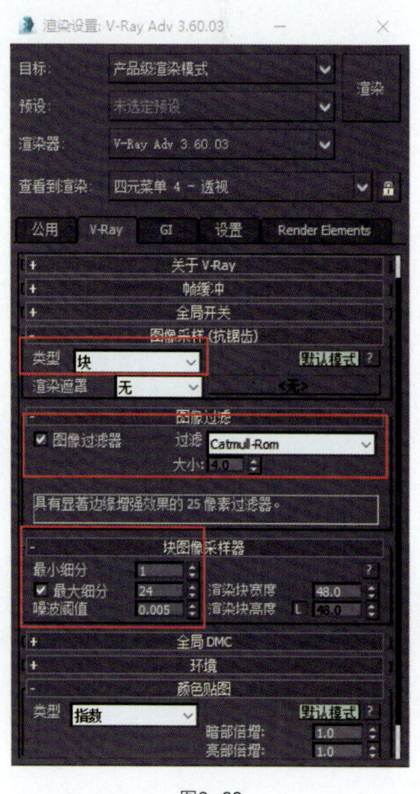

图9-69

9.7.2　最终渲染设置

（1）打开【渲染设置】对话框，将【公用】选项卡下的【输出大小】设置为3 500×2 625。在【渲染输出】面板中勾选【保存文件】复选框，将最终渲染的图预设保存位置，保存为.tga格式。

（2）设置【VRay】选项卡如图9-69所示，【GI】选项卡设置如图9-70所示。

（3）设置完成后单击【渲染】按钮进行渲染，渲染完成后的效果图如图9-71所示。

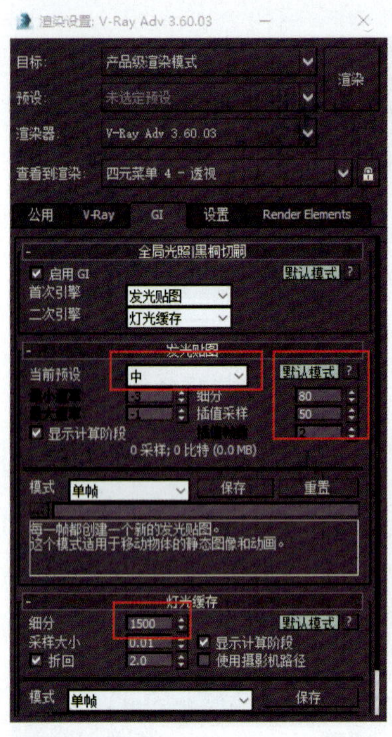

图9-70

图9-71

9.8 Photoshop后期处理

（1）在Photoshop软件中打开渲染的效果图，调整【亮度/对比度】使图像更清晰，如图9-72所示。

（2）执行【图像】→【调整】→【曲线】命令，调整图像的明暗关系，如图9-73所示。

（3）执行【图像】→【调整】→【色彩平衡】命令，调整图像的颜色关系，让图片冷暖更协调，如图9-74所示。

（4）制作图像上下的黑色透明边框，执行【矩形选框】命令，绘制上边部分的边框，新建一个图层，填充黑色，将【不透明度】调整为70%，完成后复制到下边，如图9-75所示。

（5）最后图像锐化清晰，选择【滤镜】→【锐化】→【USM锐化】命令，具体参数如图9-76所示。

（6）图像完成的效果如图9-77所示。

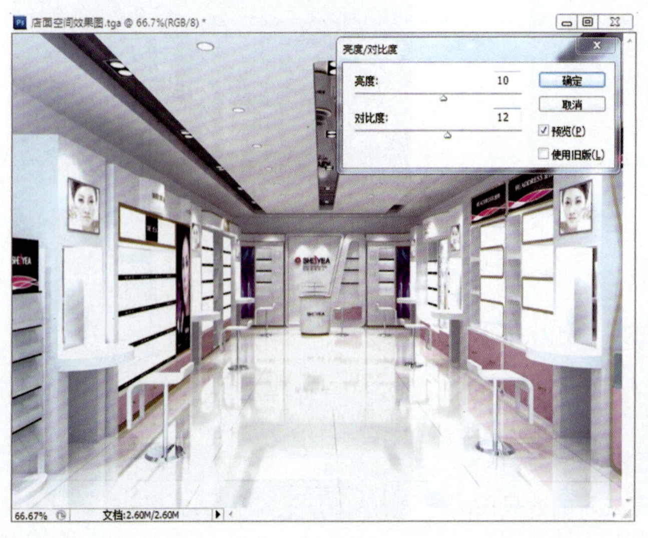

图9-72

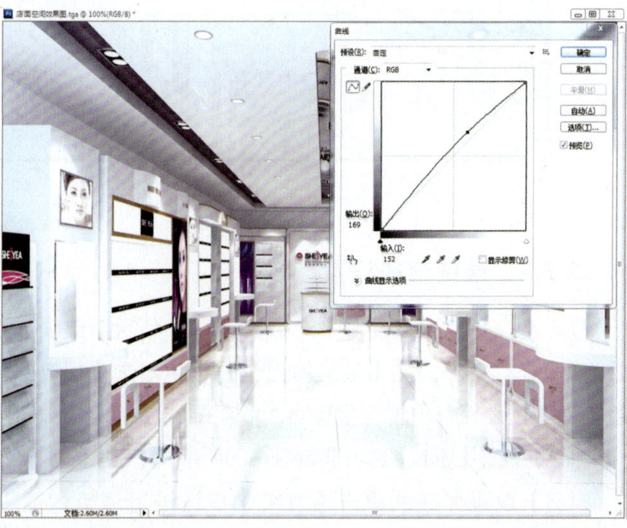

图9-73

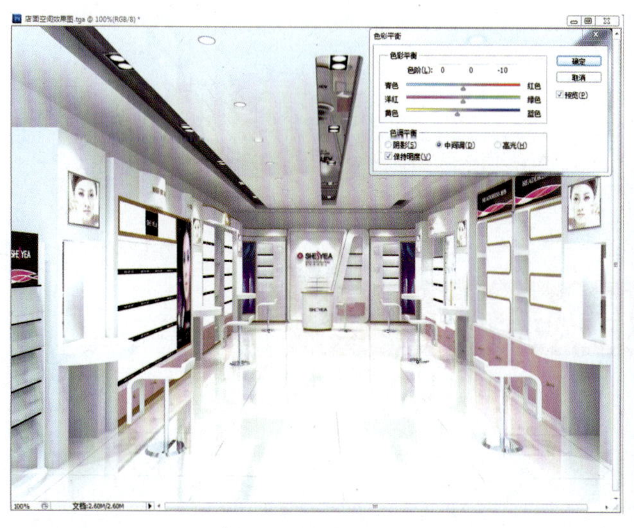

图9-74

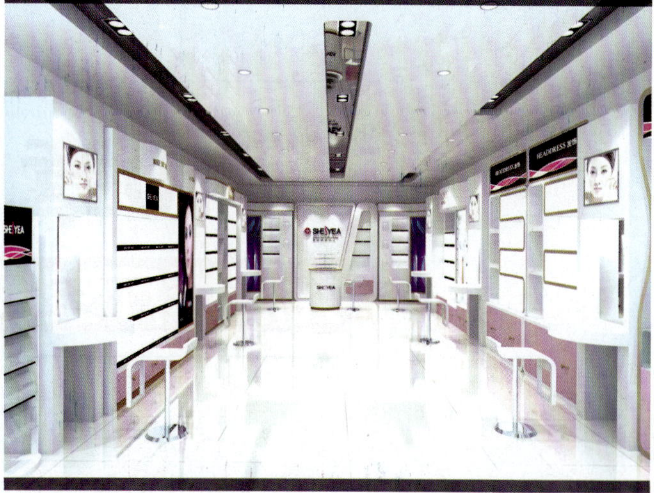

图9-75

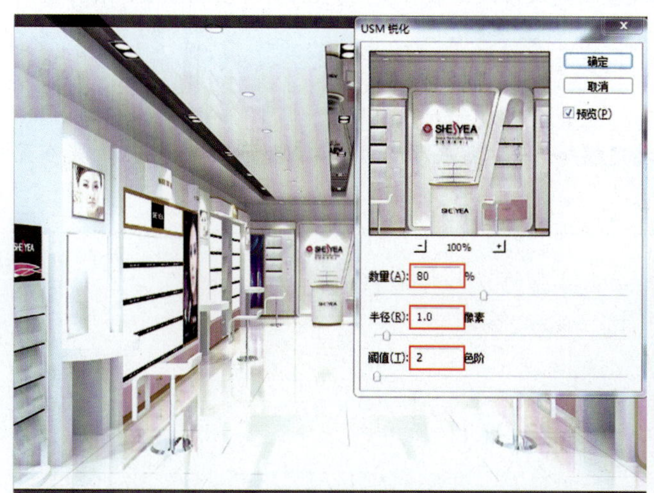

图9-76

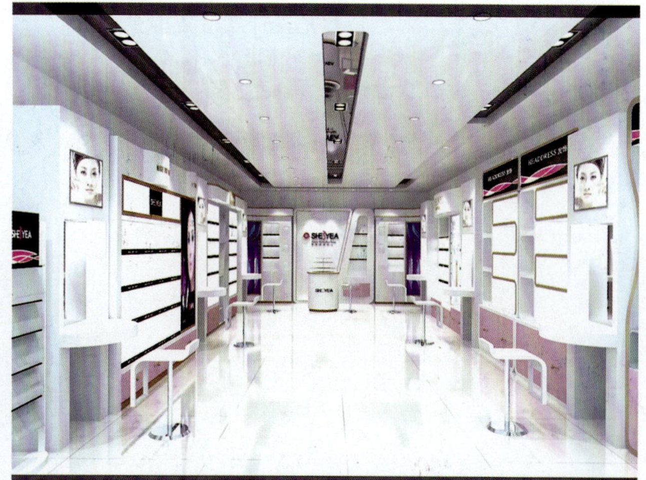

图9-77

本章小结

本章介绍了商城店面空间效果表现方法，主要包括店面空间中展柜模型建模知识、店面摄影机运用、VRay材质、灯光布置方法、VRay渲染设置以及Photoshop后期处理方法。

第10章 会展展厅空间效果图设计

◆本章知识点

展厅空间建模方法；形象墙模型创建及修改；展厅空间VRay材质表现方法；展厅空间灯光设计及渲染。

◆学习目标

掌握展厅空间的造型、形象墙建模知识；掌握展厅空间中常用材质设置方法、灯光布置思路和渲染知识。

本章案例为香港天鸿木门制作的展位效果图，是为参加北京的木门展销会而设计的，整个空间是以红、白、灰为色调，造型简洁、明快、富有创意，灯光设计上主要是射灯作为主光源，具有装饰性，突出木门的材质效果。

10.1 展厅空间建模方法

本章案例的展厅空间建模方法主要运用CAD图纸导入3ds Max，二维线进行建模；使用的修改器主要有【挤出】【FFD】【编辑多边形】【UVW贴图】等。

10.1.1 CAD图纸整理

在前面章节中已经详细地讲述了CAD图纸整理的方法，这里就不再重复。

10.1.2 地面建模

（1）单位设置，设置【系统单位】与【显示单位】为【毫米】，并对【栅格和捕捉】进行常用设置。

（2）导入天鸿木门的平面布置图，如图10-1所示效果。

（3）在顶视图中框选导入的CAD图纸，执行菜单栏【组】→【成组】命令，命名为“平面布置”。然后执行【移动】命令，在状态栏中，把图形的x、y、z坐标归零，如图10-2所示。

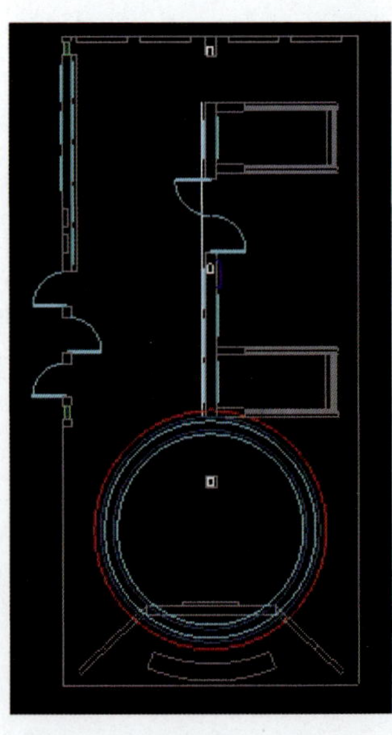

图10-1

（4）将群组的CAD平面布置图冻结，执行【创建】面板下的【图形】→【矩形】命令，选择【2.5维捕捉】，在顶视图中沿地面从左上角往右下角画线，添加【挤出】修改器，挤出数量为-50 mm，效果如图10-3所示。

10.1.3 A立面建模

（1）导入天鸿木门的A立面布置图，并进行群组，命名为“A立面”，如图10-4所示。

（2）执行【移动】和【旋转】命令，在“A立面”对象上进行旋转，进行对齐，如图10-5所示。

（3）继续在前视图进行移动对齐，对齐效果如图10-6所示。

（4）执行【图形】→【矩形】命令，取消勾选【开始新图形】复选框，开启【2.5维捕捉】，在前视图中绘制矩形，完成后添加【挤出】修改器，输入100 mm，效果如图10-7所示。

（5）在顶视图中移动对齐到指定位置，效果如图10-8所示。

（6）其余造型创建方法同上，最后将所有创建的模型进行群组，效果如图10-9所示。

10.1.4 B立面建模

（1）将B立面布置图导入场景，框选对象进行群组，命名为“B立面”，如图10-10所示。

（2）选中“B立面”对象，在【移动】按钮上右击，将【绝对：世界】选项组中【X】【Y】【Z】值归零，如图10-11所示。

（3）执行【线】命令勾出墙体部分，当视图放大，找不到绘制点，可以按I键进行跟踪，如图10-12所示。

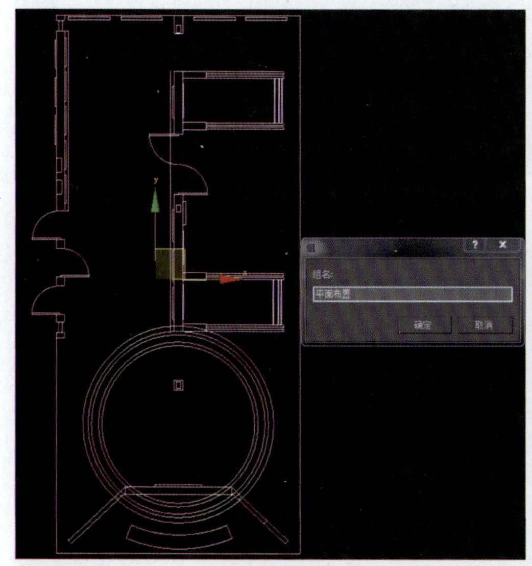

图10-2

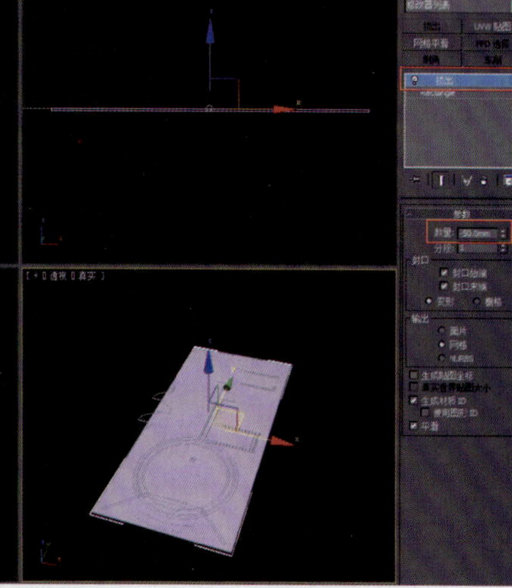

图10-3

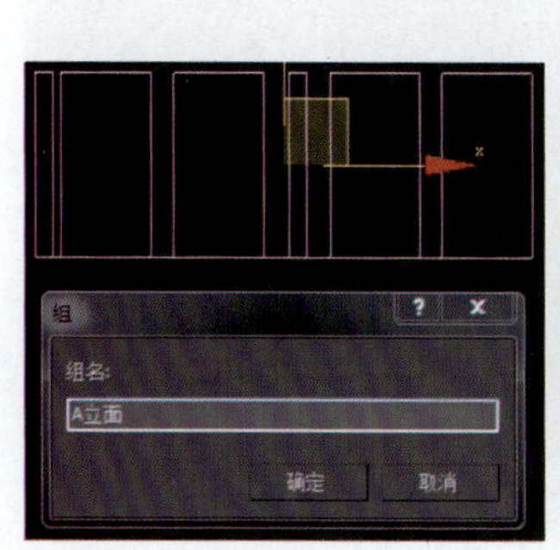

图10-4

图10-5

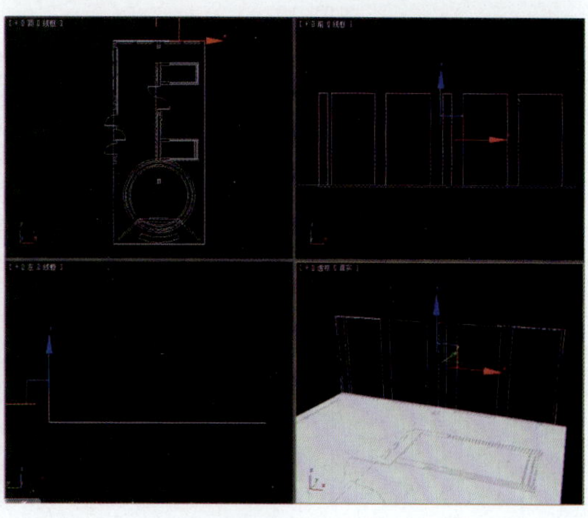

图10-6

（4）对勾出的二维线添加【挤出】修改器，并转换为可编辑多边形，挤出数值为240 mm，如图10-13所示。

（5）利用同样的方法创建门模型，便于赋予材质，如图10-14所示。

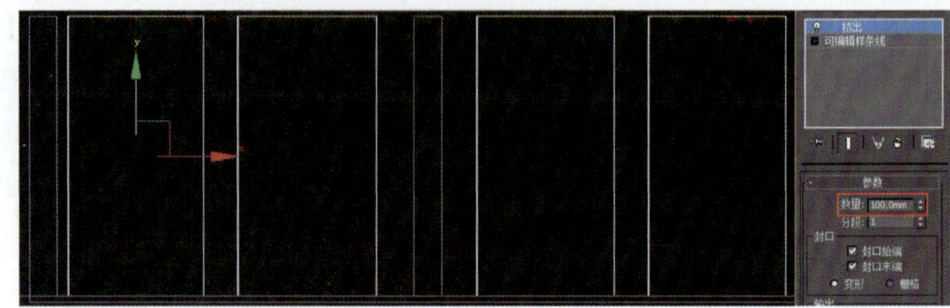

图10-7

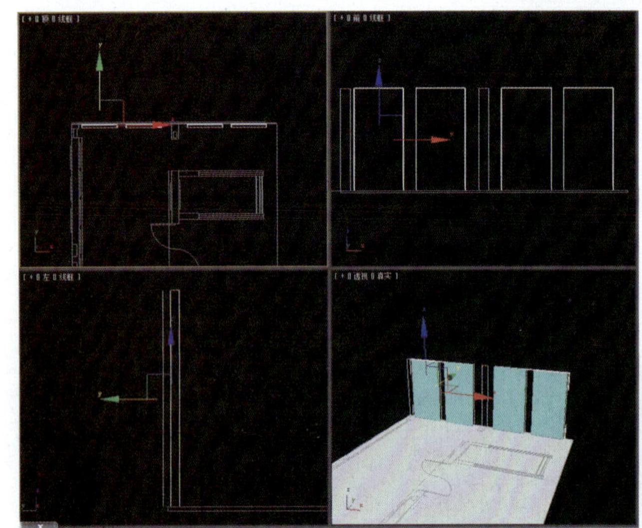

图10-8

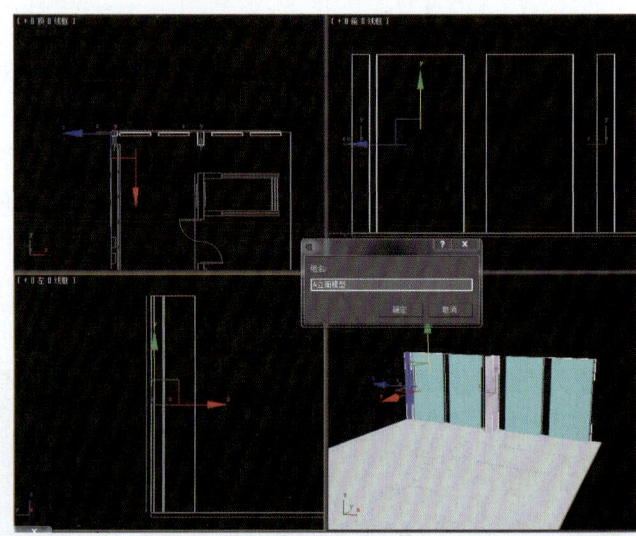

图10-9

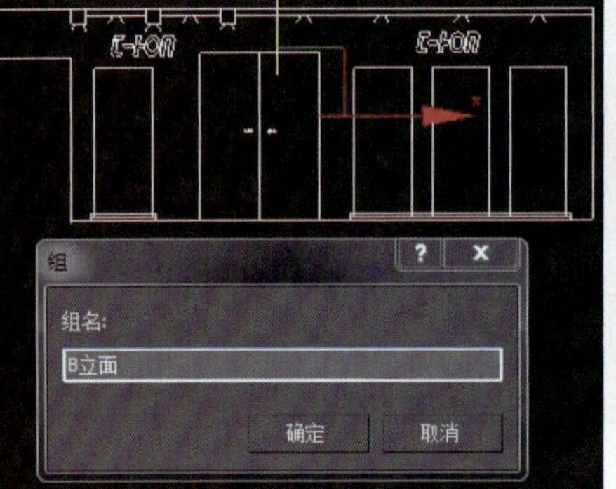

图10-10

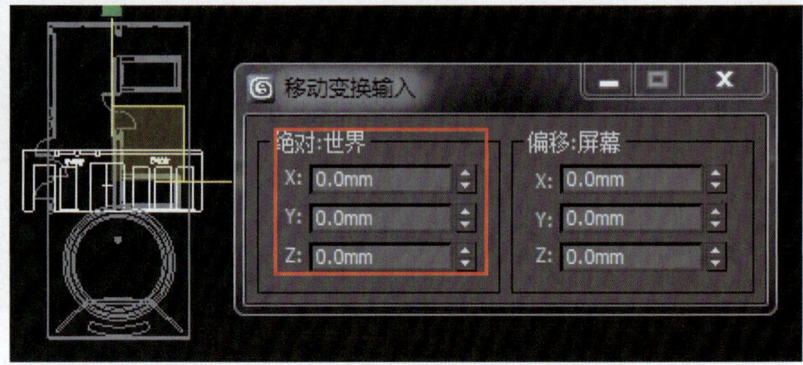

图10-11

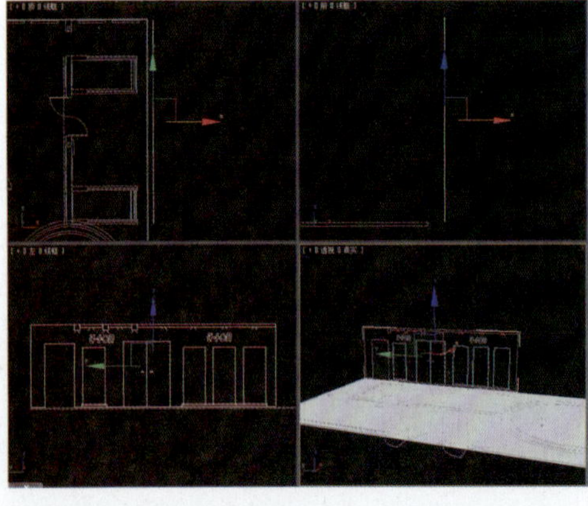

图10-12

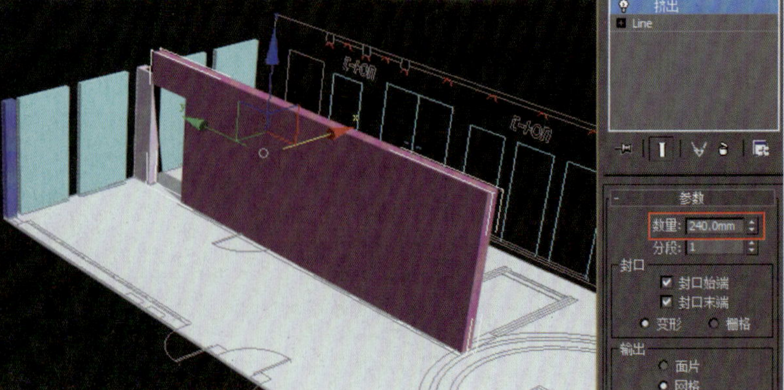

图10-13

（6）创建门的底座，选择【长方体工具】进行制作，参数如图10-15所示。

（7）创建B立面背面门的模型，效果如图10-16所示。

（8）框选所有创建的B立面模型，进行群组，命名为“B立面模型”，如图10-17所示。

（9）保持“B立面模型”对象处于选择状态，右击执行【隐藏选定对象】命令，如图10-18所示。

10.1.5　D立面建模

（1）将D立面布置图导入场景，框选对象进行群组，命名为“D立面”，如图10-19所示。

图10-14

图10-15

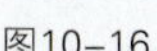

图10-16

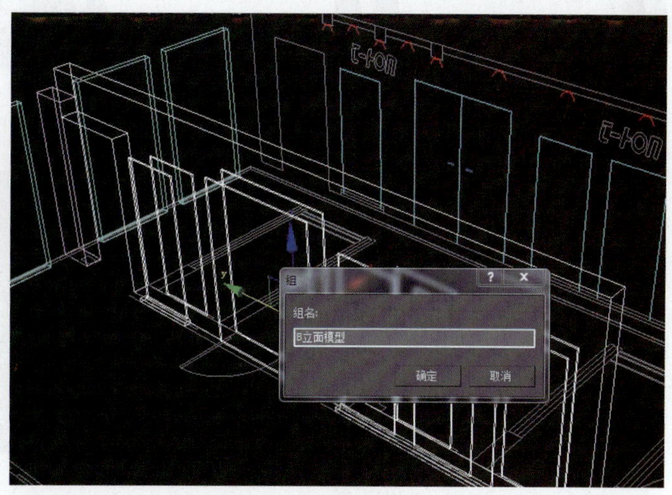

图10-17

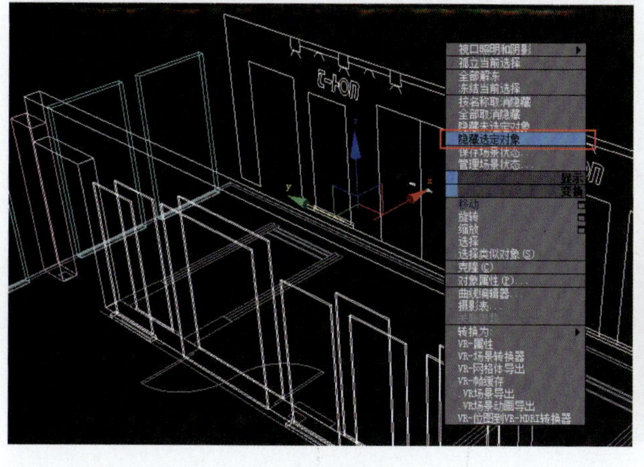

图10-18

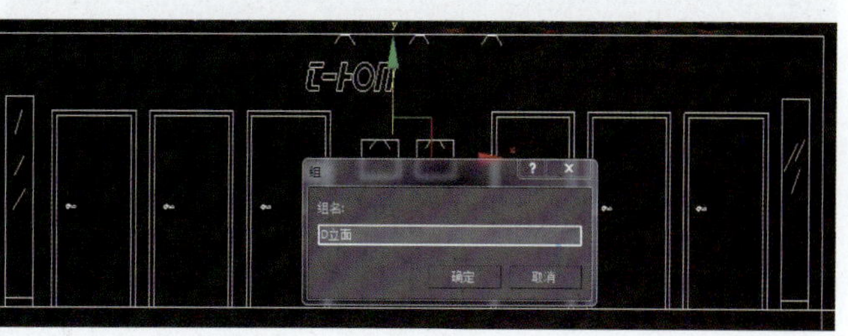

图10-19

（2）将“D立面”对象对齐到视图指定位置，利用【线工具】勾出造型，添加【挤出】修改器，挤出数量为240 mm，如图10-20所示。

（3）选择【矩形工具】创建四方格、玻璃位置模型，如图10-21所示。

（4）其余造型采用【线工具】创建，然后添加【挤出】修改器，如图10-22所示。

10.2 形象墙造型建模方法

（1）将形象墙立面布置图导入场景，框选对象进行群组，命名为“形象墙立面”，如图10-23所示。

（2）选【长方体】，创建形象墙造型，参数如图10-24所示。

（3）将其转换为可编辑多边形，选择【多边形】层级，选择面，单击【编辑多边形】卷展栏下【插入】按钮右边的设置通道按钮，插入数量为60 mm，如图10-25所示。

图10-20

图10-21

图10-22

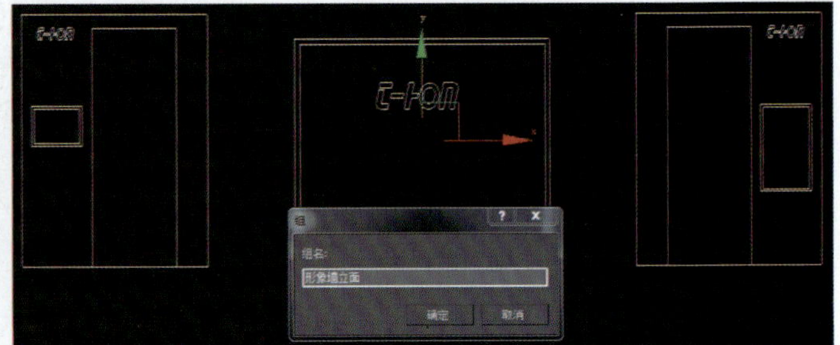

图10-23

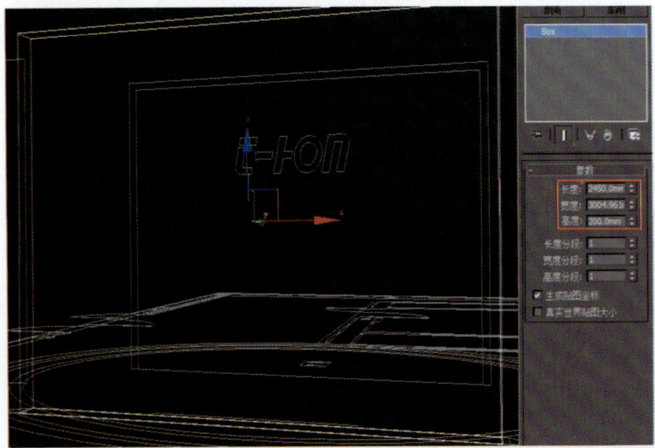

图10-24

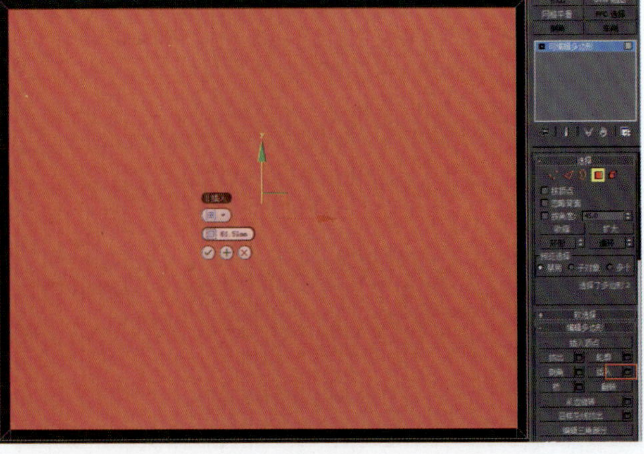

图10-25

（4）创建形象墙左侧模型。执行【图形】→【线】命令，勾出左侧的造型，添加【挤出】修改器，挤出数值为120 mm，如图10-26所示。

（5）数字电视模型。执行【长方体】命令，根据立面造型绘制出长方体，把对象转换为可编辑多边形，选择【多边形】层级，选择正面，单击【编辑多边形】卷展栏下【倒角】按钮右边的设置通道按钮，参数如图10-27所示。

（6）数字电视背面造型同样选择【编辑多边形】卷展栏下的【倒角】命令，参数如图10-28所示，最后效果如图10-29所示。

（7）采用上述同样的方法创建形象墙右侧的模型，如图10-30所示。

（8）形象墙最终效果如图10-31所示。

（9）接待台模型创建。执行【图形】→【线】命令，在视图中指定位置绘制线，选择点，转换成Bezier角点进行调节，如图10-32所示。

（10）点调节完成后，选择【样条线】层级，执行【轮廓】命令，如图10-33所示。然后添加【挤出】修改器，挤出数量为750 mm，如图10-34所示。

（11）玻璃桌面制作，复制上一步创建的模型，修改挤出数值为8 mm，并用圆柱体制作支撑钉，如图10-35所示。

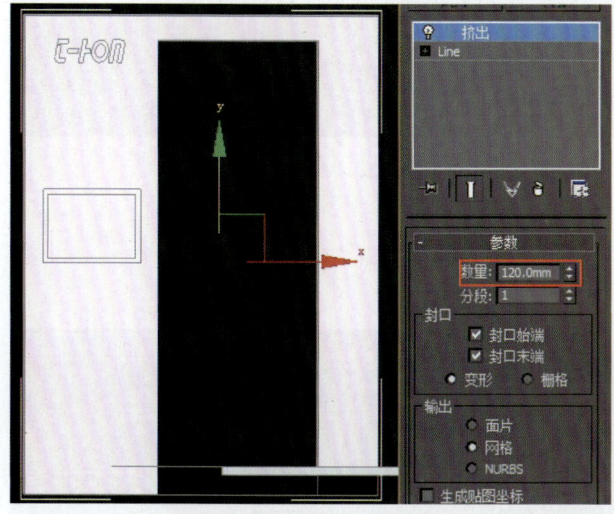

图10-26

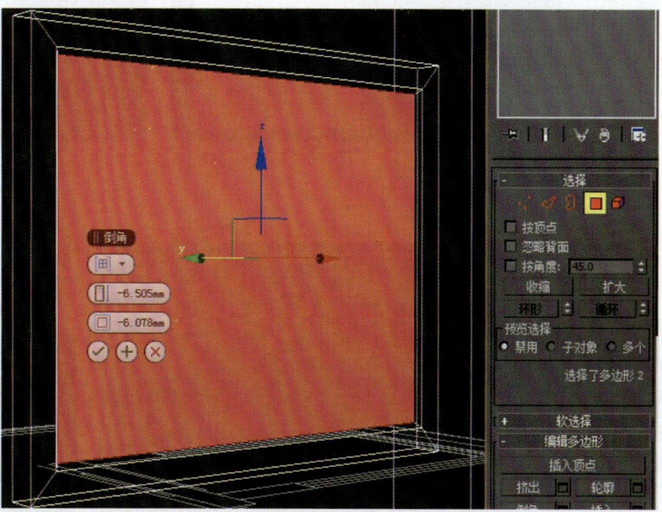

图10-27

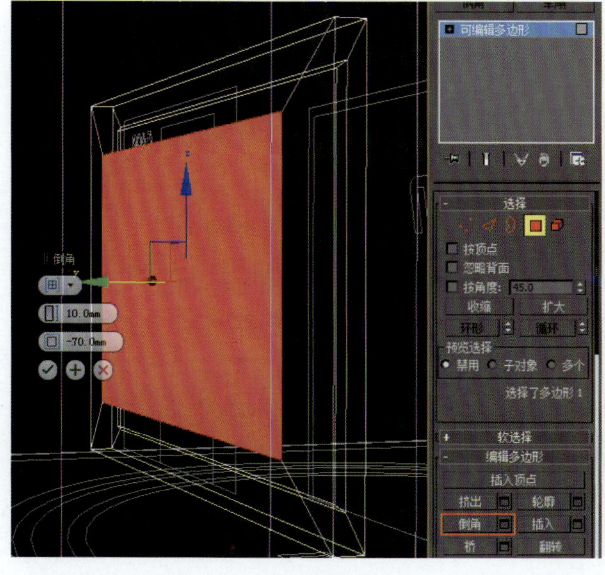

图10-28

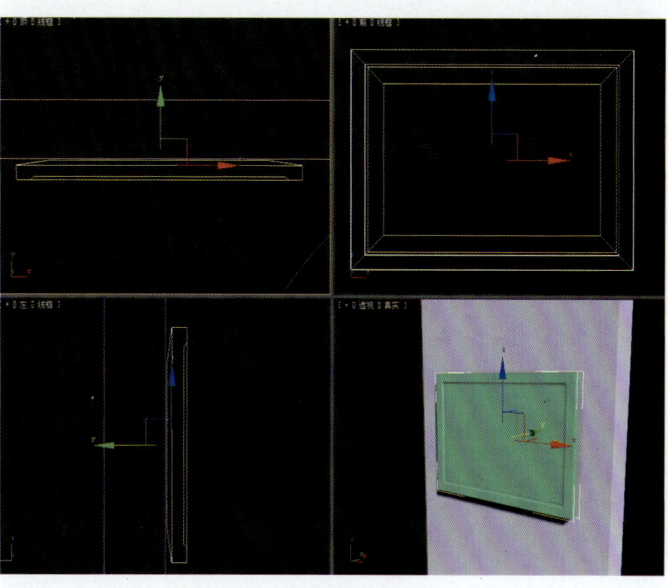

图10-29

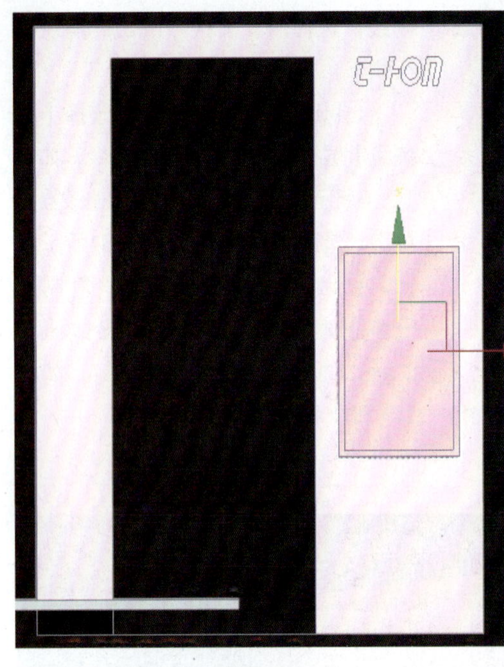

图10-30

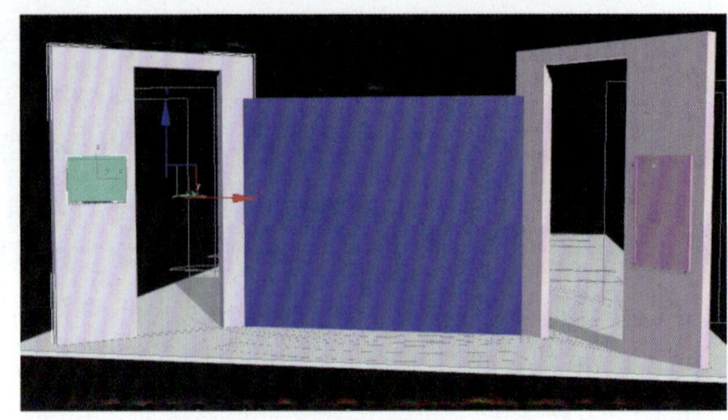

图10-31

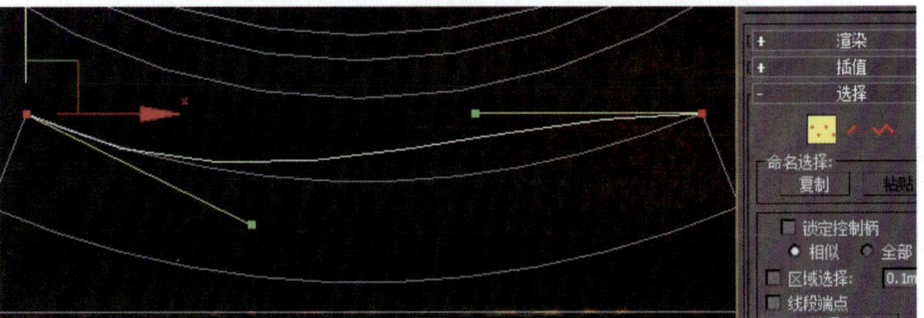

图10-32

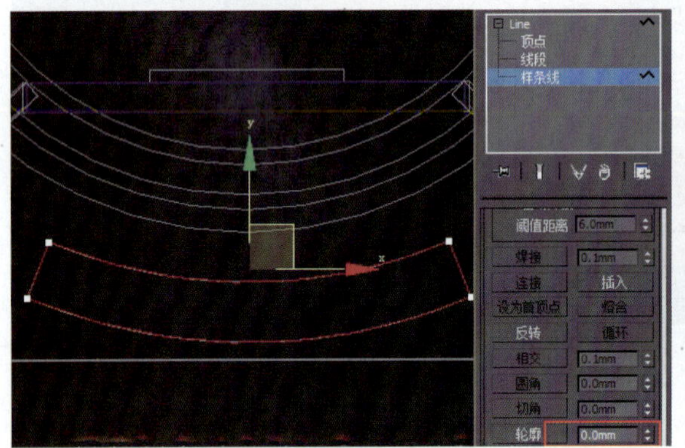

图10-33

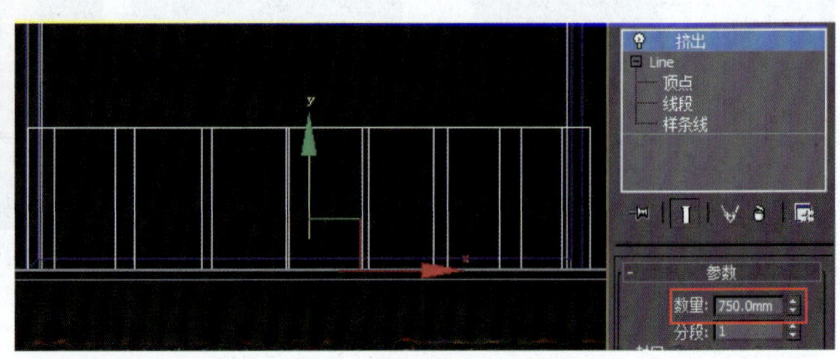

图10-34

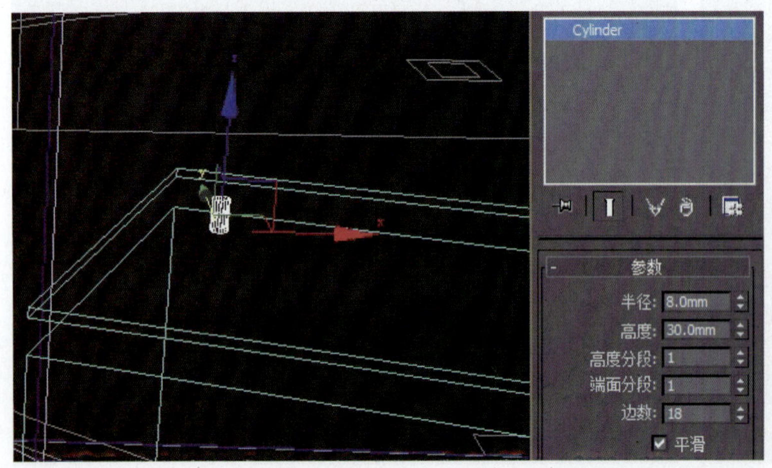

图10-35

10.3 展厅标志建模方法

10.3.1 标志建模

（1）选中形象墙标志部分进行解组，选择【点】层级，框选所有标志点，执行【焊接】命令进行焊接，如图10-36所示。

（2）对其添加【挤出】修改器，挤出数量为40 mm，如图10-37所示。

（3）文字模型创建，执行【图形】→【文本】命令，输入文字，添加【挤出】修改器，挤出数量为20 mm，如图10-38所示。

（4）复制标志，进行移动调节，做成弯曲的形状，跟接待台匹配，添加【FFD】修改器进行变形操作，如图10-39所示。

（5）完成最终形象墙和接待台模型制作，并进行群组隐藏，如图10-40所示。

10.3.2 局部建模

1. 拱形造型建模

（1）利用上述方法制作局部造型，如图10-41所示。

（2）拱形造型制作，先制作成三维实体，转换成可编辑多边形，选择【边】层级，连接2条边，如图10-42所示。然后选择两条边之间的面，进行挤出-25 mm，如图10-43所示。

（3）不锈钢柱制作，利用【圆柱体工具】创建模型，如图10-44所示。按照局部立面复制到指定位置，如图10-45所示。

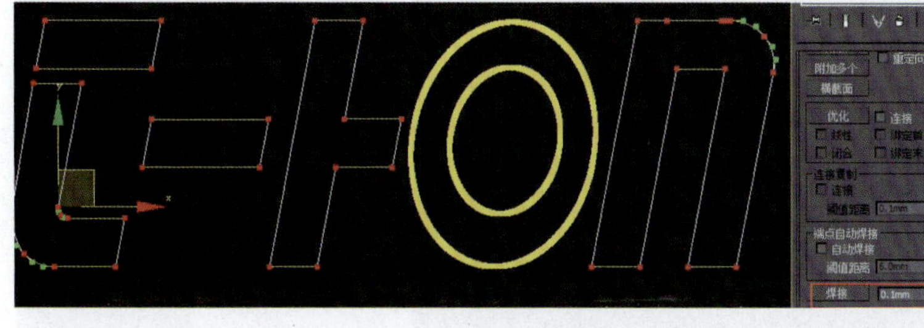

图10-36

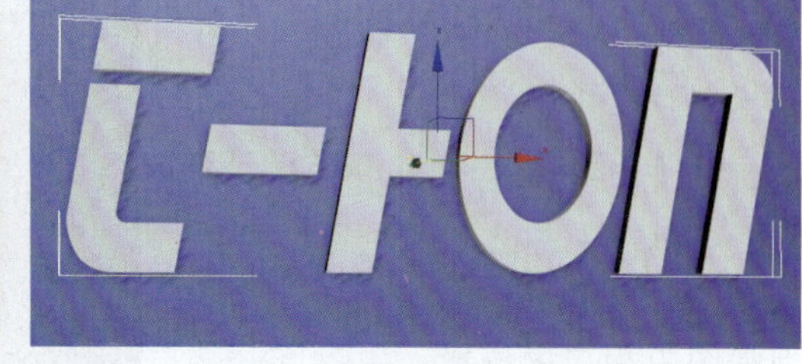

图10-37

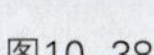

图10-38

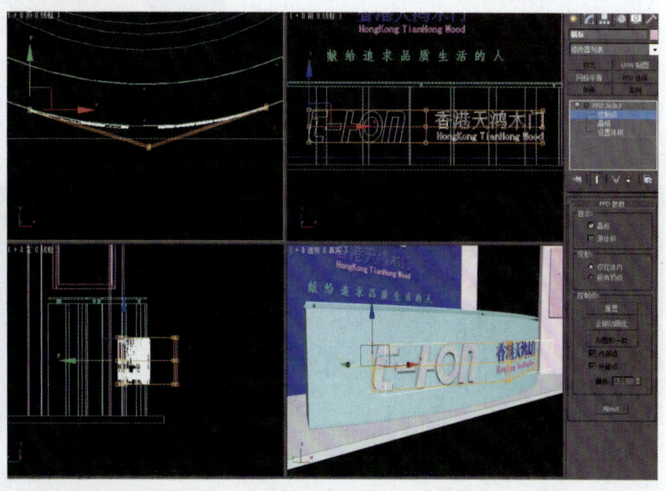

图10-39

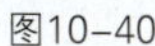

图10-40

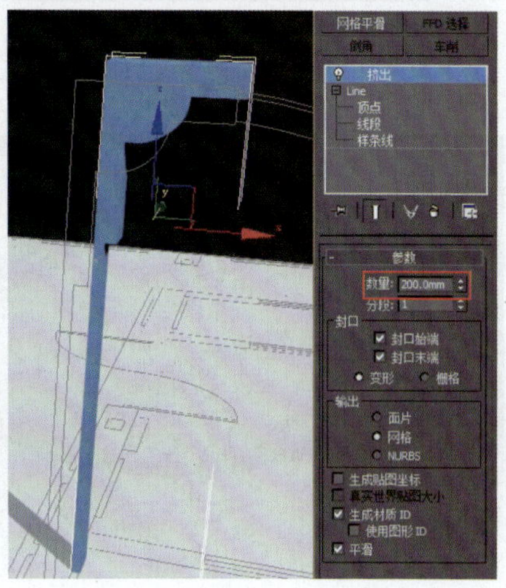

图10-41

2. 顶部造型建模

（1）将顶部造型的立面导入，如图10-46所示，添加【车削】修改器，并旋转360°，如图10-47所示。

（2）选中顶部造型对齐到形象墙，如图10-48所示。

3. 其他造型建模

（1）发光柱的制作，具体参数如图10-49所示。

（2）悬吊门板的模型创建，如图10-50所示。

（3）吊顶模型创建，如图10-51所示。

（4）绿色植物模型合并，放置到视图中相应的位置，如图10-52所示。

（5）筒灯模型合并，放置到视图中相应的位置，如图10-53所示，完成场景模型的制作。

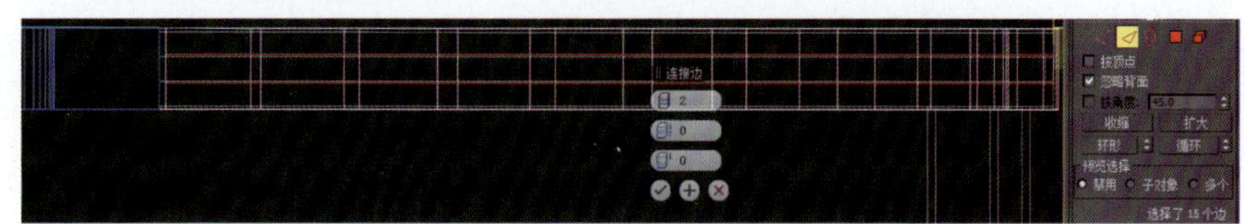

图10-42

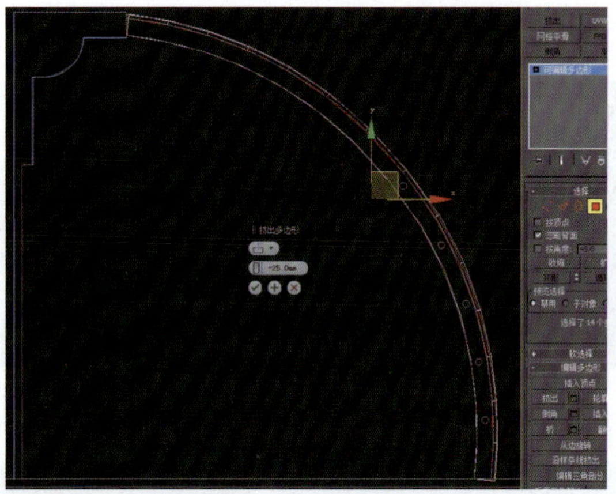

图10-43

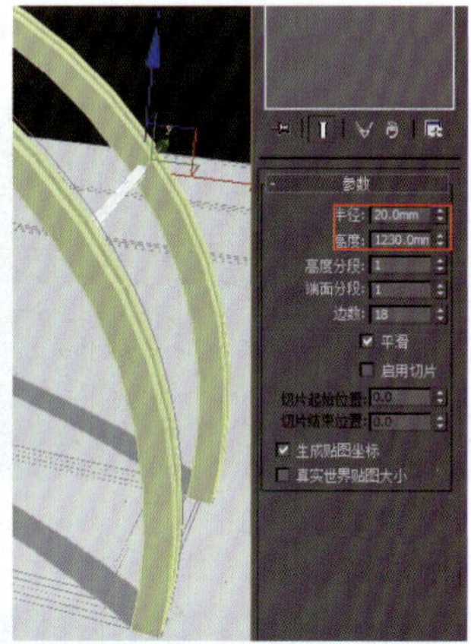

图10-44

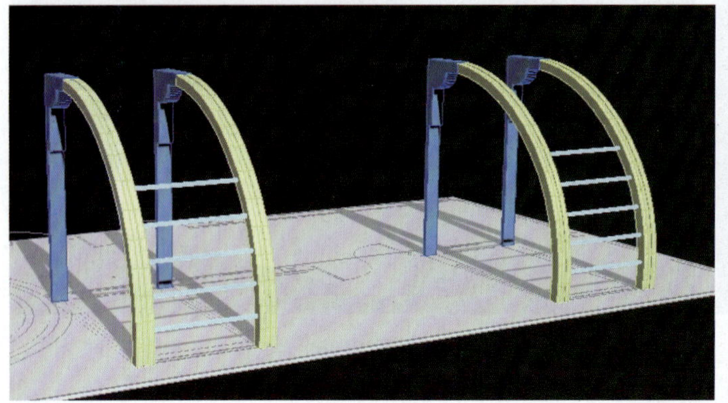

图10-45

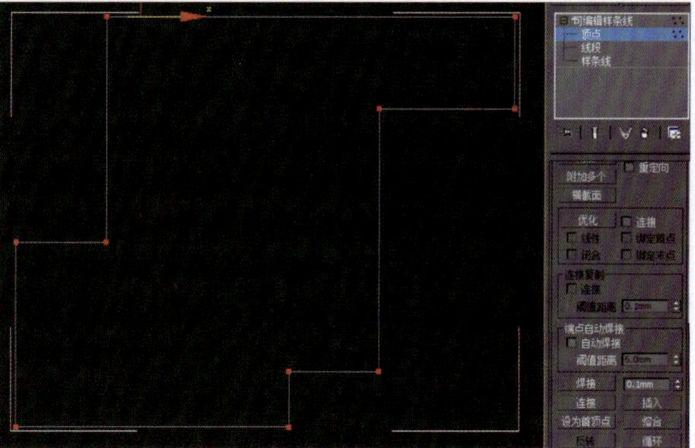

图10-46

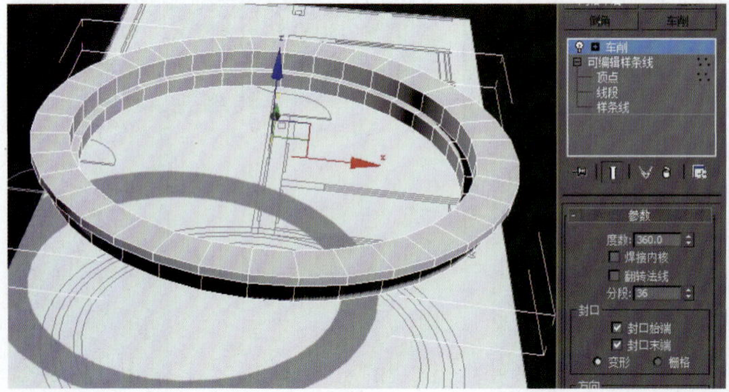

图10-47

图10-48

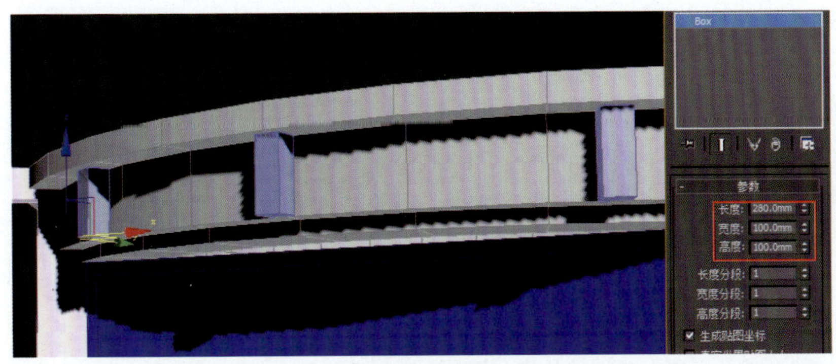
图10-49

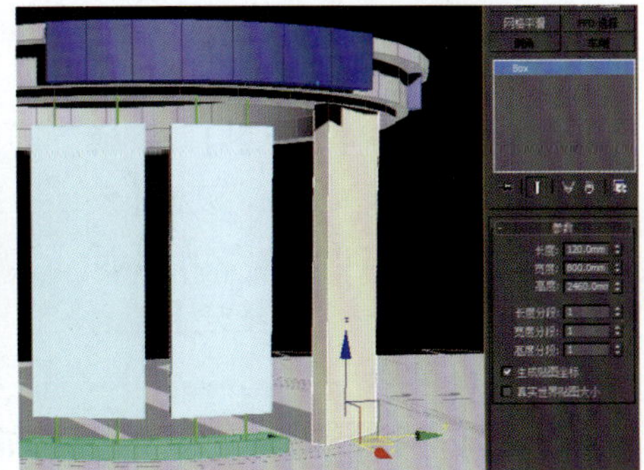
图10-50

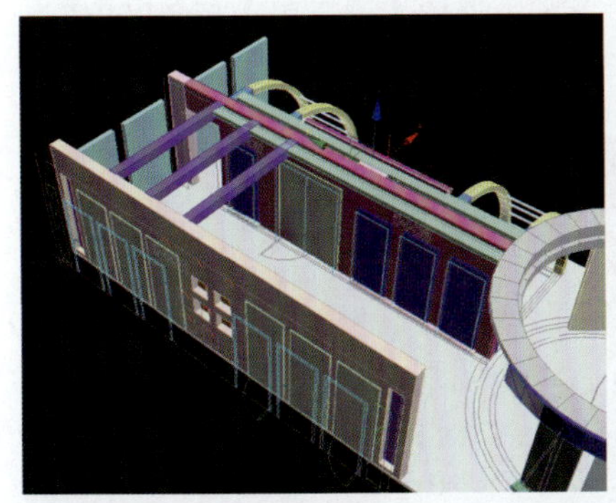
图10-51

图10-52

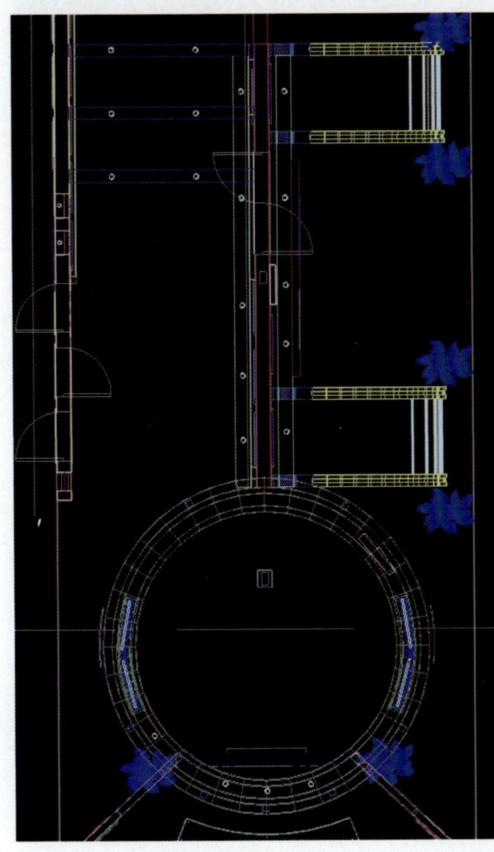
图10-53

10.4　VRay材质设置

本案的整个展厅空间造型，看似简单，但有很多细节，材质上主要有红、灰、白以及门的贴图等。在设置材质之前，需要把渲染器设置为VRay渲染器。

1. 地面灰色材质

选择空白材质球，重命名为“地面灰”，把材质转换为【VRayMtl】材质，设置【漫反射】颜色RGB值为25、25、25，如图10-54所示。【反射】颜色RGB值为40、40、40，【反射光泽】值为0.9，【细分】值为15，完成后将其赋予地面，如图10-55所示。

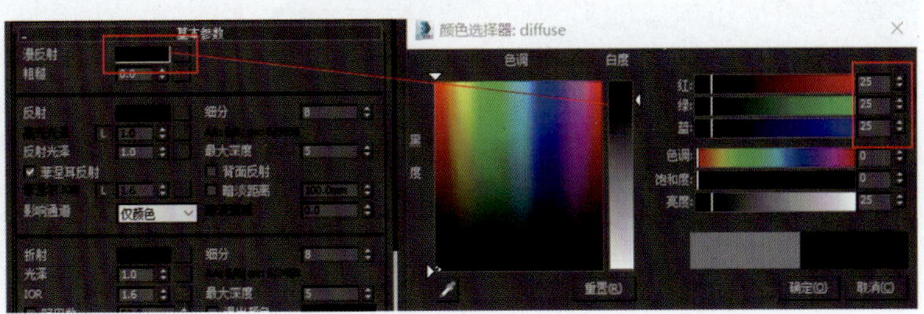
图10-54

2. 木地板材质

（1）选择空白材质球，重命名为“木地板”，在【漫反射】贴图通道处添加“木地板”贴图。设置【反射】颜色RGB值为20、20、20，【反射光泽】值为0.85，【细分】值为15，如图10-56所示。

（2）对木地板对象添加【UVW贴图】修改器，参数设置如图10-57所示。

3. 标志红色材质

（1）选择空白材质球，重命名为“标志红”，设置【漫反射】颜色RGB值为200、0、0，如图10-58所示。

（2）设置【反射】颜色RGB值为10、10、10，【反射光泽】值为0.95，【细分】值为15，如图10-59所示。

（3）将顶部圆形造型分离面，以及标志、局部造型赋予“标志红”材质，如图10-60至图10-62所示。

4. 标志白色材质

（1）选择空白材质球，重命名为“标志白”，设置【漫反射】颜色RGB值为255、255、255，如图10-63所示。

（2）赋予场景白色材质效果如图10-64所示。

5. 标志黑色材质

选择空白材质球，重命名为“标志黑”，设置【漫反射】颜色RGB值为10、10、10，如图10-65所示。

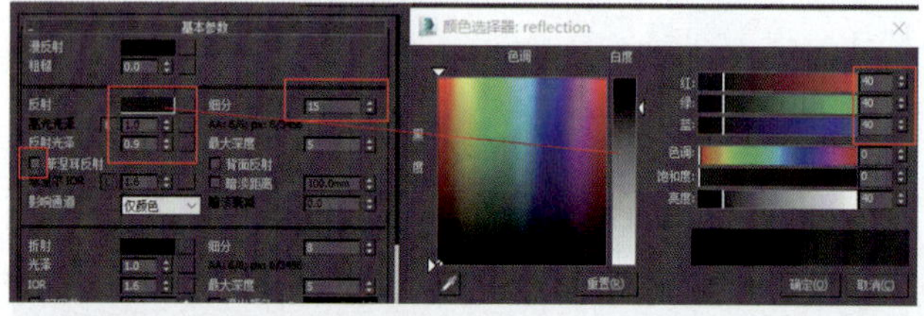

图10-55

图10-56

图10-57

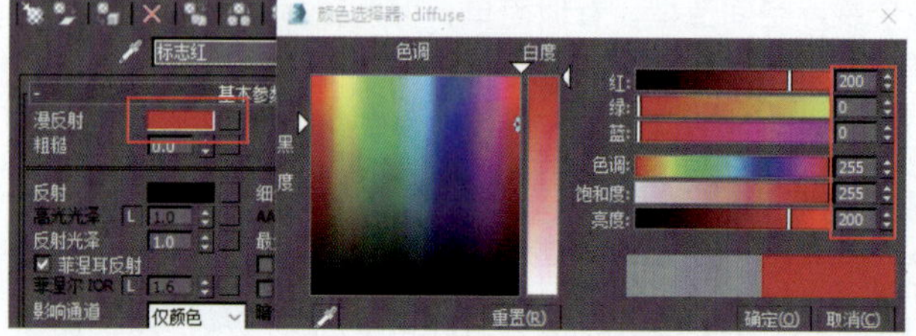

图10-58

图10-59

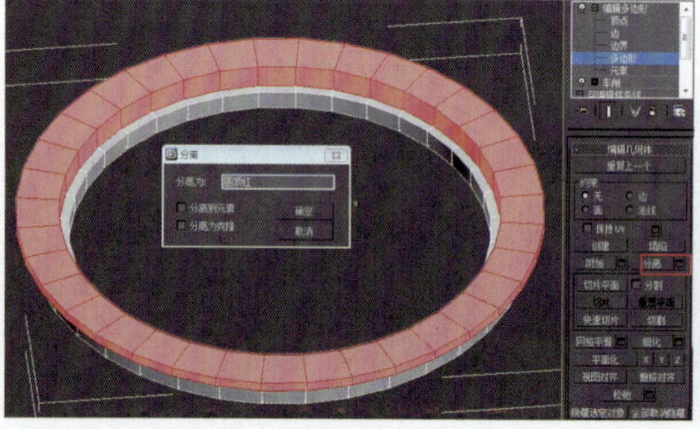

图10-60

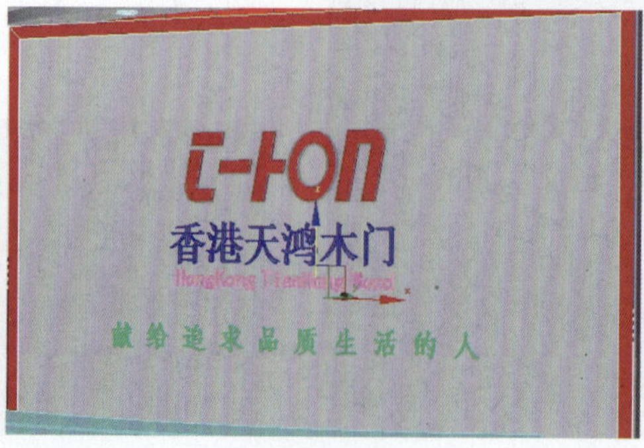

图10-61

图10-62

6. 标志不锈钢材质

选择空白材质球，重命名为“不锈钢”，设置【漫反射】颜色RGB值为96、142、185，如图10-66所示；【反射】颜色RGB值为158、180、200，如图10-67所示。

7. 展板材质

选择空白材质球，重命名为“展板”，在【漫反射】贴图通道处添加“海报02”贴图，如图10-68所示。

8. 木门材质

选择空白材质球，重命名为“门01”，在【漫反射】贴图通道处添加“门”修改器贴图，部分门需要添加【UVW贴图】修改器才能赋予材质，如图10-69所示，最终效果如图10-70所示。

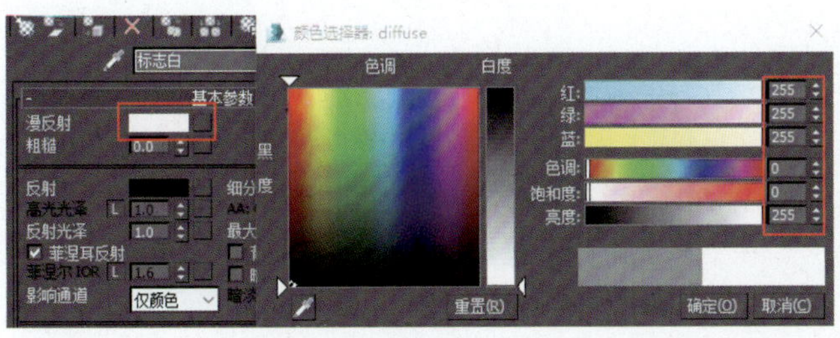

图10-63

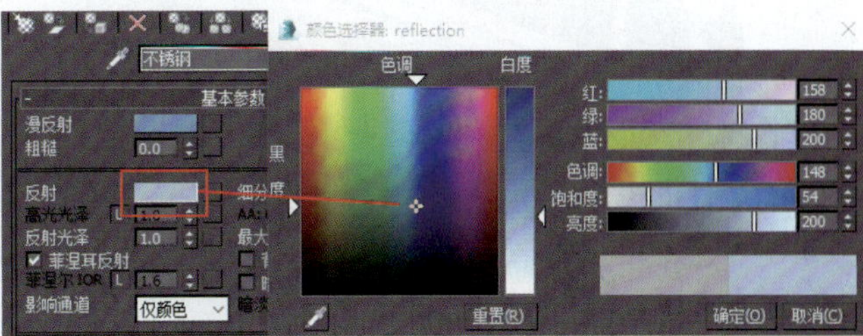

图10-67

图10-64

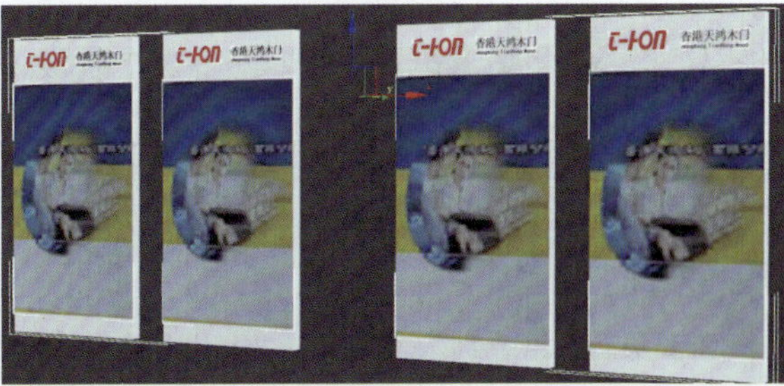

图10-68

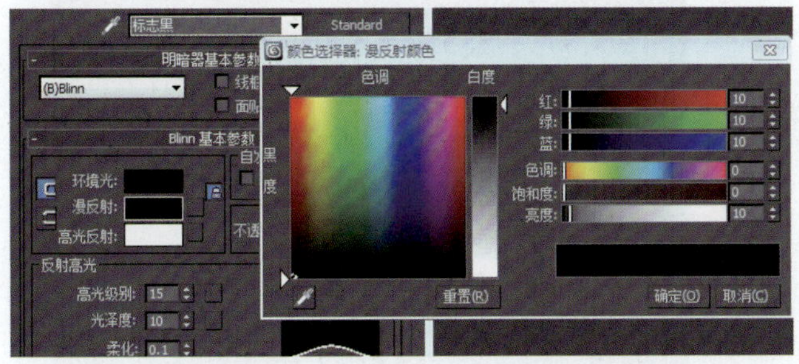

图10-65

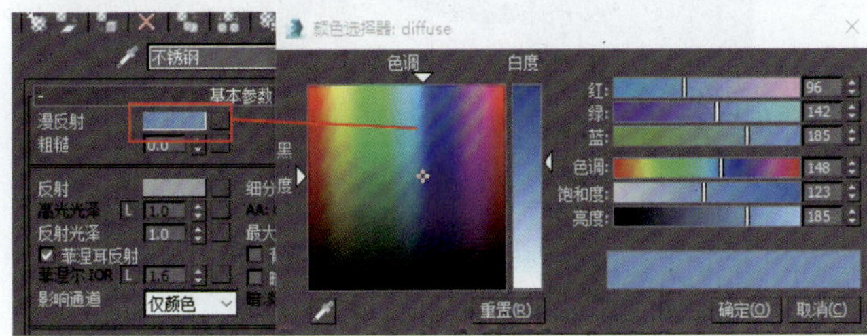

图10-66

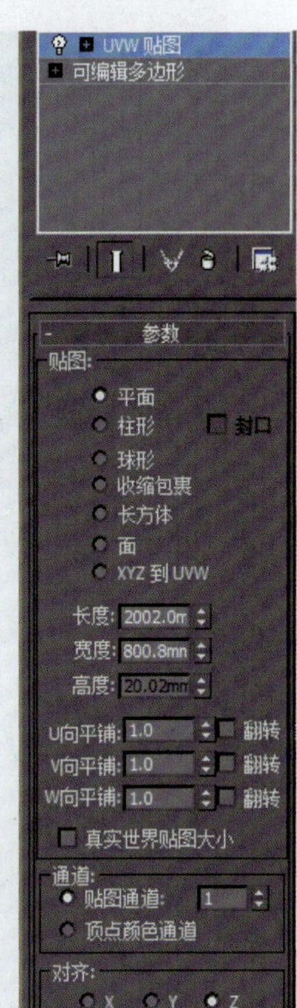

图10-69

9. 玻璃材质

选择空白材质球，重命名为“玻璃”，设置【漫反射】颜色RGB值为150、185、176，如图10-71所示；【反射】颜色RGB值为206、206、206，【折射】为白色，如图10-72所示。

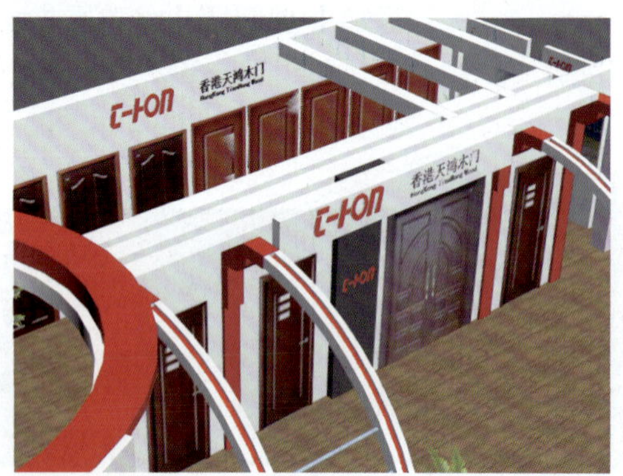

图10-70

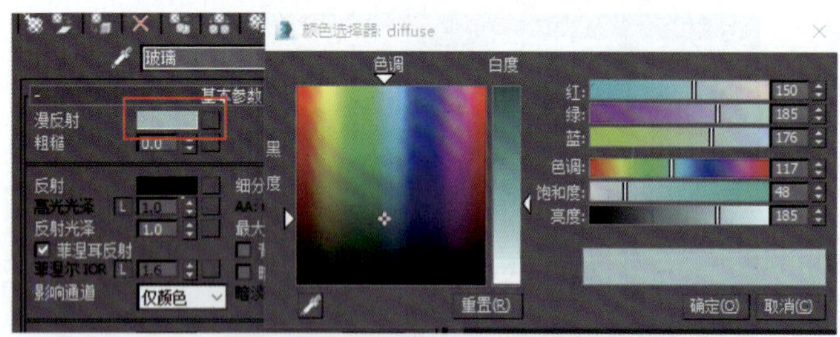

图10-71

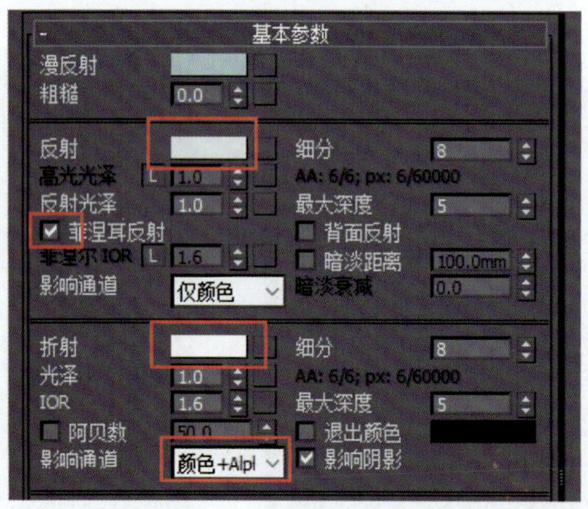

图10-72

10.5 VRay灯光布置方法

展厅空间的灯光主要有两种：一是展厅自带的光源，能满足基本的亮度要求；二是展厅空间模型中人造的光源，如射灯、筒灯等，而在展厅中重点就是布置人造光源。在布置灯光前，先要对摄影机进行创建。

10.5.1 创建摄影机

（1）选择【摄影机】，在顶视图中创建一个摄影机，设置【镜头】参数为28 mm，如图10-72所示。

（2）设置【摄影机】的z轴高度为1 100 mm，选择摄影机的目标点，高度也设置为1 100 mm，场景在摄影机视图显示的效果如图10-74所示。

10.5.2 VRay灯光设置

（1）射灯创建，首先选择【光度学】灯光下的【目标灯光】，在前视图形象墙接近吊顶的区域设置一个目标点光源，启用阴影，灯光分布类型选择【光度学Web】，载入光域网“16”文件，强度设置为350，灯光位置及参数如图10-75所示。

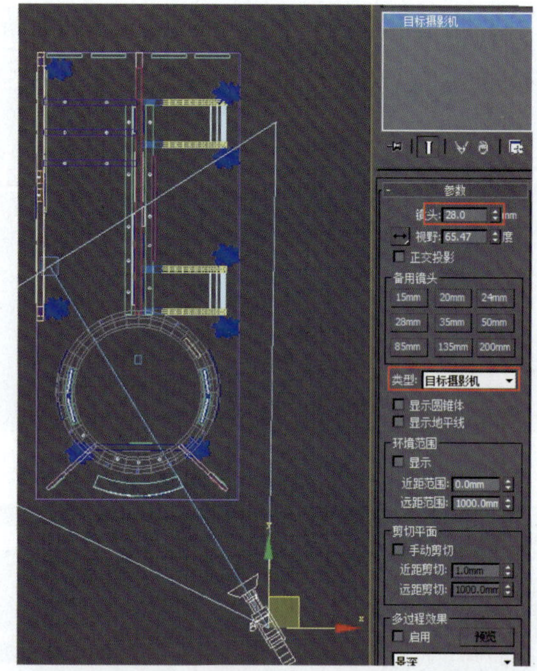

图10-73

图10-74

（2）设置完成后，进行复制，如图10-76所示。

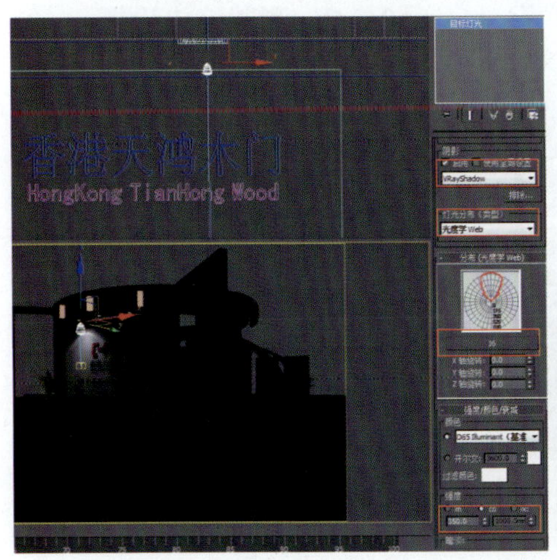

图10-75

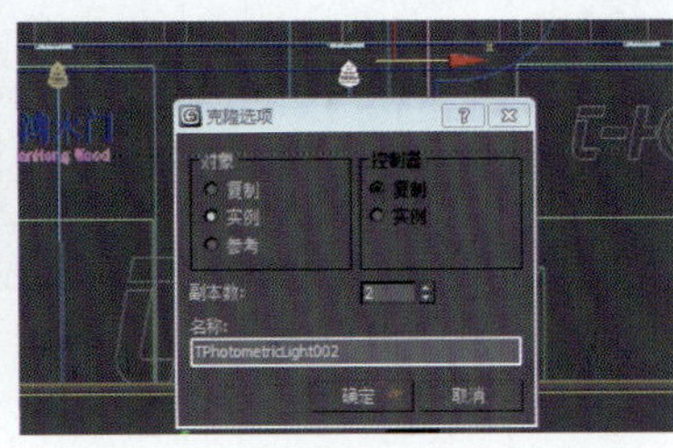

图10-76

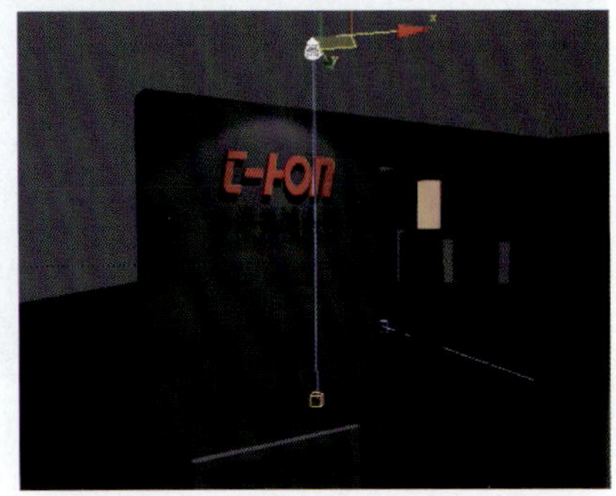

图10-77

（3）继续移动复制到形象墙左、右侧布置标志的光源，强度数值为800，如图10-77所示。

（4）重复上述的方法，对门的位置进行灯光布置，灯光强度数值为500，颜色不变，如图10-78、图10-79所示。

图10-78

（5）补光的设置

1）选择【标准灯光】中的【目标聚光灯】，灯光位置如图10-80所示。

2）具体设置参数为：【倍增】0.6、【聚光区/光束】9、【衰减区/区域】45，如图10-81所示。设置完成后得到的效果如图10-82所示。

3）继续复制一个聚光灯在侧面，强度值为0.2，位置如图10-83所示。

图10-79

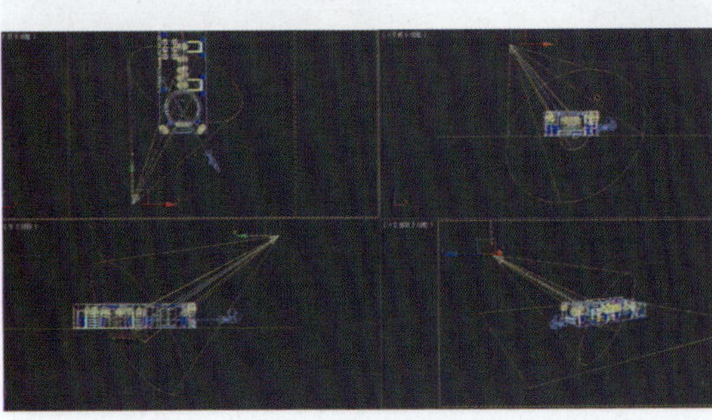

图10-80

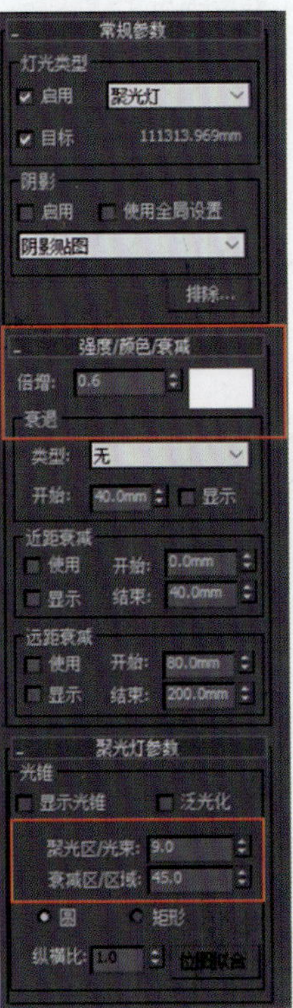

图10-81

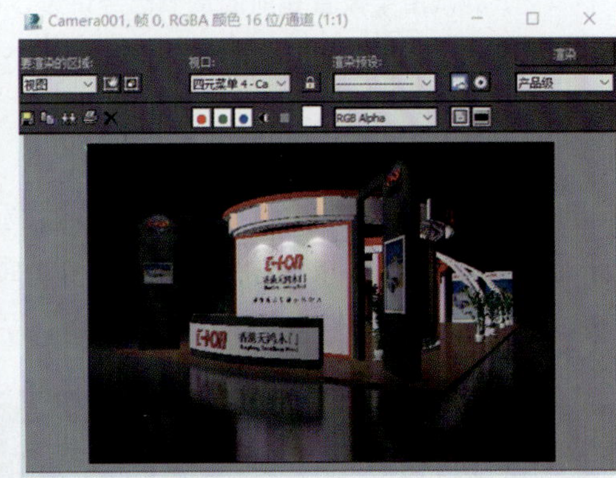

图10-82

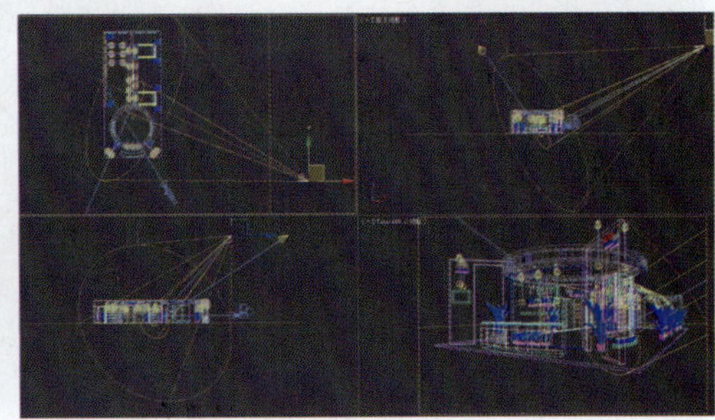

图10-83

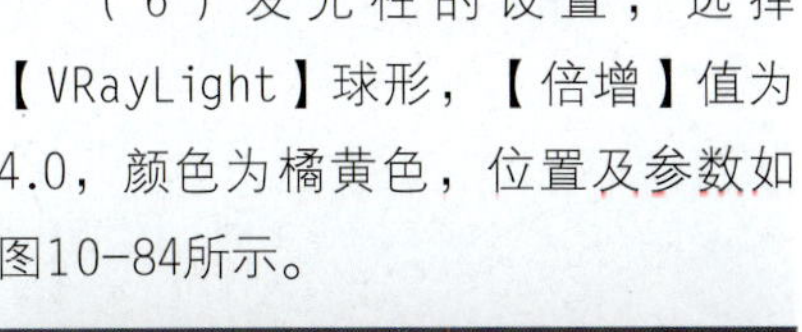

（6）发光柱的设置，选择【VRayLight】球形，【倍增】值为4.0，颜色为橘黄色，位置及参数如图10-84所示。

图10-84

10.6　VRay渲染方法及后期Photoshop处理

店面效果制作过程中，布置灯光时需要不断地对场景进行测试渲染，再配合辅助灯光调节材质，直到调整到所要表现的空间效果，再进行最终渲染。

10.6.1　测试渲染设置

（1）打开【渲染设置】对话框，把【公用】→【公用参数】→【输出大小】设置为500×375，作为测试时的大小，如图10-85所示。

（2）测试渲染设置在前面章节已经讲过，在这里就不再讲述。测试渲染得到如图10-86所示的效果

10.6.2　最终渲染设置

打开【渲染设置】对话框，把【公用】选项卡下的【输出大小】设置为3 500×2 310，其他最终渲染参数设置在前面章节中已有讲解，这里就不陈述。最终渲染完成效果如图10-87所示。

10.6.3　测试渲染设置

（1）在Photoshop软件中打开渲染的效果图，首先调整亮度与对比度，如图10-88所示。

（2）按Ctrl+M组合键调整曲线，调整图像的明暗关系，如图10-89所示。

（3）执行【图像】→【调整】→【色阶】命令，调整图像的颜色关系，让图片明暗更协调，如图10-90所示。

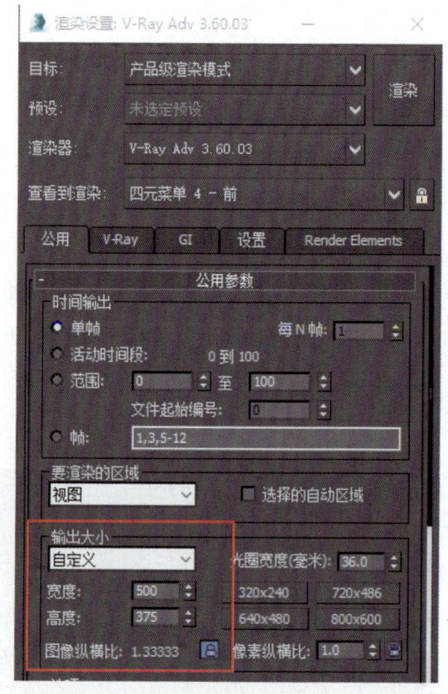

图10-85

图10-86

图10-87

（4）最后使图像锐化清晰，执行【滤镜】→【锐化】→【USM锐化】命令，具体参数如图10-91所示。

（5）进一步调整，最后图像完成效果如图10-92所示。

图10-88

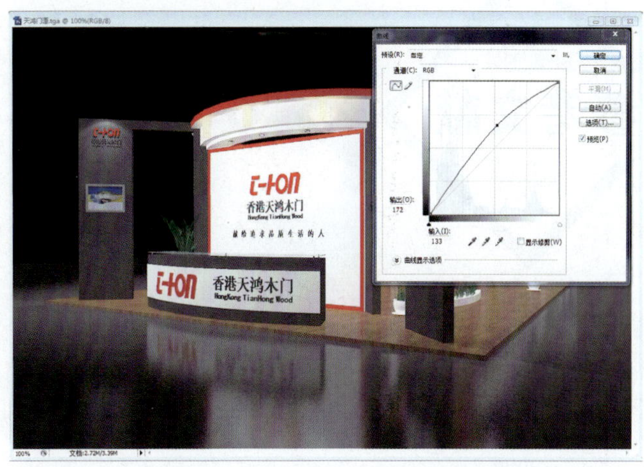

图10-89

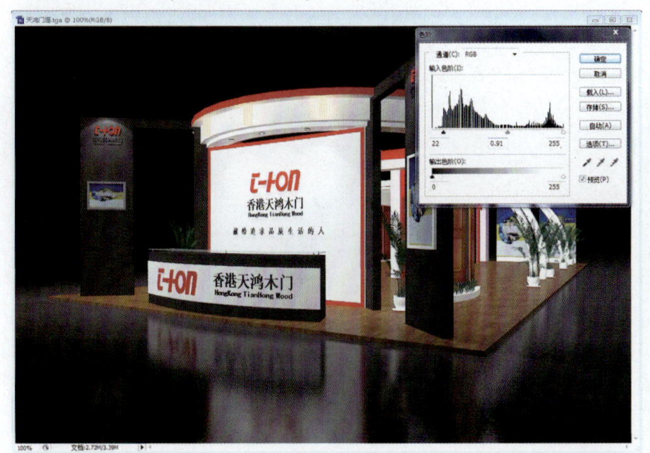

图10-90

图10-91

图10-92

本章小结

本章主要讲述了会展展厅空间效果表现方法，涉及形象墙、接待台、产品展示模型、洽谈空间、展厅摄影机运用、展厅VRay材质设置、展厅灯光布置方法、VRay渲染设置以及后期Photoshop处理方法。通过本章的学习，读者可以掌握完成一张展厅空间效果图的整体流程，学会制作展厅中的全模场景。读者可以从不同角度对本场景进行渲染，练习后期处理的技巧。

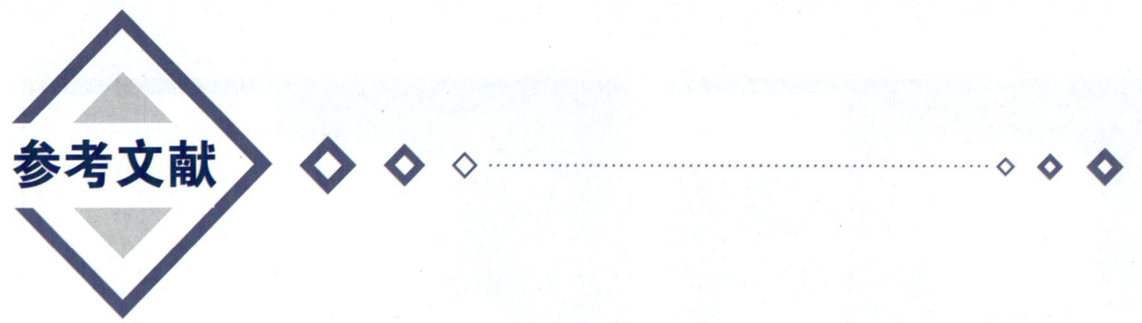

参考文献

[1] 周贤 . 中文版 3ds Max/VRay 室内效果图制作实训教程 [M]. 北京：人民邮电出版社，2019.

[2] 唯美世界，曹茂鹏 . 中文版 3ds Max 2020+VRay 效果图制作从入门到精通 [M]. 北京：中国水利水电出版社，2020.

[3] 火星时代 .3ds Max&VRay 室内渲染火星课堂 [M].3 版 . 北京：人民邮电出版社，2014.

[4] 水晶石教育 . 水晶石技法 3ds Max/VRay 室内渲染表现III [M]. 北京：人民邮电出版社，2015.